住房和城乡建设部"十四五"规划教材

高等学校给排水科学与工程学科专业指导委员会规划推荐教材

城市垃圾处理

（第二版）

何品晶　主编

戴晓虎　主审

中国建筑工业出版社

图书在版编目（CIP）数据

城市垃圾处理 / 何品晶主编. -- 2 版. -- 北京：
中国建筑工业出版社，2025.7. --（住房和城乡建设部
"十四五"规划教材）（高等学校给排水科学与工程学科
专业指导委员会规划推荐教材）. -- ISBN 978-7-112
-31295-5

Ⅰ. X799.305

中国国家版本馆 CIP 数据核字第 2025DT0992 号

在住房和城乡建设部人事司指导下，高等学校给排水科学与工程学科专业指导委员会组织
编写了本教材，同济大学、华中科技大学、清华大学、重庆大学和桂林理工大学等院校的教师
参加了编写工作。本教材共分 12 章及 3 个附录，主要包括城市垃圾管理情况、收集运输方法、
主要处理技术和经济分析等内容。教材附录提供了课程实验、实习和设计等指导材料，供学校
在教学中使用。

本教材可以供给排水科学与工程、环境工程、环境科学等相关专业本科生使用，也可供相
关专业技术人员参考。

为便于教学，作者特制作了电子课件，如有需求，可扫二维码下载。

教材 PPT

责任编辑：王美玲
责任校对：李美娜

住房和城乡建设部"十四五"规划教材
高等学校给排水科学与工程学科专业指导委员会规划推荐教材

城市垃圾处理（第二版）

何品晶　主编
戴晓虎　主审

*

中国建筑工业出版社出版、发行（北京海淀三里河路 9 号）
各地新华书店、建筑书店经销
北京科地亚盟排版公司制版
廊坊市海涛印刷有限公司印刷

*

开本：787 毫米×1092 毫米　1/16　印张：19　字数：468 千字
2025 年 7 月第二版　　2025 年 7 月第一次印刷
定价：**58.00** 元（赠教师课件）
ISBN 978-7-112-31295-5
（45214）

出 版 说 明

党和国家高度重视教材建设。2016年，中共中央办公厅、国务院办公厅联合印发了《关于加强和改进新形势下大中小学教材建设的意见》，提出要健全国家教材制度。2019年12月，教育部牵头制定了《普通高等学校教材管理办法》和《职业院校教材管理办法》，旨在全面加强党的领导，切实提高教材建设的科学化水平，打造精品教材。住房和城乡建设部历来重视土建类学科专业教材建设，从"九五"开始组织部级规划教材立项工作，经过近30年的不断建设，规划教材提升了住房和城乡建设行业教材质量和认可度，出版了一系列精品教材，有效促进了行业部门引导专业教育，推动了行业高质量发展。

为进一步加强高等教育、职业教育住房和城乡建设领域学科专业教材建设工作，提高住房和城乡建设行业人才培养质量，2020年12月，住房和城乡建设部办公厅印发《关于申报高等教育职业教育住房和城乡建设领域学科专业"十四五"规划教材的通知》（建办人函〔2020〕656号），开展了住房和城乡建设部"十四五"规划教材选题的申报工作。经过专家评审和部人事司审核，512项选题列入住房和城乡建设领域学科专业"十四五"规划教材（简称规划教材）。2021年9月，住房和城乡建设部印发了《高等教育职业教育住房和城乡建设领域学科专业"十四五"规划教材选题的通知》（建人函〔2021〕36号）（简称《通知》）。为做好规划教材的编写、审核、出版等工作，《通知》要求：（1）规划教材的编著者应依据《住房和城乡建设领域学科专业"十四五"规划教材申请书》（简称《申请书》）中的立项目标、申报依据、工作安排及进度，按时编写出高质量的教材；（2）规划教材编著者所在单位应履行《申请书》中的学校保证计划实施的主要条件，支持编著者按计划完成书稿编写工作；（3）高等学校土建类专业课程教材与教学资源专家委员会、全国住房和城乡建设职业教育教学指导委员会、住房和城乡建设部中等职业教育专业指导委员会应做好规划教材的指导、协调和审稿等工作，保证编写质量；（4）规划教材出版单位应积极配合，做好编辑、出版、发行等工作；（5）规划教材封面和书脊应标注"住房和城乡建设部'十四五'规划教材"字样和统一标识；（6）规划教材应在"十四五"期间完成出版，逾期不能完成的，不再作为《住房和城乡建设领域学科专业"十四五"规划教材》。

住房和城乡建设领域学科专业"十四五"规划教材的特点，一是重点以修订教育部、住房和城乡建设部"十二五""十三五"规划教材为主；二是严格按照专业标准规范要求编写，体现新发展理念；三是系列教材具有明显特点，满足不同层次和类型的学校专业教学要求；四是配备了数字资源，适应现代化教学的要求。规划教材的出版凝聚了作者、主审及编辑的心血，得到了有关院校、出版单位的大力支持，教材建设管理过程有严格保障。希望广大院校及各专业师生在选用、使用过程中，对规划教材的编写、出版质量进行反馈，以促进规划教材建设质量不断提高。

住房和城乡建设部"十四五"规划教材办公室

2021 年 11 月

第二版前言

本书为 2015 年 9 月出版的高等学校给排水科学与工程学科专业指导委员会规划推荐教材《城市垃圾处理》的第一次修订版。《城市垃圾处理》第一版教材涵盖了城市垃圾管理概要、收集运输方法，主要处理技术和经济分析等内容，教材提供了课程实验、实习和设计等指导材料。随着 2020 年《中华人民共和国固体废物污染环境防治法》的修订施行和我国城市垃圾治理事业的快速发展，"城市垃圾处理"类课程必须面向垃圾分类、无废城市、绿色发展、循环经济、碳中和、新污染物控制等国家重大战略需求，人工智能等前沿技术的逐步融入，也使我国垃圾治理方法和技术发生了深刻变化。针对新形势下城市垃圾处理理论和实践教学的新需求。我们在进一步梳理给排水科学与工程人才培养要求的基础上，基于长期的教学和科研实践，对该教材相关内容进行了修订。

在修订过程中，我们力求反映我国城市垃圾处理方面取得的最新进展，将新政策、科学原理、源控制和全过程控制技术与案例、降碳减污、智慧环卫、工程实践动态和前沿进展融入教材和配套课件。主要修订内容如下：

（1）在"第 1 章 绪论"中，更新了垃圾分类原理、增加了城市垃圾处理温室气体排放相关内容。

（2）在"第 2 章 城市垃圾管理"中，更新了城市垃圾管理相关的法律法规、管理政策、标准规范相关内容。

（3）在"第 3 章 生活垃圾的收集与运输"中，根据我国推行垃圾分类的政策和进展，更新了生活垃圾分类收集方法，补充了无人清扫和电动运输车等相关内容。

（4）在"第 4 章 城市垃圾预处理"中，修订了筛分效率计算方法和厨余垃圾预处理流程，增加了智能分选相关内容。

（5）在"第 5 章 生活垃圾生物处理"中，更新了相关技术原理和标准规范。

（6）在"第 6 章 生活垃圾焚烧处理"中，更新了国内外焚烧污染控制标准、烟气污染控制技术相关内容。

（7）在"第 7 章 生活垃圾填埋处置"中，根据修订颁布的《生活垃圾填埋场污染控制标准》更新了相关内容。

（8）在"第 8 章 特种城市垃圾处理"中，依据生活垃圾分类相关规定，将餐厨垃圾替换为厨余垃圾。

（9）在"第 9 章 生活垃圾中可回收物再生利用"中，依托近年来我国垃圾分类政策，将再生资源回收修改为可回收物利用相关内容，包括可回收物的来源与分类、组成、回收方法、分类收集、分选等相关内容。

（10）在"第 10 章 生活源危险废物管理"中，更新了生活源危险废物的种类、我国电池和荧光灯产量数据，更新《国家危险废物名录》和危险废物管理相关的规范，特别是转移管理办法等相关内容。

（11）在"第11章 建筑垃圾处理与利用技术"中，更新了建筑垃圾定义和集料加工方法相关内容。

（12）在"第12章 城市垃圾处理经济"中，更新了我国城市生活垃圾焚烧厂主要技术经济指标和价格杠杆、市场组织方法等经济手段引导城市垃圾处理的相关内容。

（13）在"附录1 城市垃圾处理实验"和"附录2 城市垃圾处理课程设计任务书（垃圾填埋方向）"中，更新了部分标准规范和参考文献。

本教材由同济大学、华中科技大学、清华大学、重庆大学和桂林理工大学等院校的教师参与修订。各章修订、编写人员为：同济大学何品晶修订第1章和第11章，邵立明修订第4章和第9章，章骅修订第6章和第10章，吕凡修订第5章，章骅和吕凡合作修订附录1；华中科技大学王松林、冯晓楠和陶涛合作修订第2章、第8章和附录2；清华大学蒋建国和宋迎春合作修订第3章；重庆大学彭绪亚、刘国涛和石德智合作修订第7章和附录3；桂林理工大学曾鸿鹄、孙晓杰、陆燕勤和周自坚合作修订第12章。何品晶教授审阅全书并定稿。

本教材由戴晓虎主审。教材出版得到了中国建筑工业出版社的大力支持。衷心感谢他们认真细致的工作和提出的宝贵意见。

虽经各位编者努力，但限于水平和经验，不足和错误之处在所难免。恳请使用本教材的广大师生和读者对其中的错误批评指正，不吝赐教。对本教材的意见和建议请发送邮件至 solidwaste@tongji.edu.cn. 谢谢！

编　者

2024年9月于同济大学

第一版前言

随着城镇化进程的推进，我国城市垃圾处理问题日益突出。为改善城乡居住环境，提高人民群众生活品质，提高城市垃圾减量化、资源化和无害化水平，需要大量垃圾处理技术人才，而当前在高校专业教育中，尚无垃圾处理专业。为应对社会需求，经全国高等学校给排水科学与工程学科专业指导委员会研究决定，首先在给排水科学与工程专业开设垃圾处理技术课程，让学生掌握相关垃圾处理的技术和方法。

为满足教学需要，在住房和城乡建设部人事司指导下，全国高等学校给排水科学与工程学科专业指导委员会组织编写了《城市垃圾处理》教材。本教材共分12章及3个附录，主要包括城市垃圾管理情况、收集运输方法、主要处理技术和经济分析等内容。教材附录提供了课程实验、实习和设计等指导材料，方便教学中使用。

本教材由同济大学何品晶教授主编，同济大学、华中科技大学、清华大学、重庆大学和桂林理工大学等院校的教师参加了编写工作。各章及附录的具体编写人员为：同济大学何品晶编写第1章和第11章，邵立明编写第4章和第9章，吕凡编写第5章，章骅编写第6章和第10章，章骅和吕凡合作编写附录1；华中科技大学王松林、冯晓楠和陶涛合作编写第2章、第8章和附录2；清华大学蒋建国、崔夏、宋迎春和王颖合作编写第3章；重庆大学彭绪亚、刘国涛和石德智合作编写第7章和附录3；桂林理工大学曾鸿鹄、孙晓杰、陆燕勤和周自坚合作编写第12章。何品晶教授对全书进行了统稿。

本教材由中国城市建设研究院有限公司蔡辉教授级高级工程师、清华大学聂永丰教授主审。住房和城乡建设部人事司、城市建设司的赵琦、杨海英、高延伟、李海莹等同志对大纲及书稿进行了审核，并做了大量组织协调工作。教材出版得到中国建筑工业出版社的大力支持。各位编者对他们认真细致的工作和提出的宝贵意见表示感谢。

虽经各位努力，但限于水平与经验，错误之处难免。恳请使用教材的广大师生和读者对错误之处，不吝指教，有意见请发至 solidwaste@tongji.edu.cn。谢谢！

编　者

2015年6月3日

目　　录

第1章 绪　论

1.1　城市垃圾的产生特征

1.1.1　城市垃圾的产生与分类

城市垃圾通常指生活垃圾，更广义地，可包含在城市区域产生的各种非工业源固体废物。其中主要的非工业源固体废物有：建筑垃圾、粪便、污水处理厂污泥等。

城市生活垃圾，是指在城市日常生活中或者为城市日常生活提供服务的活动中产生的固体废物。其中，按产生源分类，生活垃圾包含居民生活垃圾、商服业垃圾、企事业生活垃圾、街道保洁垃圾等类别。目前，各地普遍实行分流管理的餐厨垃圾，指的是餐饮服务企业和企事业食堂产生的食品垃圾，因此，餐厨垃圾应属上述商服业垃圾和企事业生活垃圾的一部分。

建筑垃圾，是指建设单位、施工单位新建、改建、扩建和拆除各类建筑物、构筑物、管网等，以及居民装饰装修房屋过程中所产生的弃土、弃料及其他固体废物。一般按产生时的施工特征，建筑垃圾可分为建筑物与构筑物拆毁过程产生的垃圾和建筑施工中产生的固体废物两类。其中，建筑施工中产生的固体废物又可分为基础等地下施工过程产生的（建筑）渣土和建材残余物两种。

广义的城市垃圾中包含的其他非工业源固体废物有从化（贮）粪池清运的粪便、城市污水处理厂产生的污泥等。这些废物属于高含水率的泥状物料，应与其他类别城市垃圾分流处理。

1.1.2　城市垃圾产生量

1. 城市生活垃圾产生量

城市生活垃圾产生量与城市居民人口数直接相关，人均生活垃圾产生量则与居民消费水平、生活习惯等因素相关。一般而言，经济社会发展水平高的城市，居民人均生活垃圾产生量也更高；同时，生活垃圾分类收集、强化垃圾中可回收物回收措施可以有效减少最终需要处理的垃圾量。

我国生活垃圾产生量一般按清运量核算，图1-1是我国自1980年以来城市生活垃圾清运量变化的状况，由图1-1可见，近年来我国城市生活垃圾清运量增长与城市人口增长趋势基本一致，人均生活垃圾产生量则保持了相对的稳定。

2. 建筑垃圾产生量

建筑垃圾产生量与城市的建筑行业活跃程度直接相关，虽然我国建筑垃圾产生量尚缺乏权威的统计数据，但我国尚处于城市建设和发展高峰期，各城市的建筑垃圾产生量普遍高于生活垃圾量。

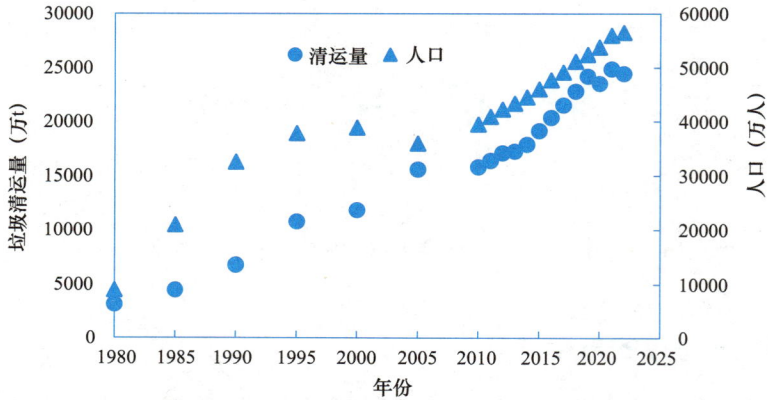

图 1-1　我国城市人口和生活垃圾清运量的年际变化状况

3. 粪便清运量

城市粪便是由城市环境卫生管理部门清运的旱厕和水冲厕所化（贮）粪池粪便。随着我国城市排水系统不断完善，粪便污水直排污水处理厂的比例逐年提高，环境卫生管理部门清运的粪便量逐步下降。21 世纪以来，我国城市粪便清运量已由每年近 4000 万 t 降至 2016 年的不足 1300 万 t（2016 年后不再做全国性统计）。

4. 城市污水处理厂污泥

城市污水处理厂污泥的产生量基本正比于污水处理量。目前，我国城市污水处理的干污泥产生率约为万分之一，即每处理 1 万 t 污泥产生 1t 干污泥固体，折算成脱水污泥（含水率 80％计）约为万分之五。

1.1.3　城市垃圾组成

1. 生活垃圾组成

城市生活垃圾组成主要是指其物理组分的质量比例关系，我国生活垃圾的物理组分分类由《生活垃圾采样和分析方法》CJ/T 313—2009 规定，具体内容见表 1-1。

我国生活垃圾的物理组分分类　　　　　　　　　　　　　　　　　　　表 1-1

序号	类别	说明
1	厨余类	各种动、植物类食品（包括各种水果）的残余物
2	纸类	各种废弃的纸张及纸制品
3	橡塑类	各种废弃的塑料、橡胶、皮革制品
4	纺织类	各种废弃的布类（包括化纤布）、棉花等纺织品
5	木竹类	各种废弃的木竹制品及花木
6	灰土类	炉灰、灰砂、尘土等
7	砖瓦陶瓷类	各种废弃的砖、瓦、瓷、石块、水泥块等块状制品
8	玻璃类	各种废弃的玻璃、玻璃制品
9	金属类	各种废弃的金属、金属制品（不包括各种电池）
10	其他	各种废弃的电池、油漆、杀虫剂等
11	混合类	粒径小于 10mm 的、按上述分类比较困难的混合物

生活垃圾物理组分是一种约定俗成的概念，本质是按视觉可识别的物料类别对生活垃圾的分类。生活垃圾按物理组分分类，是生活垃圾分类收集、分流处理的基本依据。我国国家标准《生活垃圾分类标志》GB/T 19095—2019 以垃圾物理组分为依据，规定了生活垃圾分类的大类及所包含的小类。该标准的生活垃圾分类见表 1-2。

我国生活垃圾的分类规范　　　　　　　　　　　　　　　表 1-2

类别序号	大类	小类
1		纸类
2		塑料
3	可回收物	金属
4		玻璃
5		织物
6		灯管
7	有害垃圾	家用化学品
8		电池
9		家庭厨余垃圾
10	厨余垃圾	餐厨垃圾
11		其他厨余垃圾
12	其他垃圾	—
除上述 4 大类外，家具、家用电器等大件垃圾和装修垃圾应单独分类		

各种生活垃圾物理组分具有独特的物理、化学性质，生活垃圾物理组成分析也可用于推测生活垃圾的总体性质。

另一方面，同类物理组分出于技术管理的目的不同也可采用不同的命名，以食品残余垃圾为例，生活垃圾物理组分分类命名为"厨余"，《生活垃圾分类标志》GB/T 19095—2019 为强调生活垃圾分类和按产生源管理，又将餐饮经营企业产生的厨余垃圾称为"餐厨垃圾"；随着全社会生活垃圾分类处理的发展，居民生活垃圾中分类的"厨余垃圾"又被称为"家庭厨余垃圾"，非家庭和餐饮源的厨余垃圾被称为"其他厨余垃圾"。

2. 其他城市垃圾的组成

其他城市垃圾中，建筑垃圾的组成一般也采用物理组分的方式描述。粪便和污水处理厂污泥的组成首先可按无机物和有机物划分，有机物部分也可进一步按生物化学组分（糖类、脂肪、蛋白质等）或胞内和胞外聚合物分类。这些类别废物的具体组成特征请参见教材的相关章节。

1.2　城市垃圾的环境危害与资源化潜力

1.2.1　城市垃圾的环境危害途径

城市垃圾不处理或未处理状态堆放时会造成严重的环境问题并危害人体健康。垃圾处理是为了消除或减少其对环境和人体健康的危害，但在处理过程中的转化及其资源化产物的利用过程中也可能产生环境危害。

1. 城市垃圾堆放的环境危害途径

城市垃圾堆放的环境危害途径主要有：侵占地表空间、污染物流失扩散、挥发性污染物形成和衍生致病生物 4 种形式。

侵占地表空间是城市垃圾堆放的直接后果，占据地表空间使土地丧失原有的生产（如农田）或生态（如自然湿地）功能；还可能改变局部的岩土相组成，造成长期的环境影响。

污染物流失扩散源于城市垃圾的物理、化学和生物性质不稳定性，在堆存环境中可自发性地转化形成污染物。如垃圾中重金属可能溶出，可降解有机物可能腐烂产生溶解性有机物；上述这些污染物在自然径流的作用下迁移，即可形成对水体和土壤的污染。

挥发性污染物形成同样源于城市垃圾堆存中自发性的转化过程，其中，最突出的是可降解有机物腐烂产生的致臭物质，臭气是城市垃圾堆体的主要识别特征。

衍生致病生物源于城市垃圾中存在从鼠类到病毒各类有害生物可利用的营养物质，成为这些有害生物理想的栖息地，由有害生物活动成为致病生物的中转站，从而易产生显著的环境卫生危害。

2. 城市垃圾处理与利用过程衍生的环境污染

城市垃圾组成复杂，其处理与利用过程中的转化反应十分复杂，生成组成复杂的衍生物是其转化过程的基本特征。其处理与利用过程衍生的环境污染主要有：填埋渗滤液、焚烧烟气和灰渣、生物处理臭气及堆肥产物中的重金属等。

填埋渗滤液是城市垃圾填埋物主要的衍生污染物，渗滤液主要源于外界和垃圾自身水分进入或在填埋场中释放，使垃圾中的可溶性污染物进入水相，从而形成的液相污染物。

烟气和灰渣是垃圾焚烧处理过程的必然产物，也是主要的二次污染物。烟气污染，包括由垃圾可燃组分转化产生的 SO_2、HCl、HF、NO_x 等气相污染物，以及挥发进入烟气的重金属；烟气中高毒性的二噁英类污染物，则主要源于垃圾燃烧气体中存在的碳氢化合物、氧和氯自由基间的合成反应。焚烧灰渣（炉渣和飞灰）是垃圾燃烧的残余物和烟气处理的二次污染物，主要污染物有重金属和吸附的二噁英类污染物。

生物处理臭气，源于垃圾好氧和厌氧降解过程衍生的挥发性组分，其中的低嗅阈值物质（如有机胺、硫醇、硫醚、有机酸等）使垃圾生物处理过程成为臭气的释放源之一。

城市垃圾典型的资源化利用途径，如生活垃圾堆肥处理、建筑垃圾建材加工等，基本不具备分离垃圾中有害物质的功能。堆肥产物施用于土壤，或建材利用产品成为各种建（构）筑物组成部分后，在自然径流、植物根系等的作用下，其中的污染物均有可能因发生再迁移而形成环境污染。

1.2.2 城市垃圾资源化潜力

城市垃圾资源化潜力由其物料组成决定，各类城市垃圾的可资源化组分和途径均不相同。

1. 生活垃圾

生活垃圾中的可资源化组分可分为两类：一类是工业品残余，主要源于废弃包装物和非耐用消费品；而废弃工业品中的耐用消费品，概念上虽仍然属于生活垃圾，但实际是按大件垃圾或电子电器类垃圾分流管理。废弃包装物和非耐用消费品类垃圾的资源化途径，主要是材料回收，如：废纸再造纸、废金属再（铸造）冶炼、废玻璃再熔成型等；其中，品质较低（如严重沾污的纸张）的可燃物可以通过燃烧回收热能。

另一类生活垃圾中的可资源化组分为可降解有机物，主要源于食品残余和园林垃圾等；可降解有机物可通过生物转化回收作土壤改良剂，其中的厌氧消化途径还可能回收气体燃料（甲烷等）或有机酸、醇等化学原料。

2. 建筑垃圾

建筑垃圾的主要组分是各种建筑材料残余和废弃岩土。建筑材料残余可通过加工转化为再生建材，如再生混凝土等，而废弃岩土则可作为建筑材料原料或用于建筑工程的回填材料。

3. 污水处理厂污泥与粪便

污水处理厂污泥与粪便的主要组分均为可降解有机物，其资源化途径与生活垃圾中可降解有机物相似，也可以通过生物转化回收作有机肥料、气体燃料等可利用产物。

1.3　城市垃圾处理的温室气体排放

废物领域是目前全球温室气体排放的第四大贡献源，仅次于能源、农林业和其他土地利用、工业过程和产品使用。根据世界资源研究所数据，废物管理贡献了全球温室气体排放的 3.3%，其中，城市生活垃圾处理贡献了 2%。甲烷（CH_4）和氧化亚氮（N_2O）是仅次于二氧化碳（CO_2）的第二大和第三大温室气体，其 100 年尺度全球增温潜势分别是 CO_2 的 30 倍和 273 倍。根据国际能源局数据，废物管理贡献了全球甲烷气体排放的 20%，仅次于农林业和能源领域。

影响垃圾处理碳排放核算结果的因素包括：垃圾处理技术、垃圾性质和核算方法。

（1）垃圾处理技术

垃圾处理技术的选择和应用对其温室气体排放量有着直接与间接的影响。以填埋技术为例，直接排放包括：填埋过程甲烷排放、填埋气不完全燃烧排放、填埋场车辆运输排放、填埋气提纯排放、化石燃料燃烧排放、渗滤液处理排放、填埋场储存碳减排等；间接排放包括：外购电力排放、外购热力排放、填埋气资源化利用（供热供电供气）减排等。

垃圾填埋技术的温室气体排放影响因素包括：气候条件和地理区域、垃圾性质、填埋操作方式，以及填埋气收集与处理效率等。我国混合垃圾采用露天堆置、非卫生填埋、填埋气采用火炬燃烧的卫生填埋、填埋气采用电力回收的卫生填埋进行处置时，其温室气体排放因子分别在 $480 \sim 734 kgCO_2\text{-eq}/t$ ww、$641 \sim 998 kgCO_2\text{-eq}/t$ ww、$448 \sim 684 kgCO_2\text{-eq}/t$ ww、$214 \sim 227 kgCO_2\text{-eq}/t$ ww（ww：垃圾湿基质量）水平。

垃圾焚烧技术的温室气体排放影响因素包括：垃圾性质、焚烧条件、烟气处理技术、余热利用方式、飞灰和炉渣处理利用方式，以及焚烧储坑渗沥液的处理技术等。根据 2010 年～2023 年间发表的文献报道，采用电力回收的中国垃圾焚烧技术温室气体排放因子范围为 $-124.3 \sim 622.4 kgCO_2\text{-eq}/t$ ww。法国 2018 年能量利用方式为无能量回收、电力回收、热力回收、热电联产时的垃圾焚烧技术温室气体排放因子分别为 $333 kgCO_2\text{-eq}/t$ ww、$283 kgCO_2\text{-eq}/t$ ww、$-18 kgCO_2\text{-eq}/t$ ww 和 $-40 kgCO_2\text{-eq}/t$ ww，全国平均为 $40\ kgCO_2\text{-eq}/t$ ww。

好氧堆肥技术的温室气体排放影响因素包括：垃圾性质、通风方式、温度控制方式、堆体甲烷和氧化亚氮等温室气体的产生条件、预处理方式、臭气污染控制方式、堆肥产物利用方式等。厨余与园林垃圾混合堆肥时，采用开放式和封闭式堆置方式，若堆肥产物作为土壤调理剂进行土地利用，则温室气体排放因子分别是$-142 \sim 281 kgCO_2\text{-}eq/t\ ww$ 和 $-138 \sim 160 kgCO_2\text{-}eq/t\ ww$；若堆肥产物作为泥炭替代，则温室气体排放因子分别是$-777 \sim 306 kgCO_2\text{-}eq/t\ ww$ 和 $-874 \sim 185 kgCO_2\text{-}eq/t\ ww$。

厌氧消化技术的温室气体排放影响因素包括：垃圾性质、垃圾预处理技术、厌氧消化工艺、控温方式、沼气产量、沼气收集和利用方式及效率、沼气泄漏率、沼液处理和利用方式、沼渣处理和利用方式、二次污染控制技术等。据测算，我国厨余垃圾采用厌氧消化技术处理，沼渣填埋、焚烧或堆肥，沼气发电上网时，温室气体排放因子在$-75 \sim -195 kgCO_2\text{-}eq/t\ ww$ 水平。国外报道厨余与园林垃圾混合厌氧消化，沼渣土地利用、沼气发电上网或燃料替代时的温室气体排放因子分别为$-375 \sim 33 kgCO_2\text{-}eq/t\ ww$ 和 $-293 \sim 111\ kgCO_2\text{-}eq/t\ ww$ 水平。

（2）垃圾性质

影响温室气体排放量核算的垃圾性质包括：垃圾物理组成、含水率、低位热值和高位热值，C、H、O、N、S 等有机元素含量，尤其是化石源 C 的含量。

以可回收物为例，文献报道的不同类别可回收物的温室气体排放因子如下：纸类 $-3140 \sim -117 kgCO_2\text{-}eq/t$、塑料类 $-3096 \sim -556 kgCO_2\text{-}eq/t$、纺织类 $-5987 \sim -1333 kgCO_2\text{-}eq/t$、木竹类 $-1279 \sim -125 kgCO_2\text{-}eq/t$、玻璃类 $-506 \sim -201 kgCO_2\text{-}eq/t$、金属类中的铁 $-2587 \sim -862 kgCO_2\text{-}eq/t$、铝 $-19110 \sim -1799 kgCO_2\text{-}eq/t$、铜 $-4490 \sim -316 kgCO_2\text{-}eq/t$。

（3）核算方法

温室气体排放核算，能够衡量人为活动导致的温室气体排放情况，全面考虑生活垃圾处理过程直接或间接排放的温室气体，从而量化处理过程的温室气体排放规律。目前，用于核算垃圾处理过程温室气体排放的主要方法，有政府间气候变化专门委员会（Intergovernmental Panel on Climate Change，简称 IPCC）国家温室气体清单指南（简称 IPCC 指南）方法、清洁发展机制（Clean Development Mechanism，CDM）方法和生命周期评价（Life Cycle Assessment，LCA）方法。

1）IPCC 指南方法

IPCC 为全球各国提供了编制和报告温室气体排放清单的方法学指南。《2006 年 IPCC 国家温室气体清单指南》涵盖了 5 个方面，即一般指导及报告、能源、工业过程和产品使用、农林业和其他土地利用、废物。《2019 年对 2006 年 IPCC 国家温室气体清单指南的更新》是对原有指南的补充和更新，强化了 2006 年指南的实用性，并确保了方法学指南能够反映最新的科学和技术进展。

IPCC 指南中最常用的方法学，是通过活动数据和排放因子来计算温室气体排放量。有些情况下，可以修改基本方程，以便纳入除估算因子外的其他估算参数。对于特殊情况，则提供了其他方法，如一阶衰减（First-Order Decay，FOD）模型方法、质量平衡法等。整体而言，学术界普遍以 IPCC 指南方法为温室气体核算的研究基础，这是因为其方法简单、应用范围广、可根据实际需求进行修正改进。然而，IPCC 指南提供的是自上而下的大尺度核算方法，适用于估算宏观层面上的温室气体排放量，因方法的局限性可能会导致计算结果与实际情况存在较大的误差。

2）CDM 方法

清洁发展机制（Clean Development Mechanism，CDM）是《京都议定书》中的一项环境政策工具，旨在促进发展中国家的可持续发展，同时帮助发达国家实现温室气体减排目标。CDM 方法，是对 IPCC 指南方法的继承与发展，引入了基准线情形的温室气体排放计算，用于计算某项目实施所能够带来的温室气体减排量。该方法依靠 IPCC 提供的公式和默认排放系数来模拟温室气体排放与减排，能够针对减排量进行年度或月度核算。该方法需要确定基准线，即如果没有目标项目时原本会产生多少温室气体排放；然后，估算实施项目后的实际温室气体排放量。基准线排放量和项目实际排放量之间的差值即为项目减排量，该减排量需要经过指定的第三方独立机构的认证和核查。

3）LCA 方法

生命周期评价（Life Cycle Assessment，LCA）方法出现于 20 世纪 60 年代，其应用于垃圾管理领域研究已有二十余年历史。在 1997 年～2002 年，国际标准化组织（International Standards Organization，ISO）制定了 ISO 14040 标准，并在 2006 年进行了修订。LCA 方法全面考虑了产品从原材料获取、生产、使用到最终废弃处理整个过程中的环境影响。该方法能够定量评价多个类别的环境影响，包括全球变暖潜能值，即温室气体排放量。

LCA 方法由 4 个部分组成，即：目标和范围定义、清单分析、影响评价和解释。在目标和范围定义阶段中，需要确定研究目标、地理和时间范围、系统边界和功能单元。清单分析阶段，需要根据所确定的目标和范围定义，收集物料输入和输出、能量输入和输出以及产品的数据，验证收集到的数据，并将验证后的数据计算到功能单元的参考流程中。影响评价，是根据清单分析的结果评价潜在环境影响的程度，一般包括影响类型选择和清单数据匹配、影响类型特征化、归一化和加权法。结果解释，对前三个步骤产生的结果进行详细报告，分析体系内各环节的环境影响贡献，并清楚地了解不确定性和生成结果所使用的假设。

LCA 方法已成为垃圾管理的重要工具，用于核算全过程垃圾管理直接相关的能量和物质的输入输出，分析系统中物质能量的流动情况，计算相应的环境负荷。LCA 方法在垃圾管理领域的作用，包括：了解现有的垃圾管理系统、完善现有垃圾管理制度、比较替代技术/技术性能方案、技术开发/前瞻性技术、政策发展/战略发展，以及报告。一般认为，LCA 方法是检验垃圾管理系统环境影响的最全面、最可靠的手段。但是，其计算过程较为复杂，核算结果受参数率定和系统边界框定等因素影响。

4）其他方法

除了以上三种主流核算体系，在核算生活垃圾焚烧碳排放时还有基于化石源和生物源碳排放的平衡法和 ^{14}C 测试法。

平衡法是奥地利维也纳技术大学 Fellner 团队开发的测算垃圾焚烧化石源 CO_2 排放的一种方法。它根据一组质量和能量平衡计算，获得生活垃圾中生物源碳与化石源碳的比例，确定垃圾焚烧产生的化石源 CO_2 排放及垃圾组成。输入参数取自垃圾焚烧厂日常测量记录的运行数据。

^{14}C 测试法可以将生活垃圾的生物源和化石源碳含量与焚烧过程中释放的 CO_2 中放射

性同位素^{14}C（半衰期 5780 年）的浓度联系起来，区分原始存在的^{14}C 完全衰减的化石源碳和能够表示当前^{14}C 水平的生物源碳。通过对垃圾焚烧烟气进行^{14}C 测试，确定垃圾焚烧厂排放烟气中化石源CO_2浓度，可获得垃圾焚烧产生的化石源CO_2排放数据。但是，由于^{14}C 测试费用昂贵和仪器的可获得性较低，该方法在我国尚未获得广泛应用。

1.4　城市垃圾管理体系构成

城市垃圾处理体系可以从两方面进行认识，其一是技术单元构成；其二是管理功能构成。

1.4.1　技术单元构成

城市垃圾处理技术由收集、运输和处理 3 个基本环节构成。收集和运输是物流过程，基本的作用是将城市垃圾集中至指定位置；处理是物性转化过程，作用是对城市垃圾进行污染控制或转化利用。不同类别城市垃圾的产生特征各异，上述技术路线 3 个环节的应用形式也有明显差异。

生活垃圾产生源分布分散，收集和运输过程较为复杂，一般需通过收集、运输、转运等多个步骤才能完成生活垃圾的集中；然后，再在处理设施中完成生活垃圾的规模化处理。

建筑垃圾产生于城市的各个建筑工地，同样需要通过运输环节，将建筑垃圾在不同工地间调剂利用，或将建筑垃圾集中至中转处理设施，将建筑垃圾贮存并加工后再运回不同的建筑工地利用。

城市中的粪便通常暂存于居住区或公共厕所的各个化（贮）粪池，需通过专用车辆清运至集中处理设施进行处理。

污水处理厂污泥一般在污水处理厂内处理。一些小型污水处理厂通常没有污泥深度处理设施，污泥在厂内脱水减量后，再运输至集中处理设施进行后续处理。

1.4.2　管理功能构成

城市垃圾管理的目标是控制城市垃圾的污染影响，并尽可能地将其转化为资源进行利用。21 世纪以来，各国均已建立了固体废物全过程的管理方法，城市垃圾管理的目标分解为源控制、资源化利用、无害化处理和最终处置 4 个层次化的功能环节，按层次优先顺序进行管理。

1. 源控制

源控制指的是通过产生前和收集过程的干预措施，减少固体废物产生量或（和）降低其环境危害水平。源控制的措施包括技术性措施和非技术性措施两个方面。

源控制的技术性措施有生产工艺替代、清洁生产、电子化媒体和商务结算等。对于城市垃圾而言，比较有意义的措施是电子化媒体和商务结算，可以使各种信息的传播和商务文件的交换摆脱纸质媒介，从而大大减少纸类废物的产生（这类废物通常占发达国家生活垃圾量的 30%～50%）；也包括分类收集"纯化"垃圾组成，优化衔接后续的处理和利用环节。

源控制的非技术性措施包括各种教育和法规手段，主要通过影响人们的消费和垃圾投放行为，实现废物的减量和分类，如通过教育提高公众环保意识，积极参与垃圾分类，少购买和少使用一次性消费品，商场不提供免费购物袋，引导消费者使用可重复使用的购物携载工具等。

2. 资源化利用

资源化利用是城市垃圾产生后的控制措施，指通过各种转化和加工手段，使城市垃圾中的特定组分具备某种使用价值，同时消除其在使用环境中的污染危害，并通过市场或非市场途径实现再利用的过程。城市垃圾资源化利用的措施以技术性为主、非技术性为辅。资源化利用按其技术方法特征，可分为多个层次。

资源化层次一可称为"产品回用"。这种方法的特征是以废弃产品或部件为对象，仅通过清洁、修补、质量甄别等手段，对废物进行简单处理后，即可将其再次用于新的生产或消费目的。最有代表性的例子，是玻璃饮料瓶的再灌装使用，牛奶、啤酒、可乐瓶的直接回用均已有近百年的历史。

资源化层次二可称为"材料再生"。这种方法的特征是通过物理和化学的分离、混合和（或）提纯等过程，使废物的构成材料通过纯化和（或）复合等途径，再次用作生产原料。如废纸回收造纸的普遍应用，使我国生活垃圾中的纸类组分远低于同等经济发展水平的国家，也保护了我国稀缺的森林资源。城市垃圾中的主要组分，如金属、玻璃、混凝土和纸类等大宗无机矿物和天然纤维材料，以及聚烃、聚酯和尼龙等不同种类的人工聚合物，均可能通过处理实现材料再生。但是，再生和一次材料相比的质量差异，与废物材料种类有很大的相关性。金属、玻璃和纸类的再生制品与一次材料几乎没有质量差异；而混凝土和大部分人工聚合物的再生制品与一次材料相比有明显的质量衰减，只能适用于特定的应用场合。

资源化层次三可称为"物料转化"。这种方法的特征是通过物理、化学和生物的分离、分解和聚合等过程，使废物的构成物料转化为具有使用价值的产物或可贮存的能源。生活垃圾中的生物可降解废物，可通过生物降解转化为腐殖肥料（堆肥）；可燃的城市垃圾也可通过无氧或缺氧的热化学分解途径，回收得到不同物态的燃料或有机合成原料等。

资源化层次四可称为"热能转化"。这种方法适用于可燃或以可燃组分为主的城市垃圾资源化利用，其特征是通过燃烧过程将可燃组分的化学能转化为热能，再通过热能转化（如热电联供等）过程进行能量利用。普遍应用的生活垃圾焚烧发电（烟气余热锅炉产生蒸汽、蒸汽推动汽轮机发电）即属此类的资源化实践。

资源化利用按技术方法特征进行层次化分级，其依据是资源化的效益差异，即资源化过程的投入与资源化产物的产出之比的不同。一般来说，从层次一至层次四，固体废物资源化的效益递减。

3. 无害化处理

无害化泛指控制城市垃圾的污染影响。根据无害化实现的原理，城市垃圾无害化方法可为 4 种类型：（1）分解或替代污染源物质，源头消除污染；（2）转化污染源物质，降低其可迁移性，削减污染源强；（3）集中处置，阻断污染迁移途径，控制其污染影响；（4）控制衍生污染，控制污染源物质分解、转化和净化废物集中处置过程的衍生污染物，保证对城市垃圾污染影响的全面控制。

广义的无害化处理，包含了前述的源控制、资源化利用及最终处置，或与之相互交叉。如：碱性电池采用无汞电解质，可使此类电池由危险性废物转变成一般废物；污水处理厂污泥高温好氧生物降解（堆肥处理），既可以得到腐殖有机肥料（堆肥），也同时使可降解有机物分解稳定，消除了其产生溶解性有机物和臭气污染的可能性；建筑垃圾制建材，可以通过建材基体（matrix）的聚合反应，使垃圾中可能存在的重金属等污染物的可迁移性降低，有助于建筑垃圾无害化，但其资源化利用也使相当数量的重金属随建材产品进入无防护的暴露环境，可能存在一定的环境污染风险。

而狭义的无害化处理，专指针对城市垃圾中某类污染物的分解或转化，以降低其可迁移性的过程。其中较为典型的是，含高浓度重金属的生活垃圾焚烧飞灰的固化/稳定化（以重金属可浸出量的减少为衡量指标）处理，如：水泥固化（利用水泥凝聚体包裹含重金属废物）、有机磷酸聚合物稳定化（通过所含磷酸根与重金属螯合形成低溶性盐类物质，聚合物链进一步包覆污染物阻碍其溶出）等。

4. 最终处置

最终处置，是特定的城市垃圾无害化处理方法。称为"最终处置"的主要意义在于这类措施不产生二次固体产物，因此是"最终"的处理方式。

在物质不灭的前提下，不产生二次固体产物意味着必须为城市垃圾提供一定的贮存空间；而城市垃圾具有自发转化而衍生污染的潜力，这就必然要求对这个空间采取可靠的污染迁移阻断措施。因此，最终处置的技术要点是处置空间和对空间中产生污染物迁移途径的阻断。

城市垃圾的处置空间仅限于陆地地表，基本的处置方法是填埋。根据城市垃圾及其处理衍生物不同的污染风险，生活垃圾和污水处理厂污泥适合采用卫生填埋，建筑垃圾适合采用控制填埋，生活垃圾焚烧飞灰一般应采用安全填埋。此外，土地利用可看作地表分散处置技术，适用于原状或经处理后与表土生态相容的城市垃圾，如：生活污水处理厂污泥的土地利用等。

1.5　城市垃圾处理课程的学科特点

城市垃圾处理课程，属于固体废物污染控制与资源化技术学科的一部分，总体上归属于环境工程学科，主要功能是论述城市垃圾类固体废物的污染控制工艺原理、过程设计及运行技术方法。

城市垃圾处理属专业知识高度交叉的应用技术学科，其学科基础包括环境科学、数学、物理、化学、生物等学科的基础知识。而学科的主要方法则来源于：化学工程、微生物代谢工程、机械工程和岩土工程；同属环境工程学科的水污染控制、大气污染控制工程、固体废物处理与资源化技术，以及环境科学与工程学科的环境监测、环境管理等，均是城市垃圾处理课程平行交叉的学科内容。

思考题与习题

1. 城市垃圾包含哪些主要类别？各个类别的性质有哪些基本的特点？
2. 各类城市垃圾的产生量主要受哪些因素影响？试讨论各类城市垃圾进行源减量的可能性。

3. 城市生活垃圾堆放与处理过程中存在哪些污染途径？试讨论可采取哪些针对性的控制手段？

4. 试具体阐述城市垃圾资源化应遵循怎样的层次原则？

5. 试分析城市垃圾资源化与其污染控制有什么样的关系？

6. 试讨论生活垃圾分类收集对其污染控制效果的影响。

7. 结合城市垃圾管理的层次优先顺序，试讨论与碳排放的关系。

第2章　城市垃圾管理

城市垃圾管理是指城市垃圾管理者运用系统工程的观点、理论和方法，结合技术、经济、信息等资源，对城市垃圾治理设施规划与建设、垃圾清扫收集和运输、垃圾处理处置等工作进行有效的决策、计划、组织、领导和控制，实施全过程和全方位的管理，以期达到城市垃圾减量化、资源化、无害化的目标。

2.1　城市垃圾管理的目标和指标

2.1.1　管理的目标

城市垃圾管理的目标是减少城市垃圾的产生量和危害性，充分合理利用城市垃圾和无害化处置城市垃圾，示即通常的"减量化、资源化、无害化"三大目标控制。这三项目标，是城市垃圾管理的原则和约束条件，也是垃圾管理效益的象征。

1. 减量化

减量化旨在从输入端进行控制，是降低垃圾对环境危害的基本手段，是城市垃圾管理领域的重要理念，是垃圾管理的基本要求。减量化指减少城市垃圾的产生量或危害性，包括在生产、流通和消费等过程中减少资源消耗和废物产生，以及降低城市垃圾对环境的危害性。

实施城市垃圾减量化必须重视源头治理，加强城市垃圾分类回收、生产原材料选择的管理。首先，在从产品生产工艺和原材料的选择上，通过减少原材料的使用量，减少生产、服务和产品使用过程中垃圾的产生和排放；其次，在消费方面，少使用一次性物品，多购买和使用耐用性强的可循环使用的物品；最后，通过加强垃圾分类收集，可以有效减少后续运输和处理处置的垃圾量。

2. 资源化

资源化旨在从过程上进行控制，指充分合理利用城市垃圾，采取管理和工艺措施从城市垃圾中回收物质和能源，进行回收加工、循环利用或其他再利用等，使垃圾直接变成为产品或转化为可供再利用的二次原料，不但减轻垃圾的危害，而且减少资源浪费，获得经济效益。

城市垃圾资源化途径通常包括三种：物质回收，即处理垃圾并从中回收指定的二次物质，如纸张、玻璃、金属、塑料等物质；物质转换，即利用垃圾制取新形态的物质，如利用废玻璃和废橡胶生产铺路材料，利用有机垃圾和污泥生产肥料等；能量转换，即从垃圾处理过程中回收能量，包括热能和电能。

3. 无害化

无害化旨在从输出端进行控制，是指对城市垃圾进行适当的处理或处置，使其中的有害成分无法危害环境或转化为对环境无害的物质，尽可能地减少有害物质种类，降低垃圾中有害物质的浓度，减轻和消除其危险特征等，以防止、减少或减轻垃圾的环境危害。

城市垃圾无害化管理可以通过垃圾填埋、综合利用或者其他方法实现无害化处理处置。

2.1.2　垃圾管理的评价指标

城市垃圾管理的评价指通过比较垃圾管理现状与既定目标之间的差距，来评价城市垃圾管理水平和努力程度。因此，城市垃圾管理评价指标的合法性、合理性、可行性直接关系评价的结果，必须科学地、客观地、合理地把反映和影响垃圾管理系统的相关因素纳入指标体系，按照一定的原则去分析和判断相关指标。只有体现垃圾的减量化、资源化和无害化目标，客观反映垃圾管理实际的相关指标，才能实现对垃圾管理的合理评价。

城市垃圾管理评价指标主要包括以下五个方面：

1. 垃圾分类收集率

垃圾分类收集率指垃圾分类收集的质量与垃圾排放总质量的比值。

分类收集率可按公式（2-1）计算：

$$\gamma_s = \frac{W_s}{W} \times 100\%$$
（2-1）

式中　γ_s——垃圾分类收集率，%；

　　W_s——年度分类收集的垃圾质量，t；

　　W——年度垃圾排放总质量，t。

垃圾排放总质量的计算可按式（2-2）计算：

$$W = W_1 + W_2 + W_3$$
（2-2）

式中　W——年度垃圾排放总质量，t；

　　W_1——年度已回收的可回收物质量，t；

　　W_2——年度填埋处理的垃圾质量，t；

　　W_3——年度采用厌氧消化、堆肥或焚烧等方法处理的垃圾质量，t。

2. 垃圾减量化率

垃圾减量化率指相比于上年度，当年度垃圾总量或人均垃圾量减量的程度。

该指标主要描述垃圾减量化效果和努力程度，反映从源头降低垃圾产生量的情况，由垃圾总量减量化率和人均减量化率两项二级指标组成。

垃圾总量减量化率可按式（2-3）计算：

$$\gamma_{d,t} = \frac{W - W'}{W'} \times 100\%$$
（2-3）

式中　$\gamma_{d,t}$——垃圾总量减量化率，%；

　　W'——上年度垃圾排放总质量，t。

垃圾人均减量化率可按式（2-4）计算：

$$\gamma_{d,p} = \frac{w - w'}{w'} \times 100\%$$
（2-4）

式中　$\gamma_{d,p}$——垃圾人均减量化率，%；

w——年度人均垃圾排放量，t/人；

w'——上年度人均垃圾排放量，t/人。

3. 垃圾资源回收率

垃圾资源回收率指已回收的可回收物质量与垃圾排放总量的比值。

资源回收率可按公式（2-5）计算：

$$\gamma_r = \frac{W_1}{W} \times 100\%$$ (2-5)

式中 γ_r——垃圾资源回收率，%。

4. 垃圾清运率

垃圾清运率指城市收集运输的垃圾质量与垃圾排放总量的比值。

垃圾清运率可按公式（2-6）计算：

$$\gamma_y = \frac{W_y}{W} \times 100\%$$ (2-6)

式中 γ_y——垃圾清运率，%；

W_y——在一定区域范围内，城市生活垃圾被运出该区域范围的垃圾质量，t。

5. 垃圾无害化率

垃圾无害化率指采用填埋、焚烧、堆肥及其他无害化方法处理处置的垃圾质量与垃圾排放总量的比值。

垃圾无害化率可按式（2-7）计算：

$$\gamma_t = \frac{W_2 + W_3}{W} \times 100\%$$ (2-7)

式中 γ_t——垃圾无害化率，%。

2.2 城市垃圾管理的法规

城市垃圾管理过程中，必须通过制定一系列的法律、法规、规章、国家标准、技术规范等具有强制力的文件，对城市垃圾的产生、清扫、收集、运输、利用、处理和处置全过程进行管理。在充分考虑实际情况的前提下，逐步完善城市垃圾管理法规体系，进而发挥法规化管理在城市垃圾管理中的作用，促进城市垃圾管理科学规范的发展。

城市垃圾管理法规体系是环境保护法规体系中不可缺少的组成部分，是由污染防治、环境卫生及城市管理方面的专门性法律、法规、规章、国家标准、技术规范、地方法规等组成的有机统一体。在具体运用法规体系时，应当首先执行层级较高的环境法律、法规，然后是环境规章，最后才是其他环境保护规范性文件。

2.2.1 基本法规

1. 《中华人民共和国环境保护法》

1979 年，我国第一部关于保护环境和自然资源、防治污染和其他公害的综合性法律——《中华人民共和国环境保护法（试行）》公布施行。1989 年，通过了修改后的《中华人民共和国环境保护法》，2014 年再次修订并于 2015 年施行。该法对我国的环境立法和实践工作来说，具有里程碑的意义。

该法明确了环境保护是国家的基本国策，明确了环境保护坚持保护优先、预防为主、综合治理、公众参与、损害担责的原则；提出了"使经济社会发展与环境保护相协调"，彻底改变了环境保护在二者关系中的次要地位。该法明确了国家促进清洁生产和资源综合利用，企业应当采用资源利用率高、污染排放量少的工艺、设备以及废弃物综合利用技术，减少污染物的产生。

2.《中华人民共和国固体废物污染环境防治法》

1995 年首次通过了《中华人民共和国固体废物污染环境防治法》，2004 年对该法进行了修订，2020 年再次修订，自 2020 年 9 月 1 日起实施。

该法明确指出，国家应采取有利于固体废物综合利用活动的经济、技术政策和措施，推动固体废物污染环境防治产业的发展；鼓励、支持防治固体废物污染环境的科学研究、技术开发，推广先进的防治技术和普及固体废物污染环境防治的科学知识，倡导有利于环境保护的生产方式和生活方式；鼓励单位和个人购买再生产品和可重复利用产品。国家对固体废物污染环境的防治，实行减少固体废物的产生量和危害性，充分合理利用固体废物和无害化处置固体废物的原则，促进清洁生产和循环经济发展。2020 年修订版首次将垃圾分类写入法律，规定"应当建立生活垃圾分类工作协同机制，加强统筹生活垃圾分类管理能力建设"。

3.《城市市容和环境卫生管理条例》

1992 年国务院发布了《城市市容和环境卫生管理条例》，分别于 2011 年和 2017 年进行了两次修正。该条例规定，城市人民政府应当把城市市容和环境卫生事业纳入国民经济和社会发展计划，并组织实施。城市人民政府市容环境卫生行政主管部门对城市生活废弃物的收集、运输和处理实施监督管理。一切单位和个人，都应当依照城市人民政府市容环境卫生行政主管部门规定的时间、地点、方式，倾倒垃圾、粪便。对垃圾、粪便应当及时清运，并逐步做到垃圾、粪便的无害化处理和综合利用。对城市生活废弃物应当逐步做到分类收集、运输和处理。

4.《城市生活垃圾管理办法》

2007 年建设部通过了《城市生活垃圾管理办法》，2015 年住房和城乡建设部发布了修正本。该办法规定，城市生活垃圾的治理，实行减量化、资源化、无害化和谁产生、谁依法负责的原则。鼓励采取有利于城市生活垃圾综合利用的经济技术政策和措施，提高城市生活垃圾治理的科学技术水平，鼓励对城市生活垃圾实行充分回收和合理利用。

现行《城市生活垃圾管理办法》中，与城市固体废物管理直接相关的规定摘录如下：

第七条："直辖市、市、县人民政府建设（环境卫生）主管部门应当会同城市规划等有关部门，依据城市总体规划和本地区国民经济和社会发展计划等，制定城市生活垃圾治理规划，统筹安排城市生活垃圾收集、处置设施的布局、用地和规模。"

第十五条："城市生活垃圾应当逐步实行分类投放、收集和运输。具体办法，由直辖市、市、县人民政府建设（环境卫生）主管部门根据国家标准和本地区实际制定。"

第十六条："单位和个人应当按照规定的地点、时间等要求，将生活垃圾投放到指定的垃圾容器或者收集场所。废旧家具等大件垃圾应当按规定时间投放在指定的收集场所。城市生活垃圾实行分类收集的地区，单位和个人应当按照规定的分类要求，将生活垃圾装入相应的垃圾袋内，投入指定的垃圾容器或者收集场所。宾馆、饭店、餐馆以及机关、院校等单位应当按照规定单独收集、存放本单位产生的餐厨垃圾，并交符合本办法要求的城市生活垃圾收集、运输企业运至规定的城市生活垃圾处理场所。禁止随意倾倒、抛洒或者堆放城市生活垃圾。"

第二十三条："城市生活垃圾应当在城市生活垃圾转运站、处理厂（场）处置。任何单位和个人不得任意处置城市生活垃圾。"

第二十四条："城市生活垃圾处置所采用的技术、设备、材料，应当符合国家有关城市生活垃圾处理技术标准的要求，防止对环境造成污染。"

第二十八条："从事城市生活垃圾经营性处置的企业应当履行以下义务：（一）严格按照国家有关规定和技术标准，处置城市生活垃圾；（二）按照规定处理处置过程中产生的污水、废气、废渣、粉尘等，防止二次污染；（三）按照所在地建设（环境卫生）主管部门规定的时间和要求接收生活垃圾；（四）按照要求配备城市生活垃圾处置设备、设施，保证设施、设备运行良好；（五）保证城市生活垃圾处置站、场（厂）环境整洁；（六）按照要求配备合格的管理人员及操作人员；（七）对每日收运、进出场站、处置的生活垃圾进行计量，按照要求将统计数据和报表报送所在地建设（环境卫生）主管部门；（八）按照要求定期进行水、气、土壤等环境影响监测，对生活垃圾处理设施的性能和环保指标进行检测、评价，向所在地建设（环境卫生）主管部门报告检测、评价结果。"

2.2.2 管理政策

我国的城市生活垃圾管理政策，集中体现于《国务院批转住房和城乡建设部等部门关于进一步加强城市生活垃圾处理工作意见的通知》（国发〔2011〕9号）。

《进一步加强城市生活垃圾处理工作的意见》（以下简称《意见》）由深刻认识城市生活垃圾处理工作的重要意义（引言），提出指导思想、基本原则和发展目标，切实控制城市生活垃圾产生，全面提高城市生活垃圾处理能力和水平，强化监督管理，加大政策支持力度，加强组织领导共7个部分构成。

《意见》确定城市生活垃圾处理的基本原则是："全民动员，科学引导"——从源头控制生活垃圾产生；"综合利用，变废为宝"——全面提升生活垃圾资源化利用工作；"统筹规划，合理布局"——因地制宜地选择先进适用的生活垃圾处理技术；"政府主导，社会参与"——在政府主导、加大财政投入的同时，引入市场机制，充分调动社会资金参与城市生活垃圾处理设施建设和运营。

《意见》的特点，首先是宏观上运用与发展了固体废物全过程管理的思路，既体现在强调了源控制，也体现在强调了"全民动员、社会参与、强化监督管理、加大政策支持和加强组织领导"；其次，在微观上提出了明确的技术指导，要求"建立生活垃圾处理技术评估制度，新的生活垃圾处理技术经评估后方可推广使用。城市人民政府要按照生活垃圾处理技术指南，因地制宜地选择先进适用、符合节约集约用地要求的生活垃圾无害化处理技术。土地资源紧缺、人口密度高的城市要优先采用焚烧处理技术，生活垃圾管理水平较高的城市可采用生物处理技术，土地资源和污染控制条件较好的城市可采用填埋处理技术。鼓励有条件的城市集成多种处理技术，统筹解决生活垃圾处理问题"；同时，针对生活垃圾处理社会化的需要，提出了细致、切实的监管要求，"切实加强各级住房城乡建设（市容环卫）和环境保护部门的生活垃圾处理监管队伍建设；研究建立城市生活垃圾处理工作督察巡视制度，加强对地方政府生活垃圾处理工作以及设施建设和运营的监管；建立城市生活垃圾处理节能减排量化指标，落实节能减排目标责任；探索引入第三方专业机构实施监管，提高监管的科学水平；完善全国生活垃圾处理设施建设和运营监控系统，定期开展生活垃圾处理设施排放物监测。常规污染物排放情况每季度至少监测一次，二噁英排放情况每年至少监测一次，必要时可加密监测，主要监测数据和结果向社会公示"。

《"十四五"城镇生活垃圾分类和处理设施发展规划》指出，生活垃圾分类和处理设施建设进入关键时期，提出到 2025 年底全国城市生活垃圾资源化利用率达到 60% 左右，垃圾分类收运能力达到 70 万吨/日左右。

2.2.3　标准规范体系

垃圾管理标准规范体系的建立，是垃圾管理环境立法的一个组成部分，否则将无法对垃圾实行全面的、有效的管理。我国现有的垃圾管理标准规范主要分为工程建设标准、污染控制标准、工程设计技术规范、运行维护技术规程、评价标准、产品标准等 6 大类。

各类标准规范构成城市垃圾技术管理的完整界限，不同标准又有各自的特定功能。其中，污染控制标准是城市垃圾技术规范的核心，规定相关工程项目应达到的基本技术要求和污染控制验收指标；工程设计技术规范是工程项目设计的基本依据，规定各种工程项目应达到的具体技术要求；工程建设标准、运行维护技术规程、评价标准、产品标准，则分别是工程立项、操作运营、检查评估和设备选用及资源化产品生产的基本依据。

我国现已发布的代表性城市垃圾处理技术标准见表 2-1～表 2-6。

工程建设标准　　　　　　　　　　　　　　　　　　　　　　表 2-1

标准名称	标准编号
生活垃圾卫生填埋处理工程项目建设标准	建标 124
生活垃圾焚烧处理工程项目建设标准	建标 142
生活垃圾堆肥处理工程项目建设标准	建标 141
生活垃圾填埋场封场工程项目建设标准	建标 140
小城镇生活垃圾处理工程建设标准	建标 149
生活垃圾收集站建设标准	建标 154
生活垃圾综合处理工程项目建设标准	建标 153
生活垃圾转运站工程项目建设标准	建标 117

污染控制标准　　　　　　　　　　　　　　　　　　　　　　表 2-2

标准名称	标准编号
生活垃圾填埋场污染控制标准	GB 16889
生活垃圾焚烧污染控制标准	GB 18485
恶臭污染物排放标准	GB 14554
水泥窑协同处置固体废物污染控制标准	GB 30485
生活垃圾焚烧飞灰污染控制技术规范（试行）	HJ 1134

工程设计技术规范   表 2-3

标准名称	标准编号
生活垃圾处理处置工程项目规范	GB 55012
生活垃圾卫生填埋处理技术标准	GB/T 50869
生活垃圾卫生填埋场填埋气体收集处理及利用工程技术标准	CJJ/T 133
生活垃圾卫生填埋场岩土工程技术规范	CJJ 176
生活垃圾填埋场渗滤液①处理工程技术规范（试行）	HJ 564
生活垃圾焚烧处理与能源利用工程技术标准	GB/T 51452
生活垃圾堆肥处理技术规范	CJJ 52
垃圾焚烧袋式除尘工程技术规范	HJ 2012
袋式除尘工程通用技术规范	HJ 2020
餐厨垃圾处理技术规范	CJJ 184
生活垃圾转运站技术规范	CJJ/T 47
生活垃圾渗沥液处理技术标准	CJJ/T 150

运行维护技术规程   表 2-4

标准名称	标准编号
生活垃圾卫生填埋场封场技术规范	GB 51220
生活垃圾应急处置技术导则	RISN-TG 005
生活垃圾焚烧厂运行维护与安全技术标准	CJJ 128
生活垃圾焚烧厂检修规程	CJJ 231
生活垃圾焚烧厂运行监管标准	CJJ/T 212
生活垃圾收集站技术规程	CJJ 179
生活垃圾卫生填埋气体收集处理及利用工程运行维护技术规程	CJJ 175
生活垃圾卫生填埋场运行维护技术规程	CJJ 93

评 价 标 准   表 2-5

标准名称	标准编号
生活垃圾堆肥厂评价标准	CJJ/T 172
生活垃圾填埋场无害化评价标准	CJJ/T 107
生活垃圾焚烧厂评价标准	CJJ/T 137
生活垃圾转运站评价标准	CJJ/T 156
城市道路清扫保洁与质量评价标准	CJJ/T 126
生活垃圾焚烧厂安全性评价技术导则	RISN-TG 010
生活垃圾填埋场稳定化场地利用技术要求	GB/T 25179
生活垃圾综合处理与资源利用技术要求	GB/T 25180
生活垃圾卫生填埋场环境监测技术要求	GB/T 18772

方法和产品标准   表 2-6

标准名称	标准编号
生活垃圾分类标志	GB/T 19095
生活垃圾采样和分析方法	CJ/T 313

① 填埋场渗滤液，正文统一用渗滤液；垃圾焚烧厂渗沥液，正文统一用渗沥液；涉及标准规范时，用原文。

标准名称	标准编号
生活垃圾化学特性通用检测方法	CJ/T 96
生活垃圾焚烧灰渣取样制样与检测	CJ/T 531
垃圾源臭气实时在线检测设备	CJ/T 465
好氧堆肥氧气自动监测设备	CJ/T 408
生活垃圾收集站压缩机	CJ/T 391
堆肥自动监测与控制设备	CJ/T 369
垃圾填埋场用高密度聚乙烯管材	CJ/T 371
垃圾填埋压实机	GB/T 27871
生活垃圾焚烧炉及余热锅炉	GB/T 18750
生物分解塑料垃圾袋	GB/T 28018
生活垃圾转运站压缩机	CJ/T 338
生活垃圾渗滤液碟管式反渗透处理设备	CJ/T 279
垃圾填埋场用线性低密度聚乙烯土工膜	CJ/T 276
垃圾填埋场用高密度聚乙烯土工膜	CJ/T 234
垃圾填埋场压实机技术要求	CJ/T 301
土工合成材料 塑料土工格栅	GB/T 17689

2.3　城市垃圾管理实施方法

2.3.1　组织形式

我国城市生活垃圾管理办法规定，国务院建设主管部门负责全国城市生活垃圾管理工作；省、自治区人民政府建设主管部门负责本行政区域内城市生活垃圾管理工作；直辖市、市、县人民政府建设和环境卫生主管部门负责本行政区域内城市生活垃圾管理工作。

直辖市、市、县人民政府建设和环境卫生主管部门应当会同城市规划等有关部门，依据城市总体规划和本地区国民经济和社会发展计划等，制订城市生活垃圾治理规划，统筹安排城市生活垃圾收集、处理处置设施的布局、用地和规模。

直辖市、市、县人民政府建设和环境卫生主管部门应当对本行政区域内城市生活垃圾经营性清扫、收集、运输、处理处置企业执行本办法的情况进行监督检查。

2.3.2　产生者责任

垃圾管理中的产生者责任理念，来自于循环经济中生产者责任延伸的思想。生产者责任延伸（Extended Producer Responsibility，EPR）概念，是 1988 年由瑞典环境经济学家托马斯首次提出，通过使生产者对产品的整个生命周期，特别是对产品的回收、循环和最终处置负责来实现，其设计了生产者须承担的五个责任：（1）环境损害责任，生产者对已经证实的由产品导致的环境损害负责，其范围由法律规定，并且可能包括产品生命周期的各个阶段；（2）经济责任，生产者为其生产的产品的收集、循环利用或最终处理全部或部分地付费；（3）物质责任，生产者必须参与处理其产品或其产品引起的影响；（4）所有权责任，在产品的整个生命周期中，生产者保留产品的所有权，该所有权牵连到产品的环境问题；（5）信息披露责任，生产者有责任提供有关产品以及产品在其生命周期的不同阶段对环境影响的相关信息。

1. 生产者责任延伸制度的内涵

生产者责任延伸（EPR）填补了产品责任体系中消费后产品责任的空白，确定了废物回收处理、处置、再循环利用上的责任主体。EPR 的内涵可界定为：以生产者为主导的责任主体，对消费及其他环节所产生的废弃物的回收、循环利用和最终处置所应承担的责任。包括以下特点：（1）EPR 强调生产者的主导作用。生产者对产品的设计、原料的使用掌有控制权，产品使用完毕后的回收、再生及处置应由生产者负责，生产者必须慎重考虑产品的设计和原料的选择，从而降低产品对环境之冲击。以生产者作为切入点引入外部激励，可以保证激励信号在产品链上下游顺畅传播，更好地减少废弃物，鼓励再生利用；（2）不仅强调生产者的责任，同时强调整个产品生命链中不同角色的责任分担问题，包括消费者、销售者、回收者和政府等；（3）EPR 制度中的责任应限于消费后的回收、循环利用以及最终处理阶段，以体现"延伸"的内涵。

2. EPR 责任主体的确定和责任分配

（1）生产者的责任

生产者在废弃物回收处理中承担主要责任，包括：

1）负责产品的回收与利用。这一责任可以通过集中责任分担加以分散，一是由政府负责全部或部分的回收，生产者仅负责循环利用；二是生产者设立独立的机构来进行回收利用；三是在生产者负责回收的情况下，通过销售商回收产品，特别是大件耐用产品。

2）信息责任。生产者有义务在其产品说明书或产品包装上说明商品的材质及回收途径等事项。

3）分担废弃产品的回收处理费用。具体的承担费用可由回收企业处理单位废弃物的成本、处理速度、生产者的年生产量等因素决定，按比例在生产者和回收者之间进行分配。

（2）销售者的责任

销售者承担的责任主要包括：回收废旧产品、收取费用、退还押金、选择并贮存回收来的产品，并承担一定的信息告知义务，依照产品的性质和危害，将其划分等级附于产品铭牌和说明书上，以及在销售产品时，告知消费者诸如产品信息、消费者返还责任等事项。

（3）消费者的责任

消费者的责任，首先是把废旧产品交给逆向回收点或指定地点，其次是分担废旧产品的回收处理费用。消费者有三种付费方式：第一种是预先支付，在购买产品时，处理费用已经预先附加到产品价格中；第二种是丢弃付费，消费者在决定丢弃时支付一定费用，这种模式可以鼓励消费者延长产品的使用寿命，减少丢弃数量，但容易出现不当丢弃问题；第三种是押金方式，被广泛运用于饮料瓶、电池和轮胎等产品上。

（4）政府的责任

政府作为 EPR 制度的制定者和推动者，其责任主要有：制定 EPR 法律制度及相关参数，包括产品的分类标准、报废标准、回收拆卸的技术规范等；对 EPR 进行政策支持，包括实施政府绿色采购和绿色消费政策等；建立企业绩效评价体系，将 EPR 的执行情况作为评价的重要内容；对 EPR 进行监督等。

3. 城市垃圾产生者的责任

作为城市垃圾产生者的单位和个人，应当负有以下责任：

（1）垃圾减量责任：垃圾产生者首先要有垃圾减量的责任，并尽量避免垃圾的产生。

（2）分类收集和投放责任：垃圾产生者应按照垃圾的不同成分、属性、利用价值以及对环境的影响，并根据不同处置方式的要求，分成属性不同的若干种类，按照城市垃圾分类收集的规定，按照垃圾收集容器设施的标识，按照规定的地点、时间等要求，将可回收物、厨余垃圾、有害垃圾、其他垃圾投放到指定的垃圾容器或者收集场所。废旧家具等大件垃圾应当按规定时间投放在指定的收集场所。

（3）经济责任：产生生活垃圾的单位和个人应当按照规定缴纳生活垃圾处理费。我国许多城市已经按照多排放多付费、少排放少付费，混合垃圾多付费、分类垃圾少付费的原则，逐步建立计量收费、分类计价、易于收缴的生活垃圾处理收费制度，加强收费管理，促进生活垃圾减量、分类和资源化利用。

（4）社会责任：单位和个人应尽量使用再利用产品、再生产品，以及其他有利于生活垃圾减量化、资源化的产品。任何单位和个人都应当遵守城市生活垃圾管理的有关规定，并有权对违反规定的单位与个人进行检举和控告。

2.3.3　城市垃圾管理规划

城市垃圾管理规划是指以垃圾减量化、资源化、无害化为目标，对垃圾管理系统中的各个环节、层次进行整合调节和优化设计，筛选出切实可行的技术先进、经济合理的规划方案，从而使整个城市垃圾管理系统处于良性运转状态。

城市垃圾管理规划工作是一个高度综合性、复杂性的工作，涉及城市工业生产、居民生活的各个方面，既需要调查和收集大量社会、经济、文化以及垃圾产生、收运、处理处置等领域的数据，进行周密、细致的实地踏勘和调研，又需要多种规划理论方法的运用和评价模型的构建，并进行规划方案的分析、评估和优化选择。

根据规划对象范围，城市垃圾管理规划的类型主要包括城市环境卫生总体规划、城市生活垃圾收运系统规划、城市环境卫生设施规划、城市垃圾资源化管理规划等。

根据规划年限，城市垃圾管理规划可分为近期规划、中期规划和远期规划。近期规划着重于规划目标明确、定量、具体，具有可操作性。中、远期规划体现前瞻性，具有宏观战略意义。

根据空间范围，城市垃圾管理规划可分为国家垃圾管理规划、省区垃圾管理规划、县市垃圾管理规划。

城市垃圾管理规划具体包括数据收集和调查分析、垃圾产生量预测、规划目标的选择、规划方案拟定和优化、规划方案确定、方案实施和后续管理等环节。

1. 数据收集和分析

数据收集和分析是编制城市垃圾管理规划的基础性工作，目的是调查规划区域内垃圾产生、收运、处理的历史和现状，获取垃圾来源、产生量、成分、性质等数据，掌握垃圾收运系统组成和路线、填埋场位置和规模、垃圾回收利用的状况，明确社会、经济、产业、人口等发展规划数据，了解当地垃圾管理体制和垃圾收费相关政策，调查当地功能区划分、环境质量要求、水文、气象、土地利用、交通和地形地貌数据，为后续规划工作提供依据。

2. 城市垃圾产生量和成分的预测

城市垃圾产生量和成分的预测，能为垃圾管理规划提供主要参数依据，对收运系统规划、环卫设施规划有着重要的指导作用，可为环境规划、总量控制和决策提供重要信息。影响城市垃圾产生量和成分的因素，主要有人口规模、居民生活水平、城市发展状况、能源结构、生活习惯和城市管理政策等。例如，随着人口的增加，在其他因素不变的情况下，垃圾产量必然增加；居民生活水平的提高，居民消费品数量和类别的增加，垃圾产量也会相应增加；城市建成区扩大，保洁区面积增大，垃圾产生量也会随之增加。在燃气化率高的地区，生活垃圾中无机灰渣的含量较低；生活水平提高，垃圾中各组成成分的比例则会发生变化。城市管理政策，例如净菜进城、垃圾费征收等，都会减少垃圾量的产生。垃圾产生量的预测，可以根据具体情况和需要或者不同理论依据建立不同的城市垃圾产生量预测模型。目前，垃圾产量预测的方法主要有单变量数理统计与多变量数理统计两类。单变量数理统计模型有指数平滑模型、灰色预测模型、一元线性回归法，多变量数理统计模型主要是多元线性回归分析法。单变量数理统计模型在预测建模中只考虑单个影响因素，其中，灰色预测模型虽然存在对影响因素考虑不全的不足，但因其对原始数据具有预处理功能，且有一定的预测精度，故在单变量预测模型中应用较广泛。而多元线性回归分析法可以充分考虑各种影响因素，但对各因素的影响程度缺乏识别，过多的次要因素不仅增加计算量，而且也无助于预测精度的提高。在实际工作中，可根据规划地区数据收集完成程度和发展变化的特点，选择多种方法预测、论证确定规划垃圾产生量。

常用的是数理统计模型，采用线性回归方程或指数回归方程进行预测。

计算和预测垃圾产量，应考虑人口、生活水平、燃料结构、人口密度、流动人口、气候以及收集方式等，在计算出近几年垃圾产量的基础上，预测后续年度的垃圾产量，必须以预测年相邻年度开始连续上溯 6 年至 8 年的垃圾产量为基数。

计算垃圾日产量，应根据各地区经济发展状况、居民生活水平和季节变化等情况，分析居民区垃圾产生量占垃圾总产生量的比例关系。

根据居民区人口和人均日产垃圾量，可按照式（2-8）计算垃圾日产量：

$$y = \frac{r \cdot s}{k \cdot 1000} \tag{2-8}$$

式中　y——按人均日产量计算出的垃圾日产量，t；

　　　r——垃圾人均日产量，kg/人；

　　　s——居民区人口数量，人；通常取常住人口数＋临时居住人口数＋流动人口数×K，其中 $K = 0.4 \sim 0.6$；

　　　k——居民区垃圾占垃圾总产生量的比例，推荐使用 65%±5%。

预测时，根据垃圾年产量基数计算对应于给定变量 X 预测年度的 Y 值预测垃圾产量，使用逼近垃圾年产量的最小二乘法计算 Y 在 X 上的回归曲线。可根据线性回归方程式（2-9）进行计算：

$$Y = a + bX \tag{2-9}$$

式中　Y——预测年的垃圾产量，t；

　　　X——预测的年度。

$$a = \frac{\sum\limits_{i=1}^{n} y_i - b \sum\limits_{i=1}^{n} x_i}{n} \qquad (2\text{-}10)$$

$$b = \frac{n \sum\limits_{i=1}^{n} x_i y_i - \sum\limits_{i=1}^{n} x_i \sum\limits_{i=1}^{n} y_i}{n \sum\limits_{i=1}^{n} x_i^2 - \left(\sum\limits_{i=1}^{n} x_i\right)^2} \qquad (2\text{-}11)$$

式中　x_i——计算垃圾产量基数的年度；

　　　y_i——各年度的垃圾产量基数。

求回归相关系数，在实际问题中，如果 X 和 Y 之间的关系不是线性的，计算时一般采用非线性回归方法，比如采用指数回归方程，将其转换为线性回归问题，再进行求解。

3. 垃圾管理规划目标的设置

垃圾管理规划目标是指对城市垃圾在未来某一阶段内的环境质量状况的发展方向和水平所做的规定，是进行城市环境卫生设施建设和管理的基本出发点，一般通过指标体系来表征。从长远来看，垃圾管理规划目标的制订不仅要与规划区域社会经济发展的战略规划相协调，而且要与城市性质相适应。从近期来看，要与垃圾产生、处理状况和技术经济实力相适应。因此，城市垃圾管理规划的目标应以可持续发展为宗旨，遵循减量化、资源化、无害化的原则，以规划区域环境特征、垃圾性质和区域功能划分为基础，以社会经济发展战略目标为依据，体现规划的前瞻性，同时应具备技术先进性和可靠性、经济可行性、发展协调性。

城市垃圾管理规划目标通过指标体系表达，通常包括城市垃圾产生量、人均垃圾产生量、分类收集率、垃圾清运率、综合利用率、无害化处理率、粪便无害化处理率等指标。

2.3.4　城市垃圾全过程管理

所谓城市垃圾全过程管理，是指在城市垃圾产生、收集、运输、回收利用、处理、处置的整个生命周期内，对其处理方法、技术和管理计划进行优选及运用，综合考虑社会、政治和经济等因素，实施全过程监管，并进行跟踪监测和评估。城市垃圾全过程管理将是今后的主要发展方向，本节主要介绍城市生活垃圾的全过程管理方法，其他类别城市垃圾的管理方法请参见建筑垃圾、特种垃圾处理等章节。

1. 垃圾治理规划与设施建设

政府建设和环境卫生主管部门应当会同城市规划、环境保护、土地利用、城市管理等有关部门，依据城市总体规划与本地区国民经济和社会发展计划等，广泛征求公众意见，按照国家和地方有关法律、法规、标准、规范，制订城市垃圾治理规划，编制城市环境设施规划，统筹安排城市垃圾收集、回收和处理处置设施的布局、用地和规模，进行垃圾收集、运输、回收和处理处置设施的工程勘察、设计和施工。

2. 清扫、收集和运输

城市生活垃圾应当实行分类投放、收集和运输。2017 年发布实施的《生活垃圾分类制度实施方案》（以下简称《方案》）指出，随着经济社会发展和物质消费水平大幅提高，我国生活垃圾产生量迅速增长，环境隐患日益突出，已经成为新型城镇化发展的制约因素。实施生活垃圾分类，可以有效改善城乡环境，促进资源回收利用，加快资源节约型、环境友好型社会建设，提高新型城镇化质量和生态文明建设水平。该《方案》提出，推进生活垃圾分类要遵循减量化、资源化、无害化原则，加快建立分类投放、分类收集、分类运输、分类处理的垃圾处理系统，形成以法治为基础、政府推动、全民参与、城乡统筹、因地制宜的垃圾分类制度。《方案》提出，城市人民政府可结合实际制定指南，引导居民自觉、科学地开展生活垃圾分类。实施强制分类的城市，应选择不同类型的社区，开展居民生活垃圾强制分类示范试点。《方案》强调，要加强生活垃圾分类配套体系建设，建立与分类品种相配套的收运体系、与再生资源利用相协调的回收体系，完善与垃圾分类相衔接的终端处理设施，并探索建立垃圾协同处置和利用基地，确保分类收运、回收、利用和处理设施相互衔接。

垃圾产生者应按照垃圾的不同成分、属性、利用价值以及对环境的影响，并根据后续不同处置方式的要求，分成属性不同的若干种类，按照城市垃圾分类收集的规定，按照垃圾收集容器设施的标识，按照规定的地点、时间等要求，将可回收垃圾、不可回收垃圾、有毒有害垃圾投放到指定的垃圾收集容器或者收集场所。废旧家具等大件垃圾应当按规定时间投放在指定的收集场所。

城市生活垃圾实行分类收集的地区、单位和个人应当按照规定的分类要求，将生活垃圾装入相应的垃圾袋内，投入指定的垃圾收集容器或者收集场所。

宾馆、饭店、餐馆以及机关、院校等单位应当按照规定单独收集、存放本单位产生的餐厨垃圾，并交符合要求的城市生活垃圾收集、运输企业，运至规定的城市生活垃圾处理场所。

从事城市生活垃圾经营性清扫、收集、运输服务的企业，机械清扫能力应达到总清扫能力的20％以上，机械清扫车辆包括洒水车和清扫保洁车辆。机械清扫车辆应当具有自动洒水、防尘、防遗撒、安全警示功能，并安装车辆行驶及清扫过程记录仪；垃圾收集应当采用全密闭运输工具，并应当具有分类收集功能；垃圾运输应当采用全密闭自动卸载车辆或船只，具有防臭味扩散、防遗撒、防渗滤液滴漏功能，并安装行驶及装卸记录仪；具有健全的技术、质量、安全和监测管理制度，并得到有效执行；具有合法的道路运输经营许可证、车辆行驶证；具有固定的办公及机械、设备、车辆、船只停放场所。

从事城市生活垃圾经营性清扫、收集、运输的企业应当按照环境卫生作业标准和作业规范，在规定的时间内及时清扫、收运城市生活垃圾；将收集的城市生活垃圾运到直辖市、市、县人民政府建设和环境卫生主管部门认可的处理场所；清扫、收运城市生活垃圾后，对生活垃圾收集设施应及时保洁、复位，及时清理作业场地，保持生活垃圾收集设施和周边环境的干净整洁；用于收集、运输城市生活垃圾的车辆、船舶应当做到密闭、完好和整洁。禁止任意倾倒、抛洒或者堆放城市生活垃圾；禁止擅自停业、歇业；禁止在运输过程中沿途丢弃、遗撒生活垃圾。工业固体废弃物、危险废物应当按照国家有关规定单独收集、运输，严禁混入城市生活垃圾。

3. 垃圾处理处置

城市生活垃圾应当在城市生活垃圾转运站、处理厂（或处理场）处置。任何单位和个人不得任意处置城市生活垃圾。城市生活垃圾处置所采用的技术、设备、材料，应当符合国家有关城市生活垃圾处理技术标准或规范的要求，防止对环境造成污染。

卫生填埋场、厌氧消化厂、堆肥厂和焚烧厂的选址应符合城乡规划，并取得规划许可文件，采用的技术、工艺符合国家有关标准或规范，具有完善的工艺运行、设备管理、环境监测与保护、财务管理、生产安全、计量统计等方面的管理制度，并得到有效执行，生活垃圾处理设施应配备沼气检测仪器，配备环境监测设施，如渗滤液监测井、尾气取样孔，安装在线监测系统等监测设备，并与建设和环境卫生主管部门联网，具有完善的生活垃圾渗滤液、沼气的利用和处理技术方案，卫生填埋场应对不同垃圾采取分区填埋方案，生活垃圾处理过程产生的渗滤液、沼气、焚烧烟气、残渣等处理残余物应达标处理排放。

从事城市生活垃圾经营性处理处置的企业，应当严格按照国家有关规定和技术标准，处置城市生活垃圾以及处理处置过程中产生的污水、废气、废渣、粉尘等，防止二次污染；按照规定的时间和要求接收生活垃圾，保证设施、设备运行良好和城市生活垃圾处置站（处置场或处置厂）环境整洁，对每日收运、进出场站、处置的生活垃圾进行计量，按照要求将统计数据和报表报送所在地建设和环境卫生主管部门，定期监测水、气、土壤等环境影响，检测和评价生活垃圾处理设施的性能与环保指标，向所在地建设和环境卫生主管部门报告检测、评价结果。

建设和环境卫生主管部门应当会同有关部门制定城市生活垃圾清扫、收集、运输和处置应急预案，建立城市生活垃圾应急处理系统，确保紧急或者特殊情况下城市生活垃圾的正常清扫、收集、运输和处置。从事城市生活垃圾经营性清扫、收集、运输和处置的企业，应当制定突发事件生活垃圾污染防范的应急方案，并报所在地直辖市、市、县人民政府建设和环境卫生主管部门备案。

思考题与习题

1. 城市生活垃圾管理的目标包括哪些内容？以你所在的校园生活垃圾为例，分析如何实现垃圾分类管理的目标。

2. 如何评价城市生活垃圾管理的过程和效果？以你所在的城市现状为例，试评价该城市的城市生活垃圾管理状况。

3. 以生活垃圾卫生填埋场为例，试分析建设标准、技术规范、污染控制标准在管理功能方面的差异。

4. 城市生活垃圾规划的分类有哪些？各有什么不同？

5. 城市生活垃圾全过程管理包括哪些内容？

第3章　生活垃圾的收集与运输

生活垃圾的收集和运输是城市垃圾处理系统中的一个重要环节，它涉及的范围很广，操作过程也很复杂，如生活垃圾的收集方式、运输方式、收运路线的规划，垃圾收运使用的专用机具、集运点管理等，同时，这些环节管理水平的优劣也决定了垃圾清运成本的高低。世界各国对生活垃圾收运环节都比较重视，一方面努力提高垃圾收运的机械化和环境卫生水平，另一方面稳步实现垃圾运输管理的科学化。

生活垃圾收集和运输的原则：首先应满足环境卫生要求，其次应考虑在达到各项卫生目标的同时，费用最低，并有助于降低后续处理阶段的费用。因此，科学合理地制订收运计划，以此来提高生活垃圾收运效率是非常必要与关键的。

3.1　收集与运输概述

3.1.1　收集对象

生活垃圾收集对象按主要产生源类型进行分类，一般划分为以下几类：

（1）居民生活垃圾：指从居民区收集的生活垃圾。我国居民生活垃圾成分以厨余垃圾为主，含水率较高。

（2）商业服务业垃圾：指从各种商业服务业经营场所独立收集的生活垃圾，其组成与经营类别有关。一般综合百货、专业商场和旅馆的垃圾以纸张、塑料等包装类物品为主；副食品市场、大型超市则有较高比例的食品垃圾。此外，我国大中城市目前已基本实现了餐饮业（食品）垃圾的分流收集，小城镇餐饮业垃圾一般还是由业主自行回收处理。因此，餐饮垃圾通常不应该进入居民生活垃圾的收运系统之中。

（3）事业与办公楼垃圾：指事业机关和商务区办公楼产生的垃圾。其组成中纸类等办公特征性组分的比例较高。

（4）清扫垃圾：指城市道路、广场和公共绿地保洁产生的垃圾，包括街道废物箱垃圾和地面清扫垃圾。其成分中包装物和灰土较多，枯枝落叶则是季节性的高比例组分。

（5）工交企业的生活垃圾：指工业和交通服务企业员工生活及为旅客服务产生的垃圾。其组成特征是可能混入一定比例的工厂保洁垃圾，金属、灰渣等无机物含量相对较高。

各种来源不同的生活垃圾，其产生空间的特征各不相同，应相应地设计不同的收集方式；同时，其组成亦有较大的差异，可以通过产生源分类收集，获得适用于不同处理工艺的物流，或分流污染物富集的垃圾，优化生活垃圾后续处理过程的污染控制与资源利用效率。

不同来源生活垃圾的产生量、构成比例与城市规模、产业类型、气候条件等有关。一般而言，居民生活垃圾占生活垃圾产生量的比例最高，且其比例与城市规模呈反比。

3.1.2　收运过程构成

生活垃圾收集与运输简称收运，是生活垃圾处理系统的第一步，也是城乡固体废物管理的核心。生活垃圾收集运输系统是指生活垃圾自其产生到最终被送到处置场处置的系统。

生活垃圾的收运由收集和运输两个功能环节组成。运输环节可采用直运和转运两种方式实施。前者由运输车辆将收集设施中的垃圾直接运至处理处置设施；后者由运输车辆将收集设施中的垃圾运至转运站，再在转运站转载至转运车（船）后再运至处理处置设施。为区分两段有功能差异的运输环节，一般将收集设施至转运站或处理处置设施的运输过程称为清运，转运站至处理处置设施的运输过程称为转运。由此，生活垃圾收运过程可划分为以下 3 个阶段：

第一阶段是生活垃圾的收集，指从垃圾产生源到收集（临时贮存）设施的过程，包括产生者的搬运与收集设施中的临时贮存。收集是生活垃圾收运物流组织中最基础的步骤，完成了生活垃圾由面至点的一级物流集中过程。

第二阶段是生活垃圾的清运，指从收集设施至转运站或就近处理处置设施的垃圾近距离运输过程，包括清运车辆沿一定的路线装运并清除沿程收集设施中贮存的垃圾，再行驶运输至转运站或处理处置设施。清运的路线构成了生活垃圾收运物流组织中的主要网络架构，清运完成了生活垃圾从大量分散点到若干集中点的二级物流集中过程。

第三阶段是生活垃圾的转运，指垃圾从转运站至最终处理处置设施的运输过程。一般具有远距离运输的特征，由在转运站的垃圾转载（至大容量转运车）及转运车运输至处理处置设施的环节构成。转运属生活垃圾三级物流集中过程，主要功能是利用大容量运输的经济性，节省生活垃圾运输物流成本。

生活垃圾收运系统，涉及生活垃圾收集方式的确定、收运设施的设置，以及收运设备的选型和配置等诸多环节。随着城乡生活水平的提高、社会经济的发展、生活节奏的加快，对生活垃圾收运方式的要求也越来越高，既要求收运设施环境优美，又要求收运方式方便、清洁、高效。因此，生活垃圾的收运系统规划也越来越受到重视。

3.1.3　生活垃圾的分类收集

生活垃圾混合收集历史悠久，应用也最广泛。但是，该收集方式将各种废物相互混杂，降低了废物中有用物质的纯度和再生利用的价值；同时，也增加了各类废物的处理难度，造成处理费用的增加。从当前的趋势来看，该种收集方式正在逐渐向分类收集转化。

工业化国家生活垃圾处理的发展历程表明，垃圾的分类收集是垃圾再利用的最有效方式。分类收集不仅有助于回收大量废弃材料，减少垃圾量，而且可以降低垃圾处理和运输费用，简化垃圾处理的过程。理想的垃圾收集必须遵守下列原则：

（1）源头分类是最好的解决办法，有利于后面任何阶段的回收或利用。回收利用的原料必须尽可能干净，成分尽量单一。所以，分类收集的各种垃圾成分绝不能混在一起。有些东西可以例外，比如以后很容易分拣出来的金属物质。分类的垃圾成分必须通过干净的分类收集器具进行收集。

（2）市政部门只负责收集那些不能由私人收集的或私人机构无法有效收集的垃圾成分。

（3）每种垃圾成分只能由某种特定的收集方式收集。

在现阶段，各国采用的垃圾分类收集方法主要是将可直接回收的有用物质和其他组分分类存放（即产生源分类收集法）。首先，分类回收废金属、废纸、废塑料、废玻璃等可以直接出售给有关厂家作为二次利用的原料；然后，把其他类垃圾按转化处理或利用要求分类收集，使其经过不同的工艺处理后得到综合利用。过期药品、废涂料、废染料、废电池等有害垃圾应单独收集，严禁这类垃圾与其他垃圾混合。

我国属于发展中国家，生活垃圾中可再利用的物质一般由居民自行分类和集中存放后，出售给个体废物回收者或可回收物分拣中心并进入物资回收系统。目前，我国的废物回收行业已初具规模，相当一部分的生活垃圾经由废物回收系统得到资源化和减量化处理。政府有关管理部门已制定相应的法规，加强对废物回收行业的管理，这些规定以引导为主，以避免伤害现有的废物回收系统。有关管理部门通过加强对个体废物回收行业的管理，使其形成完善的私营资源再生系统，并逐步实行资源再生经营许可证制度。

2011年4月19日，国务院批准了住房和城乡建设部、环境保护部、国家发展改革委等16个部门联合发布的《关于进一步加强城市生活垃圾处理工作意见》（以下简称《意见》），该《意见》中有关生活垃圾收集的主要论述如下。

《意见》要求城市人民政府要根据当地的生活垃圾特性、处理方式和管理水平，科学制订生活垃圾分类办法，明确工作目标、实施步骤和政策措施，动员社区及家庭积极参与，逐步推行垃圾分类。明确当前生活垃圾分类收集的重点工作是要稳步推进废弃含汞荧光灯、废温度计等有害垃圾单独收运和处理工作，鼓励居民分开盛放和投放厨余垃圾，建立高水分有机类生活垃圾收运系统，实现厨余垃圾单独收集循环利用。进一步加强餐饮业和单位餐厨垃圾分类收集管理，建立餐厨垃圾排放登记制度。

在此基础上，《意见》要求全面推广废旧商品回收利用、焚烧发电、生物处理等生活垃圾资源化利用方式。加强可降解有机垃圾资源化利用工作，组织开展城市餐厨垃圾资源化利用试点，统筹餐厨垃圾、园林垃圾、粪便等无害化处理和资源化利用，确保工业油脂、生物柴油、肥料等资源化利用产品的质量和使用安全。加快生物质能源回收利用工作，提高生活垃圾焚烧发电和填埋气体发电的能源利用效率。该《意见》为推进各省、市出台生活垃圾处理工作的相关政策，特别是强化生活垃圾分类收集和加强资源利用工作起到了积极的推动作用。

2017年3月，国家发展改革委、住房和城乡建设部联合发布了《生活垃圾分类制度实施方案》，其中提出从全国46个重点示范城市开始逐步实施强制垃圾分类，标志着我国生活垃圾分类"强制时代"的来临。2020年4月第二次修订通过的《中华人民共和国固体废物污染环境防治法》提出建立生活垃圾分类制度，并坚持政府推动、全民参与、城乡统筹、因地制宜、简便易行的原则。推行垃圾分类收集，要在具有一定经济实力的前提下，依靠有效的宣传教育、立法和提供必要的垃圾分类收集的条件，积极鼓励居民主动将垃圾分类存放和投放，有针对性地组织分类收集工作，才能使垃圾分类收集工作坚持发展下去。

3.2　生活垃圾收集方法

在生活垃圾收集运输前，垃圾产生者必须将产生的生活垃圾进行短距离搬运和暂时贮存，这是整个垃圾收运管理系统的第一步。从改善垃圾收运管理系统的整体效益考虑，有必要对垃圾搬运和贮存进行科学的管理，不仅有利于居民的健康，还能改善城市环境卫生及城市容貌，也可为生活垃圾的后续处理打下基础。

3.2.1　固定源生活垃圾的收集方法与设备设施

1. 固定源生活垃圾的收集方法

（1）低层居民住宅区垃圾搬运

低层居民住宅区垃圾一般有两种搬运方式。

1）由居民自行负责，将产生的生活垃圾从自备容器搬运至公共贮存容器、垃圾集中点或垃圾收集车内。前者对居民较为方便，可随时进行，但若管理不善或收集不及时可能会影响公共卫生；后两者有利于环境卫生与市容管理，但有收集时间限制，可能对居民造成不便。

2）由生活垃圾收集系统的工作人员负责从家门口搬运至集装点或收集车。这种方法对居民来说极为方便，居民只需支付一定的费用即可将家中的垃圾清运出去，但环卫部门却要耗费大量的人力和作业时间。因此，该法目前在国内尚难大规模推广，一般在发达国家的单户住宅区使用较多。

（2）中高层公寓垃圾搬运

1）管道收集

管道收集是指使用多层或高层建筑中的垃圾排放管道收集生活垃圾。管道收集分为两种：气力管道收集和普通管道收集。气力管道收集，是一种以真空涡轮机和垃圾输送管道为基本设备的密闭化生活垃圾收集方式。我国大多数多层或高层建筑曾经采用过普通管道收集方式，居民将生活垃圾由通道口倾入后集中在管道底部的贮存空间内，然后外运。普通管道收集方式由于其使用不方便、污染严重而逐渐被气力管道收集方式所取代。气力管道收集分为真空方式和压送方式两种。

真空方式的特点是：①适用于从多个产生源向一点的集中输送，最适于生活垃圾的输送；②产生源增加时，只需增加管道和排放口，不用增加收集站的设备；③系统总体呈负压，废物和气体不会向外泄漏，投入端不需要特殊的设备；④不利的方面是，由于负压的限度（实际最大可达到 $-0.5 \mathrm{kg/cm^2}$），不适于长距离输送。

真空输送通常采用的条件是：收集管径 $\phi 400 \sim \phi 600$，流速 $20 \sim 30 \mathrm{m/s}$。真空输送的能力主要取决于管道和风机，对于每天垃圾产生量为 $10 \sim 15 \mathrm{t}$ 的住宅区，输送距离的限度在 $1.5 \sim 2.0 \mathrm{km}$ 的范围内。图 3-1 为楼宇垃圾管道输送的流程图。

压送方式适用于废物供应量一定、长距离、高效率的输送，多用于收集站到处理处置设施之间的输送。与真空输送比较，接收端的分离贮存装置可以简单化。但是，由于投入口和管道对气密性要求较高，系统总体的构造比较复杂。此外，由于输送距离较长，在实际运行中存在管道堵塞以及因停电等事故造成停运后，重新启动时有困难等问题。因此，为了保证输送的高效、安全，最好在输送前对废物进行破碎处理。

压送方式的运行条件是：当输送能力为 $30 \sim 120 \mathrm{t/d}$ 时，收集管径选择 $\phi 500 \sim \phi 1000$，输送距离最大可达 7km。

管道收集的特点是：①废物流与外界完全隔离，对环境的影响较小，属于无污染型输

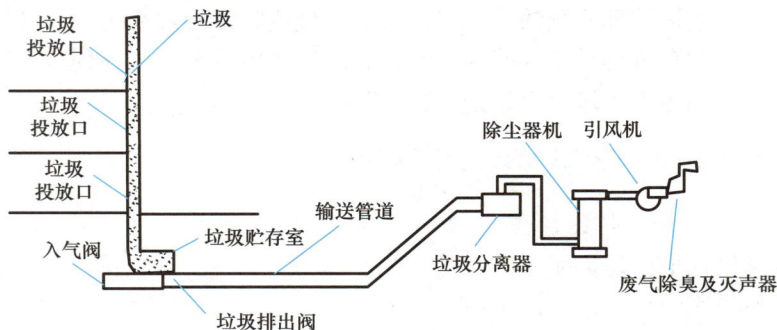

图 3-1　楼宇垃圾真空收运系统工作流程

送方式。同时，受外界的影响也较小，可以实现全天候运行；②输送管道专用，容易实现自动化，有利于提高废物运输的效率；③由于是连续输送，有利于实现大容量、长距离的输送；④设备投资较大；⑤灵活性较差，一旦建成，不易改变其路线和长度；⑥运行经验不足，可靠性尚待进一步验证；⑦较适用于含水率低的垃圾。

2）小型家用垃圾粉碎机和压实器

国外一些大城市和我国一些新开发社区有使用小型家用垃圾粉碎机（国内少数大城市也有试点应用）的应用实践，专门适合处理厨余物，可将其迅速地粉碎后利用水力输送方式随水流排入下水道系统，减少了家庭垃圾的搬运量。水力输送的最大优势在于改善了废物在管道中的流动条件，水的密度约相当于空气的 800 倍，可以实现低速、高浓度的输送，从而使输送成本大大降低。实现家庭厨余垃圾水力输送的前提，是所在城市有完善的雨污水分流收集管网和污水处理能力。

家庭压实器通常放在厨房灶台下面，能将一定量的废物压到一个专用袋内，成为方便搬运收集的块体。

上述不同收集方式都旨在提高垃圾收集的效率。不少专家及环卫行业专业人士建议今后在新建中高层建筑时，不再设垃圾通道，并做好居民的工作，配合开展生活垃圾的就地分类搬运贮存方式。这方面还有待于更多的实践经验积累。

（3）商业区与企事业单位垃圾搬运

商业区与企事业单位垃圾一般由产生者自行负责搬运，环境卫生管理部门进行监督管理。当委托环卫部门收运时，各垃圾产生单位使用的搬运容器应与环卫部门的收运车辆相配套，搬运地点和时间也应与环卫部门协商而定。表 3-1 为不同场所垃圾的收集方法。

不同场所垃圾收集方法　　　　　　　　　　　　　　　　表 3-1

垃圾产生方式和种类	收集方法
家庭、单位、行人产生的垃圾	容器收集
抛弃在路面的垃圾	清扫收集
低层建筑居民区产生的垃圾	小型收集车收集或容器收集
中、高层建筑产生的垃圾	垃圾通道收集或容器收集
水面漂浮垃圾	打捞收集
建筑垃圾、粗大垃圾、危险垃圾	单独容器或车辆收集
家庭厨余垃圾	水力输送系统收集或容器收集

这些垃圾收集方法是根据生活垃圾的产生方式和种类制定的。它们既可以单独使用，又可以串联或并联使用，有的收集方法需与特定的清运和处理方法配合使用。

（4）街道及公共场所垃圾收集

街道及公共场所垃圾主要采用废物箱收集。目前，国内各地采用的废物箱种类很多，根据废物箱适用范围大体可分为街道废物箱、公园废物箱和室内废物箱。街道废物箱和公园废物箱又可分为落地式废物箱、高脚废物箱及悬挂式废物箱三种类型。废物箱一般设置在道路的两旁和路口。废物箱应美观、卫生、耐用，并能防水、阻燃。

2. 生活垃圾收集设备设施

由于生活垃圾产生量的不均性和随意性，以及对环卫部门收集清除的适应性，需要配备生活垃圾贮存容器。垃圾产生者或收集者应根据垃圾的产量、特性及环卫主管部门要求，确定贮存方式，选择合适的垃圾贮存容器，规划容器的放置地点和足够的数量。贮存方式大致可分为家庭贮存、街道贮存、单位贮存和公共贮存。

按用途分类，废物贮存容器主要包括垃圾桶（箱、袋）和废物箱两种类型。垃圾箱和桶是盛装居民生活垃圾和商店、机关、学校的生活垃圾的容器。垃圾箱和桶一般设置在固定地点，由专用车辆进行收集。垃圾箱和桶的类型很多，可以按不同特点分类，见表 3-2。

垃圾容器的几种尺寸范围　　　　　　　　　　　　　　表 3-2

容器类型	材质	容积（m³）		尺寸（m）
		变化范围	额定值	
小型桶式容器		0.07～0.15	0.11	径 0.5，高 0.65
小型袋式容器	塑料	0.07～0.20	0.11	宽 0.4，厚 0.3，高 1.0
中型容器	镀锌铁皮 纸板	0.8～8.0	3.0	宽 1.8，厚 1.1，高 1.6
大型开口容器	防水纸	9.0～38.0	27.0	宽 2.5，厚 1.8，高 6.0
带有压缩机械的大型密闭容器	普通纸塑料膜	15.0～30.0	20.0	宽 2.5，厚 1.8，高 6.0
容器拖车		15.0～40.0	27.0	宽 2.3，厚 3.6，高 6.8

按容积划分，垃圾箱和桶可分为大、中、小三种类型。容积大于 1.1m³ 的垃圾箱和桶称为大型垃圾箱容器；容积在 0.1～1.1m³ 间的垃圾箱和桶称为中型垃圾箱容器；容积小于 0.1m³ 的垃圾箱和桶称为小型垃圾箱容器。

按材质，垃圾桶（箱）可分为钢制和塑制两种类型，这两种材质各有优缺点。塑料垃圾桶（箱）轻，比较经济但不耐热，而且使用寿命短。在塑料垃圾桶（箱）上一般都印有不准倒热灰的标记。与塑料容器相比，钢制容器重，不耐腐蚀，但有不怕热的优点。为了防腐，钢制容器内部都进行镀锌、装衬里和涂防腐漆等防腐处理。

收集过往行人丢弃物的容器称为废物箱或果皮箱，这种收集容器一般设置在马路旁、公园、广场、车站等公共场所。我国各城市配备的果皮箱容积较大，一般采用落地式果皮箱。其材质有铁皮、陶瓷、玻璃钢和钢板等。工业发达国家配备的废物箱形式多样，容积比较小。为方便行人或候车人抛弃废弃物，废物箱悬挂高度一般与行人高度相适应。在公共车站等公共场所配备的废物箱一般也是落地式的。废物箱有金属冲压成型，也有塑料压制成型。图 3-2 列举了一些国内外常用的垃圾贮存容器。

图 3-2　国内外常用的垃圾贮存容器
（a）废物箱；（b）塑木垃圾箱；（c）不锈钢分类收集垃圾箱；（d）塑料垃圾桶；（e）分类收集垃圾箱

3.2.2　街道垃圾清扫和保洁方法与设备

随着城乡现代化服务水平的不断提高，街道环境卫生的清扫保洁作业也不断完善，居民对街道环境卫生意识的提高有力地促进了这一过程。街道垃圾清扫与保洁作业的完成质量由清扫和保洁责任主管部门负责组织和监督。如《上海市道路和公共场所清扫保洁服务管理办法》规定，绿化市容行政管理部门是上海市道路和公共场所清扫保洁服务的主管部门；区（县）绿化市容行政管理部门按照规定职责，负责所在行政区域内道路和公共场所清扫保洁服务的管理。城市道路、特定公路路段和公共场所，由区（县）绿化市容行政管理部门或者乡（镇）人民政府负责；街巷里弄内通道，由镇人民政府或者街道办事处负责。

1. 街道垃圾清扫和保洁服务范围

街道垃圾清扫和保洁的服务范围，主要指各种城市道路和公共场所及其附属设施。如《北京市城市环境卫生质量标准》规定，城市道路包括车行道、人行道、立体交叉桥、人行天桥、人行地下通道及其附属设施。公共场所，包括公共广场、公共绿地、公园、风景游览区、飞机场、火车站、公共电（汽）车（含长途客运汽车）首末站、地下铁路的车站、公路、铁路沿线、河湖水面、停车场、集贸市场、展览场馆、文化娱乐场馆、体育馆等。《城镇市容环境卫生劳动定额》规定，道路清扫、保洁包括人工清扫（除雪）、保洁；道路机扫（除雪）、保洁、冲洗和洒水。道路清扫、保洁范围包括城市建成区的车行道、人行道、人行过街天桥、地下通道、公共广场等地的清扫（除雪）和保洁作业。

根据城市道路所在区域、功能定位、车辆、行人流量以及道路本身建设等级等情况，可将城市道路划分为四个保洁等级。根据《城市道路清扫保洁质量与评价标准》CJJ/T 126—2022 划分的城市道路清扫等级及实施实例见表 3-3。

表 3-3

道路清扫保洁等级划分及实施实例

级别	标准文件的等级划分	城市具体实施的划分实例
一级	1. 位于主要党政机关，重要外事机构周边的道路； 2. 位于大型商业、文化、教育、卫生、体育、旅游等公共场所周边的道路； 3. 位于主要交通场站、交通枢纽周边的道路； 4. 公共交通线路较多的道路； 5. 城市主干路及其他对城市市容有重大影响的道路	1. 商业网点集中的繁华闹市路段； 2. 主要旅游点和大型文化、娱乐、体育、展览等公共场所所在地路段，城市的主干道及进出口路段，商业步行街； 3. 人流量大和公共交通线路多的路段； 4. 主要领导机关、外事机构所在地道路
二级	1. 位于次要党政机关，一般外事机构周边的道路； 2. 位于中小型商业、文化、教育、卫生、体育、旅游等公共场所周边的道路； 3. 位于企事业单位和居住区周边的道路； 4. 有固定交通线路及交通场站的道路； 5. 城市次干路及其周边主要路段	1. 城市次干道； 2. 商业网点较集中的路段和公共文化娱乐场所所在地路段； 3. 人流量较大和车流量较多或一般的路段； 4. 居住区和单位相间的路段； 5. 城郊接合部的主要交通路段
三级	1. 位于远离党政机关、外事机构、居住区、企事业单位和公共场所地区的道路； 2. 人流量、车流量较少的路段； 3. 无排水管道、路缘石和人行道未硬化等简陋的道路； 4. 其他无法划为一级、二级的道路	1. 商业网点较少的路段； 2. 人流量、车流量较少的路段； 3. 城郊接合部的支路

2. 清扫、保洁作业质量要求

清扫、保洁作业作为特殊的服务工种，要求其作业时间避开日常群众的上下班时间，如《北京市城市环境卫生质量标准》建议城市道路和公共场所的清扫保洁，实行夜间清扫白天保洁。该标准建议的道路和公共场所的清扫、保洁作业质量要求见表 3-4。

表 3-4

道路和公共场所的清扫、保洁作业质量要求

保洁等级	质量标准
二级道路和公共场所	路面、路牙、便道、巷口、隔离墩（棚）无浮土，无垃圾等杂物，绿地无污物杂物，树坑、雨水口无污物
三级道路	路面、路牙、便道、巷口基本无浮土，无垃圾等杂物，绿地无污物杂物，树坑、雨水口无污物
四级道路	路面、便道、树坑、雨水口、边沟无暴露的垃圾渣土，无泥沙灰土等杂物，绿地无杂物

清扫的垃圾应及时运走，做到垃圾不露天堆放在道路两侧或公共场所周围，不扫入或倾倒入雨水口、绿地内，不露天焚烧。机械清扫作业做到喷雾清扫不扬尘，不漏

土。各单位应根据市容环境卫生部门的要求合理设置果皮箱、垃圾桶（箱），及时清理，定期灭蝇。密闭式清洁站周围环境应保持整洁，箱槽、墙体、地面清洁无污物，基本无蝇。

3. 清扫、保洁设备

清扫、保洁设施设备是指设置在露天公共场所的废物箱和用于城镇清扫保洁作业的扫路机、洒水车和供水器等。清扫保洁设施设备的用途是收集城镇垃圾中的清扫垃圾，保持市容整洁。街道垃圾清扫和保洁主要可分为人工作业和机械作业两种方式。

（1）人工清扫、保洁工具

1）大扫帚：是目前对道路进行全面清扫和清扫人字沟（亦称沟丫子）的主要工具。制作大扫帚的材料，一般是就地取材，而使用最广、最普遍的是竹制扫帚。

2）小扫帚：主要用于道路保洁和收集路渣，它的取材制作材料很多，其中用高粱秆制作的小扫帚最为普遍。

3）撮箕：道路保洁时用于收集废物，多用铁皮制作；道路保洁也有使用背篓式容器存放废物的。

4）铁锹：也叫铁铲，主要用来收集装运路渣和铲除道路积尘泥土。

5）小型保洁车：是保洁员临时存放所收集废物的工具，有手推式的，也有脚踏式的。小型保洁车的制作原则应当是推拉方便，可以密闭，出渣容易，利于清洗保管。

人力清扫工具虽然简单落后，但它有机械清扫工具不可比的优点，在相当长的时间内仍然发挥着它的辅助作用。

（2）机械清扫、保洁设备

扫路机的分类方式很多，通常按其用途、工作原理和结构分类。下面简单介绍扫路机的几种常用分类方式。清扫车按用途可分为城市街道扫路机，公路和机场扫路机，车站、码头和仓库商场扫路机及其他用途扫路机。

1）城市街道扫路机

城市街道扫路机功能较为齐全，设置有配套的除尘系统和完备的清扫系统。由于马路两侧的来往行人和商店集中，地面垃圾都积集在马路两侧的"边沿"下。因此，清扫街道的扫路机要设有蝶形刷、滚筒刷和垃圾箱，同时还要有完善的除尘系统。蝶形刷将马路"边沿"下的垃圾扫到扫路机滚筒刷的工作范围内，由滚筒刷将垃圾抛进垃圾收集箱，同时有很好的除尘效果。近年来出现了高压清洗车，还正在研发应用无人驾驶清扫车。

2）公路和机场扫路机

公路和机场扫路机结构较简单，由于工作环境空旷，对扬尘的控制要求不严格，扫后的地面干净程度要求不高，垃圾也不用收集。因此，这种扫路机可以不设垃圾收集装置，不用蝶形刷，只需一个强有力的斜置滚筒刷，将垃圾扫向一旁即可。

3）车站、码头和仓库商场扫路机

车站、码头和仓库扫路机还可用于商场及机场候机室等处，一般小巧灵活，功能完备。由于工作空间范围小，对于空气的清洁度、噪声以及湿度都有严格的要求。因此，要求清扫机具有小的回转半径，配置完善的干式除尘系统；在动力选择上尽量采用电力驱动，保持环境的空气清新。

4）其他用途扫路机

这类扫路机根据用途的不同其结构也有所不同。例如，用于清除工厂地面污垢的工厂地面污垢清扫机，就配备有钢片刷。而医院、宾馆餐厅等室内高级地面用的洗刷机，在结构上就需要配置喷水、吸水系统和圆盘板刷等。

按工作原理的不同，扫路机还可分为纯扫式扫路机、纯吸式扫路机和吸扫式扫路机。按除尘方式的不同，扫路机可分为湿式除尘扫路机和干式除尘扫路机。按车型大小的不同，扫路机可分为小型扫路机、中型扫路机和大型扫路机。清扫作业中常见的典型车型如图 3-3 所示。

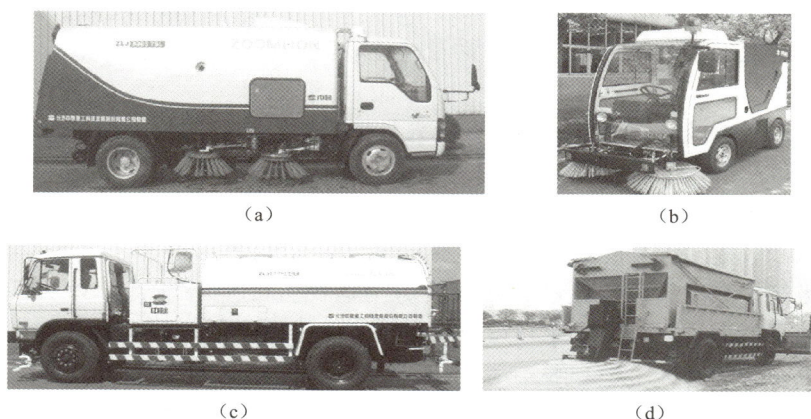

图 3-3　常用的道路清扫机械

（a）扫路车；（b）扫路机；（c）清洗车；（d）道路除雪车

3.2.3　收集设备设施设置规范

1. 收集设施设置基本规范

生活垃圾的收集作业较繁杂，与居民生活密切相关，同时也是运作费用较高的作业环节。收集作业以方便居民生活、为市民提供良好环境为宗旨。因此，在设置垃圾收集设施时应注意布点合理，作业时不干扰居民的日常生活，作业运行路线经济、方便、安全。

（1）收集设施的设置应符合布局合理、不破坏周围环境、方便使用、整洁和方便收集作业等要求。

（2）收集设施的设置规划应与旧区改造、新区开发和建设同步规划、设计、施工和使用。

（3）收集设施应与收集处置系统中的中转、运输、处置、利用等设施统一规划、配套设置，系统中各设备设施间的技术接口应匹配、有效、可靠、安全，有较好的社会效益和经济效益。

2. 收集管道设置规范

生活垃圾收集管道设置的具体要求如下。

（1）垃圾收集管道应垂直，内壁应光滑、无死角，管道的结构和内径一般根据住房的层数确定，应符合下列要求：

多层建筑　　　　　　　　　　垃圾管道内径为 610～800mm；

高层建筑（≤20 层时）　　　　垃圾管道内径为 800～1000mm；

高层建筑（＞20 层时）　　　　垃圾管道内径为大于 1000mm。

垃圾管道的顶端应超出最高层屋顶 1m 以上，垃圾管道顶端为敞口，并设有挡灰帽。

垃圾管道的下端连接垃圾贮存仓，贮存仓应密封。贮存仓一般为倒锥形，底部开有放料口。放料门的打开、关闭应轻便、可靠，放料口的离地高度和开口尺寸应与垃圾收集车的车厢匹配。

（2）垃圾管道应有防火措施，其设计和建造应符合有关防火规定。各层楼面的垃圾倒口应能自动封闭，使用、维修方便。

（3）高层建筑的垃圾管道底层应设置专用垃圾间，垃圾间内应有照明、通风、排水、清洗设施。

（4）气力输送垃圾的管道系统应由专业人员根据建筑物的用途、垃圾量及组成和用户的要求专门设计建造。

3. 垃圾箱房和收集站设置规范

垃圾箱房和收集站设置的具体要求如下。

（1）垃圾箱房和垃圾收集站的设置既要方便居民投放生活垃圾，又要不影响市容环境，还要有利于生活垃圾分类作业和垃圾收集车的作业。

（2）垃圾箱房的服务半径一般不超过 70 m，一般由居民自行将袋装后的生活垃圾投放到垃圾箱房的垃圾桶内。垃圾收集站的服务半径一般不超过 600 m，直线距离不超过 1000 m，一般由清洁工上门收集。

（3）清洁工上门收集时，居民自行将袋装生活垃圾放在指定的地点，清洁工收集后用人力车送到收集站。

（4）垃圾收集站可以是配置有垃圾集装箱和垃圾压缩装置的压缩式生活垃圾收集站，此时清洁工送来的垃圾经垃圾压缩机推压入集装箱内，以提高箱内垃圾的容积密度，改善垃圾运输的经济性。同时，集装箱应是密封结构，避免垃圾在运输过程中的飞扬散落和污水滴漏，保护周边环境。也有仅设置集装箱的收集站（又称作清洁楼、清运楼等），此时集装箱一般位于站内地坪下，清洁工将人力车上的垃圾翻倒进集装箱内；集装箱内垃圾未经压实，集装箱又是敞口的，所以垃圾运输经济性和环保性较差。也有部分地区将各种形式的集装箱放置在一个固定的场所（较大部分是露天的），由居民自行将垃圾袋投入箱内，此时因投入口少，箱内垃圾既不能够均匀盛于箱内，箱内垃圾又未经压实，所以箱内垃圾装载量少，影响垃圾运输经济性。但居民投入垃圾很方便，集装箱的容积较大，一次可容纳的垃圾量相对较多，设施简单。所以，只要管理到位，这种收集方式还是可用的。

3.3　生活垃圾的清运方法

生活垃圾清运的主要目的是把收集到的垃圾及时清运出去以便处理，以免其影响市容环境卫生，是垃圾收运系统的重要环节。世界各国对生活垃圾清运环节都比较重视，一方面努力提高垃圾清运系统的机械化和卫生水平，另一方面正在稳步实现垃圾清运管理的科学化。

现行的城市生活垃圾清运方法主要是车辆清运法。车辆清运法是指使用各种类型的专用垃圾收集车与收集容器配合，从居民住宅点或街道把垃圾运到垃圾转运站或处理场的方法，采取这种清运方法必须配备适用的运输工具和停车场。车辆清运法在相当长的时间内仍然是垃圾清运的主要方法。因此，努力改进垃圾清运的组织、技术和管理体系，提高专用收集车辆与辅助机具的性能和效率是很有意义的。

3.3.1 生活垃圾清运操作模式

生活垃圾清运阶段的操作，不仅是指对各收集点贮存垃圾的集中和装载，还包括收集清运车辆由起点至终点的往返运输和在终点卸料等全过程。清运效率和费用高低主要取决于下列因素：（1）清运操作方式；（2）收集清运车辆的数量；（3）清运次数、时间及劳动定员；（4）清运路线。与生活垃圾收集有关的行为可以被分解为四个操作单元：收集（pick-up）、拖曳（haul）、卸载（at-site）和非生产（off-route）。下面分别按照拖曳容器系统和固定容器系统进行说明。

根据其操作模式，清运操作方式可分为两种类型：拖曳容器系统（Hauled Container System，HCS）和固定容器系统（Stationery Container System，SCS）。前者的垃圾存放容器被拖曳到处理地点，倒空，然后回拖到原来的地方或者其他地方；而后者的垃圾存放容器除非要被移到路边或者其他地方进行倾倒，否则将被固定在垃圾产生处。

1. 移动容器操作方法

移动容器操作方法（也称拖曳容器系统），是指将集装点装满的垃圾连容器一起运往中转站或处理处置场，卸空后再将空容器送回原处或下一个集装点。其中，前者称为一般操作法，后一种将空容器运到下一个集装点的方法称为修改工作法。移动容器清运的操作程序如图 3-4 所示。比较传统的收集方式如图 3-4（a）所示，用牵引车从收集点将已经装满垃圾的容器拖拽到转运站或处置场，清空后再将空容器送回至原收集点。然后，牵引车开向第二个收集点重复这一操作。显然，采用这种运转方式的牵引车的行程较长。经过改进的运转方式如图 3-4（b）所示，牵引车在每个收集点都用空容器交换该点已经装满垃圾的容器。与前面的运转方式相比，消除了牵引车在两个收集点之间的空载运行。

本操作方法收集成本的高低，主要取决于收集时间长短。因此，对收集操作过程的不同单元时间进行分析，可以建立设计数据和关系式，求出某区域垃圾收集耗费的人力和物力，从而计算收集成本。可以将收集操作过程分为四个基本用时，即集装时间、运输时间、卸车时间和非收集时间（其他用时）。

拖曳容器系统运输一次垃圾所需总时间等于容器收集、卸载和非生产时间的总和，它可以由下式表示：

$$T_{hcs} = P_{hcs} + s + h \qquad (3-1)$$

式中 T_{hcs}——拖曳容器系统运输一次垃圾所需总时间，h/次；

P_{hcs}——每次的装载时间（收集时间），h/次；

s——转运站或处理场所停留时间，h/次；

h——拖曳时间（运输时间），h/次。

由于拖曳容器系统的收集时间和现场时间是相对恒定的，拖曳时间取决于拖曳速度快慢和路程远近。一项对各种类型收集车的大量数据资料的分析（见图 3-5）结果表明，拖

曳时间 h 可近似由下式表示：

$$h = a + bx \tag{3-2}$$

式中　h——拖曳时间，h/次；

　　　a——经验常数，h/次；

　　　b——经验常数，h/km；

　　　x——平均往返行驶距离，km/次。

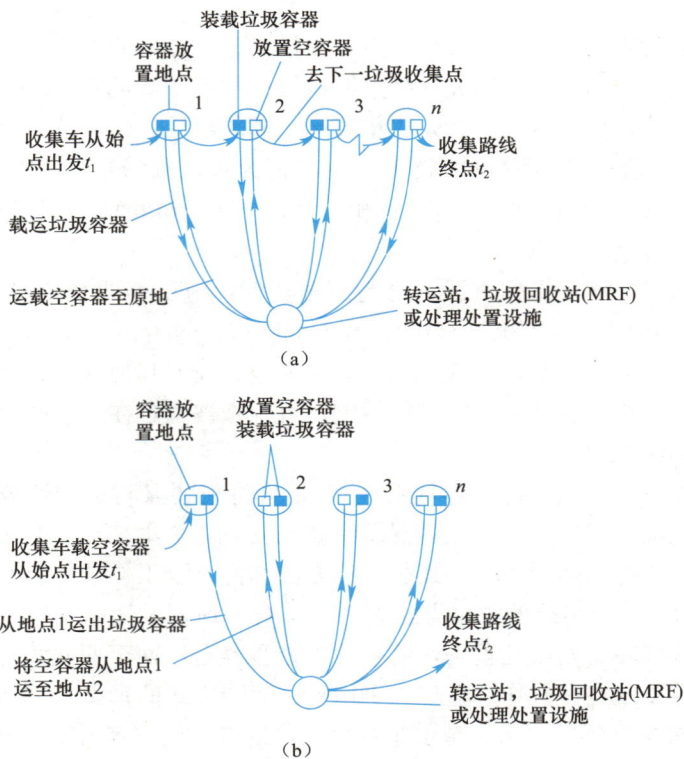

图 3-4　拖曳容器系统操作程序示意图

（a）传统运转方式；（b）改进运转方式（交换容器方式）

　　因为一些收集所在地处在给定的服务区内，所以从服务区中心到放置地的平均往返拖曳路程可以用在式（3-2）中。拖曳经验常数的确定将在本节的举例中说明。将式（3-2）中 h 的表达式代入式（3-1）中，则每运输一次的时间可以表示如下：

$$T_{hcs} = P_{hcs} + s + a + b \cdot x \tag{3-3}$$

　　拖曳系统每次的收集时间 P_{hcs} 为：

$$P_{hcs} = p_c + u_c + d_{bc} \tag{3-4}$$

式中　P_{hcs}——每次的装载时间（收集时间），h/次；

　　　p_c——装载垃圾容器所需时间，h/次；

　　　u_c——卸空容器所需时间，h/次；

　　　d_{bc}——两个容器收集点之间的行驶时间，h/次。

　　如果在两个容器之间的平均行驶时间未知，那么这个时间可以由式（3-2）计算。容器与容器之间的路程可以用往返拖曳路程代替，拖曳常数可以用 24km/h（见图 3-5）。

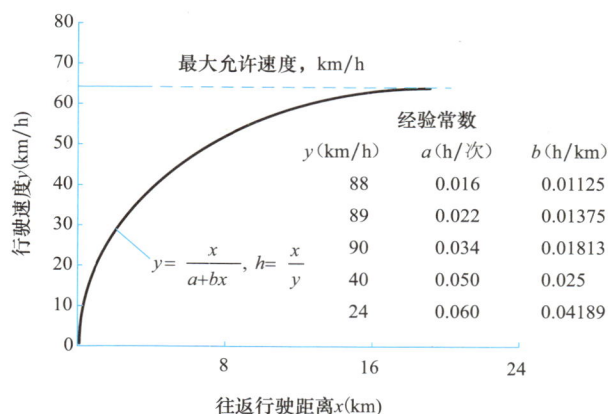

图 3-5 收集车辆的行驶速度与往返距离间的关系

拖曳容器系统中，考虑非生产时间因数 W 在内的以每天每辆车计的往返次数可以用下式确定：

$$N_d = [H(1-W) - (t_1 + t_2)]/T_{hcs} \tag{3-5}$$

式中 N_d——每天往返次数，次/d；

H——每日工作时间，h/d；

W——非生产因子，以百分数表示；

t_1——每天从分派车站驾驶到第一个容器服务区所用的时间，h/d；

t_2——每天从最后一个容器服务区到分派车站所用的时间，h/d；

T_{hcs}——拖曳容器系统运输一次垃圾所需总时间，h/次。

根据式（3-5），假定离线行为可以发生在一天中的任何时间。在利用式（3-5）对各种类型拖曳容器系统进行求解时，相应参数可以使用图 3-5 和表 3-5 中给出的经验数据。式（3-5）中的非生产因子可以从 0.10 到 0.40；0.15 是大多数操作情况中常用的参数。

用在各种不同收运系统中计算设备和人力需求的典型数据   表 3-5

收集数据		压实比	抬起容器和放下空容器要求的时间（h/次）	倾空容器中垃圾所需时间（h/容器）	现场时间（h/次）
车辆	装载方式				
拖曳容器系统					
吊装式垃圾车	机械	—	0.067		0.053
自卸式垃圾车	人工	—	0.40		0.127
自卸式垃圾车	机械	2.0～4.0[a]	0.40		0.133
固定容器系统					
压缩式垃圾车	机械	2.0～2.5		0.008～0.05[b]	0.10
压缩式垃圾车	人工	2.0～2.5		—	0.10

注：a. 该容器可用于固定压缩机；b. 要求的时间随容器尺寸变化。

从式（3-5）计算得到的每天往返次数，可以与每天（或每周）要求的往返次数相比较，后者可以用下式计算：

$$N_d = V_d/(c \cdot f) \tag{3-6}$$

式中　N_d——每天的往返次数，次/d；

$\quad\quad V_d$——平均每天收集的垃圾量，m^3/d；

$\quad\quad c$——容器平均尺寸，$m^3/$次；

$\quad\quad f$——加权平均的容器利用率。

　　容器利用率定义为容器容积被固体垃圾占据的百分数。因为这个参数会随容器的尺寸大小而变化，所以在式（3-6）中用到了加权平均的容器利用率。通过用各个尺寸容器的数目乘以它们相应的利用率得到的乘积，再除以容器总数目后，得到加权因数。

　　2. 固定容器操作法

　　固定容器收集操作法是指用垃圾车到各容器集装点装载垃圾，容器倒空后固定在原地不动，车装满后运往转运站或处理处置设施。由于运输车在各站间只需要单程行车，所以与拖拽容器系统相比，收集效率更高。但是，该方式对设备的要求较高。例如，由于在现场需要装卸垃圾，容易起尘，要求设备有较好的机械结构和密闭性。此外，为保证一次覆盖尽量多的收集点，收集车的容积要足够大，并应配备垃圾压缩装置。固定容器系统的操作程序如图 3-6 所示。

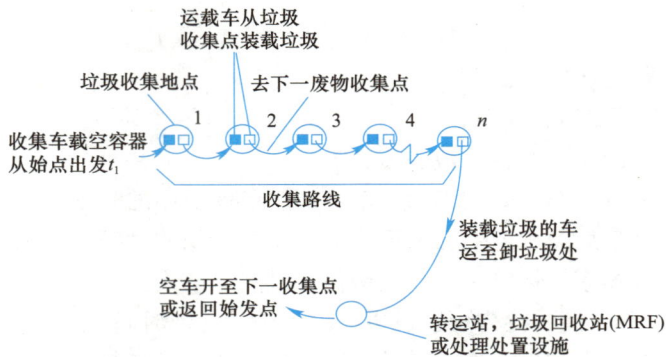

图 3-6　固定容器系统的操作程序示意图

　　固定容器收集法的一次行程中，装车时间是关键因素。由于装载过程的不同，下面将固定容器系统的机械和人工装载分开讨论。

　　（1）机械装载收集车

　　对于自动装载的收集车而言，完成一次操作的时间可表示为：

$$T_{scs} = P_{scs} + s + a + b \cdot x \tag{3-7}$$

式中　T_{scs}——固定容器系统往返一次总时间，h/次；

$\quad\quad P_{scs}$——固定容器系统装载时间，h/次；

$\quad\quad s$——转运站或处理场所停留时间，h/次；

$\quad\quad a$——经验常数，h/次；

$\quad\quad b$——经验常数，h/km；

$\quad\quad x$——平均往返行驶距离，km。

　　如果没有其他信息，那么从服务区中心到垃圾处理处置设施的平均往返路程可以用在式（3-7）中。

　　在拖曳系统中，式（3-7）和式（3-3）的唯一区别是装载（收集）时间。对固定容器系统，收集时间可由下式给出：

$$P_{scs} = C_t \cdot u_t + (n_p - 1) \cdot d_{bc} \qquad (3-8)$$

式中 P_{scs}——固定容器系统装载时间，h/次；

         C_t——每趟清运的垃圾容器数，个/次；

         u_t——收集一个容器中的垃圾所需时间，h/个；

         n_p——每趟清运所能清运的垃圾收集点数，次$^{-1}$；

         d_{bc}——两个垃圾收集点之间的平均行驶时间，h。

$(n_p - 1)$ 表示垃圾收集车在容器所在地之间往返的次数比容器所在地的数目少一。在拖曳容器系统的情况下，如果在容器所在地之间的交通时间未知，那么它可以通过式（3-2）算出。此时，式中两容器之间的距离可替换为往返拖曳距离，而拖曳常数可选用 24km/h（图 3-5）。

每次收集所能够倾空的容器数目与收集车容积和可以达到的压实率直接有关。每次收集的容器数量可以用下式计算：

$$C_t = v \cdot r / (c \cdot f) \qquad (3-9)$$

式中 v——垃圾车容积，m^3/次；

         r——垃圾车压缩系数；

         c——垃圾容器容积，m^3/个；

         f——垃圾容器容积利用系数。

每天要求的收集次数可以用下式求出：

$$N_d = V_d / (v \cdot r) \qquad (3-10)$$

式中 N_d——每天要求的收集次数，次/d；

         V_d——平均每天需收集的垃圾总量，m^3/d。

考虑非生产因子 W，每天要求的工作时间可以下式表示：

$$H = [(t_1 + t_2) + N_d \cdot T_{scs}] / (1 - W) \qquad (3-11)$$

式中 t_1——从始点到第一个垃圾收集点的行驶时间，h/d；

         t_2——从最后一个垃圾收集点的"近似地点"到终点的行驶时间，h/d。

在定义 t_2 时，我们用到了"近似地点"这个名词，那是因为在固定容器系统中，收集车一般都会在最后的路线上倾倒垃圾后直接开回到分派车站。如果从垃圾处理处置设施（或转运站）到分派车站的交通时间少于平均往返拖曳时间的一半，t_2 可以被假设为零；如果从处理处置设施（或转运站）到分派车站的交通时间比从最后一个收集地点到处理处置设施的时间长，时间 t_2 可假设等于从垃圾处理处置设施到分派车站所用时间与平均往返拖曳时间的一半的差值。

每天往返次数取整后，每天的往返次数和车辆尺寸大小的经济组合可以由式（3-11）来确定。若需确定要求的垃圾车容量，可以将式（3-11）中的 N_d 代入两个或三个不同的值，然后确定每次的有效收集次数；再通过连续试算，用式（3-8）和式（3-9）为 N_d 的每个值确定相应的垃圾车要求容量；如果垃圾车的有效尺寸比要求值小，那么用该尺寸反推获得所要求的每天实际值。这样最经济有效的组合就可以被选出来。

（2）人工装载收集车

如果 H 表示每天的工作时间，而且每天完成的往返次数已知，那么收集操作的有效时间可以用式（3-11）算出。一旦每次的收集时间已知，那么每次可被收集的垃圾收集点的数量可以用下式算出：

$$N_P = 60P_{scs} \cdot n/t_p \tag{3-12}$$

式中　N_P——每次清运的垃圾收集点数；

　　　P_{scs}——装载时间，h/次；

　　　n——工人数量；

　　　t_p——每个垃圾收集点平均装载（收集）时间，人次·min；

　　　60——从小时到分钟的换算系数，60min/h。

每个收集点的收集时间 t_p 取决于在容器位置之间行驶要求的时间、每个收集点的容器数目以及分散收集点占总收集点的百分数，可以下式表示：

$$t_p = d_{bc} + k_1 \cdot C_n + k_2 \cdot P_{RH} \tag{3-13}$$

式中　t_p——每个垃圾收集点的平均装载（收集）时间，人次·min；

　　　d_{bc}——花在两容器间的平均交通时间，min；

　　　k_1——与每容器收集时间有关的常数，min；

　　　C_n——在每个收集点处的容器的平均数目；

　　　k_2——与从住户分散点收集垃圾所需要时间有关的常数，min；

　　　P_{RH}——分散收集点的百分比例，%。

当一个工人操作时，利用式（3-13）和表 3-6 的经验数据可以计算出每个收集点的平均收集时间；当两个工人同时作业时，每个收集点的工作时间则可以参考图 3-7 的经验数据。但是，如果可能的话，还是提倡用地形实测的方法，因为住宅区收集操作颇具变化性。

一个工人工作时装载时间与收集点容器数量的关系　　　　表 3-6

每个收集点服务容器数（或箱数）	每个收集点装载时间 t_p（人次·min）
1~2	0.50~0.60
3 个以上	0.92

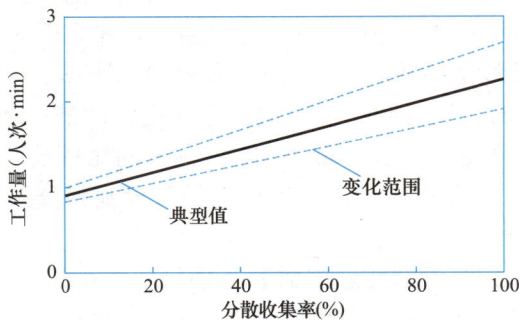

图 3-7　垃圾收集工作量与分散收集点之间的关系（2 人作业组）

当每次收集点数目已知，则可根据下式计算收集车的尺寸：

$$V = V_p \cdot N_p/r \tag{3-14}$$

式中　V_p——每个收集点收集垃圾的量，m³；

N_p——往返一次清运的垃圾收集点数；

r——垃圾车压缩系数。

3.3.2 垃圾清运装备

各大汽车厂都生产专门收集垃圾的特种车辆。这类车辆大都配置自动挡，这样使司机在连续启动和停车时更容易操作。多数卡车用的是柴油发动机，小型卡车有时用的是汽油发动机。而且近年来，环卫行业大力推进电动运输车的运用，甚至是甲烷、氢气等新能源机动车已为垃圾车司机研制出特别的驾驶室，这种驾驶室位置很低，使司机和装卸工们可以很方便地上下车。

1. 生活垃圾清运车辆类型

不同地域的城镇可根据当地的经济、交通、垃圾组成特点、垃圾收运系统的构成等实际情况，开发使用与其相适应的垃圾收集车。各国垃圾收集清运车类型很多，许多国家和地区都有自己的收集车分类方法和型号规格。尽管各类收集车构造形式有所不同（主要是装车装置），但它们的工作原理有共同点，即一律规定配置专用设备，以实现不同情况下城市垃圾装卸车的机械化和自动化。一般应根据整个收集区内不同建筑密度、交通便利程度和经济实力选择最佳车辆规格。按装车形式，大致可分为前装式、侧装式、后装式、顶装式、集装箱直接上车等形式；按车身大小和载重量分，额定量为 10～30t，装载垃圾有效容积为 6～25m³（有效载重量为 4～15t）。

近年来，我国环卫部门已配置了不少机械化自动化程度较高的收集车，并开发研制了一些适合国内具体情况的专用垃圾收集车。为了清运狭小里弄小巷内的垃圾，许多城镇还有数量甚多的人力手推车、人力三轮车和小型机动车作为清运工具，如图 3-8 所示。

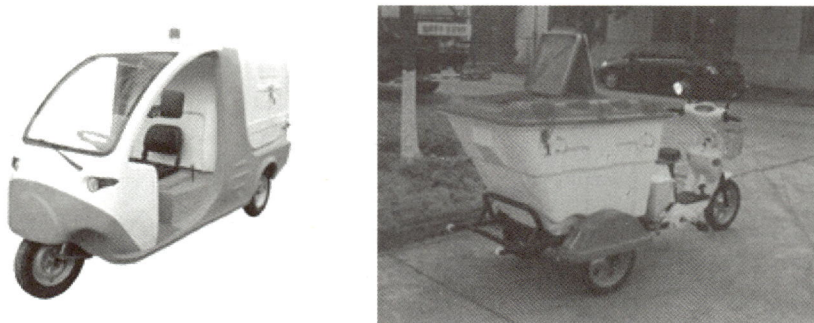

图 3-8　电动垃圾清运车

2. 常用生活垃圾清运车辆

（1）简易自卸式清运车

这是国内最常用的生活垃圾清运车，一般是解放牌或东风牌货车底盘上加装液压倾卸机构和垃圾车改装而成（载重量 3～5t）。常见的有两种形式：一是罩盖式自卸清运车，为了防止运输途中垃圾飞散，在原敞口的货车上加装防水帆布盖或框架式玻璃钢罩盖，后者可通过液压装置在装入垃圾前启动罩盖，密封程度要求较高；二是密封式自卸清运车，即车厢为带盖的整体容器，顶部开有数个垃圾投入口。简易自卸式垃圾车一般配以叉车或铲车，便于车厢上方机械装车，适宜于固定容器操作法作业，如图 3-9 所示。

图 3-9　自卸式垃圾清运车

（2）活动斗式清运车

这种清运车的车厢作为活动敞开式贮存容器，车厢可卸下来作为收集垃圾的集装箱使用，平时放置在垃圾收集点。垃圾装满后，将集装箱放回垃圾车运到中转站或处理场。因车厢贴地且容量大，适宜贮存装载大件垃圾，故亦称为多功能车，用于移动容器操作法作业，如图 3-10 所示。

图 3-10　活动斗式清运车

（3）侧装式密封清运车

这种车型为车辆内侧装有液压驱动提升机构，提升配套的圆形垃圾桶，可将地面上的垃圾桶提升至车厢顶部，由倒入口倾翻，空桶复位至地面。倒入口有顶盖，随桶倾倒动作而启闭。这类车的机械化程度较高，改进形式很多，一个垃圾桶的卸料周期不超过 10s，保证了较高的工作效率。另外，提升架悬臂长、旋转角度大，可以在相当大的作业区内抓取垃圾桶，故车辆不必对准垃圾桶停放，如图 3-11 所示。

图 3-11　侧装式密封清运车

（4）后装式压缩清运车

这种车是在车厢后部开设投入口，装配有压缩推板装置。通常投入口高度较低，能适应居民中的老年人和小孩倒垃圾；同时，由于有压缩推板，适应体积大、密度小的垃圾收集。这种车与手推车收集垃圾相比，功效提高 6 倍以上，大大减轻了环卫工人的劳动强度，缩短了工作时间，另外还减少了二次污染，方便了群众，如图 3-12 所示。

图 3-12　后装式压缩清运车

3. 收集车数量配备

收集车数量配备是否适当，关系到收集费用及效率。某收集服务区需配备不同类型收集车辆的数量可参照下列公式计算：

简易自卸车数＝该车收集垃圾日平均产生量/（车额定吨位×日单班收集次数定额
　　　　　　×完好率）

式中，日单班收集次数定额可按各省、自治区环卫定额计算；完好率按 85％计。

多功能车数＝该车收集垃圾日平均产生量/（车厢额定容量×车厢容积利用率
　　　　　　×日单班收集次数定额×完好率）

式中，车厢容积利用率按 50％～70％计；完好率按 80％计；其余同前。

侧装密封车数＝该车收集垃圾日平均产生量/（桶额定容量×桶容积利用率
　　　　　　×日单班装桶数定额×日单班收集次数定额×完好率）

式中，日单班收集次数定额可按各省、自治区环卫定额计算；完好率按 80％计；桶容积利用率按 50％～70％计；其余同前。

4. 收集车劳力配备

每辆收集车配备的收集工人，需按车辆型号与大小、机械化作业程度、垃圾容器放置地点与容器类型等情形而定，最终需基于工作经验的逐渐改善而确定劳力。一般情况下，除司机外，人力装车的 3t 简易自卸车配 2 人；人力装车的 5t 简易自卸车配 3～4 人；多功能车配 1 人；侧装密封车配 2 人。

5. 收集次数与作业时间

在我国各城市住宅区、商业区基本上要求及时收集垃圾，即日产日清。在欧美各国则划分较细，一般情形下，对于住宅区厨房垃圾，冬季每周二至三次，夏季每周至少三次；对旅馆酒家、食品工厂、商业区等，不论夏冬每日至少收集一次；煤灰夏季每月收集二次，冬季改为每周一次；如厨房垃圾与一般垃圾混合收集，其收集次数可采取二者折中或酌情而定。国外对废旧家用电器、家具等大件垃圾则定为一月两次；对分类贮存的废纸、玻璃等亦有规定的收集周期，以利于居民的配合。垃圾收集时间，大致可分昼间、晚间及黎明三种。住宅区最好在昼间收集，晚间可能会骚扰住户；商业区则宜在晚间收集，此时车辆行人稀少，可加快收集速度；黎明收集，可兼有白昼及晚间之利，但集装操作不便。总之，垃圾收集次数与时间，应视当地实际情况，如气候、垃圾产量与性质、收集方法、道路交通、居民生活习俗等确定，不能一成不变。其原则是希望能在卫生、迅速、低成本的情形下达到垃圾收集的目的。

3.3.3 收运路线设计方法

在生活垃圾收集操作方法、收集车辆类型、收集劳力、收集次数和作业时间确定以后，就可着手设计收运路线，以便有效使用车辆和劳力。在生活垃圾收运系统中，研究最多的就是运输车辆由住户到住户的运动路线问题。垃圾收集清运工作安排的科学性、经济性的关键就是收运路线的合理性，因为路线的选择可以极大地影响收集效率。为了提高垃圾收运水平，不少国家都制订了垃圾车收运线路图。

一旦收集装备和劳力的要求被确定下来，就必须设计收运路线，以便收集者和装备能够有效地利用。通常，收运路线的规划包括一系列实验，没有一套通用规则能被应用在所有的情形。因此，收集车辆的路线设计在目前仍然是一个需要研究和实践的过程。在进行一般收运路线规划设计时，需要尽量考虑以下因素：

（1）必须明确现行的有关收集点和收集频率的政策和法规。

（2）现行收运系统的运行参数，例如工作人员的多少和收集装置的类型。

（3）在任何可能的情况下，必须对收运路线进行规划，以便收运路线能在主干道开始和结束，用地形和物理的障碍物作为收运路线的边界。

（4）在山区，收运路线要开始在最高处，然后随着装载量的增加逐渐下山。

（5）收运路线应该设计成最后一个收集容器离处置点最近。

（6）在交通拥挤处产生的垃圾必须在一天中尽可能早的收集。

（7）能产生大量垃圾的产生源必须在一天中的第一时段收集。

（8）如果可能的话，那些垃圾产生量小且有相同收集频率的分散收集点应该在一趟或一天中收集。

1. 生活垃圾收运路线的规划

通常，建立垃圾收运路线的步骤包括：第1步，准备一张当地地图，能够表示垃圾产生源的数据与信息；第2步，数据分析，如果需要的话，准备数据摘要的表格；第3步，初步的收运路线设计；第4步，对初步收运路线进行评估，然后通过成功的试验运行，完善垃圾收运路线。

从本质上说，第1步对所有类型的收运系统都是一样的，而第2步、第3步和第4步在拖曳容器收运系统和固定容器收运系统中的应用是不一样的。所以，每一步都应该分别讨论。

值得注意的是，在第4步中准备好的收运路线将交给垃圾收集车司机，由他们在规定区域中将其实施；根据在此区域中实施的经验，他们将修改收运路线以满足本地特殊的情况。在大多数情况下，收运路线的设计是依据在城市的某一区域长期工作所获得的运行经验。下面将讨论垃圾收运路线设计时应考虑的因素。

2. 生活垃圾收运路线的设计

（1）收运路线设计—第1步

在一张有商业区、工业区和居民区分布的地图上，标出如下垃圾收集点的数据：位置、收集频率、收集容器的数量。如果在商业与工业区使用机械装载的固定容器收运系统，在每一个垃圾收集点上也应该标出可能收集的垃圾量。对于居民区的垃圾产生源，通常假定每个垃圾产生源要收集的垃圾量几乎是相等的。一般情况下，只是标注每个街区的房屋数量。

由于收运路线的设计包括一系列连续的试验，所以一旦基本数据已经标注在地图上就应该使用路线图了。依据区域的大小和收集点的数量，这块区域应该再概略的细分成功能相当的区域（例如居民区、商业区和工业区）。对那些收集点数小于 20 到 30 的区域，这一步可以省略。对那些大一点的区域，有必要把功能相当的区域再进一步细分成若干小区域，要考虑垃圾产生率和收集频率等因素。

（2）收运路线设计—第 2 步、第 3 步和第 4 步（拖曳容器收运系统）

第 2 步，在一张电子数据表格上输入以下信息：收集频率，次/周；收集点数量；收集容器总数；收集次数，次/周；在一周中每天要收集的垃圾数量。然后，确定在一周中要多次收集的收集点数量（例如，从周一到周五或周一、周三和周五），再将数据填入表格。按照每周需要的最高收集次数（例如，5 次/周）的收集点进行列表。最后，分配每周一次的收集点容器的数量，以便每天清空的容器的数量与每个收集日相平衡。一旦确定了这些信息，就可以设计出初步的收运路线。

第 3 步，使用第 2 步的信息，收运路线的设计可以如下描述：从分派站开始（或者是垃圾收集车停靠的地方），收运路线应该能在一个收集日里将所有的收集点连接起来。下一步是修改基本路线，使之能包括其他额外的收集点。每一天的收运路线都应该设计成开始和终止于分派站。垃圾收集的操作应该符合当地的生活方式，要考虑前面引用的方针和本地特殊情况的限制。

第 4 步，当初步的收运路线设计出来后，就可以计算出每两个容器之间的平均行驶距离。如果收运路线的行驶距离相差超过 15%，就应该重新设计，以使每两个收集点间行驶相同的距离。通常，大部分的收运路线都要经过试验运行才能最终确定下来。当使用超过一辆垃圾收集车的时候，每一个服务区的收运路线都要设计出来，每辆车的工作量应该是均衡的。

（3）收运路线设计—第 2 步、第 3 步和第 4 步（固定容器机械装载收运系统）

第 2 步，在一张电子数据表格上输入以下信息：收集频率，次/周；收集点数量；总垃圾量，m^3/周；在一周中每天要收集的垃圾数量。然后，确定在一周中要多次收集的收集点数量（例如，从周一到周五，或周一、周三和周五），并将数据填入表格。按照每周需要最多收集次数（例如 5 次/周）的收集点进行列表。最后，用垃圾车的有效容量（垃圾车容量×压缩率）来确定每星期只清理一次的地区能处理的垃圾量。分配好垃圾收集的量，以便每次收集的垃圾量和清空容器的量能与每条垃圾收运路线相平衡。一旦已经了解了这些信息，就可以设计出初步的收运路线。

第 3 步，当前述工作完成后，收运路线的设计就可以如下进行：从分派站（或者是垃圾收集车停靠的地方）开始，收运路线应该能在一个收集日里将所有的收集点连接起来。针对将要被收集的垃圾量对基本收集线路进行设计。

然后，修改这些基本收运线路来包含其他垃圾收集点以满足装载量，这些修改应该保证每一条收运路线都能服务同一区域。在那些已经被细分的并且每天都要清理的大区域，需要在每个细分的区域确定基本线路；在某些情况下，要根据每天清运的次数来确定收运路线。

第 4 步，当收运路线已经被设计出来，垃圾的收集量和每条路线的拖曳距离就应该确定下来。在某些情况下，需要重新调整收运路线与工作量的平衡。当收运路线已经确定后，应该把它们画到主图上。

（4）收运路线设计—第 2 步、第 3 步和第 4 步（固定容器手工装载收运系统）

第 2 步，估计收运系统在运行过程中每天在服务区内会产生的垃圾总量。用垃圾车的有效容量（垃圾车容量×压缩率）确定每趟平均收集垃圾的居民数。

第 3 步，当前述工作完成后，收运路线的设计就可以如下进行：从分派站（车库）开始设计收运路线，要求在每条收运路线中包括所有的收集点。这些路线应该满足最后一个收集点离处置点最近。

第 4 步，当收运路线设计出来后，要确定实际的容器密度和每条路线的拖曳距离。应该核对每天的劳动量需求与每天的工作时间。在一些情况下，需要重新调整收运路线以使其与工作量平衡。当收运路线已经确定后，应该把它们画到主图上。

【例 3-1】 居民区垃圾收运路线设计。一居民区的分布如图 3-13 所示，请为其设计垃圾收运路线。服务区域的地图将作为垃圾收运线路的第一步而准备好。假设应用以下一些条件：

1）参数

①每户的居民数＝3.5；②生活垃圾的收集率＝1.59kg/（人·天）；③收集频率＝1 次/周；④收集服务的类型＝路边；⑤收集工人数＝1 人；⑥收集车的容量＝21.4m³；⑦收集车中搅碎的特殊的生活垃圾的容积密度＝320.4kg/m³。

2）收运路线的要求

①在大街上没有反向转弯；②在右手行驶的街道上每一面都进行收集。

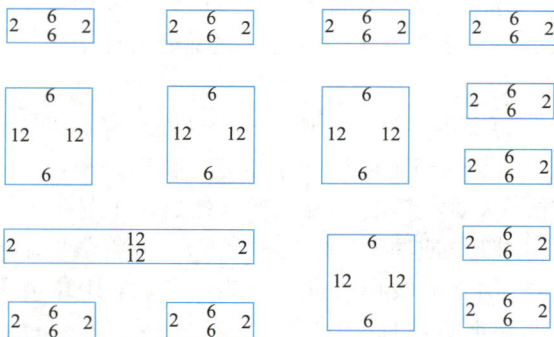

2,6,12 为每一街区沿街的住户数量

图 3-13 一居民区的分布情况

解：

1）详述确定收运路线需要的数据（收集线路设计的第 2 步）

① 确定能够产生垃圾的居民总数。

居民户数＝10 个街区×16 户/街区＋4 个街区×36 户/街区＋1 个街区×28 户/街区＝

332 户

② 确定每周收集的垃圾量。

每周的垃圾体积＝[332 户×3.5 人/户×1.59kg /（人·天）×7 天/周]/320.4（kg/m³）＝40.3 m³

③ 确定每周需要的运输次数。

$$每周收集次数 = \frac{40.3 m^3/周}{21.4 m^3/趟} = 1.88 趟$$

取整数，采用 2 趟。

④ 确定每趟能够服务的平均户数。

每趟服务户数＝332/2＝166 户

2）采用上面的数据作为指导，通过连续的试验来设计收集线路（收集路线设计的第 3 步）。在图 3-14 中列出两个典型的收集路线，该两条线路的设计都遵循了相应的线路规划原则，使得确定的收集路线最优化。

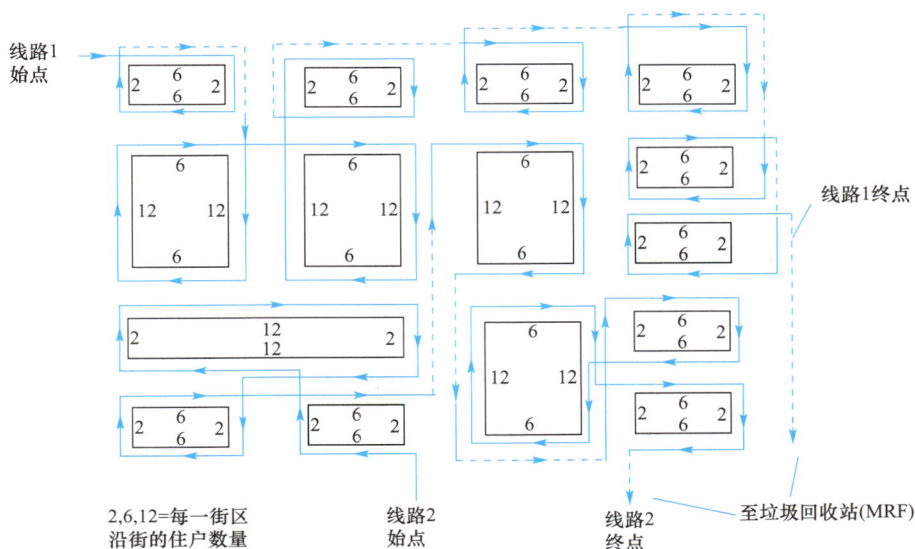

图 3-14　垃圾收集最优线路图

3.4　生活垃圾的中转运输

在生活垃圾收运系统中，第三阶段操作过程称为中转运输，也称转运，它是指采用收集车将垃圾清运至垃圾转运站后，收集车中垃圾转载至较大型转运车，并由转运车将垃圾送往处理场（厂）的过程。中转运输过程包含两个基本步骤：垃圾转载与转运车运输。

我国《城市环境卫生设施规划标准》GB/T 50337—2018 规定，服务范围内的垃圾运输平均距离超过 10km，宜设置垃圾转运站；平均距离超过 20km 时，宜设置大、中型转运站。

3.4.1　转运站的作用和功能

随着城市区域的不断拓展，以及对环境保护和市容卫生的要求，垃圾处理场所的地理位置离市区越来越远，城市生活垃圾远距离运输成为必然趋势。垃圾要远距离运输，最好先集中。因此，设立转运站进行垃圾的转运就显得必要，不仅可以更有效地利用人力和物力，使垃圾收集车更好地发挥其效益，也可借助大载重量运输工具实现经济而有效地长距离运输。基于生活垃圾运输过程经济化的原理，大型车辆的单位运输量成本（单价）低于小型车辆；而垃圾收集清运车受垃圾集装点交通条件的限制，难以实现车辆大型化；当垃圾的全程运输距离大于一定值时，大型车辆的单价优势足以抵偿垃圾转载带来的固定成本。

转运站的作用和功能可以归纳为以下几点：

（1）降低收运的成本。对于较长的运输距离来说，大容量的运输车辆要比小容量的运输车辆经济有效；而城市生活垃圾的收集过程，小型车辆又比大型车辆灵活方便。在适宜的地方设置转运站，可以合理地分配使用车辆，提高收运系统的总体效率，大大降低运输费用。

（2）提高运输效率。转运站大多设有压缩设备，可对分散收集来的垃圾进行压缩处理，压缩后垃圾的密度明显提高，从而可大大提高载运工具的装载效率，并有利于进一步降低垃圾运输费用。

（3）集中收集和贮存来源分散的各类生活垃圾。在生活垃圾物流组织体系中起到流量缓冲作用。

（4）对不同来源垃圾进行适当的预处理。例如，分选、破碎、压缩、中和、脱水，以及对有用物质的回收和再利用，并为后续资源回收、分类处理等提供服务。通过这些预处理措施，可以减少在后续运输与处理、处置过程中垃圾的量和危险性，有利于提高生活垃圾管理的整体效益。

运输距离的长短，是决定是否设立垃圾转运站的主要依据。当垃圾的运输距离较近时，一般无须设置垃圾转运站，通常由收集车把收集来的垃圾直接运往垃圾处理处置场所。只有当垃圾的运输距离较远时，才有设置转运站的必要。一般来说，当垃圾运输距离超过 20km 时，应设置大、中型转运站。因此，小城市一般不设置垃圾转运站，而大、中型城市设置垃圾转运站的比较多。

通常，当垃圾处理处置场所远离收集路线时，究竟是否设置转运系统往往取决于经济状况。具体取决于两个方面：一方面是有助于降低垃圾收运的总费用，即由于长距离大吨位运输比小车运输的成本低，或由于收集车一旦取消长距离运输能够腾出时间更有效地收集垃圾；另一方面是对转运站、大型运输工具或其他必需的专用设备的大量投资会提高收运费用。因此，有必要进行深入的经济性分析。下面就三种具体的运输方式：拖曳容器系统、固定容器系统和设置转运站转运，进行经济比较。

三种运输方式为：①移动容器式收集运输；②固定容器式收集运输；③设置转运站转运。

三种运输方式的费用可由下列方程表示：

拖曳容器运输方式：
$$Q_1 = q_1 \cdot x \tag{3-15}$$

固定容器运输方式：$$Q_2 = q_2 \cdot x + b_2 \qquad (3\text{-}16)$$

设置转运站运输方式：$$Q_3 = q_3 \cdot x + b_3 \qquad (3\text{-}17)$$

式中　Q_n——第 n 种运输方式的总运输费用，$n=1$，2，3；

$\quad\quad x$——运距；

$\quad\quad q_n$——第 n 种运输方式的单位运费，$n=1$，2，3；

$\quad\quad b_2$——设置固定容器所需增加投资的分期偿还费和管理费；

$\quad\quad b_3$——设置转运站后，增添基建投资的分期偿还费和操作管理费。

一般情况下，$q_1 > q_2 > q_3$，$b_3 > b_2$。简单地说，利用大容量的运输工具来长距离运输大量的垃圾，比利用小容量运输工具长距离运输同样多的垃圾更加便宜。

3.4.2　生活垃圾转运站的工艺类型

生活垃圾转运站是连接垃圾产生源头和末端处置系统的结合点，起到枢纽作用。国内外生活垃圾转运站的形式是多种多样的，它们的主要区别在工艺流程、主要转运设备及其工作原理、垃圾的压实效果（减容压实程度）和环保性等方面。

1. 转运站的分类

转运站是一种将垃圾从小型收集车装载（转载）到大型专用运输车，以优化单车运输经济规模、提高运输效率的设施。根据工艺流程和转运设备对垃圾压实程度等的不同，转运站可分为多种类型。

（1）按转运能力分类

转运站的设计日转运垃圾能力，可按其规模进行分类，划分为小型、中小型、中型、大型和特大型转运站。

1）小型转运站：转运规模 $<50\text{t/d}$；

2）中小型转运站：转运规模 $50 \sim 150\text{t/d}$；

3）中型转运站：转运规模 $150 \sim 450\text{t/d}$；

4）大型转运站：转运规模 $450 \sim 1000\text{t/d}$；

5）特大型转运站：转运规模 $1000 \sim 3000\text{t/d}$。

（2）按有无压缩设备及压实程度分类

根据国内外垃圾转运技术现状及发展趋势，转运技术及配套机械设备可按转运容器内的垃圾是否被压实及其压实程度，划分为无压缩直接转运与压缩式间接转运两种方式。

1）无压缩直接转运：采用垃圾收集车，将垃圾从垃圾收集点或垃圾收集站直接运送至垃圾处理厂（场）的运输方式。

2）压缩式间接转运：采用往复式推板将物料压入装载容器。与刮板式填装作业相比，往复式推压技术可对容器内的垃圾施加更大的挤压力，容器内垃圾密度最高可达 800kg/m^3 以上。压缩式设备一般采用平推式（或直推式）活塞动作，大型以上的转运站多采用压缩式。

（3）按压缩设备作业方式分类

按压缩设备作业方式，国内外采用的压入装箱工艺分别可分为水平压缩转运和竖直压缩转运两种。

1）水平压缩是利用推料装置将垃圾推入水平放置的容器内，容器一般为长方体集装箱，然后开启压缩机，将垃圾往集装箱内压缩。

2）竖直压缩是将垃圾倒入垂直放置的圆筒形容器内，压缩装置由上至下垂直将垃圾压缩，垃圾在压缩装置的重力和机械力同时作用下得到压缩，压缩比较大，压缩装置与容器不接触，无摩擦。

水平装箱式转运站与竖直装箱式转运站工艺技术比较见表3-7。

水平装箱式转运站与竖直装箱式转运站工艺技术比较　　　　表3-7

转运站形式 / 项目	竖直装箱式转运站工艺	水平装箱式转运站工艺
垃圾转运站技术	垃圾直接卸入容器，停电时也能转运垃圾	垃圾先卸入贮槽，再经推料机构和压实机构装箱，停电时无法转运垃圾
压实垃圾的动力消耗	借助垃圾自重及压实器压实垃圾，动力消耗低，压实力最大为300kN	垃圾依靠压实机构压实并装箱，连续工作，动力消耗高，压实力最大为700kN
连接结构	容器和压实器无连接结构，压实器回位时，被压缩的垃圾会反弹，但不会掉出容器	集装箱和装箱机的出料口之间必须有定位锁定结构，换箱解除锁定时，垃圾会从接口处反弹到地面，渗滤液也会流出，易造成二次污染
进料门的启闭方式	由人工操作打开或关闭进料门的锁紧机构，利用液压、机械机构来开启或关闭进料门	进料门的启动可由液压机械自动完成或手动开启
垃圾分类收集	垃圾直接卸入容器，在转运站作业区可有若干容器同时卸载，很容易实现垃圾的分类收集	垃圾先卸入贮槽，一个贮槽只贮存一种垃圾，使转运设备的利用率降低，管理亦困难，不易实现垃圾的分类收集
垃圾暴露影响	垃圾在站内暴露面积小，时间短，产生的臭味较易处理	垃圾在站内暴露面积大，时间长，产生的臭味较难处理
垃圾渗滤液	在装箱过程中，产生的渗滤液沉积在容器的底部，容器底部的密封机构可保证渗滤液不会溢出，可导出渗滤液运至处理厂处理	在装箱过程中，产生的渗滤液会从箱体的焊缝处滴漏出来，在解除箱机连接时渗滤液可能会从箱进料口溢出

由表3-7可见，竖直装箱式转运站在工艺技术和环境保护等方面具有明显优势，但相应增加了转换容器状态的设备投资，同时容器的搬运转移需要较大的调度场地，会缩减转运站绿化面积。要根据转运站的实际条件综合分析和协调经济、技术、环保等要求选择适宜的压缩工艺。

（4）按大型运输工具不同分类

1）公路运输

公路转运车辆是最主要的垃圾运输工具，使用较多的公路转运车辆有半拖挂转运车、车厢一体式转运车和车厢可卸式转运车等。车厢可卸式转运车是目前国内外广泛采用的垃圾转运车，无论在山区还是在填埋场，它都表现出了优良和稳定的性能。该种转运车的垃圾集装箱轻巧灵活、有效容积大、净载率高、垃圾密封性好。该种车型由于机动车底盘与垃圾集装箱可自由分离、组合，在压缩机向垃圾集装箱内压装垃圾时，司机和车辆不需要在站内停留等候，提高了转运车和司机的工作效率，因而设备投资和运行成本均较低，维修保养也更方便。

2）铁路运输

铁路运输是一种陆上运输方式，当需要远距离大容量输送生活垃圾时，铁路运输是最有效的解决方法。特别是在比较偏远的地区，公路运输困难，但却有铁路线，且铁路附近有可供垃圾处理处置设施时，铁路运输方式就比较实用。铁路运输城市垃圾常用的车辆有：设有专用卸车设备的普通卡车，有效负荷 10～15t；大容量专用车辆，有效负荷 25～30t。

铁路运输的发展趋势之一就是集装运输，集装运输包括集装箱运输和集装化运输，它是先进的散杂件货物运输方式。对适箱货物可采用集装箱运输，对非适箱货物则采用集装化运输。图 3-15 和图 3-16 所示分别为铁路运输垃圾的列车和运输垃圾集装箱示意。

图 3-15　垃圾铁路运输　　　　　图 3-16　垃圾集装箱运输

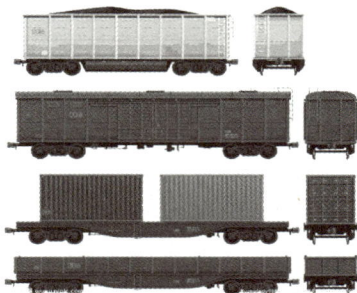

集装箱专用列车与定期直达车的相同之处在于都在铁路运行图上有专门的运行线，不同之处在于专运列车虽然也是大批量的集装箱和运输路线较长，但不是定期的，这种运输可以解决货源不均衡的矛盾。

3）水路转运

通过水路可廉价运输大量垃圾，因此也受到人们的重视。水路垃圾转运站需要设在河流或者运河边，垃圾收集车可将垃圾直接卸入停靠在码头的驳船里。需要有设计良好的装载和卸船的专用码头。

船舶运输适用于大容量的废物运输，在水路交通方便的地区应用较多。船舶运输由于装载量大、动力消耗小，其运输成本一般比车辆运输和管道运输低。但是，船舶运输一般需要采用集装箱方式。所以，对中转码头以及处置场码头必须配备专门的集装箱装卸装置。另外，在船舶运输过程中，特别要注意防止由于垃圾泄漏对河流的污染，在垃圾装卸地点尤其需要注意。图 3-17 是中国香港港岛东废物转运站，采用集装箱船从市区往新界西填埋场运送垃圾。

（5）按装料方法分类

1）高低货位装料方式

可利用地形高度差来装卸生活垃圾，也可用专门的液压台将卸料台升高或将大型运输工具下降，如图 3-18 所示。

2）平面传送装料方式

利用传送带、抓斗天车等辅助工具进行收集车的卸料和大型运输工具的装料，收集车和大型运输工具均停在同一个平面上，如图 3-19 所示。

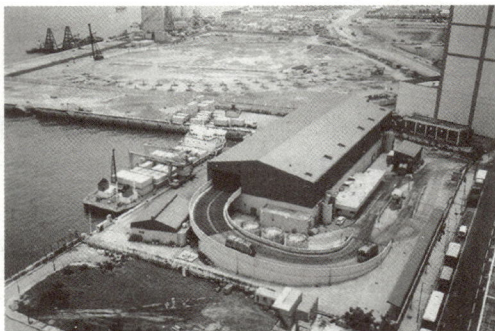

图 3-17　港岛东废物转运站用船舶运输垃圾

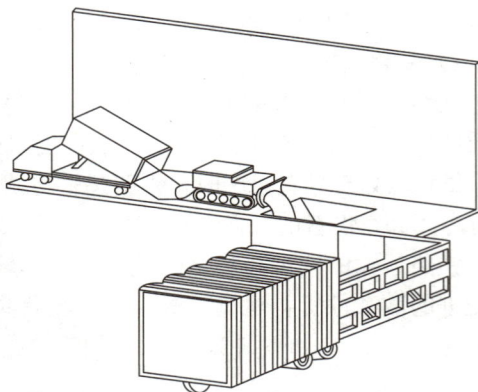

图 3-18　高低货位装料方式

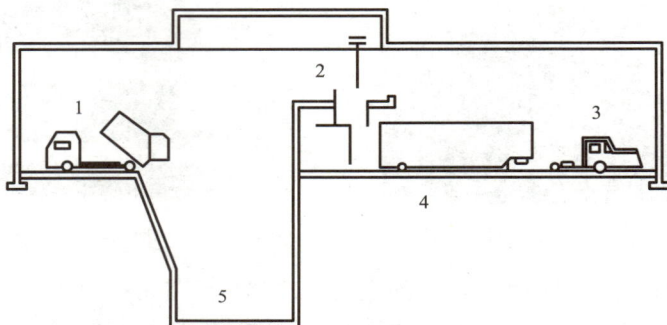

图 3-19　平面传送装料方式示意图

注：1—垃圾收集车；2—抓斗天车装料斗；3—重型车；4—拖车装料挤压；5—垃圾临时贮存池

（6）按有无分拣功能分类

按转运站是否设计分拣回收单元，可将其分为带分拣处理压缩转运站和无分拣处理压缩转运站两类。

2. 转运站装载工艺方法

根据运输车装载方式的不同，转运站可以被分为三种常见类型：（1）直接装载；（2）先贮存再装载；（3）直接装载和先贮存再装载相结合。

（1）直接装载型转运站

在直接装载型转运站里，收集车把收集到的垃圾直接倒入大型的运输车中，以便把垃圾运到最终的处理处置设施；或将垃圾倒入压缩机中压缩后再进入运输车；或者把垃圾压缩成垃圾块后运抵处理处置设施。在许多情况下，垃圾中可回收利用的部分被筛选出来后，剩下的垃圾被倒入平板车，然后再被推入运输工具。可以被临时贮存在平板车中的垃圾体积称为该转运站的临时储量或紧急储量。

（2）先贮存再装载型转运站

在这种先贮存再装载的转运站里，垃圾先被倒入一个贮存坑，然后通过各种辅助器械，将坑内的垃圾装入运输工具。直接装载型转运站和先贮存再装载型转运站的差别，在于后者带有一定的垃圾贮存能力（通常为 1～3 天）。

（3）直接装载和先贮存再装载相结合型转运站

在一些转运站，直接装载和卸垃圾后再装载的方法是结合使用的。通常，这种多功能的处理设施比起单一用途的处理设施来说可以服务更多的用户。一个多功能的转运站同样可以建立起一个垃圾回收利用系统。

该类转运站的操作过程如下：如果所装载的垃圾中不含有可回收利用废物，所有车辆都必须进入称量检查室接受检查；不允许进入的废物（如危险废物、建筑垃圾、工业固体废物等）则不能进入收集垃圾车。经过称重后，司机会拿到一张盖章后的客户凭证；然后司机将车驶入卸载区，把车内的垃圾倾倒入垃圾临时贮存池；空车返回称重室，经过再次称重后，司机返还客户凭证，并根据计算出的垃圾重量结算。

在这类转运站，设置有专门回收废物的设施，如果装载的垃圾中含有预先确知数量的可回收利用废物，则司机将进入某种特定类型车辆的免费通道，而通过这种类型的车辆将废物送去进行后续回收利用。

3.4.3 转运站的设计方法

1. 转运站工艺设计

在规划和设计转运站时，应考虑以下几个因素：（1）每天的转运量；（2）转运站的结构类型；（3）主要设备和附属设施；（4）对周围环境的影响。

假定某转运站要求：（1）采用挤压设备；（2）高低货位方式卸料；（3）机动车辆运输。其工艺设计如下：垃圾车在货位上的卸料平台卸料，倾入低货位上的压缩机漏斗内，然后将垃圾压入半拖挂车内，满载后由牵引车拖运，另一辆半拖挂车再继续装料。

根据该工艺与服务区的垃圾量，可计算应建造多少个高低货位卸料台和相应配备的压缩机数量，需合理使用多少牵引车和半拖挂车。

（1）卸料台数量 A

该垃圾转运站每天的工作量可按下式计算：

$$E = k_1 \cdot Y_n / 365 = k_1 \cdot y_n \cdot P_n \times 10^{-3} \qquad (3-18)$$

式中 E——每天的工作量，t/d；

Y_n——预测的第 n 年垃圾产生量，t/a；

P_n——服务区的居民人数，人；

y_n——人均垃圾产率，kg/（人·d）；

k_1——垃圾产量变化系数，一般为 $1.3\sim1.4$。

一个卸料台工作量的计算公式为：

$$F = t_1 / (t_2 \cdot k_t) \qquad (3-19)$$

式中 F——卸料台 1 天接受的清运车数，辆/d；

t_1——转运站 1 天的工作时间，min/d；

t_2——1 辆清运车的卸料时间，min/辆；

k_t——清运车到达的时间误差系数。

则所需卸料台数量为：

$$A = E / (W \cdot F) \qquad (3-20)$$

式中 W——清运车的载重量，t/辆。

（2）压缩设备数量 B

$$B = A \tag{3-21}$$

（3）牵引车数量 C

为一个卸料台工作的牵引车数量，按公式计算为：

$$C_1 = t_3 / t_4 \tag{3-22}$$

式中　C_1——牵引车数量；

　　　t_3——大载重量运输车往返的时间；

　　　t_4——半拖挂车的装料时间。

其中，半拖挂车装料时间的计算公式为：

$$t_4 = t_2 \cdot n \cdot k_t \tag{3-23}$$

式中　n——1 辆半拖挂车装料的清运垃圾车数量；

　　　t_2——1 辆清运车的卸料时间，min/辆；

　　　k_t——清运车到达的时间误差系数。

因此，该转运站所需的牵引车总数为：

$$C = C_1 \cdot A \tag{3-24}$$

（4）半拖挂车数量 D

半拖挂车是轮流作业，一辆车满载后，另一辆装料，故半拖挂车的总数为：

$$D = (C_1 + 1) \cdot A \tag{3-25}$$

2. 生活垃圾收运系统的优化

为了提高垃圾的收运效率，使总的收运费用达到最小可能值，各个垃圾产生源（或转运站）如何向各处理处置设施合理分配和运输垃圾量是值得探讨的问题。此类收运路线的优化问题，实际上是寻找一条从收集点到转运站或处理处置设施的最优路线。对一个区域系统或一个大的城区，确定一条优化的宏观运输路线，对整个垃圾收运和处理处置系统的效率和成本都会产生较大的影响。这类问题在数学上称为分配问题，这里采用线性规划的数学模型对此进行讨论。

假设垃圾产生源（或转运站）的数量为 N，接收垃圾的处理处置设施的数量为 K，并且在垃圾产生源（或转运站）和垃圾处理处置设施之间没有其他处理设施，为确定最优的运输路线，可以通过总的收运费用达到最小来计算。所应满足的约束条件为：

（1）每个处理处置设施的处置能力是有限的；

（2）处理处置的垃圾总量应等于垃圾的产生总量；

（3）从每个垃圾产生源运出的垃圾量应大于或等于零。

目标函数：

$$f(X) = \sum_{i=1}^{N} \sum_{k=1}^{K} X_{ik} C_{ik} + \sum_{k=1}^{K} \left(F_k \sum_{i=1}^{N} X_{ik} \right) \tag{3-26}$$

约束条件：

$$\sum_{i=1}^{N} X_{ik} \leqslant B_k \qquad 对于所有的 k \tag{3-27}$$

$$\sum_{k=1}^{K} X_{ik} = W_i \qquad 对于所有的 i \tag{3-28}$$

$$X_{ik} \geqslant 0 \qquad\qquad 对于所有的 i \tag{3-29}$$

式中　X_{ik}——单位时间内从垃圾产生源 i 运到处理处置设施 k 的垃圾量；

C_{ik}——单位数量垃圾从垃圾产生源 i 运到处理处置设施 k 的费用；

F_k——处理处置设施 k 处置单位数量垃圾的费用；

W_i——垃圾产生源 i 单位时间内所产生的垃圾总量；

B_k——k 处理处置设施的处置能力；

N——垃圾源的数量；

K——处理处置设施的数量。

在目标函数中，第一项是运输费用，第二项为处理费用。由于各个处理处置设施的规模和工艺、造价与运行费之间的差异，不同处置设施的处理费用也会有所不同。

【例 3-2】　假设某城市近郊有 3 座垃圾处置场，每座处置场的处置能力分别为 600t/d、500t/d 和 700t/d；城区建有 3 座垃圾转运站，每座转运站转运垃圾的量分别为 400t/d、400t/d 和 300t/d（图 3-20）。试问，如何调运各个转运站的垃圾量才能使其总运输费用最小？

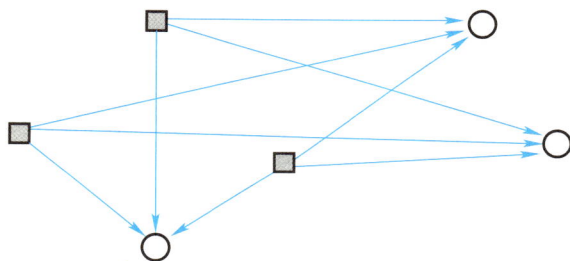

图 3-20　某城市的 3 处垃圾处置场及垃圾转运站

解：（1）约束条件：

根据每一转运站运往各个处理处置设施的转运量与每一转运站的转运量的关系，有：

$$X_{11} + X_{21} + X_{31} = 400$$
$$X_{12} + X_{22} + X_{32} = 400$$
$$X_{13} + X_{23} + X_{33} = 300$$
$$X_{ij} \geqslant 0 (i = 1 \sim 3, \ j = 1 \sim 3)$$

根据每一处理处置设施接受来自各个转运站的转运垃圾量与每一处理处置设施的处理量的关系有：

$$X_{11} + X_{21} + X_{31} \leqslant 600$$
$$X_{12} + X_{22} + X_{32} \leqslant 500$$
$$X_{13} + X_{23} + X_{33} \leqslant 700$$
$$X_{ij} \geqslant 0 (i = 1 \sim 3, \ j = 1 \sim 3)$$

（2）目标函数：使总转运费用最小，即：

$$f(X) = X_{11}C_{11} + X_{21}C_{21} + X_{31}C_{31} + X_{12}C_{12} + X_{22}C_{22} + X_{32}C_{32} + X_{13}C_{13}$$
$$+ X_{23}C_{23} + X_{33}C_{31} + F_1(X_{11} + X_{21} + X_{31}) + F_2(X_{12} + X_{22} + X_{32})$$
$$+ F_3(X_{13} + X_{23} + X_{33})$$

求解这个数学模型，得到各个垃圾转运量（X_{ij}），就可得出一个使总转运费用最小的最优调运方案。

为求解上述问题，可以利用求解线性规划模型的常用方法——单纯形法来求解。

如果在垃圾源和处理处置设施之间还有转运站或其他处理设施，则宏观路线的确定会变得更加复杂。在这种系统中，垃圾源产生的垃圾可以先送到转运站，也可以直接送到处理处置设施，而转运站的垃圾则必须送到处理处置设施。在中间处理过程中产生的垃圾流的变化也必须加以计算。

设有 N 个垃圾源，J 个转运站，K 个处理处置设施，处置设施和转运站的处理费用分别为 F_j 和 F_k。这个系统的目标函数可以用下列数学式来表示：

$$f(X) = \sum_{i-1}^{N} \sum_{j=1}^{J} C_{ij} X_{ij} + \sum_{i-1}^{N} \sum_{k=1}^{K} C_{ik} X_{ik} + \sum_{j=1}^{J} \sum_{k=1}^{K} C_{jk} X_{jk}$$
$$+ \sum_{j=1}^{J} F_j \sum_{i=1}^{N} X_{ij} + \sum_{k=1}^{K} F_k \left(\sum_{i=1}^{N} X_{ik} + \sum_{j=1}^{J} X_{jk} \right) \tag{3-30}$$

式中　C_{ij}——将单位数量垃圾从垃圾产生源 i 运送到转运站 j 的费用；

　　　C_{jk}——将单位数量垃圾从转运站 j 运送到处理处置设施 k 的费用；

　　　C_{ik}——将单位数量垃圾从垃圾产生源 i 运送到处理处置设施 k 的费用；

　　　X_{ij}——在单位时间内从垃圾产生源 i 运送到转运站 j 的垃圾数量；

　　　X_{jk}——在单位时间内从转运站 j 运送到处理处置设施 k 的垃圾数量；

　　　X_{ik}——在单位时间内从垃圾产生源 i 运送到处理处置设施 k 的垃圾数量；

　　　F_j——转运站 j 处理单位数量垃圾所需的费用；

　　　F_k——处理处置设施 k 处理单位数量垃圾所需的费用；

该目标函数的约束条件为：

（1）在垃圾源 i 产生的垃圾量 W_i 必须等于由 i 运往 j 个转运站和 k 个处理处置设施的垃圾总量。

$$\sum_{j=1}^{J} \sum_{i=1}^{N} X_{ij} + \sum_{k=1}^{K} \sum_{i=1}^{N} X_{ik} = W_i \tag{3-31}$$

（2）转运站 j 的处理能力为 B_j 必须大于或等于运往转运站 j 的垃圾总量。

$$\sum_{i=1}^{N} X_{ij} \leqslant B_j \qquad 对于所有 j \tag{3-32}$$

（3）从垃圾源 i 和转运站 j 运往处理处置设施 k 的垃圾量必须小于或等于处理处置设施 k 的处理处置能力 B_k。

$$\sum_{i=1}^{N} X_{ik} + \sum_{j=1}^{J} X_{jk} \leqslant B_k \qquad 对于所有的 k \tag{3-33}$$

（4）转运站 j 处理后残余的垃圾量必须等于从转运站 j 运往处理处置设施的垃圾量。

$$P_j \sum_{i=1}^{N} X_{ij} = \sum_{k=1}^{K} X_{jk} \qquad 对于所有的 j \tag{3-34}$$

（5）从所有垃圾源运往转运站或处理处置设施的垃圾量，或从转运站运往处理处置设施的垃圾量必须大于或等于零。

$$X_{ij} \geqslant 0, \ X_{ik} \geqslant 0, \ X_{jk} \geqslant 0 \qquad 对于所有的 i、j、k \tag{3-35}$$

在影响条件过分复杂的情况下，由于线性规划方法造成的误差太大，可以使用简单的网格计算法。在 XY 坐标网格纸上，将相应区域划分成很多面积相等的方格，然后根据居民人口估算出生活垃圾的产生量。在此之前，应确定转运站与垃圾处理处置设施的地点。首先判断明显不适当的地点，例如市区中心、风景区、饮用水源保护区等，然后利用反复试探的方法得到最佳的综合方案。

垃圾的运输费用通常占垃圾处理处置总费用的很大比例，因而场址的选择，应充分考虑最大限度地减少运费。在平原地区，运输费用仅取决于路程的长短。可以根据本地区的地理位置和垃圾产生量的分布情况，计算出处理处置设施的理论最佳选址，以使得垃圾运输的总吨-公里数为最小。

3.4.4 转运站选址

转运站的选址应符合城市总体规划和城市环境卫生行业专业规划的要求。若转运站所在区域的城市总体规划未对转运站选址提出要求，或者未编制环境卫生行业专业规划，则其选址应由建设主管部门会同规划、土地、环保、交通等有关部门进行，或及时征求有关部门的意见。

转运站的位置应设在生活垃圾收集服务区内人口密度大、垃圾排放量大、易形成转运站经济规模和安排清运线路的地方；并综合考虑服务区域、转运能力、运输距离、交通条件、污染控制、配套条件等因素的影响，以及供水、供电、污水排放的要求，应兼顾废物回收利用及能源生产的便利性。在运距较远、运量大，且具备铁路运输或水路运输条件时，宜设置铁路或水路运输大型转运站（码头），其设计建造需符合特定设施的有关行业标准。

根据《生活垃圾转运站技术规范》CJJ/T 47—2016 的最新要求，转运站用地面积标准见表 3-8。

转运站用地面积标准　　　　　　　　　　　　　　　　　表 3-8

类型		设计转运量（t/d）	用地面积（m²）	与相邻建筑间距（m）	绿化隔离带宽度（m）
大型	Ⅰ类	≥1000，≤3000	≥15000，≤30000	≥30	5～10
	Ⅱ类	≥450，<1000	≥10000，<15000	≥20	5～10
中型	Ⅲ类	≥150，<450	≥4000，<10000	≥15	5～10
小型	Ⅳ类	≥50，<150	≥1000，<4000	≥10	≥3
	Ⅴ类	<50	≥500，<1000	≥8	≥3

对于城市垃圾来说，其转运站一般建议设在小型运输车的最佳运输距离之内。转运站选址应避开立交桥或平交路口旁，以及影剧院、大型商场出入口等繁华地段，以避免造成交通混乱或拥挤。若必须选址于此类地段时，应对转运站进出通道的结构与形式进行优化或完善。

转运站选址应避开邻近商场、餐饮店、学校、医院等群众日常生活聚集场所，以避免垃圾转运作业的二次污染影响甚至危害，以及潜在的环境污染所造成的社会或心理上的负面影响。若必须选址于此类地段时，应从建筑结构或建筑形式上采取措施进行改进或完善。

思考题与习题

1. 生活垃圾的收集方式主要有哪些？生活垃圾分类收集一般应遵循的主要原则是什么？

2. 生活垃圾收集对象按主要产生源类型进行分类，一般可以分为几类？请简要说明。

3. 请简要分析街道垃圾清扫和保洁方法与设备。

4. 请简要分析生活垃圾收集设施、设备的设置规范和基本要求。

5. 一较大居民区，每周产生的垃圾总量大约为 460m³，每栋房子设置两个垃圾收集容器，每个容器的容积为 154L。每周人工收运垃圾车收集一次垃圾，垃圾车的容量为 27m³，配备工人 2 名。试确定垃圾车每个往返的行驶时间，以及需要的工作量。已知：处置设施距离居民区 24km；速度常数 a 和 b 分别为 0.022h 和 0.01375h/km；容器利用效率为 0.7；垃圾车压缩系数为 2；每天工作时间按 8h 考虑。

6. 拟在某处新建一高级住宅区，该区有 800 套别墅。假定每天往处理设施运送垃圾 2 趟或 3 趟，请你为该住宅区设计垃圾收运系统（比较两种不同系统）。下列数据供参考：垃圾产生量为 0.025m³/（户·d）；每个收集点设置垃圾箱 2 个；75％为路边集中收集，25％为户后分散收集；收集频率：1 次/周；垃圾收集车为后箱压缩车，压缩系数为 2.5；每天按工作 8h 计；每车配备工人 2 名；居民点到最近处置设施的往返距离为 36km；速度常数 a 和 b 分别为 0.08h 和 0.0156h/km；处理设施停留时间为 0.083h。

7. 建设转运站的主要作用是什么？是否一定要建设转运站？

8. 转运站的主要种类有哪些？请简要分析不同类型转运站的特点及其适用性。

9. 请说明转运站选址时要重点考虑的因素，并简要进行说明。

10. 某城市 2024 年人口规模为 35 万，人口发展预测到 2034 年为 52 万，该城市 2024 年的人均日产垃圾量为 0.8kg/（人·d），根据国内同类城市的经验，人均日产垃圾年增长率为 1.5％，并且当人均垃圾日产量达到 1.1kg/（人·d）时将保持不变。现拟在该城市建设一座转运站转运所有的垃圾，假设该转运站采用挤压设备、高低货位方式装卸料、机动车辆运输。转运站的作业过程为：垃圾车在货位上卸料台卸料，倾入低货位上的压缩机漏斗内，然后将垃圾压入半拖挂车（集装箱）内，满载后由牵引车拖运，另一个半拖挂车（集装箱）继续装料。请根据该工艺与服务区的垃圾量，计算应建多少个高低货位卸料台和相应的配套压缩机数量，需合理使用多少牵引车和半拖挂车（集装箱）。该转运站建成后，应能满足该城市 2034 年发展的需要。

11. 请根据你所在居住小区或学生宿舍产生垃圾的不同特点，分别制订垃圾分类收集方案。

第4章 城市垃圾预处理

城市垃圾预处理指的是采用机械、物理等手段改变垃圾的（物理）组成、颗粒粒径、堆积密度、位置等性质和状态。预处理不改变垃圾的化学组成，因此不能直接实现资源化利用或无害化处理的目标，其主要功能是为城市垃圾资源化利用和转化处理提供优化条件。

城市垃圾预处理的主要技术环节是分选和破碎，同时还包括输送、压缩等辅助性的环节。

4.1 城市垃圾分选

分选的功能是按组分对城市垃圾进行分类。城市垃圾通过分选分类的主要应用目的有：（1）从混合收集生活垃圾中分离可回收组分；（2）从生活垃圾处理残余物（如焚烧灰渣和生物处理残余物）中分离可回收组分；（3）在混合或分类收集生活垃圾生物处理前，去除其中影响生物处理过程的组分；（4）在混合收集生活垃圾焚烧前，去除其中影响焚烧过程或其二次污染衍生的组分；（5）去除堆肥产物中的杂物，使其适合土地利用；（6）对建筑垃圾进行分级分类，优化各组分的可利用性。

城市垃圾一般需采用单元组合（流程）的方式实现分选技术的应用目的。本节介绍城市垃圾分选的主要技术单元（筛分、磁选、重力分选等）的原理和装置，而实现应用目的的单元组合方式在本章4.4节和生物处理、建筑垃圾处理等章节中进一步介绍。

4.1.1 筛分

1. 筛分原理

垃圾按粒度大小通过穿孔筛面被分成不同粒级的作业称为垃圾筛分。筛分的原理涉及垃圾颗粒度（尺寸）描述、颗粒过筛过程及影响因素分析和筛分效率描述等。

（1）物料的颗粒度

物料颗粒度可以采用绝对尺寸或颗粒度分布的方式表示。

绝对尺寸将被筛物料视作拟球形颗粒，以颗粒三维方向投影的最大尺寸平均值，即平均直径表示物料的颗粒度。平均直径有算术平均和几何平均两种计算方法（见式（4-1a）、式（4-1b））。

通过算术平均法求平均直径 d：

$$d = \frac{l+b+h}{3} \tag{4-1a}$$

式中 l——物料颗粒（x 方向投影）的长度，m；

　　　b——物料颗粒（y 方向投影）的宽度，m；

h——物料颗粒（z 方向投影）的高度，m。

通过几何平均法求平均直径 d：

$$d = \sqrt[3]{lbh} \tag{4-1b}$$

平均直径方法以唯一的数值表示单一物料颗粒的尺度。但是，筛分处理的对象是城市垃圾颗粒群体，故需要了解颗粒群体的尺度状况。一般采用粒径（颗粒度）分布方法来描述颗粒群体尺度。

基于对城市垃圾的筛分分级方法测定粒径分布。以一组不同孔径的标准筛，按孔径自小至大的顺序对城市垃圾样品进行筛分，称量各孔径所筛出（下）的物料，即得到相邻两个孔径间筛出物料的质量，以此质量除以样品总质量，即为样品在此粒径范围的质量分数，各粒径的质量分数值的集合即为该样品的粒径分布，采用累计函数形式呈现的垃圾粒径分布见图4-1。以各粒径的质量分数值为依据，通过加权计算即可获得样品的平均粒径，也称最可几粒径。

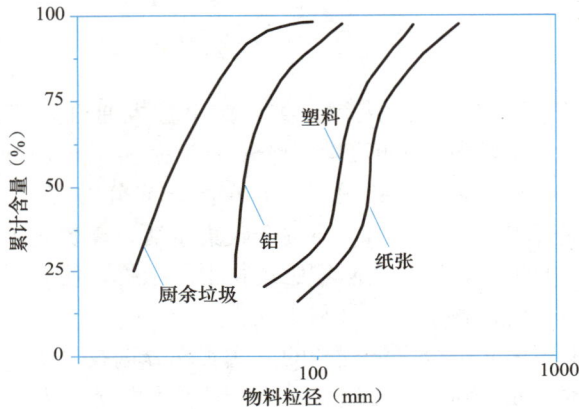

图 4-1　城市垃圾不同成分组的粒径分布

（2）颗粒过筛过程及其影响因素

城市垃圾筛分是通过筛面分流为筛上和筛下两股物料的过程，筛分效果的保证要素有筛分设备和城市垃圾性质两个方面。筛分设备方面应具备筛面运动措施，能将动量传递于入筛物料使之在筛面上充分分散，物料与筛孔充分接触，保证小于筛孔径的颗粒通过筛面进入筛下；另外，筛面的开孔率对筛分效率也有一定影响，采用开孔率高的筛面，容易获得较高的筛分效率。城市垃圾性质方面，一是影响颗粒可分散性的因素，其中的关键是含水率和含泥率，泥（细小的亲水性颗粒）自身极易附着于其他颗粒表面，还能促进其他颗粒间的相互附着，水分则可使这些附着更易发生，并增强附着的稳定性（粘连）；二是颗粒直径与筛孔的比值关系，其中，直径为筛孔尺寸的 1～0.8 倍的颗粒为"难筛颗粒"，因为当其位置不恰当时会卡入筛孔，不仅自身不能过筛，还会影响其他颗粒通过筛孔。

（3）筛分效率

筛分效率可用于评价筛分过程进行得是否完善。从理论上讲，小于筛孔的物料，应全部通过筛孔进入筛下。但实际上不可能全部透过筛面，总有一部分小于筛孔的颗粒留在筛上；并且因各种原因，在筛下产物中，也会混有大于筛孔尺寸的颗粒。筛分效率是综合反映实际筛分过程与理论过筛水平差异的指标。

筛分效率（η_q）计算式见式（4-2）。

$$\eta_q = \frac{C}{E} \times 100\% = \frac{g(e-f)}{e(g-f)} \times 100\% \tag{4-2}$$

式中　η_q——筛分效率，%；

C——筛下产物中小于筛孔径颗粒物的质量，kg；

E——入筛物料中小于筛孔径颗粒物的质量，kg；

e——入筛物料中小于筛孔径颗粒物的质量分数，%；

f——筛上产物中小于筛孔径颗粒物的质量分数，%；

g——筛下产物中小于筛孔径颗粒物的质量分数，%。

筛分效率是评价筛分机械工艺效果的重要指标，需要在达到一定处理量的条件下评价才有意义。

2. 筛分机械

筛分机械的种类繁多，其分类方法也较多，如可按结构、筛面运动方式等分类。本章主要介绍按筛面形状的分类方法，重点介绍其中最适合垃圾筛分的平面筛、滚筒筛和滚轴筛。

（1）平面筛

平面筛的特征是筛面为平面，工作时筛面受机械驱动进行循环往复运动，向入筛物料传递动能使物料分散与筛面充分接触并过筛。按筛面的运动方式可分为摇动筛和振动筛两种。

1）摇动筛：摇动筛源于选矿机械，其结构如图 4-2 所示。摇动筛的筛面周边设置框架形成箱体（筛箱），筛箱通过弹性连杆与电动机偏心轴连接使其能进行近似的水平往复运动，由于筛箱是倾斜安装，所以筛面具有向上和向前的加速度，使物料不断地从筛面上抛起，使小于筛孔的颗粒过筛，同时把物料向前输送。

矿用摇动筛的运动频率一般为 300～400 次/min，快速摇动筛可达 500 次/min。与振动筛比较，摇动筛属于慢速筛分机械，其单位筛面积处理量和筛分效率都较低，目前在选矿业中已很少采用。但是，由于生活垃圾的密实度较低和刚性小，筛面运动频率过高不利于其分散，使这种筛较适用于垃圾的筛分。摇动筛用于垃圾分选时为适应其特性，一般应降低运动频率，提高运动幅度；同时，为了防止垃圾中带状物的缠绕，通常采用棒条筛面。

2）振动筛：振动筛的基本结构与摇动筛相似，主要的不同之处在于筛箱直接与电动机偏心轴连接（参见图 4-3），运动轨迹为圆和椭圆。振动筛筛面一般也倾斜安装，安装倾角一般为 15°～25°；振动筛按安装方式不同有吊式和坐式之分，按筛箱承重能力不同又有轻型和重型之分。

振动筛结构相对简单，筛分效率较高，运转平稳，工作性能可靠，广泛用于矿山和建材业中的细物料分级。在城市垃圾筛分中，适合用于建筑垃圾按颗粒分级利用；而对于生活垃圾筛分，主要用于处理已经过破碎或已经过粗筛分的较细垃圾，及含水率较低的堆肥处理产物的粒径分级。由于生活垃圾和其处理产物的湿度与含泥量一般较高，而且颗粒大

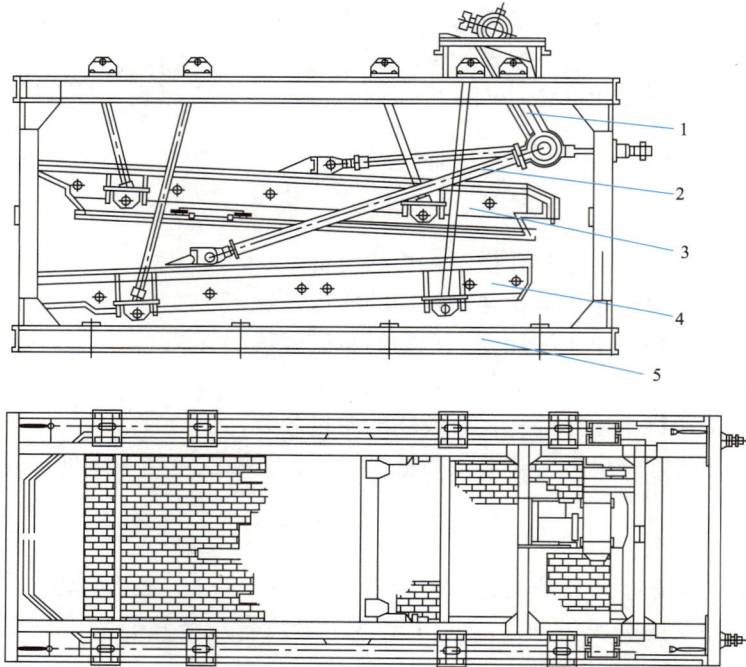

图 4-2　摇动筛结构示意图

1—偏心轴；2—弹性连杆；3—筛轴；4—筛下物料斗；5—基座架

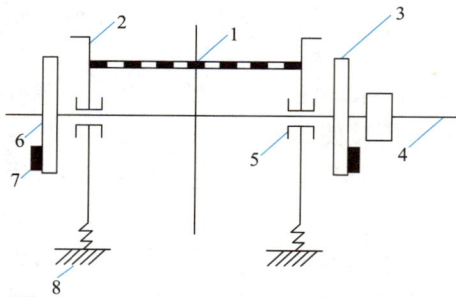

图 4-3　振动筛构造及工作原理示意图

1—筛面；2—筛箱；3—皮带轮；4—主轴；
5—轴承；6—配重轮；7—重块；8—板簧

多非刚性，应用振动筛处理的主要问题是垃圾颗粒不易分散、筛孔容易被堵塞，易造成筛分效率急剧下降。

解决振动筛处理生活垃圾效率低的方法，一是加大振幅（大于 0.2m），有利于减少筛孔的堵塞；二是采用弹性筛面，这种筛面可以强化对入筛物料的动量传递，促进其分散。同时，在振动力的作用下，弹性筛面的筛孔尺寸会发生一定的变化，可有效地减少筛孔的堵塞；弹性筛面可采用橡胶材质，它具有耐磨性好、工作噪声小和质量轻等优点，适合在垃圾筛分机械中应用。

3）平面筛的选用：平面筛的选用，主要涉及筛面孔形和尺寸、筛面的长度和宽度比及筛面面积选择。

平面筛的筛面孔形可分为二维对称和一维对称两类，圆和正方形属二维对称，而椭圆形和长方形是一维对称的代表。建筑垃圾一般采用二维对称孔形，而生活垃圾及其处理产物一般采用一维对称孔形。以筛下颗粒直径（d_x）和孔形确定孔尺寸的大小，二维对称孔的尺寸（圆孔直径或正方形边长）一般取 d_x 的 0.8～1.2 倍；一维对称孔短轴一般取 d_x 的 0.7～1.0 倍，长短轴之比一般取 1.2～1.5。

筛面的宽度和长度是平面筛分机械很重要的工艺参数。一般来说，筛面的宽度决定着筛分机的处理能力，筛面的长度决定着筛分机的筛分效率，筛分机的处理能力和筛分效率是相互依存的。因此，筛面的宽度和长度要综合考虑，以长度与宽度比例的形式确定。

通常，矿用平面筛分机的筛面长度和宽度的比值为 2～3；而用于垃圾筛分时其比值取 3～5 为宜。

基于筛面面积与筛分机处理量之间的相关性关系，根据处理量选择平面筛的筛面面积。

筛分机处理量与筛面面积的经验关系见式（4-3）。

$$F = M \cdot q_0 \cdot S_0 \cdot \gamma \tag{4-3}$$

式中　F——按给料计算的处理量，t/h；

　　　M——筛分效率修正系数，筛分效率高，M 值低；

　　　q_0——单位面积容积处理量，$m^3/(m^2 \cdot h)$；

　　　S_0——筛面计算面积，一般为实际面积的 95%，m^2；

　　　γ——物料的松散密度，t/m^3。

其中，q_0 和 M 均为经验数据，可通过现场试验或查阅相关文献获得。

（2）滚筒筛

1）滚筒筛构造与应用特征：滚筒筛是利用作回转运动的筒形筛体（筛面）将垃圾按粒度进行分级的机械，其筛面一般为编织网或打孔薄板，筒形筛体倾斜安装，倾角（θ）一般在 $4°～8°$；通常，筒形筛体通过圆环体支承于机架上的支承滚轮上，并由齿轮、链条、皮带或摩擦轮进行驱动（参见图 4-4）。

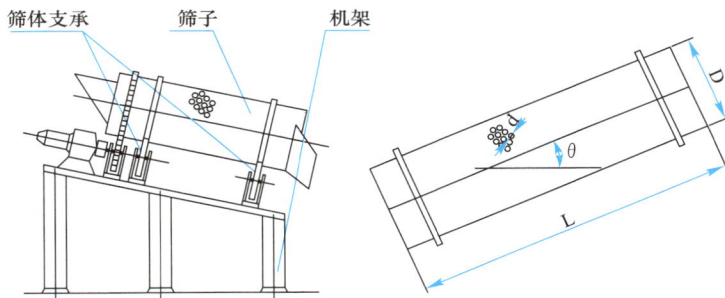

图 4-4　滚筒筛构造及工作原理示意图

进入滚筒筛的物料由筒形筛体的转动驱动在筛面上分散，物料的运动方式随筒体的转速不同呈现三种状态：泻落、抛落和离心状态（参见图 4-5）。离心状态下，物料与筛面没有相对运动，不符合筛分对颗粒运动的要求；泻落和抛落状态下，物料与筛面均存在相对

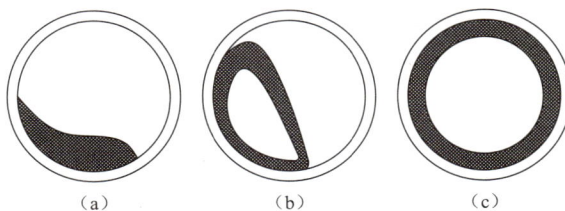

图 4-5　不同筒体转速下物料在滚筒筛内的运动状态
（a）泻落状态；（b）抛落状态；（c）离心状态

运动，但抛落状态的运动幅度和强度均大于泻落。因此，滚筒筛的工作参数应能保证物料处于抛落运动状态。

除了滚筒筛本身的技术条件外，被筛分物料的特性也对筛分效率有明显影响。影响筛分效率的物料特性较为复杂，主要有：

① 物料相对密度，通常相对密度越小，筛分难度越大，筛分效率越低。因此，当入筛垃圾中纸张和塑料比例高时，其筛分的难度会较大。

② 物料形状，颗粒状物料相比其他形状物料的筛分较为容易。

③ 物料的摩擦特性，摩擦系数小的物料较摩擦系数大的物料容易筛分。

滚筒筛较适宜于生活垃圾及其处理产物的筛分。20 世纪 80 年代开始，滚筒筛被广泛用于垃圾堆肥处理厂中发酵前后垃圾的筛分。在对堆放的陈腐垃圾的筛分中也被作为首选机械。

2）滚筒筛选型设计：确定滚筒筛选型设计主要参数的条件是生产率（单位时间处理量）和筛分效率。基本的程序是先确定筛孔形状与尺寸，再确定滚筒筛的几何参数、运动参数和动力参数。

① 筛孔形状与尺寸，滚筒筛筛孔形状与尺寸以设计的筛下颗粒粒径为依据确定，方法同平面筛。需要注意的是，当利用对象为筛上物时，筛孔尺寸宜取较小值；而当利用对象为筛下物时，筛孔尺寸则取较大值。

② 几何和运动参数，滚筒筛的几何参数主要有筛筒长度（L）、筛筒直径（D）、安装倾角（θ）；运动参数为筛筒转速（n）。滚筒筛几何参数与运动参数共同决定物料在滚筒筛筒内的运动过程。

筛筒转速（n）直接决定筛筒中物料的运动状态（泻落、抛落、离心）。定义物料由筒壁掉落位置与圆筒顶点的弧度角为脱离角，以 α 表示，n 与 α 的关系见式（4-4）。

$$n = \frac{30}{\pi} \sqrt{\frac{g \cdot \cos\alpha}{R}} \tag{4-4}$$

式中　n——筛筒转速，r/min；

　　　g——重力加速度，9.80m/s²；

　　　α——脱离角，°；

　　　R——筛筒半径，m。

当 $\alpha = 0°$ 时，物料掉落位置到达圆筒顶点 Z 点，此时的转速就是临界转速（达到离心状态），记为 n_c，即：

$$n_c = \frac{30}{\pi} \sqrt{\frac{g}{R}} \tag{4-5}$$

通过模拟计算，发现物料分散效果最佳的 $\alpha = 54.7°$，由式（4-4）和式（4-5）计算可得到理论筛筒转速（记为 n_s）$= 0.76 n_c$。实际生产装置的运行经验表明，筛筒的适宜转速一般低于理论转速，约为 $0.8 n_s$。

筛筒长度（L）和直径（D）与滚筒筛的处理能力和筛分效率有关。在一定的处理能力（生产率）条件下，长度和直径的乘积与筛面的物料厚度呈反比，按滚筒筛中物料的运动方式，物料在筛面上是不均匀分布的，筛面的物料厚度一般以筛筒截面积的物料充填率表示。充填率高时，一定体积滚筒筛的生产率高，但物料与筛面的接触概率降低，筛分效率降低，反之亦然。滚筒筛用于生活垃圾及其处理产物分选时，物料充填率一般取 3%～8%。

在生产率和充填率一定的条件下，筛筒长度与物料在滚筒筛内的停留时间成正比，延长停留时间有利于提高筛分效率。可以筛筒长度除以物料沿筛筒长度方向移动的平均速度（$\bar{v}$）来计算停留时间，$\bar{v}$ 的计算式见式（4-6）。

$$\bar{v} = 4R \cdot \sin^2\alpha \cdot \cos\alpha \cdot \tan\theta / \left(\frac{(180-2\alpha)c_1}{3n} + \frac{4\sqrt{R}}{\pi}\sin\alpha\sqrt{\cos\alpha} \right) \tag{4-6}$$

式中　$\bar{v}$——物料沿筛筒长度方向移动的平均速度，m/min；

　　　c_1——考虑颗粒加速段滑动因素的修正系数。

在分选生活垃圾及其处理产物时，滚筒筛内的停留时间一般为 30～60s。

由于滚筒筛各几何和运动参数间存在相关关系，选定其数值时，应参考相似的应用实例后先选定初值，再用各参数相关性的计算式予以验算。

③ 动力参数，滚筒筛的动力参数为所配置电动机的驱动功率（P），P 与滚筒筛的有用功率（筛体转动的实际功率）呈一定的比例关系。因此，可通过计算滚筒筛的有用功率（N），再结合减速器的效率测算 P。

计算有用功率（N）的半经验式见式（4-7）。

$$N = \frac{L\delta_0 \gamma g (9 - 8\cos^2\alpha)}{8\sin^2\alpha\tan\theta} \tag{4-7}$$

式中　N——滚筒筛的有用功率，kW；

　　　L——滚筒筛的长度，m；

　　　δ_0——滚筒筛筛面物料厚度，可通过滚筒筛物料充填率换算，m。

（3）滚轴筛

滚轴筛的结构如图 4-6（a）所示。它由多根等距平行排列的滚轴组成，一般为 6～10 根滚轴，最多达 20 根滚轴。滚轴上装有偏心圆盘或三角形盘，故也称盘筛。滚轴由电动机和减速机经链轮或齿轮带动旋转，转动方向与物料流的方向相同，筛面倾面一般为 12°～15°。与平面筛比较，滚轴筛结构较为笨重，筛分效率也较低。但是，工作性能十分可靠。特别是在处理生活垃圾时，不易堵塞。滚轴在同方向转动时对物料具有搅动作用，可使结团的物料散开，便于过筛。滚轴筛的筛孔是由滚轴和转盘间的空隙构成的，其孔尺寸可选范围为 10～200mm。滚轴筛的工作过程示意于图 4-6（b），筛分时物料沿筛面随滚轴的转动而运动，细小物料从筛孔中落下，粗大物料则在重力（筛面倾斜）和滚轴的作用下作为筛上物排出。

4.1.2　重力分选

1. 概述

重力分选是利用混合物料的相对密度差（或密度差）在流体（介质）中进行分选的一种方法。

重力分选的介质可分为空气、水、重液（相对密度大于水的液体）三种；也可按分选时介质流动与否分为动态和静态两种。通常，以空气和水为介质的重力分选均为动态，一般称为风力分选（风选）和浮选；以重液为介质的既有动态也有静态，通常称重介质选。

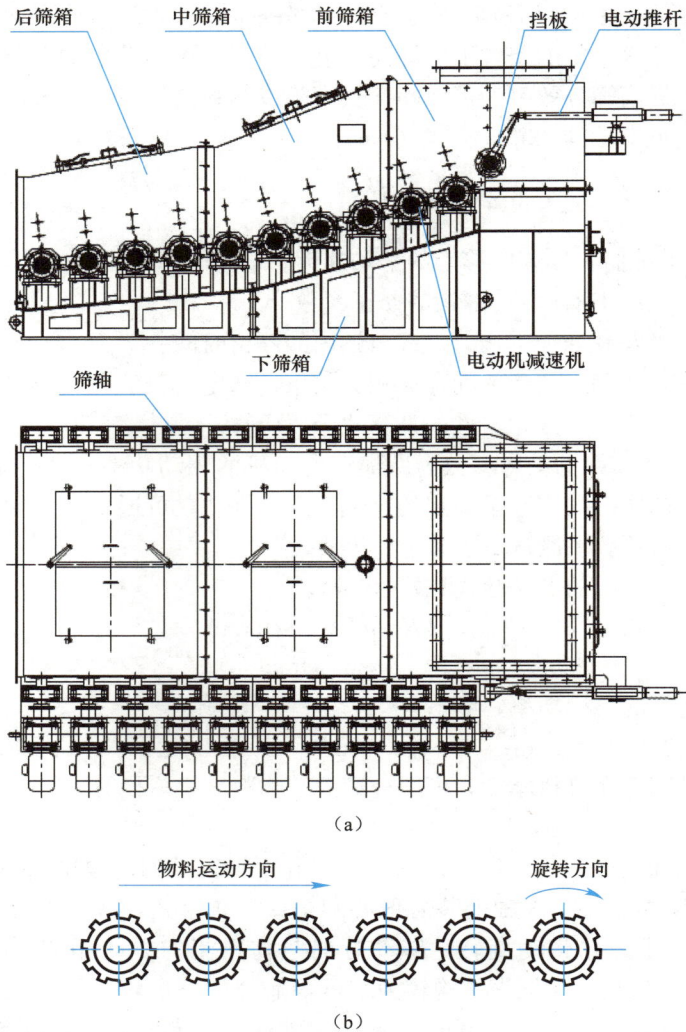

图 4-6　滚轴筛结构和工作原理示意图

（a）滚轴筛的结构；（b）滚轴筛的工作示意图

　　重介质选仅用于矿物废渣的分选，生活垃圾分选中应用的主要是风选；近年来，浮选也开始在厨余垃圾湿式分选中得到应用。

　　各种重力分选方法的原理具有共性，都是利用混合物料中的各种颗粒在分选介质中不同受力下的沉降速度差异而实现分离。本章着重介绍风力分选方法。

　　2. 风力分选

　　风力分选是利用物料在动态空气流中的沉降速度差进行分选的一种技术。分选设备的特征是可以将混合物料置于空气流中，使其通过浮、沉行为差异而达到分离的目的。

　　根据气流方向不同，风力分选机可分为水平和垂直两类（参见图 4-7）。水平风选机可对物料进行多类分级，垂直风选机则可将物料分为两组。为强化物料分散的效果，垂直风选机可采用"之"字形风管或旋转风管（参见图 4-8）等措施。

　　风力分选在生活垃圾预处理中的应用较为普遍，主要是用来将混合垃圾中的纸张、塑料等轻质物料与石块、金属和玻璃等重质物料分离；在 RDF 制备工艺中，国外普遍采用风选来富集垃圾中的可燃物。

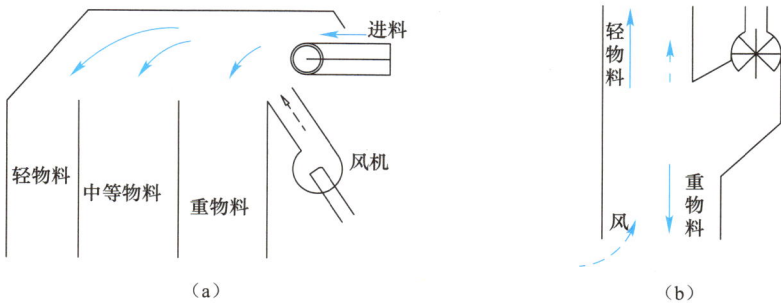

图 4-7　风选机示意图
（a）水平风选机；（b）垂直风选机

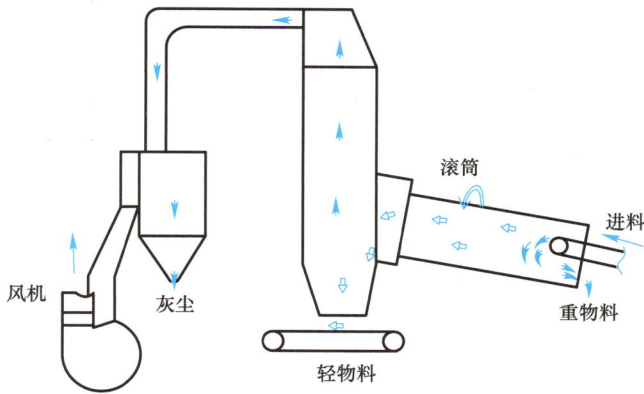

图 4-8　旋转风管式选机

3. 风选机选用

风选机选用的关键是确定气流速度。风力分选过程中，混合物料被输送进入气流，在气流的作用下，相对较轻的物料随气流流动，并被向上带出；而较重的物料由于气流的作用不能克服其重力的作用，仍按重力作用下的轨迹运动，由此使轻重组分被分离。

确定气流流速的重要依据是被选物料的悬浮速度，悬浮速度是指在垂直管中，物料颗粒处于悬浮状态时的气流速度。因此，当向上气流速度大于颗粒的悬浮速度时，颗粒将随气流上升；当风选机气流速度大于轻组分悬浮速度而小于重组分悬浮速度时，即可实现轻重两个组分的分离。

某种物料的悬浮速度主要由其密度、颗粒尺寸和形状决定。表 4-1 列出了几种物料悬浮速度的实测值。

几种物料的悬浮速度实测数据　　　　　　　　　　表 4-1

名称	密度（kg/m³）	堆积密度（kg/m³）	粒度（mm）	悬浮速度（m/s）（φ150 测管）
稻谷	1090	672	6.4～9.3	8.4～9.0
砂	2600	1410		6.8

名称	密度（kg/m³）	堆积密度（kg/m³）	粒度（mm）	悬浮速度（m/s）（ϕ150 测管）
聚丙烯粒	900	460	2～3	6.5～7.3
碎木材	560	—	21×19×9	8.4
刨花	—	—	—	3～4
矿石	—	—	3.8	10.2～15.5
铸铁丸	7000	—	2.5～3.3	27.4

城市垃圾组分多样，而且同一组分的物料其形状大小也差异甚大，故某种组分物料的悬浮速度也会有差异。为了提高风力分选机的分选效率，应对物料进行破碎—筛分预处理，使其形状大小尽可能地均匀，以达到按密度差异分离的目标。

4.1.3 磁力分选

磁力分选是利用不同物料的磁性差异对其进行分类的一种方法。进行磁力分选的机械称为磁选机，磁选机的磁体有永久磁铁或电磁铁两种。

城市垃圾中不同组分的磁性（强磁性、中磁性、弱磁性和非磁性）不同。当这些不同磁性组分通过磁场时，由于其磁性差异，受到的磁力作用互不相同。磁性较强的颗粒会被吸着到磁选设备上，并随设备的运动被带到一个非磁性区而脱落下来；磁性弱的或非磁性颗粒，仅受自身重力和离心力等的作用而掉落到预定的非磁性区内，从而完成磁力分选过程。

使物体颗粒显示磁性的过程，称为磁化。物料的可磁化程度（磁性）以磁化系数来表征，称为比磁化系数，用 x_0 表示，它表示单位质量的物体在单位外磁场强度作用下所能够产生的磁化能力。

根据比磁化系数的不同，可将物料大致分为以下四类：

① 强磁性组分：比磁化系数 $x_0 \geqslant 3000 \times 10^{-6} \, cm^3/g$，可以用弱磁场磁选设备分选。

② 中强磁性组分：比磁化系数 x_0 为 $(500～3000) \times 10^{-6} \, cm^3/g$，可用中强磁场磁选设备分选。

③ 弱磁性组分：比磁化系数 x_0 为 $(15～500) \times 10^{-6} \, cm^3/g$，需用强磁场磁选设备分选。

④ 非磁性组分：比磁化系数 $x_0 < 5 \times 10^{-6} \, cm^3/g$，在磁选设备中，直接进入非磁性产物区。

用于分选城市垃圾的磁选设备有多种形式，但就结构形式而言，主要可分为带式和鼓式两种，如图 4-9 所示。鼓式磁选机又可分为独立鼓式（图 4-9（c））和皮带机磁滚筒式（图 4-9（b）），后者是将输送带的驱动滚筒与磁滚筒合二为一。这种结构较为简单和经济，但磁滚筒的直径会比普遍滚筒大，在分离磁性物时，较容易将磁性物下面的物料一起分选出来，从而可能使分选出来的磁性物中夹带一些非磁性物。为此，在实际工程中，可将其分离过的物料以其他形式磁选机再次分选，以保证磁性物料的纯度。

通常，磁选应用于城市垃圾中含铁物料的分选。磁选机在垃圾分选处理工序中可一点或多点布置，一般可设置在破碎机的前后、筛分机之后或风选机的前后等处。

4.1.4 电力分选

电力分选简称电选，也称静电分选，是利用城市垃圾中的不同组分在高压电场中荷电性能的差异而实现分选的一种方法。

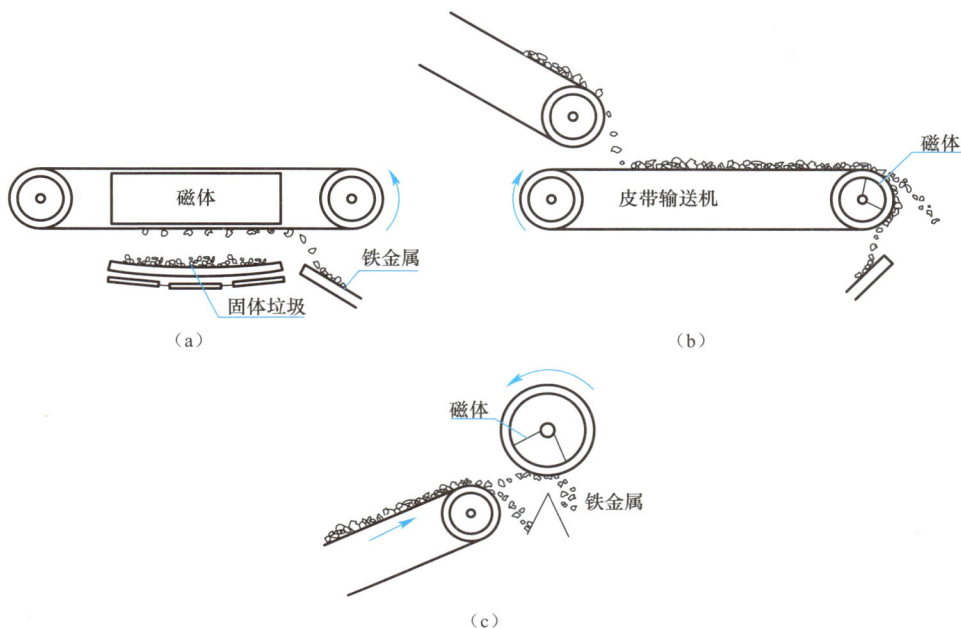

图 4-9　典型磁选机工作原理示意图

（a）带式磁选机；（b）磁滚筒式磁选机；（c）鼓式磁选机

电选分离过程在电选设备（静电分选机）中进行，废物颗粒在电晕—静电复合电场电选设备中的分离过程如图 4-10 所示。废物通过料斗均匀给料于辊筒上，随着辊筒的旋转，废物颗粒进入电晕电场区，使导体和非导体颗粒都获得负电荷（与电晕电极电性相同），即荷电；导体颗粒在荷电的同时，可以把电荷传给辊筒（接地电极），即迅速放电，当废物颗粒随辊正旋转离开电晕电场区而进入静电场区时，导体颗粒的剩余电荷少，导体颗粒进入静电场后就不再继续获得负电荷，但仍继续放电，直至放完全部的负电荷，并从辊筒上得到正电荷而被辊筒排斥，在电力、离心力和重力分力的综合作用下，使其运动轨迹偏离辊筒，在辊筒前方落下。偏向电极的静电引力作用更增大了导体

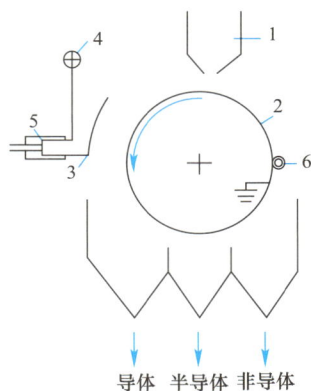

图 4-10　静电分选分离过程示意图

1—给料斗；2—辊筒电极；3—电晕电极；
4—偏向电极；5—高压绝缘子；6—毛刷

颗粒的偏离程度。而半导体颗粒同样荷电后，则因放电速度慢，致使剩余电荷放电时间长；在辊筒中间掉落。非导体颗粒进入静电场后，由于有较多的剩余负电荷，将与辊筒相吸，被吸附在辊筒上，带到辊筒后方，被毛刷强制刷下。由此完成静电分选整个分离过程。

静电分选可用于各种塑料、橡胶与纤维纸、合成皮革与胶卷、玻璃与金属的分离。由于物料的导电性易受水分干扰，静电分选不适合原生城市垃圾的处理，可在其他垃圾（干垃圾）再分类中应用。

4.1.5 涡电流分选

涡电流分选又称为涡流分选，与静电分选相似，也是一种将电导体与非电导体进行分离的技术，其基本原理是基于法拉第的电磁感应定律，如下式所示。

$$-\frac{\mathrm{d}B}{\mathrm{d}t}=\frac{V}{A} \tag{4-8}$$

式中　B——磁通量密度，T；

　　　V——电压，V；

　　　A——垂直于磁场的截面积，m^2。

当一电导体（如铝）置于随时间变化的电磁场中时，会在导体内形成电势差，并随之而产生电流，此电流为漩涡流，可感应出与外界变化磁场相反的磁场（次级磁场），并因此而产生排斥该导体的电磁力。因这种电流类似流体中的漩涡，因此而得名为涡（电）流。

导体在变化磁场中受到的斥力与其几何形状、尺寸、导电率和磁场的强度及其变化率有关。因决定分离效果的导体受力后的位置偏离量与物料的质量呈反比，所以评价一种导体可涡电流分离特性的一个重要指标是导电率与密度的比值，导体的涡电流可分选性与此值呈正比。表 4-2 中列出了几种材料的导电率与密度的比值，可用于判断其涡电流可分选性。

几种材料的导电率与密度的比值　　　　　　　　　　表 4-2

材料名称	导电率/密度
铝	13.1
铜	6.6
锌	2.4
铅	0.4
塑料/玻璃	0

涡电流分选机的基本形式有三种，即斜坡式、垂直式和旋转盘式。图 4-11 所示为斜坡式涡电流分选机，斜坡内安装了极性不断变化的磁条，物料从斜坡上滚下，电导体（如铝）会因电磁感应原因而偏离原有运动轨道，非导体则仍按原有轨道运动，从而实现了导体和非导体的分离。

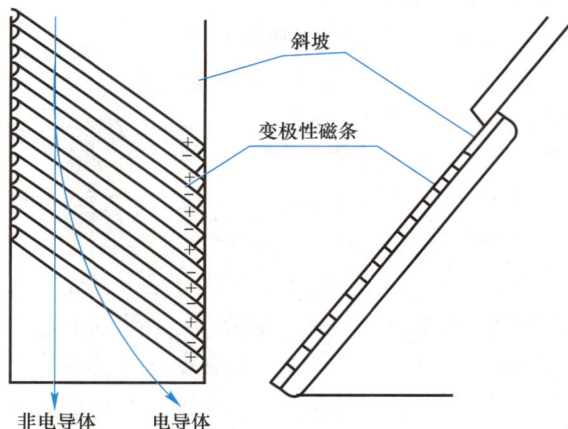

图 4-11　斜坡式涡电流分选机工作原理示意图

4.1.6 其他分选方法及设备

城市垃圾组分极为复杂，除前述应用较普遍、功能较明确的分选方法外，尚有其他多种分选方法也在城市垃圾预处理等方面有一定的应用。本节选择介绍光电分选、摩擦弹跳分选和人工分选。

1. 光电分选技术

光电分选依据垃圾中不同组分的光谱（含可见光、红外光等）特性差异实现各组分的分选。光电分选系统及其工作过程包括以下三个基本部分。

（1）给料系统

进入光电分选系统的物料，需要预先进行处理，使之颗粒度相对一致，并清除其中的粉尘，以保证光电信号清晰，提高分离精度；还需要通过给料机构使物料颗粒呈单行排列，逐一通过光检区受检，以保证分离效果。

（2）光检系统

光检系统包括光源、聚焦装置、光传感器及电子信号处理器等，是光电分选机检测物料光谱特性并输出执行信号的核心系统。光检系统可靠工作的关键在于正确选择检测光谱，能够针对性地反映所选物料组分间的光谱特性差异；同时，应避免物料粉尘对检测过程的干扰和污染影响。

（3）分离系统（执行机构）

物料通过光检系统后，光检系统依据其检测的结果，输出信号指令驱动执行机构，对物料进行分离。一般采用高频气阀吹动或吸入操作完成分离过程；一般来说，密度大的物料适合采用吹动操作，低密度物料适合吸入操作。

光电分选现主要应用于按颜色分选（可见光谱）玻璃容器，及不同聚合物类别（聚乙烯、聚氯乙烯、聚丙烯等）塑料的分选（近红外光谱）。

2. 摩擦与弹跳分选

摩擦与弹跳分选是根据城市垃圾中不同组分的摩擦系数和碰撞弹性系数的差异，通过在斜面上运动或与斜面碰撞弹跳时，产生的不同运动速度和弹跳轨迹而实现不同组分间分离的一种处理方法。

在分选中，摩擦与弹跳方法可以单独或联合应用。摩擦方法单独应用时，可将需分选物料输入斜面顶端，不同摩擦特性的组分会形成不同的运动方式，其中，纤维状或片状废物几乎全靠滑动下滑，近似球形的物料有滑动、滚动和弹跳 3 种运动方式。由此使两类不同特性物料的运动速度出现差异，纤维体或片状体的滑动运动加速度较小，运动速度不快，脱离斜面抛出的距离短；而球形颗粒由于是滑动、滚动和弹跳相结合的运动，运动速度较快，它脱离斜面抛出的距离也较大。为了强化速度差，一般采用将斜面以一定速度向上运动的方式。

摩擦与弹跳方法联合作用可以有多种组合方式。一种方式是在斜面摩擦分离的基础上，采用弹性斜面，物料以较高速度抛向斜面，同时配合斜面向上运动；由此，可以既保持摩擦分选的特征，也可以在物料抛向斜面的过程中使弹性物料直接弹出而得到分离。

3. 手工分选

手工分选是将垃圾中有用的物品手工分拣出来，是最简单、历史最悠久的方法。美国第一座城市垃圾手工分选厂于 1898 年在纽约城建立，该厂收集并手工拣选 11.6 万人所产生的生活垃圾，在两年半的时间内约回收了 37% 的物品。

手工分选有 2 个主要功能：（1）可以回收任何有价值物品，一般是硬纸板、成捆报纸、大块金属（混凝土钢筋等）；（2）可以清除所有可能引起后续处理系统发生危险或严重影响的物品，如垃圾中可能引起爆炸及不宜进入破碎机破碎的物品。

手工分选实质是以视觉、触觉判别物料组分并手工予以分拣（离）的过程。例如，可以根据形状、颜色、反射率等性质来识别各种物料；也可以凭感觉来检查物料的密度。手工分选环节通常设置在第一级机械处理装置（一般是破碎机）的给料皮带输送机上。输送机的皮带将物料均匀地送入破碎机，拣选者站在皮带的两侧，将要拣出的物料拣出。应用经验表明，一名经过培训的拣选工人每小时约可拣出 0.5t 物料。如果是单侧拣选，供拣选的给料皮带宽度不应超过 60cm；如果是两侧拣选，给料皮带宽度可定为 90～120cm。皮带运动速度不宜大于 9m/min，可根据拣选工人的数量来定。

手工分选最好在白天进行。人工照明尤其是荧光灯照明，由于光谱较窄，使拣选工人难以有效识别不同物料。如果不可能在室外进行，应该利用大的天窗采光。

近年来，集成智能图像识别和机械臂技术的"智能分选"，已基本具备人工分选的功能，因对环境耐受力更强，在各类垃圾分选中可望取得更普遍的应用。

4.2　城市垃圾破碎

破碎可以改变城市垃圾的形状、大小和结构特征，可以为其后续的处理处置、资源化利用提供条件。为此，破碎是城市垃圾重要的预处理工序。

4.2.1　破碎的目的和主要控制指标

在外力作用下，大块固体物料分裂成小块的过程称为破碎。城市垃圾的破碎往往设置于整个预处理的前端，有利于预处理过程中其他工序（如分选）的有效进行。归纳起来，破碎操作的主要目的是：减小固体废物的颗粒尺寸、降低其孔隙率、提高固体废物形状的均匀度和比表面积，使其有利于后续处理与资源化利用。

物料的破碎程度通常可以用破碎比来表示，破碎比是指物料破碎前后的平均直径比，即：

$$i = \frac{D}{d} \tag{4-9}$$

式中　D——破碎前物料的平均直径，m；

　　　d——破碎后物料的平均直径，m。

单级（机）破碎比一般取 3～30，过大的单级破碎比会增加设备的造价，并降低生产率。当要求的破碎比很大时，可用两台或多台破碎机串联工作，若每台破碎机的破碎比依次为 i_1，i_2，i_3，$\cdots$，i_n，则总破碎比 i_0 为：

$$i_0 = i_1 \cdot i_2 \cdot i_3 \cdot \cdots \cdot i_n \tag{4-10}$$

4.2.2　破碎方式与影响因素

1. 破碎方式

根据物料被破碎时机械对其施力情况的不同，物料的破碎方式可分为：

（1）挤压：如图 4-12（a）所示，物料置于两破碎作用面（板）之间，两作用面逐渐逼近施加压力使物料破碎。这种方法的特点是作用力逐渐增大，受力的作用范围大。常用于破碎较硬的物料。

（2）劈裂：如图 4-12（b）所示，利用尖齿楔入物料时产生的劈力，将物料劈裂。这种方法的特点是受力的作用范围较为集中，可使物料产生局部破裂。此法适用于破碎脆性物料。

（3）折裂：如图 4-12（c）所示，物料在破碎作用面上如同一受集中荷载的简支（或多支点）梁，在作用点处受劈力和弯曲的共同作用，从而折裂、破碎。

（4）研磨：如图 4-12（d）所示，破碎作用面在物料上相对滑动，对物料施加剪切力，使物料的表面部分磨碎。

（5）冲击：如图 4-12（e）所示，破碎机械的冲击作用部件以高速撞击物料，辅以物料与物料之间的相互撞击，在冲击力作用下使物料急剧破碎。这种动力破碎方法，可以获得较大的破碎比，而所耗的功率却较小。

（6）剪断：如图 4-12（f）所示，利用作剪切运动的刀刃，对物料进行剪切，使其发生断裂。这种方法适用于非脆性物料的破碎，被广泛用于生活垃圾的处理。

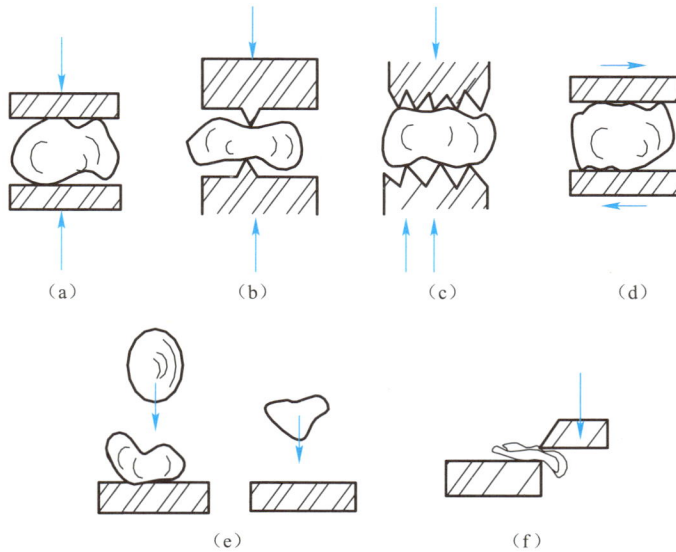

图 4-12　物料的不同破碎方式

应根据物料的机械特性、粒度大小以及所要求的破碎比来选择物料破碎方法。

2. 破碎的影响因素

影响破碎效果的因素有两方面，一是物料性质，二是设备条件；而关键则是两者的契合。

物料性质方面，主要以物料的机械强度或硬度来衡量其易破碎性。

物料的机械强度是指其抗破碎的阻力，通常用静载下测定的抗压强度、抗拉强度、抗剪强度和抗弯强度来表示。其中，抗压强度最大，抗剪强度次之，抗弯强度较小，抗拉强度最小。一般以抗压强度作为物料机械强度的代表性指标，即：抗压强度大于 250MPa 的为坚硬物料；40～250MPa 的为中硬物料；小于 40MPa 的为软性物料。

物料的硬度是指其抵抗机械外力而保持原有形态的能力。一般硬度越大的固体废物，其破碎难度也越大。一般采用矿物硬度对照方法来表示物料的硬度，矿物的硬度可按莫氏硬度分为 10 级，由软至硬排列顺序如下：滑石、石膏、方解石、萤石、磷灰石、长石、石英、黄玉石、刚玉和金刚石，可通过与这些矿物相比较来确定城市垃圾不同组分的硬度。

破碎设备条件方面，影响其对特定物料破碎能力的因素主要是破碎机功率和破碎作用方式。破碎机功率是机械总体破碎能力的标志；破碎作用方式（参见前述）则通过与物料性质的契合程度决定了机械功率转化为破碎效果的效率。

城市垃圾中的建筑垃圾基本属于坚硬-中硬物料，比较适合采用冲击型机械破碎。而生活垃圾大多机械强度较低，但呈现较高的韧性和塑性（外力作用下变形，除去外力后又恢复原状的性质），一般应考虑采用具有剪切作用的机械破碎。另外，一些韧性和抗拉强度均较大的物料，如：橡胶、塑料等，需采用更有针对性的破碎方法才能破碎至较细的粒度。

4.2.3 破碎设备

1. 剪断破碎机械

剪断破碎是利用机械的剪切力将固体废物破碎成为具有适宜尺寸的过程。剪断破碎作用发生在互呈一定角度能够逆向运动和闭合的刀刃之间，此种刀刃有固定式和可动式的区别，也有的破碎机械全部为可动刀刃。最直观地，可理解剪断破碎的工作原理为用剪刀的剪切。剪断破碎技术已经广泛应用于金属、木材、塑料、橡胶、纸类等许多材料和废物的处理上。剪断破碎法在破碎韧性物时特别有效。

图 4-13 是回转式剪断破碎机工作原理示意图。这种机械无固定刀刃，由两组回转刀刃组合而成，每一组由数个到数十个回转刃，通过一个回转轴串装而成。两个回转轴受驱动装置作用，按一定速度逆向回转运行，投入的物料，借逆向运行的回转刃间的剪切和冲击力作用后破碎。这种破碎装置是目前城市垃圾最有效的破碎设备。

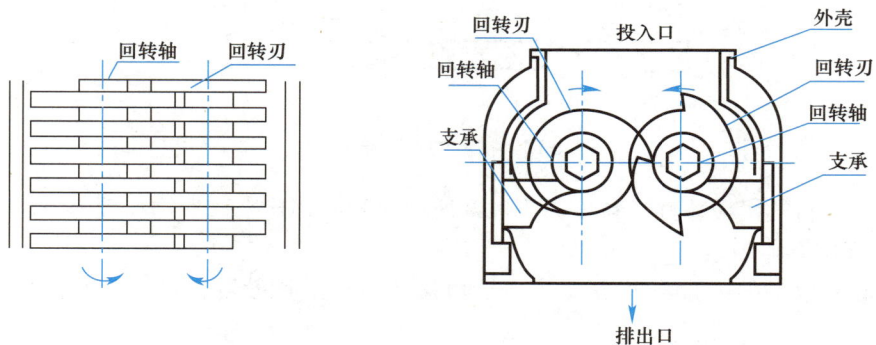

图 4-13　回转式剪断破碎机工作原理示意图

2. 冲击破碎机械

一物体撞击另一物体时，前者的动能被迅速地转为后者的形变位能，而且局部地集中在被撞击处。如果撞击速度高，形变来不及扩展到被撞击物的全部，就会在撞击处产生相当大的局部应力，因而动载荷的破坏作用大于静载荷。如果载荷超过疲劳极限，并增加反复冲击次数，可以减少发生破坏所需的应力。因此，用高频率冲击法破碎物料有很好的效果。根据这一原理设计的冲击破碎机，就是利用打击锤（或打击刃）与固定板（或打击板）之间的强力冲击作用实现废物破碎的。

冲击破碎机又称锤式破碎机，根据主轴的布置方式不同，有水平轴结构形式和垂直轴结构形式两种。主轴的旋转速度一般为 $700\sim1200r/min$，从实际使用效果看，水平轴结构形式破碎机的破碎效果较好。因此，使用也较为普遍。

图 4-14 是水平轴式冲击式破碎机的结构与工作原理示意图。电动机带动的水平旋转轴上装有金属圆板，在圆板上安装有锤头，锤头有固定式和摆动式两种形式。摆动式锤头用销钉销在转子上，可以自由摆动，当遇到难破碎废物时可防止电动机因超载而发生故障。破碎机有一坚硬外壳，在其一侧有一块称为破碎板的硬刃。此板能吸收由锤头发出经物料传递的冲击动能，还能通过反击增强破碎效果。破碎机底部装有出料算筛，能起到限制大块物排出、保证破碎效果的作用。

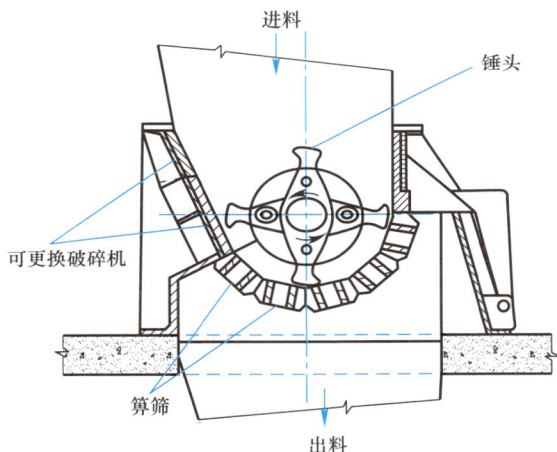

图 4-14　水平轴式冲击式破碎机的结构与工作原理示意图

冲击破碎机工作时，锤头随轴和圆板旋转。物料从料口进入破碎机，受到转速很高的锤头的冲击作用而被破碎。与此同时，颗粒与破碎板之间也存在撞击，颗粒之间有摩擦和锤头引起的剪切作用，都对物料具有综合的破碎作用。

图 4-15 为垂直轴式的锤式破碎机，它与水平轴结构形式的锤式破碎机的主要区别是没有安装算筛，而是设置了一个颈部（狭窄通道）来控制排出料的粒度。这种破碎机的破碎壁为倒锥形的，随着物料的下移，其粒度不断减小。

垂直式破碎机的可靠性相对水平式的好。另外，垂直式破碎机的锤头在磨损后不必一次全部更换，一般可以将下部磨损的锤头换到上部去继续使用，锤头维护费用也稍低。

4.2.4　破碎的组合流程

破碎的组合流程是指破碎与环境调控方法共同应用，其主要的目的是通过环境调控改

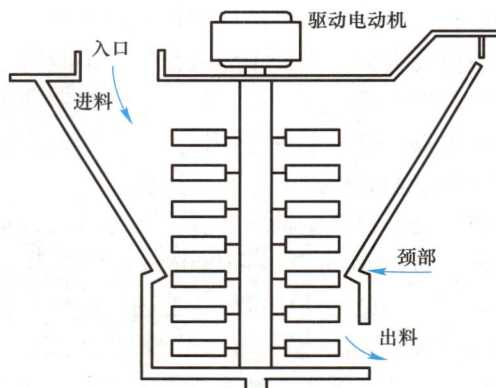

图 4-15　垂直轴式锤式破碎机的结构与工作原理示意图

变物料的强度特征，使其易于破碎；同时，环境调控对不同组分物料的强度影响有差异，环境调控与破碎耦合具有选择性破碎的作用，再与筛分结合就可实现组分分选功能。

现应用的城市垃圾预处理中破碎的组合流程，主要有湿式破碎和冷冻破碎两种。

1. 湿式破碎

湿式破碎指在水分饱和（浸泡）环境中进行的破碎操作，通常采用水力冲击破碎方式。湿式破碎可应用于分流处理的厨余垃圾的预处理，可以将其中的食品残余、面巾纸等可生物降解组分充分破碎；而不受水分溶胀影响的餐具、包装物和其他杂物则基本保持原有的尺度不变。因此，可通过筛分和沉降操作与可生物降解组分分离。分离后的各组分分别由生物处理、回收、填埋等途径实现无害化处理或综合利用。

2. 冷冻破碎

冷冻破碎指在冷冻（低于－60℃）环境中进行的破碎操作，通常采用冲击破碎方式。其原理是城市垃圾中的聚合物类组分多具有在低温下脆化的特性，控制适宜温度可使其变脆，然后再进行破碎，不仅可节约破碎能量，提高破碎效果，也具有选择性破碎的功能。

冷冻破碎一般用于聚合物及其复合材质物料的破碎。例如，橡胶废料的深度破碎，细粒胶粉可用于生产新橡胶制品；印刷电路板（金属膜、聚酯材料与玻璃纤维填充材料的复合物）的冷冻破碎，然后，先筛选分离金属膜，再风选分离密度不同的聚酯材料与玻璃纤维颗粒。

冷冻破碎需在－60℃的液氮中进行，当前低温冷冻破碎技术应用的关键是液氮的制备问题。液氮生产是高耗能过程，应用这项技术必须综合比较处理效益与能源消耗。表 4-3 列出了不同组成的城市垃圾低温破碎液氮耗量。可见，仅在充分分类的条件下，针对常温下难于破碎的合成材料的冷冻破碎，才具有一定的经济可行性。

不同垃圾组成的城市垃圾低温（－60～－120℃）破碎的液氮耗量　　　　　　表 4-3

分类	破碎废物	每吨垃圾所需液氮量（kg）	三种垃圾所需液氮比
A	全部垃圾（包括厨余垃圾）	2190	7.3
B	全部垃圾中除去厨余垃圾后的剩余废物	1170	3.9
C	常温下难破碎的塑料、橡胶类废物	300	1.0

4.3　城市垃圾输送设备

广义的城市垃圾输送，包括其收运过程的运输和转运（参见本书第 3 章）及垃圾处理过程中的工艺输送。本节着重介绍城市垃圾工艺输送过程和设备（简称输送设备），工艺输送是衔接垃圾预处理各工序不可或缺的功能。

4.3.1　输送设备分类

城市垃圾的输送可分为间歇输送和连续输送。间歇输送一般是通过起重机械、装载机、叉车及专用运输机械来完成，在垃圾处理工程中选用的主要有桥式起重机和装载机，由于这两种机械基本已实现标准化生产，故可根据处理量要求进行选用。这里对垃圾处理工程中使用较多的连续运输机械作专门介绍。

连续运输机械的种类繁多，可用于垃圾处理工程的主要有：带式输送机、链式输送机、螺旋输送机、气力输送机、振动输送机等。本节介绍垃圾处理工程中使用最普遍的带式输送机和螺旋输送机。

4.3.2　带式输送机

1. 设备特征

带式输送机是连续运输机中效率最高、使用最普遍的一种机型。带式输送机的主要特点是：输送带既是承载构件又是牵引构件，依靠输送带条与滚筒之间的摩擦力平稳驱动。带式输送机的种类很多，主要根据输送带的类型、支承装置的结构形式、输送机的工作原理和用途来区分。

按输送带的类型分，带式输送机可分为通用的、钢绳芯的、钢绳牵引的和特种的带式输送机；按支承装置的结构分，带式输送机可分为托辊支承、平板支承和气垫支承三种类型；按牵引传递的方法分，带式输送机可分为普通带式和钢绳牵引两种基本类型，前者的输送带条既是承载构件又是牵引构件，后者的输送带条仅为承载构件，牵引力由钢丝绳传递；按用途分，带式输送机分为输送包装和散粒物料两类。

带式输送机主要用来沿水平和倾斜方向输送物料，线路的布置形式随安装地点的不同而各异，大致上可分为下列三类：水平方向输送物料；倾斜方向输送物料；水平和倾斜方向输送物料。

2. 设备选用

带式输送机选用主要涉及输送倾角、输送带规格及输送带速的选择。

（1）输送倾角

带式输送机的水平允许倾角 β 取决于被输送物料与输送带（表面特征和材料）之间的动摩擦系数；输送带的断面形状（平的或槽形的）；物料的堆积角；装载方式和输送带的运动速度。

为了保证物料在输送带上无纵向的向下滑移，输送机的倾角应比物料与输送带条之间的静摩擦角小 $10°\sim15°$。

使用光面输送带的带式输送机输送混合收集生活垃圾的最大倾角推荐值为：工作断面

为槽形时，为 20°～22°；工作断面为平形时，为 12°～15°。

当采用花纹面的输送带时，最大倾角值可增加 5°～10°。

（2）输送带规格

输送带规格选择包括输送带材质和宽度两方面。

带式输送机常用的输送带材质主要有两大类：织物芯胶带和钢绳芯胶带。

普通织物芯橡胶带适用于工作温度为 −15～+40℃，物料温度低于 50℃ 的条件下。对于工作环境有特殊要求的场合，例如：高温、高腐蚀、严寒的作业条件，可以采用经化学处理的耐热带、耐寒带和耐油带以及自动灭火带等。

随着长距离、大运量带式输送机的出现，一般的织物芯胶带的强度已远远不能满足需要，代之而起的是用一组平行放置的高强度钢丝绳作为带芯的钢绳芯胶带。

钢绳芯胶带与织物芯胶带相比的主要优点有：抗拉强度高，可满足长距离输送的需要；弹性伸长和残余伸长小，张紧装置的行程可减少；成槽性好，钢绳芯胶带只有一层芯体，与托辊贴合紧密，可以形成较大的槽角，便于提高输送能力；耐弯曲疲劳和耐冲击性能好，使用寿命长，一般可达 10 年左右；输送机的滚筒直径相应较小，由于带芯较薄，在相同的条件下，允许采用比织物芯胶带小得多的滚筒直径。

国产输送带的标准胶带宽规格有：400mm、500mm、650mm、800mm、1000mm、1200mm、1400mm、1800mm 和 2000mm，胶带宽度应根据输送带速和输送能力要求综合选择。

（3）带速

输送带运动速度（带速）与输送机的生产率（输送能力）呈正比。经技术经济比较证明，在生产率相同条件下，通常应采用较小的带宽，而相应地增大带速。然而，高带速会带来设备技术要求的提高，增加投资费用；同时，高带速还可能造成运行不够稳定。在偏心装料或托辊偶然偏斜的情况下，输送带容易跑偏。所以，窄带不宜采用过高带速。表 4-4 列出了带速的推荐值，可供设计选择时参考。

带式输送机带速的推荐值　　　　　　　　　表 4-4

物料种类	带宽（mm）				
	400～500	650～800	1000～1200	1400～1600	1600～2500
中小块物料	1.25～1.6	1.6～2	2～2.5	2.5～3.15	3.15
大块物料	—	—	1.6～2	2～2.5	2.5～3.15
干燥易起灰的粉状和尘状物料	0.8	0.8	1	1	1
脆性的大块物料	1.25	1.6	1.6	2	2
混合生活垃圾	1～1.5	1～1.5	1.5～2.5	1.5～2.5	2～3

（4）带式输送机生产率的计算

带式输送机的理论输送能力可由式（4-11）计算：

$$F_b = 3600 \cdot v \cdot S_b \cdot \gamma \cdot c \tag{4-11}$$

式中　F_b——输送带输送能力，t/h；

　　　v——输送带运行速度，m/s；

　　　S_b——被运物料在输送带上的堆积面积，m^2；

γ——散粒物料的堆积密度，t/m^3；

c——倾角系数。

物料在输送带上的堆积面积，取决于输送带条宽度 B、物料的动堆积角 ρ_d 和输送带的成槽角。如图 4-16 所示，一般情况下，可取动堆积角 $\rho_d = 20°$，图中 λ 为成槽角。

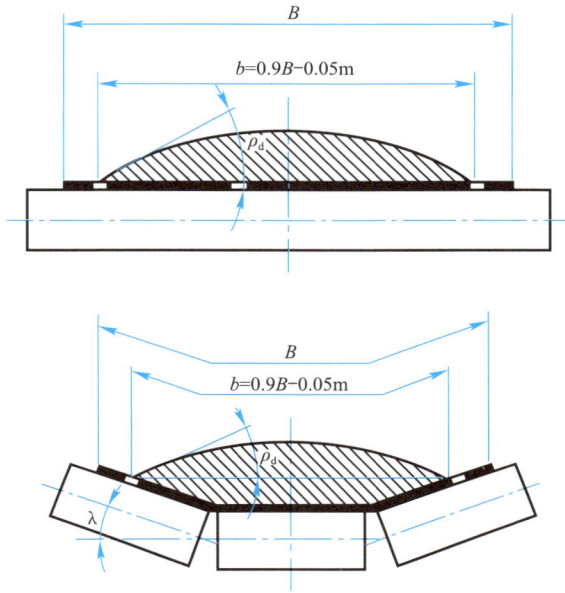

图 4-16　物料在输送带条上的堆积面积

对于倾斜的输送机，物料堆积面积随倾角 β 的增加而减少，这种影响可以用倾角系数 c 表达，图 4-17 为国际标准《连续机械装卸设备　有承载托辊的皮带输送机运转动率和张力的计算》ISO 5048—1989（国内等同标准 GB/T 17119—1997）所推荐的值。

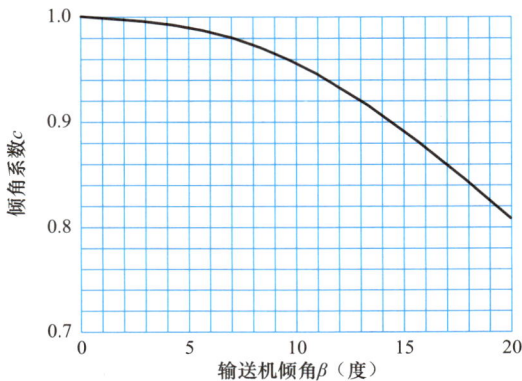

图 4-17　倾角系数 c 与输送机倾角 β 的关系

3. 螺旋输送机

（1）设备特征

螺旋输送机是一种无挠性牵引构件的连续输送设备，其输送原理是通过螺杆的转动带

81

动螺旋转动从而驱动物料运动。在水平螺旋输送机中，物料由于自重而贴紧料槽，当螺旋轴旋转时，物料与料槽之间的摩擦力阻止物料跟着旋转，因而物料得以前进。在垂直螺旋输送机中，物料由于重力所产生的侧压力和离心力的共同作用而与管壁贴紧，当螺旋轴转时，管壁与物料之间的摩擦力阻止物料与螺旋轴同步旋转，从而实现了物料的上升运动。

螺旋输送机可以用来沿水平和倾斜方向直至垂直向上方向输送物料。螺旋输送机可输送各种粒状、小块状物料，在输送物料的过程中，还可对物料进行搅拌、混合、加热和冷却等工艺操作。螺旋输送机不宜输送黏性的、易结块的物料。螺旋输送机的结构如图 4-18 所示。

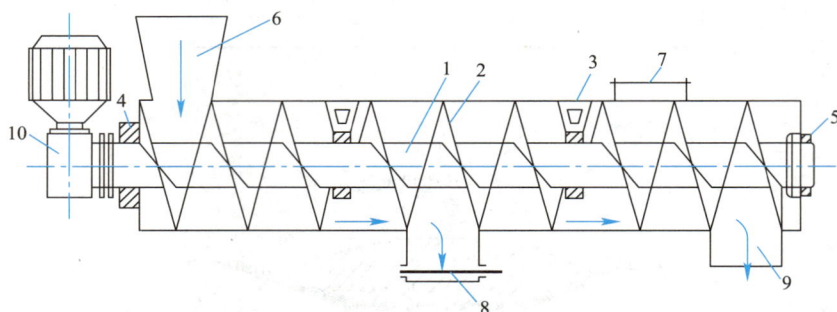

图 4-18　螺旋输送机的结构图

1—螺旋轴；2—叶片；3—菊花套；4—前轴套；5—尾轴套；6—进料口；7—观察窗；
8—备用出料口；9—出料口；10—变速箱

与带式输送机比较，螺旋输送机的优势是：1）能实现密闭输送，在输送易扬灰的、炽热的（小于 200℃）和气味强烈的物料时，可减少对环境的污染；2）尺寸紧凑，占地面积小；3）可以在输送线路的任意位置装料和卸料；4）输送过程是可逆的，同一台输送机可以通过切换向两个方向输送物料。其主要缺陷是：单位能耗较大；螺旋叶片和机壳易于磨损。

在垃圾处理工程中，螺旋输送机主要输送已经破碎过的物料，如筛下物和经破碎后的垃圾，螺杆输送机还可用于堆肥处理工艺中发酵仓腐熟垃圾的出料作业。

（2）螺旋输送机的输送能力计算

螺旋输送机的输送能力计算见式（4-12）：

$$Q = 3600 S_r \cdot \rho \cdot v \tag{4-12}$$

式中　Q——螺旋输送机输送能力，t/h；

S_r——被输送物料层的横断面积，m^2；

ρ——被输送物料的堆积密度，kg/m^3；

v——被输送物料的轴向输送速度，m/s。

物料层横断面面积计算式如下：

$$S_r = \psi C \cdot \frac{\pi D^2}{4} \tag{4-13}$$

式中　D——螺旋直径，m；

ψ——充填系数，其值与物料的特性有关，一般取 $0.2\sim0.35$；

C——倾斜修正系数，其选择见表 4-5。

倾斜修正系数　　　　　表 4-5

倾角 β	0°	≤5°	≤10°	≤15°	≤20°
C	1.00	0.90	0.80	0.70	0.65

物料的轴向输送速度可按下式计算：

$$v=\frac{hn_s}{60} \tag{4-14}$$

式中　h——螺旋节距，m；

　　　n_s——螺旋转速，r/min。

螺旋节距 h 通常可按式（4-15）选定：

$$h=k_1D \tag{4-15}$$

式中　k_1——螺旋节距与螺旋直径的比值，与物料性质有关，通常取 $k_1=0.7\sim1$。对于摩擦系数大的物料，取小值（$k_1=0.7\sim0.8$）；对于流动性较好、易流散的物料，可取 $k_1=1$。

螺旋转速的取值一般与螺旋直径和输送的物料有关，输送经破碎的生活垃圾时（粒度小于 50mm），螺旋转速可参考表 4-6 确定。

输送经细化的生活垃圾时（粒度小于 50mm）的参考螺旋转速　　　　　表 4-6

螺旋直径（mm）	150	200	250	300	400	500	600
推荐转速（r/min）	60～90	60～75	45～75	45～60	35～60	35～45	30～45

4.4　城市垃圾预处理流程组合

4.4.1　流程组合原理

总体上看，城市垃圾预处理仍然存在极大的技术挑战，特别是对于含泥（亲水性细颗粒）量大和含水率高的原生垃圾，通过机械方法进行有效的组分分离几乎是不可能的。一般认为，可分选原生垃圾的含水率上限为 45%，而含泥量则不宜超过 5%。

近年来，对于含水率和含泥率过高的垃圾（如分流收集的厨余垃圾），已试验采用湿式分选预处理方法。该方法的特点是将垃圾以水分饱和（浸泡）后，进行水力破碎（参见前述湿式破碎），然后再进行分选。其中，水分浸泡的作用在于以水为分散剂，消除各组分间的粘连；同时，对食品垃圾等组分进行破碎，使生物可降解组分与其他组分的颗粒度差异加大，由此有利于后续的分选。

城市垃圾组成、性质及预处理的目的各不相同，难以有通用的流程模式。以下概括的流程组合原则是对既有实践经验的小结，可作为预处理流程发展的出发点。

（1）组分分选宜先分级、后按组分分离。如，先将垃圾按密度分级，再分离金属、玻璃等组分。

（2）食品垃圾等高含水率组分过高时，应避免较强烈的破碎，防止物料浆态化。

（3）风选前应进行破碎，以避免颗粒度和形状不均匀对分离效果的影响。

（4）分选可在生物处理工序的前后实施，生物处理（特别是堆肥）后实施分选可以避免水分对分选的干扰，但堆肥前必须对物料进行充分的破袋处理。

（5）磁选分离铁金属受其他组分条件的影响较小，可在预处理不同位置布置。为提高铁金属回收率，磁选也可在预处理流程中多点布置。

4.4.2　典型预处理流程

如前所述，我国尚缺乏效果可靠的城市垃圾预处理实例。本节给出的城市垃圾焚烧炉渣金属回收和厨余垃圾的预处理流程，主要在于启发进一步发展的思路。

图 4-19 为某企业应用的城市垃圾焚烧炉渣金属回收流程，其特点是先通过风选以去除轻物料、富集金属组分，再分别以磁选和涡电流选回收铁和铝金属。

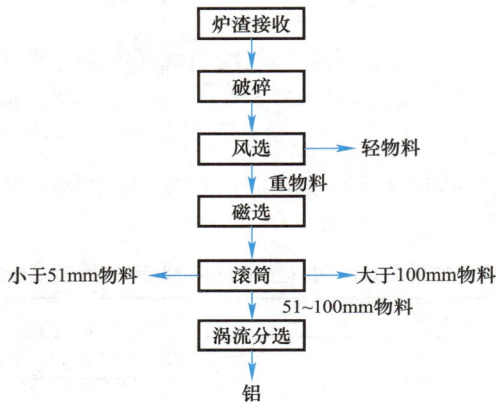

图 4-19　某垃圾焚烧炉渣金属回收流程

图 4-20 为一种厨余垃圾预处理流程，其特点是先以磁选和粗格筛分离垃圾中的金属和大块物料，保护后续的湿式破碎机械；湿式破碎后，物料再以水力旋流器分离重质杂物，以细格筛分离轻质杂物（塑料等）；分离后的浆态物，再分离油脂，然后可用于生物处理原料。

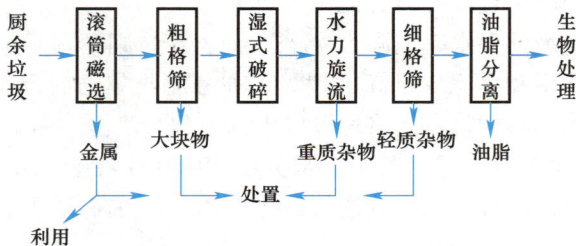

图 4-20　某厨余垃圾预处理流程

思考题与习题

1. 城市垃圾预处理的功能和目的有哪些？
2. 生活垃圾和建筑垃圾筛分分别适合哪种机械？分析其原因。

3. 某生活垃圾焚烧炉渣磁选装置，进料中含铁金属物料 5.5%（质量比，下同），出料中铁金属物料含量降至 0.1%，选出的铁金属中含杂物 10%。试计算该磁选装置分选量效率和分选总效率。

4. 生活垃圾焚烧炉渣中有色金属可采用哪种机械分选回收？为什么？

5. 城市垃圾破碎与筛分配合可提高筛分的分选能力。请说明其原理。

6. 生活垃圾适合采用哪种机械进行破碎？请说明理由。

7. 高含水率的厨余垃圾适合采用哪种机械进行输送？为什么？

8. 采用带式输送机输送建筑垃圾，输送倾角 15°，建筑垃圾堆积密度 2.0t/m³，输送量 30t/h。试通过计算选择合理的输送机带速和带宽。

9. 厨余垃圾可采用湿式预处理进行分选（参见图 4-20），其他垃圾是否适合同样的预处理方法？为什么？

第5章　生活垃圾生物处理

5.1　生物处理途径与方法

生活垃圾生物处理技术，是利用生物（主要是微生物）的代谢，达到降解城市垃圾中的有机物、获得代谢产物和新的生物体的目的。根据目的不同，可以分为营养物基质化利用、产物利用和降解利用。营养物基质化利用，指生物以垃圾中的有机物作为营养物基质，主要目的是收获新生物体或酶，如培养功能微生物、制取酶制剂等。产物利用的主要目的是获得生物体新陈代谢过程中产生的各种代谢产物，如制取生物乙醇。降解转化的主要目的是使宏量或微量污染物得以降解。但实际上，很多生物处理技术同时涵盖了这些目的。

由于有机物的生物化学组成和物理结构的特性，以及微生物的代谢能力（如酶体系的完整性），生活垃圾中不同组分的可生物降解性存在差异，从而决定了生活垃圾的生物可处理性及适宜采取的生物处理技术。总体而言，生活垃圾中的有机物可分为三大类：易生物降解有机组分（如淀粉、蛋白质、脂肪等）或称易腐有机物，相对难生物降解有机组分（如纤维素、半纤维素、木质素、果胶、蜡等），以及不可生物降解有机组分（如塑料）。因此，生活垃圾若按物理组成分类，则厨余、果皮、餐厨垃圾属易生物降解物料；废纸（办公纸、卫生纸、瓦楞纸、报纸、杂志家庭的可生物降解性也有很大差异）、竹木、园林垃圾等则属相对难生物降解物料。

生活垃圾主要的生物处理技术，是好氧堆肥和厌氧消化。通过与其他技术的结合，又衍生出机械生物处理技术、生物干化技术和生物稳定化技术。目前，尚处在研发阶段或初步应用的新兴技术，包括制造生物燃料（如生物乙醇、生物柴油、氢）、生物化学品（如乳酸、丁醇、长链醇和酮）和生物蛋白（如蚯蚓、黑水虻、蝇蛆），以尽可能地提高生活垃圾生物处理产物的资源化品质和价值。

5.2　生活垃圾的堆肥处理

5.2.1　好氧堆肥化原理

1. 定义

好氧堆肥化，是指混合有机物在受控的有氧和固体状态下被好氧微生物利用从而被降解，并形成稳定产物的过程。堆肥，是指经好氧堆肥化过程形成的稳定产物，包含活的和死的微生物细胞体、未降解的原料、原料经生物降解后转化形成的类似土壤腐殖质的产物。人们可以利用堆肥所含的类腐殖质作为土壤改良剂使用，也可以利用其所含的微生物活细胞体作为生物接种剂、生物滤床、生物覆盖层使用。

好氧堆肥化的技术目的是：（1）无害化，杀灭城市垃圾中的致病菌和杂草种子；（2）稳定化，降解垃圾中的易降解有机物，避免其在自然状态下产生恶臭和渗沥液等污染物；（3）减量化，降低垃圾中有机物量和水分含量，使垃圾减量减容；（4）腐熟化，获得对植物生长无害的腐熟化产物。应该根据工程目的的侧重点不同，设计堆肥工艺和优化控制堆肥过程。

2. 堆肥化过程

好氧微生物优先利用城市垃圾中的易降解有机组分，然后，再利用相对难降解的有机组分。有机物经好氧降解后形成 CO_2、H_2O、NH_3 和一些小分子中间代谢物（如挥发性有机化合物，Volatile Organic Compounds，VOCs），该过程释放出大量的能量，其中部分能量（约 50%～60%）被微生物利用合成生物体的三磷酸腺苷（Adenosine Triphosphate，ATP），其余则以热能形式散失至环境中。有机物降解产热会导致垃圾堆体温度的上升，而堆体表面的辐射散热、水蒸气蒸发潜热、物料升温吸热等因素，则会导致垃圾堆体温度下降。因此，随着垃圾中各类有机物降解的先后和快慢程度，好氧堆肥系统的产热速率会发生变化，导致堆体温度随着堆制时间的延长，呈现先升高后逐渐降低的变化特征。堆体温度和残留有机物类型的变化又会导致堆体中的优势微生物类型发生演替。

根据堆体温度的变化，可以将堆肥化过程分为五个阶段，如图 5-1 所示，即常温潜伏阶段、升温阶段、高温阶段、降温阶段和常温腐熟阶段。当堆体温度升高到 45℃以上，即可认为进入高温阶段，该阶段对于垃圾的无害化、稳定化和减量化非常重要，需要控制其温度范围和在该阶段的连续持续时间。高温可使得不耐热的病原微生物、寄生虫卵和杂草种子被灭活；嗜热放线菌分泌抗生素，抑制病原微生物；高温可提高有机物的降解速率和产热速率，有利于垃圾中有机物和水分的减量。而常温腐熟阶段是实现垃圾堆体腐熟化的关键阶段，在该阶段，木质素等难降解有机物会被缓慢分解，腐殖质不断增多，腐殖质的聚合度和芳构化程度也不断提高。

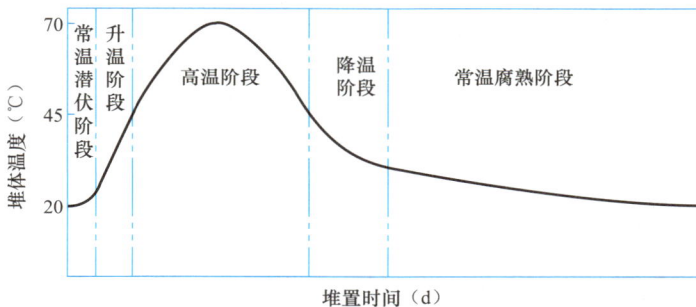

图 5-1　堆肥化过程的温度变化

在工程上，通常将堆肥化过程分为两个阶段，即主发酵（或称一次发酵）和次发酵（或称二次发酵）。主发酵对应常温潜伏、升温、高温和降温阶段，一般持续 5～20d，主要功能是实现垃圾的无害化、稳定化和减量化；次发酵对应于常温腐熟阶段，持续 30～180d 或更长时间，主要功能是实现垃圾的腐熟化，获得腐熟的堆肥产品。

3. 生物演替

堆肥化过程涉及异养型细菌和真菌等微生物，在堆制后期，还会出现少量自养型细菌和原生动物。

细菌种群多样性最高、数量最大，对总有机物降解的贡献率达80%～90%，能降解几乎所有类型的有机物（包括纤维素和半纤维素），降解速率快，比表面积大，世代时间短，能耐受高温或嗜热生长，对于堆制初期易降解有机物的快速降解起着重要的作用；有些菌种还能在高温或低湿度等不利环境条件下形成孢子，在降温阶段重新萌芽恢复活力。

细菌门中的放线菌亚门，生长缓慢，呈菌丝状生长，而其丰富的酶系有助于降解更复杂的半纤维素、纤维素和木质素等有机物，从而有别于大多数细菌；一般在堆制后期，当堆体含水率和温度下降、pH呈中性或微碱性时，放线菌逐渐开始占据优势。

真菌对于半纤维素、纤维素、木质素、果胶等有机物的降解和腐殖质形成非常重要，真菌对低含水率和pH不如细菌敏感，但大多数真菌是绝对好氧的，所以，不耐受低氧环境。另外，当温度超过60℃时真菌也不易存活。因此，真菌一般在堆制后期占据优势。

当堆体温度下降后会开始出现高等生物体，如原生动物、轮虫、线虫。它们以微生物细胞体为食，因此，有利于抑制致病菌；能降解木质素和果胶，其排泄物是腐殖化堆肥产物的一部分；其在堆体内的运动，有利于物料疏松。

4. 物质转化

（1）碳的转化

碳元素在城市垃圾生物可降解部分的有机物中占30%～50%，含碳有机物的降解对于堆肥化过程的物质减量和产热非常重要。如图5-2所示，垃圾中有机物的好氧生物氧化会转化成CO_2，形成新的有机产物和合成新的微生物细胞体；同时，会产生痕量污染物VOCs；在堆体中的缺氧微区，还可能发生厌氧代谢形成温室气体CH_4。微生物细胞体、新形成的有机物和未降解的垃圾有机物共同构成了堆肥产物。CH_4和VOCs会造成大气环境污染，如CH_4在百年尺度上的增温潜势是化石源CO_2的27.9倍。VOCs中的有些物质会对人体健康造成毒害作用，如芳香烃类物质；有些是恶臭类物质会影响周边的环境质量，如含硫化合物；有些则会造成臭氧层破坏和有机气溶胶生成，是大气中光化学污染的重要前驱物。

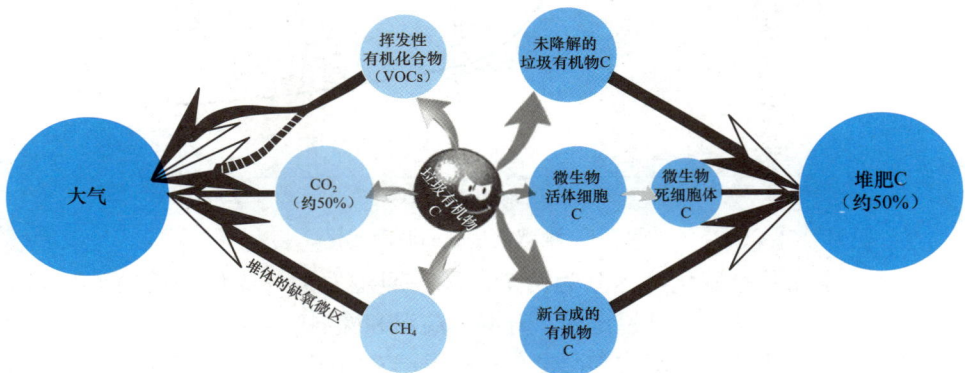

图5-2　堆肥化过程中碳的转化途径示意图

若忽略N和S对有机物降解的微量贡献，则含碳有机物的好氧转化可用式（5-1）表示。

$$C_aH_bO_c + 0.5[ny + 2(a - nw) + 0.5b - 0.5nx - c]O_2 \longrightarrow$$
$$nC_wH_xO_y + (a - nw)CO_2 + (0.5b - 0.5nx)H_2O + [热量] \tag{5-1}$$

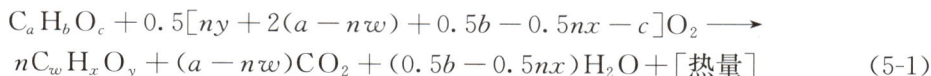

其中　$C_aH_bO_c$——含碳有机物的元素组成；

　　　$C_wH_xO_y$——堆肥产物的元素组成。

（2）氮的转化

城市垃圾中的蛋白质、核酸、尿素等含氮有机物的转化，对于堆肥的营养物含量以及堆肥化过程恶臭的释放比较关键。城市垃圾中氮元素约占有机物的 $3\%\sim5\%$，如图 5-3 所示，垃圾中含氮有机物经氨化形成铵盐（NH_4^+）或氨气（NH_3），部分铵或氨经同化作用合成微生物细胞体，或包含于新形成的复杂有机物中，部分经硝化作用转化成亚硝酸盐和硝酸盐，在堆体中的缺氧微区硝酸盐能经反硝化作用变成氮气，剩余的则以氨气形式散失。此外，还会形成痕量含氮 VOCs，如甲胺、二甲胺、三甲胺和乙胺等，氨气、含氮 VOCs 以及无机类的痕量磺酸氢铵、硫化铵都是恶臭污染的重要贡献者。另外，N_2 在固氮菌的作用下也能少量转化为铵。硝化和反硝化过程都会产生温室气体 N_2O，其百年尺度上的增温潜势是化石源 CO_2 的 273 倍。堆肥化过程氮损失量达 $4\%\sim60\%$，会导致恶臭污染，同时，还降低了堆肥的氮营养含量，应通过堆肥工艺进行有效控制。自养型硝化一般在堆制后期发生，由于亚硝酸盐对植物生长有害，而硝酸盐是植物代谢比较有利的无机盐。因此，应确保二次发酵的周期使得堆肥中的氮主要以硝酸盐形式存在，而且应保证足够的氧气以促进好氧硝化作用。

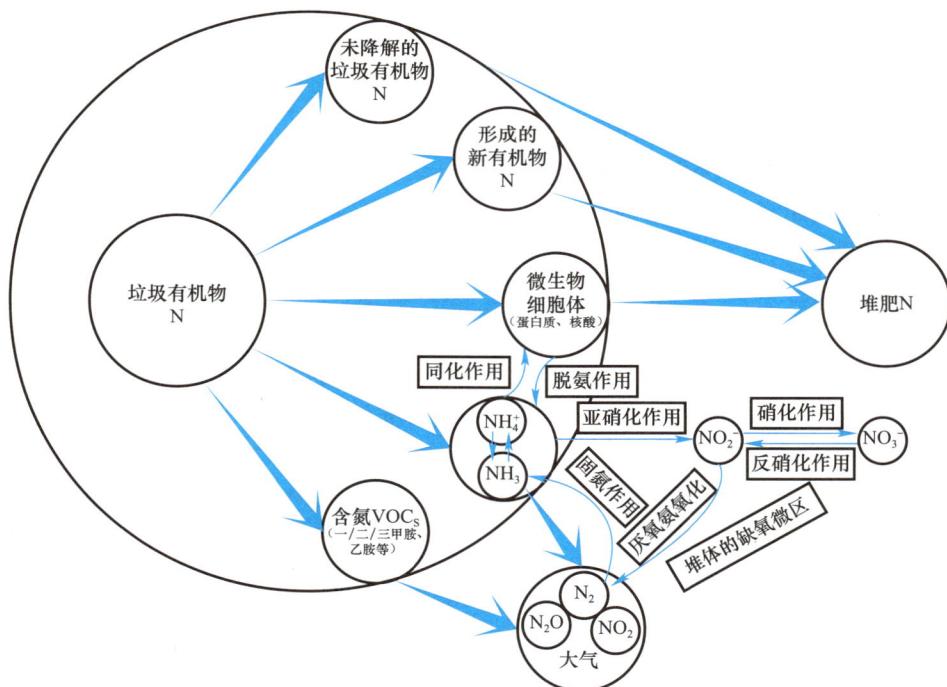

图 5-3　堆肥化过程中氮的转化途径示意图

（3）硫

城市垃圾中硫元素含量一般不超过有机物的 0.5%，除部分用于合成微生物的半胱氨酸和蛋氨酸等氨基酸，以及生物素、维生素 B1、硫辛酸等维生素外，其他则转化为 H_2S 和含硫 VOCs（例如，硫醇类：甲硫醇、乙硫醇、丙硫醇、丁硫醇、戊硫醇、己硫醇、二异丙硫醇、十二碳硫醇；硫醚类：甲硫醚、二甲二硫、二乙硫、二丙硫、二丁硫）。

5.2.2　好氧堆肥化工艺

1. 工艺影响因素和操作控制

影响堆肥化过程的因素，包括堆肥物料、环境参数和微生物活性三大方面。

（1）堆肥物料的有机物含量和生物可降解性

堆肥物料中的有机物含量和类型，决定了堆肥过程的产热量和产热速率。为了确保堆肥过程高温阶段的持续，以及堆肥产品具有一定的有机物含量，堆肥物料中的有机物含量应大于 30%。

（2）堆肥物料的 C/N 质量比

为了满足堆肥过程的微生物细胞合成、产热量以及恶臭控制的要求，应控制堆肥物料碳和氮的平衡比率。C/N 质量比过高，表明 N 源缺乏，微生物代谢受到限制，降解速率降低；而 C/N 质量比过低时，多余的 N 会以氨气形式散失，形成恶臭污染，并降低了堆肥产物的含 N 量。适宜的 C/N 质量比范围为（20∶1）～（40∶1）。可通过不同物料的混合进行调配，例如，农业秸秆、园林垃圾、废纸等物料一般含氮量较低；而畜禽粪便、城市污水处理厂污泥等物料一般含氮量较高。

（3）温度

温度介于 25～45℃时，微生物多样性最高；温度在 45～60℃时，生物降解速率最高；温度在 55℃以上时，致病菌灭活率最高；但是，过高的温度如在 70～80℃时，大多数微生物失活，将导致生物降解速率迅速下降。在温度上升阶段，若无法迅速达到高温，可考虑对反应器保温或加热、提高易降解有机物量、添加高效细菌等措施；若高温阶段维持时间过短，可采用降低通风量或通风频率、降低翻堆频率等措施；若温度过高时则相反，可加大通风量或通风频率、增加翻堆频率，通过水分蒸发带走热量。

（4）氧气浓度

好氧微生物只能在有氧环境中（O_2 体积分数＞5%）进行代谢活动。堆体物料颗粒间空隙内的 O_2 体积分数应尽可能控制在 15%～20%，对应的 CO_2 体积分数控制在 0.5%～5%。当 O_2 体积分数低于 15%时，兼性厌氧细菌可能被激活，导致有机物的不完全氧化，会生成乙醇、乙酸等中间代谢产物。

堆肥过程的供氧方式，包括通风和翻堆。通风，可采用自然通风和强制通风两种方式。强制通风，可采用正压鼓风、负压抽气，或者两者结合的方式进行。应合理设计堆肥过程的通风量、通风频率或翻堆频率。

（5）含水率

堆肥物料的含水率一般宜控制在 40%～70%。含水率过低会抑制微生物代谢，含水率过高则会导致堆体物料颗粒间孔隙被水充填，减小了空隙体积，即降低了氧气容量。堆肥物料的含水率可以通过不同物料（包括直接用水）的混合进行调配。

（6）空隙率

堆体物料颗粒间的孔隙包括水和空隙。过高的含水率或过度压实会减小有效的空隙率,从而影响氧气的运输和传递。一般堆体物料的空隙率应大于 0.3。可通过添加结构强度高的物料,如木片、园林垃圾、农业秸秆、废纸板等木质纤维类填充料,吸收过量的水分、提高结构稳定性(抗压实性)和空隙率;同时,还能补充一部分碳源。选择堆肥填充料(辅料)应以当地的稳定可获得性和价格低廉为前提。

(7)pH

进料的 pH 宜控制在 5.5~8。堆制初期,由于有机物降解产生有机酸,pH 会略微下降;随着好氧反应的进行,有机酸被降解、铵的累积以及碳酸盐的平衡,pH 会逐渐恢复至中性和微碱性(7.5~8.0,有时可达 8.5 或更高)。pH 大于 8 时,铵盐与氨之间的电离平衡会加速氮以氨气形式挥发。由于堆体自身的缓冲能力,堆肥过程的 pH 一般不用进行人为调控。

(8)微生物量和代谢活性

城市垃圾本身就含有很丰富的土著微生物,另加菌种不是必须的操作。但是,加入适量的高效菌剂(如枯草芽孢杆菌)可以缩短堆肥过程的启动时间,即可以提高设备的处理能力,或者强化堆肥腐熟,提高堆肥产物的品质。当然,加入人工菌种,需增加接种的费用。有些固体废物,如高温处理过的餐厨垃圾,初始物料所含微生物较少,可以考虑添加菌种。

2. 工艺构成

堆肥化工艺一般包括以下几部分:进料供料单元、预处理单元、生物转化单元、后处理单元、二次污染控制单元和过程控制单元。城市垃圾堆肥的基本工艺构成如图 5-4 所示。

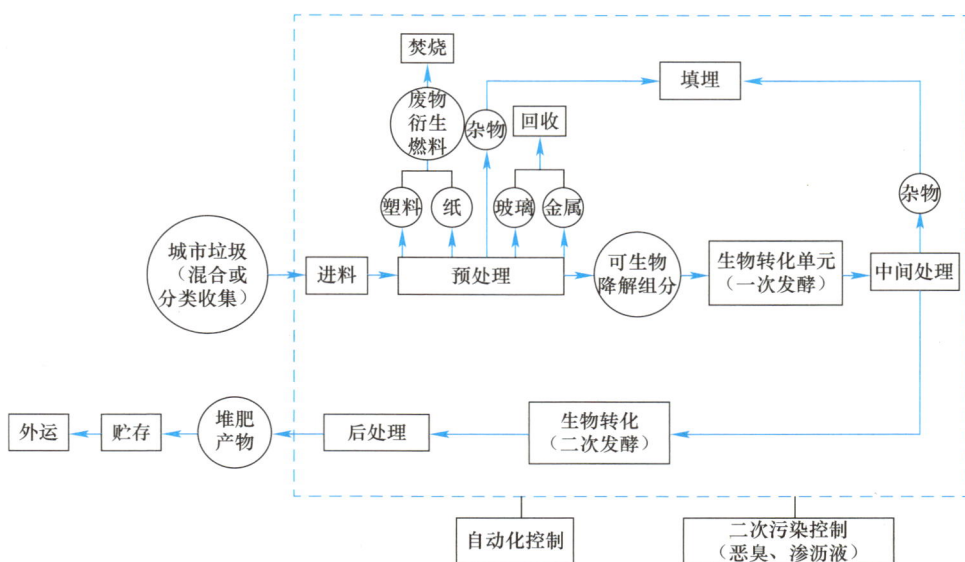

图 5-4　城市垃圾的典型堆肥化处理工艺

预处理和中间处理的目的,是分选出城市垃圾中不能生物降解的组分、回收废品、为后续生物转化(一次发酵或二次发酵)提供有利条件(包括接种和营养组分调配)。后处理的目的,是进一步分离发酵产物中的杂物,提高堆肥产物品质。这些处理单元可结合手工分选和各种机械设备进行，如破碎、筛选、风选、磁力和涡电流分选等。

城市垃圾堆肥化过程需要实时监测堆层温度、O_2 或 CO_2 浓度、水分等参数，相应地调整通风或翻堆等操作手段。

城市垃圾堆肥化过程涉及的环境问题（包括臭气、生物气溶胶、挥发性有机化合物、渗沥液、噪声、昆虫）中的臭气问题是最受关注的。堆肥化过程释放的恶臭物质，包括 H_2S、NH_3、VOCs（硫醇和硫醚等含硫化合物；胺、酰胺、吲哚等含氮化合物；酸、醇、酚、醛、酯等含氧化合物；以及烃类化合物），主要来源于有机物的好氧或厌氧降解过程，部分来源于城市垃圾本身。堆肥化过程的臭气控制应做好气流组织、尾气收集和处理。常用的臭气处理工艺，包括生物滤床、湿式洗涤器、吸附、除臭剂、焚烧。

5.2.3　堆肥化装置

城市垃圾的堆肥化装置，主要有开放式和封闭式两大类。

开放式装置包括：（1）翻堆条垛式（图 5-5），通过翻堆机的定期翻堆来实现堆体中的有氧状态；（2）静态通风垛/堆式（图 5-6），通过堆体内部的穿孔通风管道向堆体供氧。

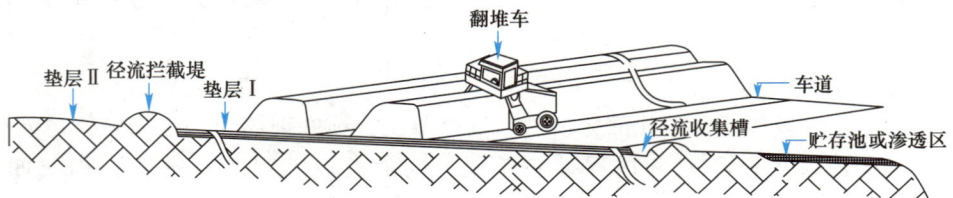

图 5-5　翻堆条垛式堆肥系统

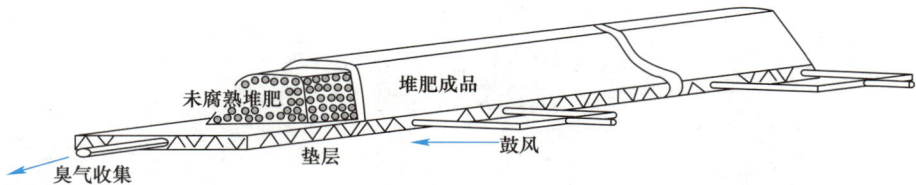

图 5-6　静态通风垛式堆肥系统

封闭式装置包括：（1）槽仓式（图 5-7），可同时结合强制通风和翻转机向堆体供氧；（2）滚筒式（图 5-8），滚筒低速旋转，物料因摩擦作用沿筒壁旋转前进，并因重力作用跌落时，可以实现物料的均质以及和空气的充分接触。

5.2.4　堆肥产物的评估

堆肥产物较常规的消纳方式，是作为土壤改良剂（有机肥）农用、园林绿化用、林用、土地改良，近年来还发展了作为废物衍生燃料 RDF 材料、填埋场日覆盖土、填埋场甲烷氧化生物活性覆土、受污染土壤修复用的生物活性土、生物滤床填料、VOCs/恶臭防控材料、水土侵蚀控制材料、草坪修复材料、人工造林材料、湿地恢复材料、栖息地复兴材料等创新利用途径。需要强调的是，后面几类用途较少与人类直接接触、无食品安全风险、用量大、无季节性限制，因而具有较大的应用市场前景。

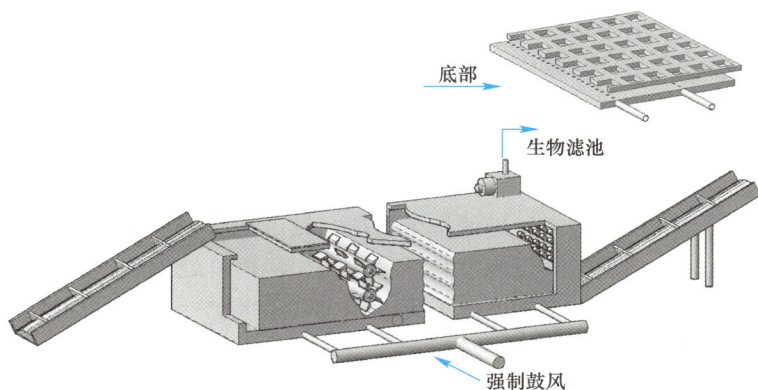

图 5-7　槽仓式堆肥系统

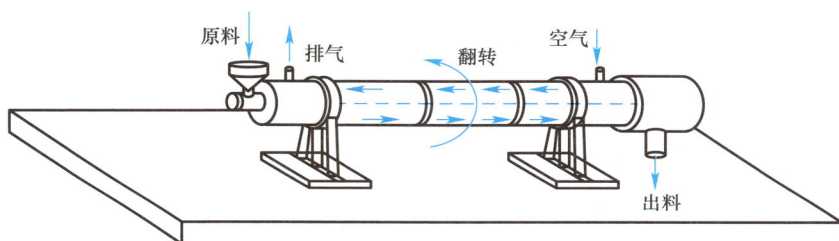

图 5-8　滚筒式堆肥系统

堆肥产物的质量，应满足不同消纳用途各自的要求，一般可通过以下几个方面进行评估，以反映其污染水平和土地利用质量控制指标。

（1）理化和表观指标：含水率、含杂率、pH、电导率（盐度）、颜色、气味、粒径、容积密度。

（2）营养指标：总养分、氮/磷/钾含量、无机氮含量（NH_4^+-N、NO_3^--N）。

（3）与土壤改良相关的指标：有机质含量、碱度（以 CaO 计）。

（4）有机物稳定性指标：直接判定法，测定易降解有机物（如淀粉）、难降解有机物（如纤维素、木质素）、腐殖质、中间代谢物（如有机酸）、水淬性有机物的含量；间接判定法，测定生物稳定性指标，如耗氧速率、四日好氧呼吸量、生化产甲烷潜力、自热潜力。

（5）生物学指标：植物毒性效应（如种子发芽率）。

（6）卫生指标：粪大肠菌群数、蛔虫卵死亡率、沙门氏菌的含量。

（7）污染物浓度限值：Na、盐分；油脂、矿物油；Cd、Hg、Pb、Cr、As、Ni、Zn、Cu 等重金属；苯并（a）芘、PFAS、PAH、PCB、PCDD/PCDF、PFC、AOX、LAS、NPE、DEHP 等微量有机污染物；塑料等杂质。

5.2.5　堆肥化过程的相关规范和设计

设计城市垃圾堆肥化工程，应遵循相关的建设、运行和污染控制规范。具体的设计要点如下：

1. 选址

应以当地城市总体规划和环境卫生规划为依据，并应符合下列规定：工程地质与水文地质条件，应满足处理设施建设的要求，宜选择周边人口密度较低、土地利用价值较低和施工较方便的区域，应结合已建或拟建的垃圾处理设施，合理布局，并应利于节约用地和实现综合处理，应利于控制对周围环境的影响及节约工程建设投资、运行和运输成本，应符合环境影响评价的要求。

2. 建设规模

堆肥厂的建设，应根据城市垃圾的产生特征、城市规模与特点，结合城市总体规划和环境卫生专业规划，合理确定建设规模和项目构成。根据日处理的城市垃圾量，可大致分成小型、中型和大型堆肥厂。根据建设规模，相应确定堆肥厂的建设用地指标，和生产管理用房与生活服务用房等附属建筑面积指标，以及劳动定员。

3. 建设项目构成

城市垃圾堆肥厂的建设项目，由堆肥厂主体工程设施、配套设施以及生产管理和生活服务设施等构成。各部分具体设施的设置，应根据进入堆肥厂的垃圾特性和堆肥处理工艺需要确定。主体工程设施，主要包括计量设施（地衡、控制与记录）、前处理设施（受料、给料、破袋、分选、破碎、输送等）、发酵设施（一次发酵和二次发酵）、后处理设施（破碎、分选、输送等）、除尘除臭、渗沥液收集与处理、堆肥产品贮存等设备和相关建（构）筑物。配套工程设施，主要包括厂内道路、检维修、供配电、给水排水、消防、通信、监测化验、消毒和绿化等设施。生产管理设施，主要包括行政办公用房、机修车间、计量间、化验室、变配电室等设施。应依据城市垃圾堆肥项目构成，合理安排总图布置。

4. 工艺和生产线

根据堆肥原料性质、工艺运行特征、设备适用性能和堆肥产品等要求，合理确定堆肥工艺流程。堆肥处理工艺类型，应根据原料组成、当地经济状况、堆肥产品要求和处理场地等条件选择确定。堆肥处理工艺类型的选择顺序，应优先比较确定物料运动和堆肥通风方式，再选择相应的反应器类型。根据垃圾日最大产生量、工作时间、维修时间确定生产线数量和规模。适度满足提高机械化、自动化水平，保证安全，改善环境、卫生和劳动条件，提高劳动生产率、能源效率和原料利用率的要求。

5. 机械设备和建（构）筑物总体要求

按照城市垃圾日最大产生量、工作时间、设备检修维护时间，确定设备处理负荷；设置通风、集气、排气、除尘除臭、地面冲洗、污水导排等设施；注意设备的防腐蚀和日常维护。

6. 垃圾进厂或进入发酵单元条件

堆肥处理的原料，宜为源头分类后的厨余垃圾。城镇粪便、城市污水处理厂污泥和农业废物等可生物降解物料，可适量进入生活垃圾堆肥处理系统。危险废物严禁进入城市垃圾堆肥处理厂。

7. 产物去向

堆肥产物，应满足相关产品质量标准和消纳途径的利用要求。城市垃圾堆肥处理过程中，产生的残余物应最大限度地回收利用，不可回收利用的部分应进行无害化处理，如衔接后续焚烧或填埋处置。

8. 发酵工艺

合理设计调配进料的含水率、pH、有机物含量、C/N 质量比、颗粒度、堆层容积密度、堆层高度、通风量和频率、风压、翻堆频率等堆肥工艺参数，以确保足够的高温发酵周期，实现城市垃圾的卫生无害化和稳定化，以及保证堆肥产物的腐熟发酵周期，避免产生无氧条件。有关国家对控制主发酵堆层温度及发酵时间的要求见表 5-1。

有关国家堆肥标准中对温度/时间的无害化工艺参数控制要求　　　　表 5-1

国家（地区）	最低温度（℃）	连续持续天数
中国	55 或 65	5 或 3
比利时	60	4
丹麦	55	14
法国	60	4
德国	55	14
	60（仓式）	7
	或 65（非仓式）	7
意大利	55	3
荷兰	55	4
瑞典	55	根据产物风险评价确定
英国—堆肥协会	55（静态通风堆或仓式）	3
	55（翻堆条垛式）	15（期间翻堆 5 次）
英国—土壤协会	建议不低于 60，但不作强制性规定	要求有一定的发酵周期
加拿大	55（仓式）	3
	55（条垛式）	15
	55（静态通风堆）	3
美国	55（仓式）	5
	55（条垛式）	15
澳大利亚	55	3（期间翻堆 3 次以上，翻堆前温度达到 55℃以上）
新西兰	55	3

9. 环境保护、环境监测和安全生产

应控制城市垃圾堆肥处理厂厂区和厂界内的空气、噪声、振动、排水，按规范要求，定期监测噪声、恶臭气体、粉尘、空气质量、生物气溶胶、排水水质等指标。

10. 日常检测、记录和报告

城市垃圾堆肥处理厂进出物料都应进行计量，并应按实物量进行生产统计，核定产出。进厂的生活垃圾、选用的添加剂（辅料）和产品均应进行理化性质检测。堆层氧浓度和温度应尽可能地实现实时监测。

5.2.6　堆肥过程的设计计算

典型的城市垃圾堆肥设计计算过程如下述。

1. 原料参数

设计前，应收集如下原料参数的基本数据：

（1）m_{waste}：城市垃圾日处理量，t/d；

（2）TS_{waste}：城市垃圾总固体含量，%wt（湿基）；

（3）VS_{waste}：城市垃圾有机物含量，%dw（干基）；

（4）C_{waste}：城市垃圾含碳量，%dw（干基）；

（5）N_{waste}：城市垃圾含氮量，%dw（干基）；

（6）$TS_{conditioner}$：调理剂（辅料）总固体含量，%wt（湿基）；

（7）$VS_{conditioner}$：调理剂有机物含量，%dw（干基）；

（8）$C_{conditioner}$：调理剂含碳量，%dw（干基）；

（9）$N_{conditioner}$：调理剂含氮量，%dw（干基）。

2. 设计参数

（1）主发酵过程主要参数选择

HRT_1：主发酵持续时间，d；

堆层各测试点温度均应保持在最低温度以上，最低温度为55℃时，维持天数不得少于5d；或保持在65℃以上，维持天数可减少至3d。所以，设计主发酵时间不宜小于5d。

M_1：进入主发酵单元的物料含水率（质量比），%wt，宜为40%wt～60%wt；

M_2：主发酵单元出料含水率（质量比），%wt，宜在35%wt以下；

D_1：主发酵仓内物料容积密度，t/m³，典型值为0.4～0.6t/m³；

R_1：进入主发酵单元的物料碳氮比（C/N，质量比），宜为（20:1）～（30:1）；

η：主发酵减重率（质量比），%。

（2）次级发酵过程主要参数选择

HRT_2：次级发酵持续时间，d，一般在20d以上；

M_3：次级发酵单元出料含水率，%wt，可为25%wt～30%wt；

D_2：次级发酵堆体物料容积密度，t/m³。

（3）其他参数

T_0：环境温度，℃；

T_i：堆体目标温度，℃。

3. 计算调理剂和调节水添加量

根据如下两个联立方程计算后，可获得调理剂用量（$m_{conditioner}$，t/d）和调节水用量（m_{water}，t/d）。

$$R_1 = \frac{m_{waste} \cdot TS_{waste} \cdot C_{waste} + m_{conditioner} \cdot TS_{conditioner} \cdot C_{conditioner}}{m_{waste} \cdot TS_{waste} \cdot N_{waste} + m_{conditioner} \cdot TS_{conditioner} \cdot N_{conditioner}}$$

$$M_1 = \frac{m_{waste} \cdot (1 - TS_{waste}) + m_{conditioner} \cdot (1 - TS_{conditioner}) + m_{water}}{m_{waste} + m_{conditioner} + m_{water}}$$

4. 计算主发酵仓尺寸

（1）主发酵仓容积 $V_1 = \dfrac{m_{waste} + m_{conditioner} + m_{water}}{D_1} \cdot HRT_1 \cdot K_1$（m³）。其中，$K_1$ 为容积系数，应大于1.1；

（2）槽仓式主发酵仓的长 L_1（m）、宽 W_1（m）、高 H_1（m）应满足：$V_1 = L_1 \cdot W_1 \cdot H_1$，其中，物料堆高不宜高于3m；强制机械通风的静态堆肥工艺的堆层高度不宜超过2.5m，当原料含水率较高时，堆层高度不宜超过2.0m；自然通风的静态堆肥工艺，堆层高度宜为1.2～1.5m，原料有机物含量或含水率较高时可取下限，反之取上限。

5. 计算主发酵仓强制通风风量

（1）单位体积物料的强制通风工艺风量 $q=0.05\sim0.20\mathrm{m^3/min}$；

（2）每日通风量 $Q=V_1q\times60\times24$，$\mathrm{m^3/d}$。

6. 计算主发酵仓强制通风分压

（1）单位高度（1m）堆层的风压 $\Delta p=1000\sim1500\mathrm{Pa}$。原料有机物含量或含水率低时，风压可取下限，反之取上限；

（2）风压最低取值 $\Delta P=H\cdot\Delta p$，Pa；同时，应考虑穿孔管压力损失和通风管管路压力损失的余量。

7. 计算次级发酵堆体尺寸

（1）次级发酵堆体体积 $V_2=\dfrac{m_{\mathrm{waste}}+m_{\mathrm{conditioner}}+m_{\mathrm{water}}}{D_2}\cdot HRT_2\cdot K_2$（$\mathrm{m^3}$）。其中，$K_2$ 为容积系数，应大于 1.1；

（2）条垛式堆体结构的长 L_2（m）、宽 W_2（m）、高 H_2（m）应满足：$V_2=\dfrac{1}{2}L_2\cdot W_2\cdot H_2$。其中，$W_2=2H_2$，$H_2=0.9\sim2.4\mathrm{m}$。

5.3　生活垃圾的厌氧消化处理

5.3.1　厌氧消化的原理

1. 定义

厌氧消化是指有机物在无氧条件下被厌氧微生物降解形成甲烷和二氧化碳的过程。甲烷和二氧化碳的混合气体俗称沼气，是一种可再生能源，标准状态下沼气的热值约为 $23\mathrm{MJ/m^3}$（甲烷体积分数 0.58 时）。厌氧消化后剩余的残余物，是未被降解的有机物、杂质、新合成的微生物细胞体和水的混合物，经固液分离后成为沼液和沼渣，其生物稳定性相对较低，但含氮量较高，沼渣经后续再稳定化处理（如好氧堆肥化）后可作为土壤改良剂（肥料）使用。

厌氧消化的主要目的是将生物质资源转化为沼气，即能源化。中温（30～43℃）厌氧消化难以杀灭垃圾中的致病菌，高温（50～60℃）厌氧消化有一定的无害化效果。厌氧消化能实现城市垃圾中的部分有机物减量，而水分减量和体积减容效果并不明显。

2. 厌氧消化过程

厌氧消化是碳水化合物、蛋白质和脂肪等各类生物质基质在缺氧或无氧环境下被微生物分解，形成各种代谢产物，并获得自身生长与繁殖的能量和合成前体的过程。这一过程是一个复杂的代谢流网络，基本可概括成顺序衔接的四个阶段，即水解、酸化、乙酸化和甲烷化（图 5-9）。四个阶段的反应速率不同，当下游的反应速率低于上游的反应速率时，就很容易导致中间代谢物的累积，抑制厌氧微生物的生理代谢，使消化过程不稳定，降低厌氧消化效率。

（1）水解：不可溶的颗粒态大分子有机聚合物，被兼性厌氧和专性厌氧产酸微生物所分泌的胞外水解酶，分解成可溶的小分子物质，即单糖、氨基酸、长链脂肪酸（Long-chain fatty acids，LCFA）和甘油。

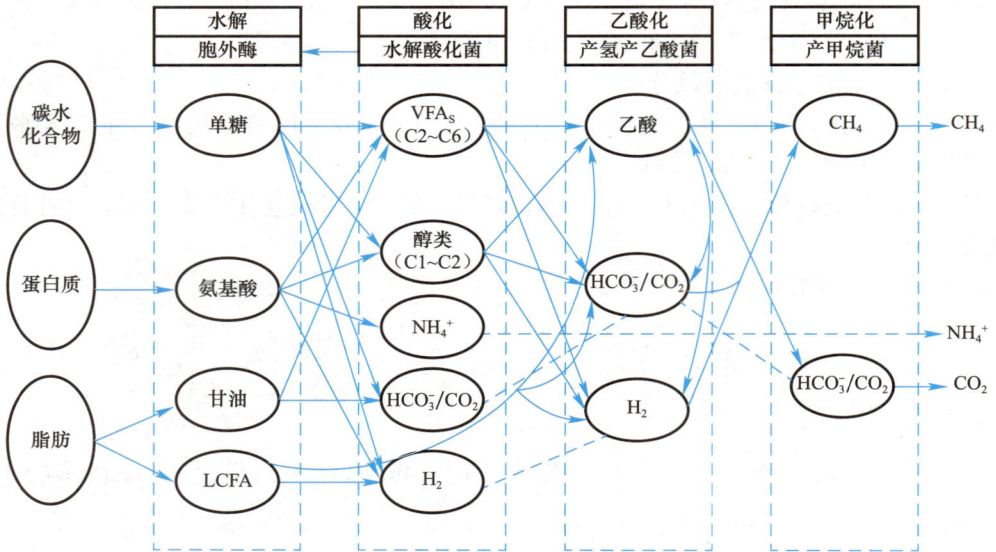

图 5-9　厌氧消化代谢流网络图

（2）酸化：溶解性有机物单体，被产酸微生物降解成挥发性脂肪酸（Volatile fatty acids，VFAs）、醇、氢气、二氧化碳和氨。水解和酸化阶段均是产酸微生物在起作用，不易严格区分，因而也被通称为发酵阶段或水解酸化阶段。

（3）乙酸化：挥发性脂肪酸、长链脂肪酸、醇被产氢产乙酸菌降解，形成氢气、乙酸和二氧化碳。

（4）甲烷化：乙酸发酵型产甲烷菌利用乙酸形成 CH_4 和 CO_2；氢营养型产甲烷菌利用 H_2 和 CO_2 产 CH_4；另外，微生物细胞降解过程中可能产生的微量含甲基代谢物（如二甲胺、三甲胺），还能被甲基营养型产甲烷菌利用产 CH_4。

此外，还存在同型乙酸化和共生乙酸氧化途径。前者是微生物利用 H_2 和 CO_2 生成乙酸的途径，后者是乙酸被氧化形成 H_2 和 CO_2 的途径。另外，反硝化和硫酸还原途径也会与甲烷化途径竞争可利用的碳源。

3. 微生物生态

厌氧消化过程中涉及的微生物，包括细菌、古菌和少量真菌，在厌氧体系微生物总量中所占的比例分别为95%～97%、3%～5%和<0.5%。细菌的数量和种类最为丰富，在厌氧消化反应器中可检测到200～400余种，包括兼性和专性厌氧菌。而在厌氧消化反应器中检测到的古菌，基本是位于广古菌门（Euryarchaeota）的产甲烷菌，还有少量泉古菌门（Crenarchaeota）的古菌，为专性厌氧菌。根据其代谢功能，可以将这些微生物大致分成三大类。

（1）水解酸化菌：负责完成有机物聚合体的水解和酸化。

（2）产氢产乙酸菌：负责完成乙酸化步骤，如丙酸降解菌、丁酸降解菌、LCFA 降解菌。由于该步骤的电子受体产物主要是氢气，因此，该类菌的生长容易受氢分压的影响，往往需要与氢营养型产甲烷菌共生。同型乙酸化菌和共生乙酸氧化菌的生理生化性质与产氢产乙酸菌较相似，也可归为此类。

（3）产甲烷菌：负责完成甲烷化步骤。乙酸发酵型产甲烷菌，仅有甲烷八叠球菌目（*Methanosarcinales*）中的甲烷八叠球菌科（*Methanosarcinaceae*）和甲烷鬃毛菌科（*Methanosaetaceae*）。前者可以利用包括乙酸、H_2/CO_2、甲醇等多种底物，能适应更高的乙酸浓度；后者仅可利用较低浓度的乙酸作为唯一可利用的底物。其他产甲烷菌为专性氢营养型，少数是甲基营养型。氢营养型产甲烷菌除了甲烷八叠球菌科外，广泛分布在以下 4 目中，包括甲烷杆菌目（*Methanobacteriales*）、甲烷球菌目（*Methanococcales*）、甲烷微菌目（*Methanomicrobiales*）和甲烷火菌目（*Methanopyrales*）。

此三大类菌的环境适应性见表 5-2，可见水解酸化菌可以适应的环境参数范围较宽，而产氢产乙酸菌和产甲烷菌对外界环境的变化非常敏感，需严格控制其生长环境条件。

厌氧消化反应器中微生物的环境适应性　　　　表 5-2

环境参数	水解酸化菌	产氢产乙酸菌	产甲烷菌
溶解 O_2	兼性或专性厌氧	严格厌氧	严格厌氧
温度	10～70℃	20～60℃	中温段：30～43℃ 高温段：50～60℃
pH	5～10	6～8	6～8
H_2 分压	基本没限制，最高可耐受 25％～40％	$<10^{-4}$ atm	氢营养型产甲烷菌要求 H_2 分压 $>10^{-6}$ atm
有机酸 EC_{50} 抑制浓度（pH6～8）	6000～15000mg/L	1000～2500mg/L	1000～2500mg/L
氨 EC_{50} 抑制浓度（pH6～8）	4000～6000mg/L	300～1500mg/L	300～1500mg/L
碱离子 EC_{50} 抑制浓度（pH6～8）	30～43g/L	2500～5500mg/L	2500～5500mg/L
其他抑制物的抑制阈值	高	低	低

4. 厌氧消化过程的物质转化

厌氧消化各阶段的生物化学反应及其吉布斯自由能变化列于表 5-3。各个反应的热力学特征和动力学特征（微生物最大比生长速率、底物最大比降解速率、底物半饱和常数、微生物生长产率、微生物衰减系数等）决定了每个反应所涉及微生物的竞争能力。

厌氧消化过程的生物化学反应特征　　　　表 5-3

厌氧步骤	生物化学反应	ΔG^o（kJ）
水解	$(C_6H_{10}O_5)_n + n \cdot H_2O \longrightarrow n \cdot C_6H_{12}O_6$	0
酸化	$C_6H_{12}O_6 + 4H_2O \rightarrow 2CH_3COO^- + 2HCO_3^- + 4H^+ + 4H_2$	−206
	$3C_6H_{12}O_6 \rightarrow 4CH_3CH_2COOH + 2CH_3COOH + 2CO_2 + 2H_2$	−165
乙酸化	$CH_3CH_2COO^- + 3H_2O \rightarrow CH_3COO^- + HCO_3^- + H^+ + 3H_2$	76.1
甲烷化	$CH_3COOH \rightarrow CH_4 + CO_2$	−31
	$CO_2 + 4H_2 \rightarrow CH_4 + 2H_2O$	−135.6
	$4CH_3OH \rightarrow 3CH_4 + CO_2 + 2H_2O$	−104.9
同型乙酸化	$4H_2 + 2CO_2 \rightarrow CH_3COOH + 2H_2O$	−130.7
共生乙酸氧化	$CH_3COOH + 2H_2O \rightarrow 4H_2 + 2CO_2$	104.6

有机物厌氧消化反应可用式（5-2）表示：

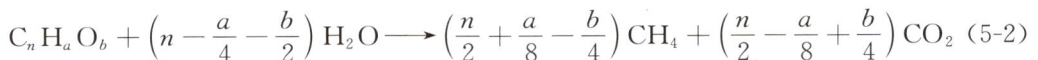

$$C_nH_aO_b + \left(n - \frac{a}{4} - \frac{b}{2}\right)H_2O \longrightarrow \left(\frac{n}{2} + \frac{a}{8} - \frac{b}{4}\right)CH_4 + \left(\frac{n}{2} - \frac{a}{8} + \frac{b}{4}\right)CO_2 \quad (5-2)$$

因此，在标准状态下（0℃，1atm），有机物的理论甲烷产率 $Y_{CH_4}^0$（单位：L/g-VS）可以用式（5-3）计算获得：

$$Y_{CH_4}^0 = \frac{\left(\dfrac{n}{2} + \dfrac{a}{8} - \dfrac{b}{4}\right) \times 22.4}{12n + a + 16b} \tag{5-3}$$

按式（5-3）计算获得的碳水化合物、蛋白质和脂肪的理论甲烷产率 $Y_{CH_4}^0$ 列于表5-4。根据有机物中这三大类生物质化学组成所占的比例，可相应计算出某种有机物的 $Y_{CH_4}^0$。但是，由于厌氧微生物对各种类别有机物的降解能力不同、生物质物理结构上的约束（如被木质素包裹的纤维素无法与微生物接触，没法被降解）等因素，有机物实际的产甲烷潜力 Y_{CH_4} 与 $Y_{CH_4}^0$ 有出入。表5-4列出了数种可能进入城市垃圾的物料的产甲烷潜力 Y_{CH_4}，及其一级动力学产甲烷常数 k_{CH_4}。因此，可根据经验公式（式5-4），按城市垃圾的生物质化学组成计算 Y_{CH_4}。

不同物料的产甲烷潜力及其一级动力学产甲烷常数　　　　　　表 5-4

有机物种类		分子式	Y_{CH_4}（L/g-VS）	k_{CH_4}（$\times 10^{-3}$/d）
碳水化合物		$(C_6H_{10}O_5)_n$	0.415	/
蛋白质		$C_5H_7NO_2$	0.496	/
脂肪		$C_{57}H_{104}O_6$	1.014	/
植物类食品物料	黄豆	$C_9H_{18}NO_4$	0.443±0.005	51.8±1.9
	土豆	$C_{31}H_{66}NO_{29}$	0.337±0.006	84.0±7.7
	甘蔗渣	$C_{92}H_{160}NO_{68}$	0.253±0.007	14.9±0.7
	茶叶残余物	$C_{15}H_{24}NO_8$	0.160±0.005	12.6±2.0
	香蕉皮	$C_{37}H_{70}NO_{26}$	0.227±0.004	59.0±6.0
	橘子皮	$C_{66}H_{108}NO_{66}$	0.277±0.008	32.2±2.7
	苹果皮与核	$C_{97}H_{179}NO_{81}$	0.277±0.011	30.4±0.2
	西瓜皮	$C_{10}H_{21}NO_8$	0.266±0.003	42.0±3.4
	柚子皮	$C_{40}H_{67}NO_{32}$	0.276±0.008	33.4±4.5
	花生壳	$C_{92}H_{142}NO_{59}$	0.032±0.001	1.5±0.2
	莜麦菜	$C_{11}H_{17}NO_6$	0.294±0.005	52.9±3.7
	芹菜	$C_{13}H_{27}NO_{11}$	0.253±0.003	51.0±4.4
动物类食品物料	鱼骨	$C_6H_{12}NO_3$	0.194±0.005	19.3±4.1
	猪骨	$C_8H_{16}NO_4$	0.408±0.004	55.2±2.6
	猪瘦肉	C_4H_7NO	0.427±0.006	51.8±1.0
	猪肥肉	$C_{221}H_{424}NO_{18}$	0.971±0.008	77.3±3.9
纸和织物	报纸	CH_2O	0.181±0.005	25.4±2.3
	办公纸	CH_2O	0.300±0.006	50.0±3.6
	卫生纸	CH_2O	0.294±0.012	42.9±3.1
	织物	$C_8H_9NO_3$	0.036±0.003	1.3±0.1
	棉花	$C_{674}H_{1187}NO_{549}$	0.421±0.010	116.0±5.7
草和竹木	狗牙根	$C_{35}H_{55}NO_{24}$	0.219±0.006	11.1±0.5
	芦苇	$C_{56}H_{94}NO_{38}$	0.184±0.003	13.3±0.5
	竹叶	$C_{26}H_{44}NO_{15}$	0.204±0.006	7.0±0.4

续表

有机物种类		分子式	Y_{CH_4} (L/g-VS)	k_{CH_4} ($\times 10^{-3}$/d)
草和竹木	竹枝	$C_{674}H_{1050}NO_{461}$	0.065 ± 0.001	2.6 ± 0.2
	水杉叶	$C_{26}H_{44}NO_{16}$	0.118 ± 0.002	9.0 ± 0.9
	水杉枝	$C_{87}H_{149}NO_{68}$	0.047 ± 0.008	2.0 ± 0.4
	樟树叶	$C_{37}H_{63}NO_{21}$	0.156 ± 0.003	19.6 ± 1.8
	樟树枝	$C_{356}H_{604}NO_{249}$	0.130 ± 0.001	5.9 ± 0.4

$$Y_{CH_4} = 0.208 - 0.028\gamma_{蛋白质} + 0.712\gamma_{脂肪} + 0.034\gamma_{半纤维素}$$
$$+ 0.138\gamma_{纤维素} - 0.767\gamma_{木质素} \tag{5-4}$$

式中　Y_{CH_4}——标准状态下，有机物的产甲烷潜力，L/g-VS；

　　　　γ——蛋白质、脂肪、半纤维素、纤维素、木质素等成分各自在垃圾有机物中所占的质量分数，g/g—VS。

需要注意的是，木质素在厌氧条件下很难被微生物降解，而且还会限制微生物接触其他有机物。另外，蛋白质和核酸等含氮化合物经脱氨作用降解成氨后，氨/铵盐在无氧条件下无法被氧化，会一直保留在反应器中。

5.3.2　厌氧消化工艺

1. 工艺影响因素

（1）温度

微生物只能在适宜的温度范围内生存，特别是产甲烷菌只偏好于两个不连续的温度段，即中温（30～43℃）和高温（50～60℃）。温度的切换和波动都会对产甲烷菌造成剧烈的影响，甚至导致不能恢复稳定运行。一般而言，反应器内的温度波动幅度应控制在±3℃以内。除了对微生物的直接作用，温度还会影响物料的气—液—固相分配、传质速率、溶解度等物化参数。

1）物料的黏度随温度的上升而降低。温度上升有利于物料的泵输送、混合，从而有利于固相传质和气液传质；

2）扩散强度随温度的上升而提高，由此能提高气液传质速率，适度降低了气态抑制物的影响，如 H_2、H_2S 等；

3）温度影响酸碱电离平衡和气液平衡。一般而言，气体的溶解度随温度上升而降低，因此，温度上升时可能导致沼气中 CO_2 和 H_2O 的比例增加，导致 CH_4 的比例下降。酸碱电离常数一般随温度上升而下降，因此，温度上升时共轭酸碱对中的碱性组分比例会上升，如 NH_3/NH_4^+ 中的 NH_3、H_2S/S^{2-} 中的 H_2S 比例上升，NH_3 和 H_2S 是更强的抑制物。因此，温度上升会形成更强的抑制作用；

4）温度会影响固态有机物的可利用性，如导致脂肪融解乳化、蛋白质变性。

（2）抑制物

1）氨/铵盐

厌氧消化过程中，蛋白质的水解会释放出氨。氮是合成细胞所必需的元素，但由于厌氧微生物的生长速率较低，因此，只有少部分的氨被利用，大部分氨会累积在液相中。厌氧体系中，无机氮主要以离子态 NH_4^+（铵盐）和分子态 NH_3（氨，又称游离态）的形式存在。氨被认为是实际造成抑制的物质，因为氨可以自由穿透细胞膜，导致细胞质内的质子失衡和钾流失。

氨/铵盐抑制与无机氮总量、pH、温度、微生物的驯化程度和其他离子的存在情况有关。据文献报道，甲烷化阶段的 EC50 氨抑制浓度差异很大（1.7～14g-N/L）；游离氨（FAN）的浓度可按式（5-5）计算，可见温度上升时氨的浓度也会上升；当溶液中存在 Na^+、K^+、Ca^{2+}、Mg^{2+} 离子时，能对氨抑制形成一定的拮抗作用。

$$c_{FAN} = \frac{10^{pH}}{\exp\left(\frac{6334}{273+T}\right)+10^{pH}} \times c_{TAN} \tag{5-5}$$

式中 c_{FAN}——游离氨的浓度，mg-N/L；

c_{TAN}——氨和铵的总浓度，mg-N/L；

T——反应器内的温度，℃；

pH——液相的 pH，无量纲。

解除氨抑制的措施，首先，应控制含氮垃圾组分的进料负荷（如降低物料的含固率、优化固体停留时间）；其次，可以采取氨吹脱和化学沉淀的方法。

2）有机酸

在厌氧消化反应中，有机酸（VFAs、LCFAs、乳酸）起承上启下的作用，它既是水解酸化步骤的产物，又是后续甲烷化步骤的原料。对于大多数有机酸来说，液相中的分子态形式是厌氧消化的抑制因素。分子态有机酸较容易进入细胞，在细胞内电离导致质子浓度增加，为了维持细胞内外的质子梯度，细胞不得不消耗三磷酸腺苷（Adenosine Tri-Phosphate，ATP）将多余的质子排出胞外，降低了供细胞生长代谢所需的 ATP 量，使其活性受到影响。有机酸的抑制程度与酸总量、酸的类别、pH、温度、微生物的驯化程度有关。可按式（5-6）计算分子态酸的浓度：

$$c_{分子态酸} = \frac{c_{H^+} \cdot c_{总酸}}{K_a + c_{H^+}} \tag{5-6}$$

式中 $c_{分子态酸}$——分子态酸的浓度，mol/L；

$c_{总酸}$——酸的总浓度，mol/L；

c_{H^+}——氢离子的浓度，mol/L；

K_a——电离平衡常数，mol/L。

3）氢离子

氢离子浓度决定了 pH。各类微生物有各自的适宜 pH 和最适 pH，pH 还会影响氨、有机酸、硫化物的电离，从而影响氨抑制和酸抑制程度。

厌氧体系的 pH 缓冲能力可用碱度进行表征。碱度，是指水中能与强酸发生中和作用的物质的总量，一般表征为相当于碳酸钙的浓度值，采用酸滴定法测定。见式（5-7），HCO_3^- 及 NH_4^+ 是形成厌氧系统碱度的主要原因。一般要求碱度为 2000～5000mg/L，或者是碳酸盐与有机酸的摩尔浓度比至少为 1.4:1，而过高的碱度容易导致阳离子抑制以及 pH 过高。当碱度不足时，可投加石灰或含氮物料调节。

$$[H^+] + [Cation^+] + [NH_4^+] = [H^+] + [碱度] = [有机酸^-] + [HCO_3^-]$$
$$+ 2[CO_3^{2-}] + [OH^-] \tag{5-7}$$

4）其他抑制物

在城市垃圾厌氧消化处理时，还应根据物料的特点注意以下可能的抑制物：H_2、硫化物、轻金属（Na、K、Mg、Ca、Al）、微量有机化合物（抗生素、氯酚类化合物、脂肪族卤代烃、氮代芳香化合物）等。

（3）生物量

接种含有产甲烷菌的接种物，是城市垃圾厌氧处理的必要操作，影响着工艺的启动、稳定性和效率。接种比，即接种微生物量与进料有机物量之比（以 VS 质量比计，Volatile Solid），是城市垃圾厌氧处理时的重要工艺参数。接种比与接种物来源、微生物活性、垃圾性质、厌氧工艺类型、接种方式以及厌氧反应器中物料的含固率有关。文献中报道的接种比一般为 0.04～11。对于易腐类有机物含量较高的城市垃圾，接种比至少应在 1～2。图 5-10 是不同接种比和含固率时，蔬菜类废物单位有机物的甲烷产率。

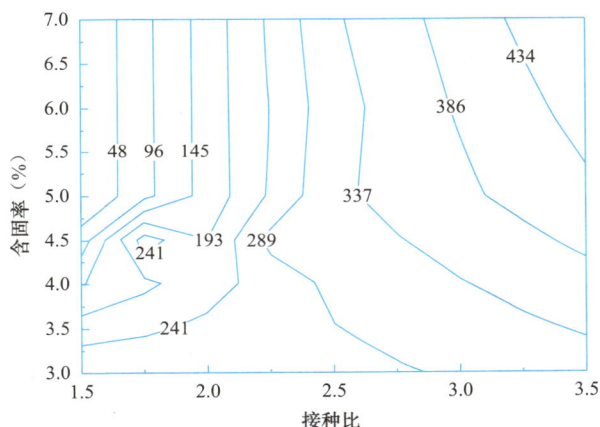

图 5-10　甲烷产率与接种比和含固率的关系
注：等高线上数值为甲烷产率（mL/g-VS）。

对于城市垃圾，由于其很难与微生物分离，因此，适宜处理液体的厌氧反应器不宜用于处理固体废物。所以，在工艺上一般选用推流式、间歇式、连续搅拌式、大比例沼渣（出流）回流的反应器形式，也可采用固相—液相二段式工艺，使甲烷化步骤能在高效反应器中进行。

（4）搅拌

对物料的适度搅拌，有利于物料的传质、物料与微生物的接触、有毒物质的扩散。搅拌方式，可分为机械搅拌、液体搅拌和气体搅拌，应根据物料性质选择适宜的搅拌方式。

2. 工艺类型

（1）厌氧处理工艺的单元构成

典型的城市垃圾厌氧处理工艺构成如图 5-11 所示。预处理单元的目的，是分离出城市垃圾中的可生物降解组分，避免杂质进入后续生物转化单元，尽可能回收金属等废品，进行接种、调质和预加热等。在厌氧生物转化单元，可生物降解组分被转化成沼气。沼气和经固液分离形成的沼液与沼渣需进一步处理后利用。

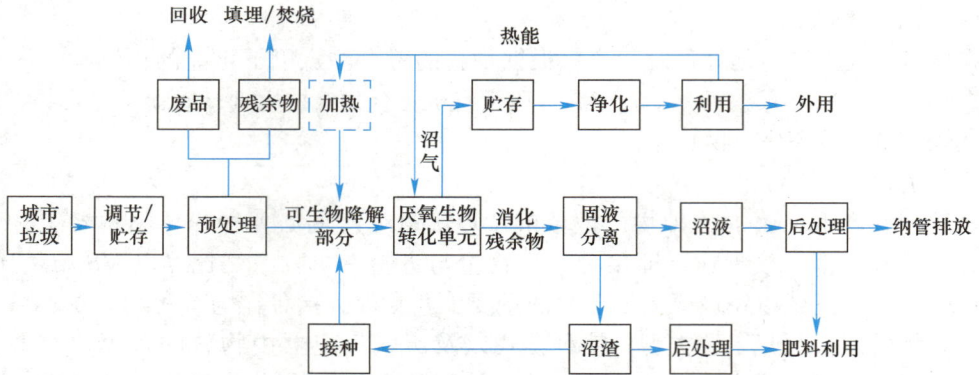

图 5-11 厌氧处理工艺的单元构成

沼气的后处理单元，包括沼气的贮存、净化和利用。沼气的利用方式，可以是蒸汽锅炉供热、热电联产并入城市电网、燃料电池原料、机动车燃料、并入沼气管网或天然气管网。根据不同的利用要求，沼气利用前，需去除硫化氢、水蒸气、二氧化碳、卤代烃和硅烷等物质。一般每吨厨余垃圾经厌氧消化后可产生 150～300kWh 电能或 250～500kWh 热能。

沼液和沼渣含有丰富的氮、磷、钾等营养元素，在条件许可时，应优先考虑土地利用。在土地利用时，应注意控制 Na 等离子含量，避免土壤盐碱化，还需要控制微量有毒有机化合物含量。

其他的辅助单元，还包括厌氧消化过程的自动化控制和臭气控制等。

（2）厌氧消化生物转化单元工艺分类

厌氧消化工艺，可按以下几种方式分类和组合。其中，最主要的是根据温度、含固率和分段进行分类，因为这两种分类方式极大地影响了厌氧消化工艺流程、成本、运行效果和稳定性。

1）温度：按厌氧消化反应温度，可分为中温消化（30～43℃）和高温消化（50～60℃）。高温消化的降解速率较高，可降低物料停留时间，对致病菌灭活效率较高，固液分离效果和 LCFA 的降解效果较好；而中温消化的运行稳定性更佳，对氨抑制的耐受能力也更强，对热交换要求和能耗相对更低。

2）含固率：指厌氧消化反应器中物料的含固率，可分为湿式消化（含固率在 12％～15％）和干式消化（含固率在 20％～40％），介于二者之间的称为半干式工艺。干式消化时能尽量保持垃圾的原始状态，处理负荷较高，可节省反应器容积，可减少外加水量、减少沼液产量，单位体积和单位时间内能产生更多的沼气，可以维持高温运行时的能量平衡，对杂质的承受能力更强（容杂能力）；但缺点是物料的黏度高、流动性差，对预处理、混合搅拌、输送和进出料等均提出了较高的要求，还易导致抑制物质累积等。

3）分段：可分为单段、两段和多段式。例如，水解酸化—乙酸化甲烷化两段式，固—液两段式（也称两相式），高温—中温两段式，好氧—厌氧两段式等。

4）进料方式：可分为间歇式、连续式、半连续式。

（3）典型的厌氧消化工艺

以下介绍几种适合城市垃圾处理的厌氧消化工艺。

1）单段干式消化

比利时的 Dranco（图 5-12）、瑞士的 Kompogas（图 5-13）和法国的 Valorga（图 5-14）均是欧洲单段干式厌氧消化工艺的代表，均采用推流式反应器。

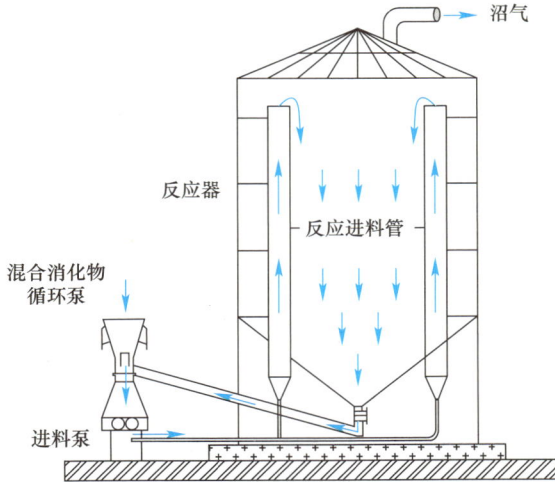

图 5-12　Dranco 单段干式厌氧消化工艺简图

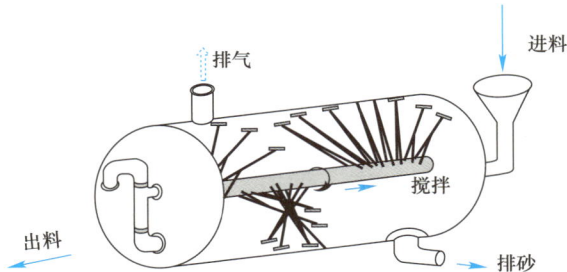

图 5-13　Kompogas 单段干式厌氧消化工艺简图

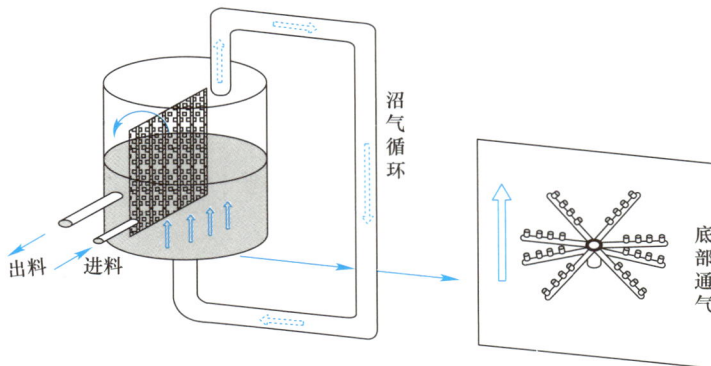

图 5-14　Valorga 单段干式厌氧消化工艺简图

Dranco 工艺的反应器内部没有搅拌设施，新鲜物料与沼渣按一定比例混合后用泵输送到反应器顶部，混合物料依靠重力在从上而下的竖向推流式运动过程中逐渐被降解转化成消化残余物，部分消化残余物用于与新鲜物料混合起接种和预加热的作用；其沼气产率一般为 0.103~0.147m³/kg-垃圾，平均有机负荷为 12kg-VS/(m³·d)，最高可达 15kg-VS/(m³·d)。以其位于比利时布莱希特 Brecht 的城市垃圾厌氧消化厂为例，反应器内物料的含固率约为 35%，停留时间为 14d，消化温度为 50℃。

Kompogas 工艺内部有旋转叶轮驱动物料水平推流运动。系统物料的含固率应控制在 23%~28%，停留时间为 15~20d，沼气产率一般为 0.11~0.13m³/kg-垃圾。

Valorga 工艺采用高压气体混合，此混合方式可节省物料回流接种的环节；反应器内有宽度约为反应器直径 2/3 的竖板，物料需从底部缓慢向上推流，翻越竖板后再依靠重力向下推流；系统含固率控制在 25%~30%，停留时间约为 18~23d；物料含固率低于 20% 时，重颗粒容易在反应器底部沉积，易堵塞进气孔；其沼气产率一般为 0.080~0.16m³/kg-垃圾。

2）两段湿式消化

以德国 BTA 工艺为例（图 5-15），城市垃圾中的可生物降解组分在碎浆机中被打浆成含固率 10% 左右的流体，分离出轻、重杂质，在除砂器中再进一步分离掉细砂；流体经固液分离后，液体部分直接送至甲烷化反应器，固体部分则在水解反应器中进行水解，以使有机物尽可能地进入液相；水解反应器出料后再次脱水，液体部分送至甲烷化反应器。水解反应器和甲烷化反应器的停留时间分别为 2~4d 和 2~15d，沼气产率一般为 0.11~0.15m³/kg-垃圾。处理规模较小时（如小于 300t/d），碎浆机也可以作为水解反应器使用，从而简化工艺流程。

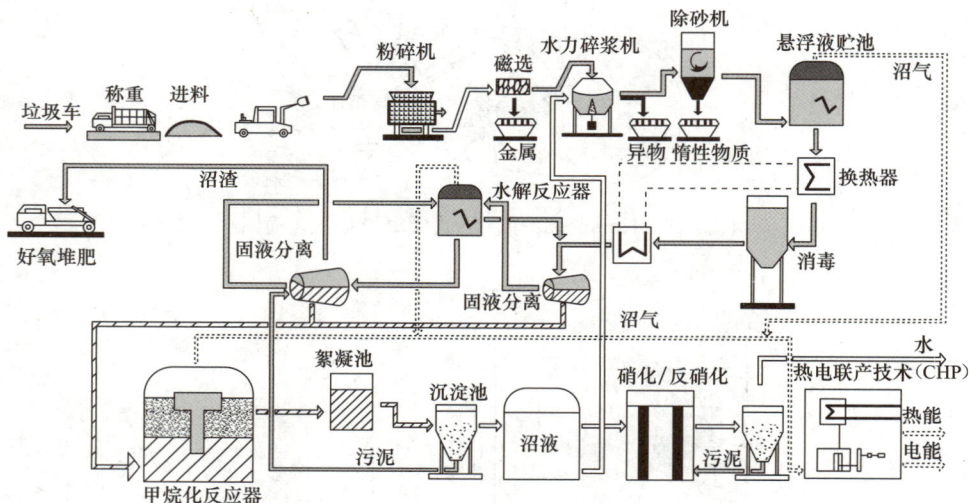

图 5-15 BTA 两段湿式厌氧消化工艺简图

5.3.3 厌氧消化过程控制与规范

设计厌氧处理工程，应遵循相关的建设、运行和污染控制规范，其中的选址、建设规模、项目构成、机械设备和建（构）筑物总体要求、垃圾进厂或进入厌氧发酵单元条件、工艺选择原则、环境保护、环境监测和安全生产、日常检测、记录和报告等事项与堆肥处理工程类似，此外还会对以下内容进行特殊规定。

（1）厌氧消化工艺与设施、设备

厌氧消化工艺和工艺参数的确定，最终取决于工程现场的实际情况和工程目标。厌氧反应器均应密闭，并能承受沼气的工作压力，还应有防止产生正、负超压的安全设施和措施。对易受液体、气体腐蚀的部分应采取有效的防腐措施。厌氧反应器在适当的位置应设有取样口、测温点和 pH 测试点。

厌氧消化反应器必须设置加热设备，热能应尽可能由厂内生产的沼气供给。必须设置温度传感器和温度读数设备，以实时监控反应器的内部温度，实时监控厌氧反应器与热交换器的入流和出流温度。物料加热，可根据条件选择直接通入蒸汽或利用热交换器换热的方式；料液冷却，可选择自然冷却、喷淋冷却或热交换器冷却的方式；对已选定的热交换器，要进行强度校核和工艺制造质量的检验。热交换器的选型，应考虑被加热或冷却的介质特性、介质温度、热交换后要求达到的温度和运行管理是否方便及经济性等综合因素；换热面积应根据热平衡计算，留有 10%～20% 的余量。

（2）沼气的安全使用

沼气是易燃易爆和毒性气体，其安全防范措施应贯彻"预防为主，防消结合"的方针，防止和减少灾害的发生。具体应遵守如下规定：

1）沼气输送和处理区域应设置警示牌，写明"易燃气体警告"和"严禁吸烟"。

2）在厌氧消化反应器和沼气燃烧火炬之间的管线上应设置阻火器。

3）地下气体管线应设置警示牌，以防止事故性破坏。对暴露在外的管线应进行标记说明。

4）沼气的输送、贮存和使用应符合现行国家标准《大中型沼气工程技术规范》GB/T 51063 和《输气管道工程设计规范》GB 50251 中的有关规定。

5）沼气产生和利用系统的封闭式建（构）筑物（包括厌氧消化反应器）的防火、防爆设计应符合下列要求：建筑耐火等级应符合《建筑设计防火规范（2018 年版）》GB 50016 的不低于"二级"设计的规定；沼气生产、净化、贮存区域应严禁明火，地面应采用不会产生火花的材料，其技术要求应符合《建筑地面工程施工质量验收规范》GB 50209 中的相关规定。

6）沼气工程中的地下或半地下建筑物以及其他具有爆炸危险的封闭式建筑物，应采取良好的通风措施。

7）可能散发沼气的建筑物内，严禁设立休息室。

8）公共建筑和生产用气设备应有防爆设施。

9）沼气贮存罐的输出管道上应设置安全水封或阻火器，大型用气设备应设置沼气放散管，但严禁在建筑物内放散沼气。

10）沼气工程的生产、净化、贮存应集中布置在一个相对封闭的区域内。

11）沼气生产和利用系统的防雷设计，应符合《建筑物防雷设计规范》GB 50057 "第二类"设计的相关规定。

12）沼气生产和利用系统的电力装置设计，应符合《爆炸危险环境电力装置设计规范》GB 50058 的相关规定。

13）设置附属火炬，以便在系统维护或紧急状况下使用，但应减少使用次数。

14）设置压力释放阀。

15）沼气发电机组高度至少 3m，离敏感地区至少 200m。

（3）沼气的贮存与利用工艺

厌氧消化反应器产出的沼气，应经过净化处理后进入沼气贮存和输配系统。沼气的贮存，可采用低压湿式储气柜储气，也可采用低压干式储气柜、高压储气罐等方式储气。设计沼气输配系统，必须优先考虑沼气供应的安全性和可靠性，保证不间断向用户供气。沼气利用系统，应至少包含一套沼气利用系统和一套维持厌氧消化反应器操作温度的加热系统。沼气贮存装置与周围建筑物、构筑物的防火距离，必须符合现行国家标准《建筑设计防火规范》GB 50016 的有关规定。沼气管道和贮存、利用设备必须做防腐处理，防腐层应具有漆膜性能稳定、对金属表面附着力强、耐候性好及能耐弱酸、碱腐蚀等性能。对做防腐涂层的钢结构部件，应根据选用涂料的要求对金属表面进行处理。大型沼气利用设备，应设置观察孔和点火装置，并宜设置自动点火装置和熄火保护装置。

沼气利用前，需进行净化处理的主要物质为硫化氢、水汽、二氧化碳、卤代烃和硅烷。对热电联产的沼气，需进行处理以满足现行行业标准《石油天然气工业—天然气发动机》SY/T 5641 中对天然气的质量要求；对作机动车燃料的沼气，需进行处理以满足现行国家标准《车用压缩天然气》GB 18047 中对天然气的质量要求；对并入天然气管网的沼气，其各项指标应满足现行国家标准《天然气》GB 17820 中对民用或工业燃料技术指标的规定。

沼气净化预处理设备的配置要求，应根据不同沼气的利用方式，设置沼气预处理设备。厌氧消化产生的沼气，需先经过脱水和脱硫后进入沼气贮存和输配系统。还应根据不同沼气利用方式的要求，设置沼气加压设备。

（4）消化残余物处理工艺

具体涉及固液分离、沼液处理工艺和沼渣处理工艺。

固液分离设备的选择，应根据被分离的原料性质、要求分离的程度和后续综合利用的要求等因素确定。固液分离的终止指标，应根据后续的沼渣和沼液的利用要求确定。

沼液首先应考虑回用，以维持系统 pH 环境，快速激活被抑制的厌氧微生物，促进提高消化反应器的甲烷回收率；沼液也可作为液体肥料利用，不能利用的沼液废水应进行处理后达标排放；沼液作为液体肥料时，浓度高的厌氧消化液应适当稀释后再施用；沼液作为液体肥料时，应先进行试验，并且经过安全性评价认为可靠后方能使用。

沼渣经堆肥处理后，应首先考虑综合利用（作为农作物肥料、植被营养土或填埋场覆盖土等），无法或不能利用的沼渣或残渣经进一步处理后，可送到填埋场或焚烧厂处置。

食品废物的厌氧消化残余物及其沼液和沼渣的典型性质列于表 5-5 和表 5-6。

食品废物厌氧消化残余物的典型性质 表 5-5

指　标	总残余物（原料仅含食品废物）	总残余物（原料混有畜禽粪便）
总氮（%DM）	15.0（11.9~20.5）	16.1（6.7~24.9）
NO_3-N（%DM）	痕量	痕量
NH_4-N（%DM）	10.5（5.5~16.0）	10.9（5.3~19.3）
有机氮（%DM）	5.7（1.6~10.0）	5.4（2.4~8.7）
速效氮（%DM）	9.3（5.5~16.0）	10.8（2.8~19.3）
总磷（%DM）	0.7（0.3~2.0）	0.9（0.2~5.0）

续表

指 标	总残余物（原料仅含食品废物）	总残余物（原料混有畜禽粪便）
溶解性磷（%DM）	0.1（0～0.2）	0.3
K（%DM）	4.7（1.4～9.3）	3.2（1.5～5.9）
Mg（%DM）	0.19（0～0.69）	0.3（0.0～3.7）
Ca（%DM）	0.34（0.00～1.70）	2.6（0.0～4.8）
S（%DM）	0.33（0.00～0.57）	0.9（0.0～1.7）
水溶性 Na（%DM）	3.09（0.00～4.80）	3.0（0.5～4.0）
水溶性 Cl（%DM）	2.32（0.00～8.00）	3.9（1.9～5.2）
Mn（%DM）	n. d.	n. d.
B（%DM）	n. d.	n. d.
Cu（%DM）	0.0032（0.0019～0.0043）	0.008（0.002～0.018）
Mo（%DM）	0.0029（0.0027～0.003）	0.001
Fe（%DM）	n. d.	1.4（0.16～3.8）
Zn（%DM）	0.011（0.007～0.014）	0.024（0.0004～0.063）
pH	8.4（8.3～8.4）	8（7.6～8.8）
TS（%）	4.5（2.7～6.8）	4.9（3.5～9.3）
VS（%DM）	69.0（68.3～69.6）	73.2（73.2～73.2）
相对密度（g/mL）	0.95（0.94～0.96）	0.93
酸值（以 CaO%计，湿基计）	26.1（23.1～29.1）	26.7
电导率（μS/cm，20℃）	7490（6940～8040）	5477
BOD_5（mg/L）	8769（6437～11100）	10331（1880～23600）
COD_{Cr}（mg/L）	43887（34067～53707）	59106（109～170000）
C/N 比	1.5（1.4～1.6）	4.1（3.0～5.0）

食品废物厌氧消化沼液和沼渣的典型性质 表 5-6

指标		原料仅含食品废物		原料混有畜禽粪便	
		沼渣	沼液	沼渣	沼液
TS（%）	带式压滤	8.7	2.8	9.5	3.0
	螺杆挤压	12.9	3.0	14.0	3.3
	离心脱水	22.3	2.4	24.3	2.6
总氮（%DM）	带式压滤	9.6	8.3	9.6	7.7
	螺杆挤压	9.8	6.8	9.9	6.3
	离心脱水	19.0	3.7	19.1	3.4
总磷（%DM）	带式压滤	0.31	0.97	0.4	1.3
	螺杆挤压	0.28	0.84	0.4	1.1
	离心脱水	0.82	0.36	1.1	0.5
总钾（%DM）	带式压滤	2.1	2.7	1.6	2.0
	螺杆挤压	1.2	0.9	0.9	0.7
	离心脱水	0.9	1.0	0.7	0.7

5.3.4 厌氧消化过程的设计计算

典型的城市垃圾厌氧消化设计计算过程如下述。

1. 原料信息

设计前，应收集如下原始数据：

（1）$Q_{biowaste}$：从城市垃圾中分离出来的可生物降解部分的物流量，kg/d；

（2）$TS_{biowaste}$：可生物降解垃圾的总固体含量，g/g（湿基）；

（3）$VS_{biowaste}$：可生物降解垃圾的挥发性固体含量，g/g（干基）；

（4）$\rho_{biowaste}$：可生物降解垃圾的密度，kg/m^3；

（5）其他原料信息：如蛋白质、脂肪、半纤维素、纤维素、木质素等成分各自在城市垃圾有机物中所占的质量分数。

2. 设计参数

（1）Y_{CH_4}：降解单位质量有机物的甲烷产率，m^3/kg。可按式（5-3）、式（5-4）或表5-4确定，或直接实验测定；

（2）Y_{biogas}：降解单位质量有机物的沼气产率，m^3/kg。可按式（5-3）确定，或取 Y_{CH_4} 的 1.4~2 倍，或直接实验测定；

（3）$r_{degradation}$：有机物降解率，g/g。一般为 0.4~0.75；

（4）OLR_{max}：厌氧消化反应器允许的最高有机负荷率，kg-VS/（m^3·d）。一般可按以下工艺类型取值：中温/湿式为 1~4，中温/半干式为 3~4，高温/半干式为 6~15，中温/干式为 4~9，高温/干式为 6~15；

（5）HRT_{min}：厌氧消化反应器允许的最短水力停留时间，d。一般可按以下工艺类型取值：中温/湿式为 14~30，中温/半干式为 12~20，高温/半干式为 6~15，中温/干式为 17~30，高温/干式为 12~20；

（6）$TS_{material}$：厌氧消化反应器内物料的总固体含量，g/g（湿基）。根据湿式、干式和半干式工艺确定；

（7）$\rho_{material}$：厌氧消化反应器内物料的密度，kg/m^3；

（8）TS_{fibre}：沼渣的总固体含量，g/g（湿基）。带式压滤、螺杆挤压、离心等三种脱水方式获得的沼渣含固率一般分别为 8.7%~9.5%、13%~14%、22%~24%。

3. 计算厌氧消化反应器的有效容积 $V_{digester}^0$

（1）有机物进料量 $Q_{organics} = Q_{biowaste} \cdot TS_{biowaste} \cdot VS_{biowaste}$，kg/d；

（2）厌氧消化反应器的有效容积 $V_{digester}^0 = \dfrac{Q_{organics}}{OLR_{max}}$，m^3；

（3）工艺加水量 $Q_{water} = Q_{biowaste}\left(\dfrac{TS_{biowaste}}{TS_{material}} - 1\right)$，kg/d；

（4）进入反应器的物料量 $Q_{material} = Q_{biowaste} + Q_{water}$，kg/d；

（5）计算物料的水力停留时间 $HRT = \dfrac{V_{digester}}{(Q_{material}/\rho_{material})}$，d；

（6）校核 HRT 是否大于 HRT_{min}，否则应降低 OLR，重新计算 $V_{digester}^0$。

4. 计算厌氧消化反应器的尺寸

（1）考虑厌氧消化反应器中气体和设备占用的部分空间，引入安全系数 $f_{digester}$；

（2）厌氧消化反应器的实际体积 $V_{digester} = V^0_{digester} \times f_{digester}$，$m^3$；

（3）假设反应器采用圆柱体的混凝土构筑物形式，设定高 $H_{digester}$ 和直径 $D_{digester}$ 之比（比如，1∶2），可计算得到 $H_{digester}$ 和直径 $D_{digester}$，m；

（4）计算得到反应器的表面积 $S_{digester} = \dfrac{\pi \cdot D^2_{digester}}{4} + \pi \cdot D_{digester} \cdot H_{digester}$，$m^2$。

5. 计算沼气产量 Q_{biogas}

（1）沼气产量 $Q_{biogas} = Q_{organics} \cdot r_{degradation} \cdot Y_{biogas}$，$m^3/d$；

（2）甲烷产量 $Q_{CH_4} = Q_{organics} \cdot r_{degradation} \cdot Y_{CH_4}$，$m^3/d$。

6. 计算沼渣产量 Q_{fibre}

（1）反应器的出料量 $Q_{digestate} = Q_{material} - Q_{organics} \cdot r_{degradation}$，$kg/d$；

（2）反应器出料的含固率

$$TS_{digestate} = \frac{Q_{organics}(1 - r_{degradation}) + Q_{biowaste} \cdot TS_{biowaste} \cdot (1 - VS_{biowaste})}{Q_{digestate}}，g/g（湿基）；$$

（3）沼渣产量 $Q_{fibre} = Q_{digestate} \cdot \dfrac{TS_{digestate}}{TS_{fibre}}$，$kg/d$。

7. 计算沼液产量 Q_{slurry}

沼液产量 $Q_{slurry} = Q_{digestate} - Q_{fibre}$，$kg/d$。

8. 计算能量产出 E_{biogas}

（1）甲烷气体的热值 q_{CH_4}：标准状态下为 $39.58MJ/m^3$；

（2）能量产出 $E_{biogas} = Q_{CH_4} \cdot q_{CH_4} = Q_{CH_4} \times 39.58$，$MJ/d$；$1MJ = 0.27778kWh$。

9. 计算沼气发电机的选型参数

（1）沼气发电机组，有全部使用沼气的单燃料沼气发电机组及部分使用沼气的双燃料沼气-柴油发电机组。假设采用双燃料沼气-柴油发电机组，并假设柴油添加量 M_{oil} 为沼气质量 M_{biogas} 的 9%，柴油的热值 $q_{oil} = 46.04MJ/kg$；

（2）引擎电效率 $\eta_{electricity}$，取 30%；

（3）引擎热效率 η_{heat}，取 50%；

（4）沼气密度 $\rho_{biogas} = 1.11kg/m^3$；

（5）沼气质量 $M_{biogas} = Q_{biogas} \cdot \rho_{biogas}$，$kg/d$；

（6）柴油添加量 $M_{oil} = 0.09 M_{biogas}$，$kg/d$；

（7）能源收益 $E_{total} = \dfrac{(q_{biogas} \cdot Q_{biogas} + q_{oil} \cdot M_{oil}) \times 0.27778}{24}$，$kW$；

（8）电能收益 $E_{electricity} = E_{total} \cdot \eta_{electricity}$，$kW$；

（9）热能收益 $E_{heat} = E_{total} \cdot \eta_{heat}$，$kW$；

（10）引擎标称功率 $E = E_{electricity} \times 1.3$，$kW$。

10. 计算加热管参数

（1）反应器内物料的消化温度 $T_{material}$，℃，假设为 50℃；

（2）进料垃圾贮藏温度 $T_{biowaste}$，℃，假设为 20℃；

（3）户外温度 T_{atm}，℃，假设为 20℃；

（4）加热管内热介质（温水）的进口温度 T_{inlet}，℃，可取 70℃；

（5）加热管内热介质（温水）的出口温度 T_{outlet}，℃，可取 60℃；

（6）加热管内热介质（温水）的流速 υ_H，m/s。可取 1m/s，属缓慢流动；

（7）加热管管壁内表面热交换系数 α_{H1}，W/(m²·℃)，假设为 400W/(m²·℃)；

（8）加热管管壁外表面热交换系数 α_{H2}，W/(m²·℃)，假设为 400W/(m²·℃)；

（9）则加热管的传热系数 $K_H = \dfrac{1}{\dfrac{1}{\alpha_{H1}} + \dfrac{1}{\alpha_{H2}}} \alpha_{out}$，W/(m²·℃)；

（10）加热管内热介质（温水）的比热容 c_{water}，kJ/(kg·℃)，取 4.2kJ/(kg·℃)；

（11）加热管内热介质（温水）的密度 ρ_{water}，kg/m³，取 1000kg/m³；

（12）反应器内物料的比热容 $c_{material}$，kJ/(kg·℃)，取 4.2kJ/(kg·℃)；

（13）反应器外墙保温层厚度 $\delta_{insulation}$，m，假设取 0.1m；

（14）反应器外墙保温层的导热系数 $\lambda_{insulation}$，W/(m·℃)，假设为 0.05W/(m·℃)；

（15）反应器内墙的热交换系数 α_{in}，W/(m²·℃)，假设为 4000W/(m²·℃)；

（16）反应器外墙的热交换系数 α_{out}，W/(m²·℃)，假设为 400W/(m²·℃)；

（17）则反应器表面的传热系数 $K_{digester} = \dfrac{1}{\dfrac{1}{\alpha_{in}} + \dfrac{\delta_{insulation}}{\lambda_{insulation}} + \dfrac{1}{\alpha_{out}}} \alpha_{out}$，W/(m²·℃)；

（18）加热物料所需的热量 $E_{material} = Q_{material} \cdot c_{material} \cdot (T_{material} - T_{biowaste})$，kJ/d；或

$$E_{material} = Q_{material} \cdot c_{material} \cdot (T_{material} - T_{biowaste}) \cdot \frac{1000 \times 0.27778}{24}，\text{kW}；$$

（19）反应器的表面热损失 $E_{loss} = K_{digester} \cdot S_{digester} \cdot (T_{material} - T_{atm})$，W；

（20）因此，需补给的热量 $E_{out} = E_{material} + E_{loss}$，kW；1kW=3.6MJ/h；

（21）所需的加热管热介质流量 $Q_H = \dfrac{E_{out}}{c_{water} \cdot \rho_{water} \cdot (T_{inlet} - T_{outlet})}$，m³/h；

（22）加热管的直径 $D_H = \sqrt{\dfrac{Q_H}{\upsilon_H} \cdot \dfrac{4}{\pi}}$，m；

（23）加热管的长度 $L_H = \dfrac{Q_H}{K_H \cdot \left(\dfrac{T_{inlet} + T_{outlet}}{2} - T_{material}\right) \cdot \pi \cdot D_H}$，m。

思考题与习题

1. 原生垃圾为何不能直接进行土地利用？

2. 试分析好氧堆肥化过程中的 C∶N 质量比是怎样变化的？C∶N 质量比是否能作为评价堆肥稳定程度的指标？

3. 请比较堆肥化过程中，采取正向、反向、正反向结合强制通风方式的优缺点。

4. 某市欲将城市污水处理厂脱水污泥全部运至垃圾堆肥厂进行联合堆肥处理，试分析引入污泥后对垃圾堆肥厂运行可能造成的影响。

5. 已知某市人均垃圾产生数据见表5-7，试计算：1）四类垃圾各自的C/N质量比，分析哪种垃圾更

适合进行堆肥化处理？2）若该城市的垃圾是混合收集的，则混合收集垃圾的 C/N 质量比是多少？3）若四类垃圾是分类收集，运送至堆肥处理厂后分区储放，试问可以如何配置，才能组成一个比较合适的堆肥混合物？

某市人均垃圾产生量　　　　　　　　　　　　　　表 5-7

	易腐垃圾	废纸	草	其他园林废物
产生量（kg/（人·年））	80	10	60	100
收集率（%）	80	60	40	45
含水率（%）	70	20	60	45
氮（%dw）	2.7	0.3	2.1	0.7
碳（%dw）	50	43	42	52

6. 试比较单段厌氧消化与多段厌氧消化的优缺点。

7. 垃圾 A 的含固率为 15%wt，挥发性固体 VS 含量为 80%（dw），碳水化合物、蛋白质和脂肪在有机物中的含量分别为 60%、30% 和 10%；垃圾 B 的含固率为 35%wt，挥发性固体 VS 含量为 90%（dw），碳水化合物、蛋白质和脂肪在有机物中的含量分别为 20%、40% 和 50%。试根据本章提供的参数和公式，计算垃圾 A 和垃圾 B 各自的产甲烷潜力（以湿基计）以及沼气产率和沼气组成。

8. 某地欲建厌氧消化厂，处理经源分类收集的厨余垃圾，处理量为 300t/d。已知该垃圾含固率为 35%wt，有机物含量为 85%（dw）。若拟采用单段中温湿式厌氧消化工艺，试根据本章提供的参数和公式，设计厌氧消化反应器的尺寸，及沼气、沼液和沼渣产量。

9. 题 8 中，若改为采用图 5-14 所示的单段高温干式厌氧消化工艺，沼渣回流接种，沼渣与新鲜垃圾的有机物比例为 6：1，试重新设计厌氧消化反应器的尺寸，及沼气、沼液和沼渣产量。

10. 根据某地的《污水排入城镇下水道水质标准》，厌氧消化出水若拟纳管排放，需达到如下标准：pH6～9，COD_{Cr}<500mg/L，TOC<180mg/L，BOD_5<300mg/L，SS<400mg/L，总氮<60mg/L，氨氮<40mg/L，总磷<8mg/L，氯化物<600mg/L。试根据本章提供的城市垃圾沼液的典型性质，设计沼液处理工艺。

第6章　生活垃圾焚烧处理

焚烧是利用高温氧化方法处理生活垃圾的技术,已有上百年的工业化发展历史,经过长期的发展,现代化的生活垃圾焚烧发电厂与其雏形比较,在焚烧工艺和烟气污染控制方面已有了长足的改善。目前,焚烧已成为兼具减量化、无害化和资源化特性的生活垃圾处理方法。然而,从燃烧角度看,垃圾并不是一种很理想的燃料,其组成复杂、形状不一、性质又很不均匀,这给焚烧厂设计带来极大的影响,使得垃圾焚烧有别于其他一般的燃料焚烧系统,采取的焚烧工艺也与垃圾性质密切相关。

6.1　燃烧的基本原理

6.1.1　燃烧的反应过程

燃烧,是指可燃物质在高温下与氧化剂发生的、伴有发光发热的剧烈化学反应,使有机物深度分解转化的过程。可燃物质、氧化剂和点火源是燃烧的 3 个基本要素,缺一不可。可燃物质和氧化剂要达到一定的浓度,火源具备足够的热量以提供达到燃点的温度环境,才会引发燃烧。因此,燃烧反应在温度、压力、反应物(可燃物质和氧化剂)组成和点火等方面都存在限制要求。空气中的氧气是最常用的氧化剂,空气量的多少及其与可燃物质的混合程度直接影响燃烧效率。

燃烧反应时,反应物和产物之间存在相应的化学计量关系。可燃物质主要由碳(C)、氢(H)、硫(S)三大基本元素构成,式(6-1)~式(6-3)列出了这三种可燃元素的燃烧反应。

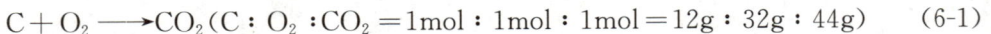

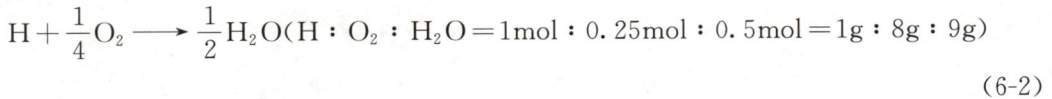

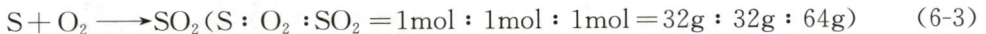

$$C + O_2 \longrightarrow CO_2 (C:O_2:CO_2 = 1mol:1mol:1mol = 12g:32g:44g) \quad (6-1)$$

$$H + \frac{1}{4}O_2 \longrightarrow \frac{1}{2}H_2O (H:O_2:H_2O = 1mol:0.25mol:0.5mol = 1g:8g:9g)$$

$$(6-2)$$

$$S + O_2 \longrightarrow SO_2 (S:O_2:SO_2 = 1mol:1mol:1mol = 32g:32g:64g) \quad (6-3)$$

可燃物质中的氧元素应从计量计算的 O_2 消耗量中扣除。当可燃物质中存在卤族元素时,氢易与其反应生成卤化物。若氯原子数高于氢原子数,不足的氢无法使全部的氯反应生成 HCl,则燃烧可能产生 Cl_2。可燃物质完全氧化的燃烧反应可用以下化学计量通式表示。根据这些可燃元素的燃烧反应计量关系,可以计算燃烧反应所需的空气量,以及燃烧反应生成的烟气量。

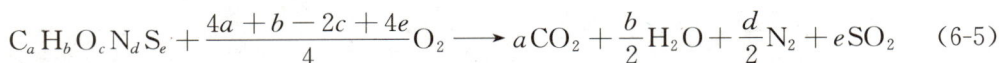

$$C_a H_b O_c N_d + \frac{4a+b-2c}{4}O_2 \longrightarrow aCO_2 + \frac{b}{2}H_2O + \frac{d}{2}N_2 \quad (6-4)$$

$$C_a H_b O_c N_d S_e + \frac{4a+b-2c+4e}{4}O_2 \longrightarrow aCO_2 + \frac{b}{2}H_2O + \frac{d}{2}N_2 + eSO_2 \quad (6-5)$$

$$C_a H_b O_c N_d Cl_f + \frac{4a+b-2c-f}{4} O_2 \longrightarrow a CO_2 + \frac{b-f}{2} H_2O + \frac{d}{2} N_2 + f HCl \quad (6\text{-}6)$$

$$C_a H_b O_c N_d F_g + \frac{4a+b-2c-g}{4} O_2 \longrightarrow a CO_2 + \frac{b-g}{2} H_2O + \frac{d}{2} N_2 + g HF \quad (6\text{-}7)$$

$$C_a H_b O_c N_d S_e Cl_f F_g + \frac{4a+b-2c+4e-f-g}{4} O_2 \longrightarrow$$

$$a CO_2 + \frac{b-f-g}{2} H_2O + \frac{d}{2} N_2 + e SO_2 + f HCl + g HF \quad (6\text{-}8)$$

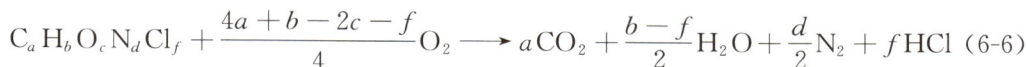

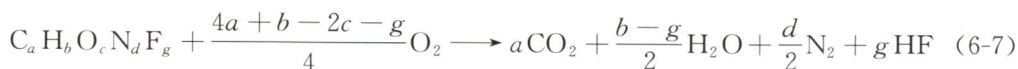

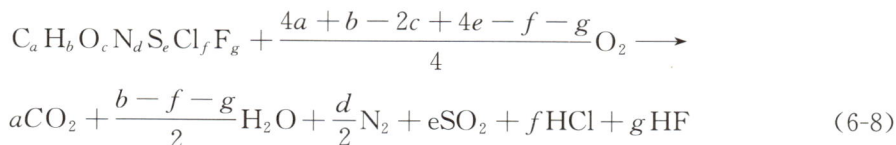

在实际的垃圾焚烧过程中，因受焚烧温度、垃圾其他成分干扰或垃圾与空气混合程度不均匀等因素的影响，除上述反应外，发生的其他过渡反应和连锁反应也会导致中间产物的产生，使得焚烧最终产物不一定为 CO_2 和 H_2O 等，这也是控制不良的垃圾焚烧炉往往会发生不确定性反应而生成无法预期产物的原因。如垃圾中的碳可能发生如下反应：

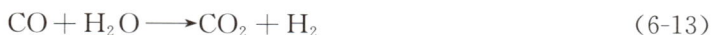

$$C + \frac{1}{2} O_2 \longrightarrow CO \quad (6\text{-}9)$$

$$C + H_2O \longrightarrow CO + H_2 \quad (6\text{-}10)$$

$$C + 2H_2O \longrightarrow CO_2 + 2H_2 \quad (6\text{-}11)$$

$$C + CO_2 \longrightarrow 2CO \quad (6\text{-}12)$$

$$CO + H_2O \longrightarrow CO_2 + H_2 \quad (6\text{-}13)$$

垃圾中的氮和空气中的氮气可与空气中的 O_2 发生如下反应：

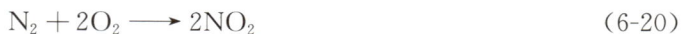

$$N + O_2 \longrightarrow NO_2 \quad (6\text{-}14)$$

$$N + \frac{1}{2} O_2 \longrightarrow NO \quad (6\text{-}15)$$

$$N + NO \longrightarrow N_2O \quad (6\text{-}16)$$

$$NO + CO \longrightarrow \frac{1}{2} N_2 + CO_2 \quad (6\text{-}17)$$

$$N_2O + C \longrightarrow N_2 + CO \quad (6\text{-}18)$$

$$N_2 + O_2 \longrightarrow 2NO \quad (6\text{-}19)$$

$$N_2 + 2O_2 \longrightarrow 2NO_2 \quad (6\text{-}20)$$

6.1.2　燃烧机理与分类

垃圾燃烧是一个复杂的过程，通常包括预热、水分蒸发、挥发分析出燃烧和固定碳燃烧等过程；还包含无机物熔融、挥发分气相转化等物理化学过程。根据不同的可燃物质种类，垃圾燃烧一般可分为三种形式。

（1）蒸发燃烧：可燃物质（如类似蜡烛、石蜡的固体物质）受热后先熔化为液体，进一步受热后蒸发形成蒸汽，与空气扩散混合而燃烧。

（2）分解燃烧：可燃物质（如竹木、纸张等生物质垃圾）受热后分解，挥发出可燃气体（通常是碳氢化合物），留下固定碳和惰性物质，可燃气体与空气扩散混合而燃烧，固定碳表面与空气接触而进行表面燃烧。

（3）表面燃烧：可燃物质受热后不发生熔化、蒸发和分解等过程，而是在表面与空气反应直接进行燃烧，如类似木炭等挥发分少的固体废物的燃烧。

生活垃圾组分复杂，其燃烧是上述各种机理的复合过程，主要的机理则是分解燃烧和表面燃烧。

生活垃圾进入焚烧炉后，一般经过干燥、热分解和燃烧三个阶段，最后生成烟气和灰渣。

生活垃圾的干燥，是利用焚烧炉内的热能使垃圾中的水分汽化而随烟气排出，从而降低垃圾含水率的过程，从垃圾进入焚烧炉开始到热分解释出挥发分的这段时间都是干燥阶段。垃圾进入炉内后，主要因高温炉壁与炉排的辐射传热及高温烟气对流和辐射传热，温度逐渐升高，表面水分加速蒸发。当水分基本汽化完后，垃圾温度开始迅速上升，垃圾中的可燃物开始分解释放挥发物，并着火进入真正的燃烧阶段。水分汽化需要吸收大量的热，因此，垃圾含水率过高时，会导致焚烧炉内温度降低过多，垃圾着火困难，需加入辅助燃料以提高炉温。我国未实施垃圾分类时，生活垃圾的含水率较高，因此，焚烧干燥阶段一般较长，干燥需要消耗较多热量。

实际的垃圾焚烧过程很复杂，经过干燥以及热分解后，会产生不同类型的挥发性物质（挥发分）和由固定碳和惰性物质组成的固态产物。因此，生活垃圾的燃烧，包括挥发分的气态均相燃烧以及固定碳的气固非均相燃烧。在燃烧过程中，有时很难实现完全燃烧，不仅会出现理论条件下的氧化产物（CO_2 和 H_2O 等），还会因不完全燃烧而出现许多中间产物（CO 和其他未燃尽有机物等）。因此，在生活垃圾焚烧处理过程中，应尽量避免不完全燃烧情况的发生。

6.1.3 燃烧影响因素

1. 生活垃圾的性质

生活垃圾的组成、含水率、热值、粒径等性质，是影响燃烧效果的重要因素。垃圾热值越高，焚烧过程释放的热量就越多，焚烧过程就容易启动和维持，焚烧效果也越好。垃圾粒径越小，比表面积越大，在燃烧过程中与空气的接触面积大，传热传质效率高，燃烧就越完全。垃圾热值与其可燃分含量、含水率相关（将在 6.4 节中介绍热值计算方法），可燃分含量高、含水率低，垃圾低位热值（真热值）就越高。

2. 燃烧 3T 要素

温度（Temperature）、扰动（Turbulence）和停留时间（Time）是影响燃烧过程的三个最重要因素，通常称为 3T 要素，这三个因素之间是相互影响的。

燃烧是伴随传热传质的强氧化反应过程。焚烧炉内的总传热系数中，辐射传热系数（与绝对温度的 3～4 次方呈正比）的贡献占到 80%～90%。因此，温度对传热速率影响极大。温度越高，传热、传质和氧化反应速率越快，燃烧就越充分。为了维持稳定燃烧，燃烧产生的热量必须大于炉体散热损失的热量，并保持炉内温度在 800～900℃。另外，维持 850℃以上的稳定燃烧温度，可以有效分解燃烧过程中产生的二噁英类物质。但是，过高的燃烧温度会对炉体材质要求和寿命产生影响，增加辅助燃料消耗量（垃圾低位热值不够高的情况下），增加垃圾中重金属的挥发和 NO_x 的产生，还可能发生炉排结焦等问题。因此，需要将燃烧温度控制在合适的范围内。

扰动可以有效地促进生活垃圾与空气以及垃圾热分解的气态和固态产物与空气之间的混合，扰动程度越大，混合越充分。增大扰动程度，可以有效降低传热界膜阻力，提高对流传热和传质系数，改善氧气扩散阻力，促进垃圾完全燃烧。生活垃圾焚烧炉内气体的高度扰动环境主要靠空气搅动实现，适当加大空气量、合理布气和炉排、炉膛设计，可以提高扰动程度，改善传热传质效果。

为保证充分燃烧，垃圾需要在焚烧炉内有足够的停留时间，以完成干燥、热分解和燃烧过程。因此，停留时间必须大于理论上的垃圾干燥、热分解和完全燃烧所需时间。但是，停留时间也不宜过长，过长的停留时间会增加焚烧炉的炉膛容积，提高设备投资成本。停留时间与垃圾粒径以及传热、传质、氧化反应速率有关，同时，也与温度、扰动程度等因素有关。

3. 过剩空气系数

在实际的垃圾燃烧过程中，可燃物和氧气无法完全达到理想程度的混合和反应。为了使生活垃圾燃烧完全，需供给比理论空气量更多的助燃空气，以使垃圾和空气能完全混合燃烧。实际使用的空气量（A）与理论空气量（A_0）的比值，称为过剩空气系数，通常用 γ 表示，$\gamma = A/A_0$。增大过剩空气系数可以提供过量的氧气，又能增加焚烧炉内的扰动程度，提高干燥速率和燃烧速率，利于生活垃圾的完全燃烧。但是，过大的过剩空气系数，会使炉膛内温度降低，影响生活垃圾的焚烧效果，同时，还增大了烟气的排放量。固体物料燃烧的过剩空气系数通常大于液体、气体燃烧。固体物料燃烧时，物料的粒径越小、粒度分布越均匀，需要的过剩空气系数就越小。对于高热值生活垃圾的焚烧，增大过剩空气系数可以降低炉膛温度，延长炉体材料的寿命，减少 NO_x 产生量。相反，对于低热值生活垃圾的焚烧，应适当降低过剩空气系数，以减少辅助燃料的消耗。

3T 要素（温度、扰动和停留时间）和过剩空气系数是焚烧炉设计和运行的主要工艺参数。

6.1.4 生活垃圾可燃特性

表征生活垃圾可燃特性的参数，主要有工业分析组成、元素分析组成和热值。

1. 工业分析组成

工业分析（Proximate analysis）组成，是对垃圾热转化特性的最基本描述，分析的组分包括水分、可燃分和灰分，其中，可燃分又可细分为挥发分和固定碳。表 6-1 列出了生活垃圾中常见物理组分的工业分析结果。

生活垃圾相关组分的工业分析组成（典型值）   表 6-1

组　　分		工业分析组成（%）			
		水分	挥发分	固定碳	灰分
食品类	脂肪	2.0	95.3	2.5	0.2
	混合食品垃圾	70.0	21.4	3.6	5.0
	果类垃圾	78.7	16.6	4.0	0.7
	肉类垃圾	38.8	56.4	1.8	3.1
纸类	纸板	5.2	77.5	12.3	5.0
	杂志	4.1	66.4	7.0	22.5
	报纸	6.0	81.1	11.5	1.4
	混合纸	10.2	75.9	8.4	5.4
	腊光卡纸	3.4	90.9	4.5	1.2

组　分		工业分析组成（%）			
		水分	挥发分	固定碳	灰分
塑料类	混合塑料	0.2	95.8	2.0	2.0
	聚乙烯塑料	0.2	98.5	<0.1	1.2
	聚苯乙烯塑料	0.2	98.7	0.7	0.5
	聚氨基甲酸酯塑料	0.2	87.1	8.3	4.4
	聚氯乙烯塑料	0.2	86.9	10.8	2.1
织物类	织物	10.0	66.0	17.5	6.5
橡胶类	橡胶	1.2	83.9	4.9	9.9
皮革类	皮革	10.0	68.5	12.5	9.0
木材类	庭院垃圾	60.0	30.0	9.5	0.5
	绿色树枝	50.0	42.3	7.3	0.4
	硬木	12.0	75.1	12.4	0.5
	混合木类垃圾	20.0	68.1	11.3	0.6
无机类与其他	玻璃与无机垃圾	2.0	—	—	96～99
	镀锌铁罐	5.0	—	—	94～99
	铁金属	2.0	—	—	96～99
	有色金属	2.0	—	—	94～99
	办公室清扫垃圾	3.2	20.5	6.3	70.0
	居住区垃圾	21.0	52.0	7.0	20.0

注：本表摘自 Tchobanoglous G，Theisen H，Vigil S. Integrated solid waste management-engineering principles and management issues，2nd ed. New York：McGraw-Hill，1993.

垃圾水分含量（即含水率 w_W）的测试方法，是称取一定质量（M_1）的垃圾样品，在 105 ± 5℃的电热鼓风恒温干燥箱中烘干至恒重（间隔一定时间对样品重复称重，直至连续 2 次称量的差值小于样品质量的百分之一），剩余垃圾质量为 M_2，采用式（6-21）计算得到。

$$w_W(\%)=\frac{M_1-M_2}{M_1}\times100\%\qquad(6\text{-}21)$$

可燃分含量（w_{CB}）和灰分含量（w_A）的测试方法，在不同的标准中采用的灼烧温度不太一样。我国的《生活垃圾采样和分析方法》CJ/T 313 中，可燃分含量的测试方法，是将烘干后的垃圾样品（质量为 M_2）置于马弗炉中，在 815 ± 10℃下灼烧至恒重，灼烧后的垃圾质量为 M_3，然后，采用式（6-22）计算可燃分含量。灰分含量可采用式（6-23）计算得到。

$$w_{CB}(\%)=\frac{M_2-M_3}{M_2}\times(100-w_W)\qquad(6\text{-}22)$$

$$w_A(\%)=\frac{M_3}{M_2}\times(100-w_W)\qquad(6\text{-}23)$$

挥发分含量（w_V）的测试方法，是将干燥后（质量为 M_2）的垃圾样品放在带盖的坩埚中，在 850℃下隔绝空气（一般采用氮气保护）加热 30min，称量灼烧后的垃圾质量 M_4。在此过程中，减少质量占样品质量的百分数即为样品的挥发分含量，见式（6-24）。

固定碳（w_{FC}）的含量可采用式（6-25）计算得到。

$$w_V(\%) = \frac{M_2 - M_4}{M_2} \times (100 - w_W) \qquad (6\text{-}24)$$

$$w_{FC}(\%) = 100 - w_W - w_A - w_V \qquad (6\text{-}25)$$

垃圾的可燃分中常含有碳碳、碳氢和氢氢等高能化学键，氧化过程中，会释放出大量的热量导致周围温度升高。而垃圾中所含的水分会影响垃圾的低位热值，在燃烧过程中，因水分蒸发吸收热量从而影响系统温度。垃圾中的惰性物质（灰分）虽然不直接参与燃烧过程中的主要化学反应，但它们的存在也会影响系统的温度及污染物的产生。生活垃圾作为一种燃料，其可燃性可以用工业分析的三成分图（图6-1），初步判断在不添加辅助燃料的情况下是否可以自持燃烧。如果垃圾组成位于图6-1三成分图的阴影部分（水分含量＜50％，灰分含量＜60％，可燃分含量＞25％），则垃圾可无需添加辅助燃料而自持燃烧。

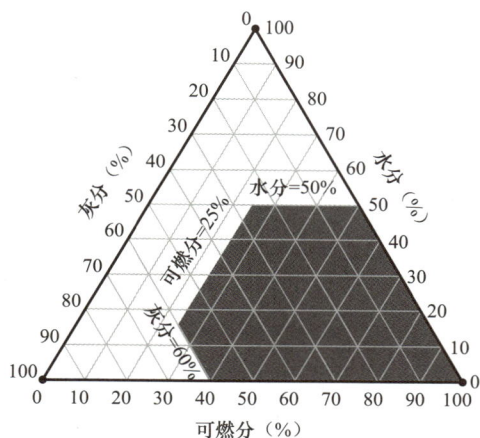

图 6-1 垃圾三成分图（垃圾组成位于阴影部分时可无需添加辅助燃料进行燃烧）

2. 元素分析（Elemental analysis）组成

生活垃圾中的可燃物，主要由碳（C）、氢（H）、氧（O）、氮（N）和硫（S）五种元素组成，一些合成有机物（如某些种类的塑料）中还含有氯（Cl）元素。垃圾中有机物的元素组成，是建立垃圾焚烧处理过程物料平衡关系的基础，并可据此计算垃圾的高位热值，同时，还有助于判断生活垃圾有机物的化学组成状况。表6-2是中国某大型城市生活垃圾各物理组分的有机物元素组成的一次测定结果。

中国某大型城市生活垃圾不同物理组分的有机物元素组成　　　表 6-2

组　分	干基质量百分比（％）						
	C	H	O	N	S	Cl	灰分
纸类	40.74	6.84	38.71	0.47	0.11	0.43	12.70
塑料	72.64	14.98	4.30	0.13	0.10	1.15	6.70
竹木	47.91	6.96	41.98	0.15	0.11	0.20	2.69
织物	48.80	6.51	38.22	1.83	0.15	0.21	4.28
厨余	34.76	4.74	25.66	2.17	0.24	0.85	31.58
果皮	43.19	6.48	36.56	1.47	0.15	0.98	11.17

生活垃圾中有机物的 C、H、N、S 元素组成可用元素分析仪测试获得，其分析原理如图 6-2（a）所示。O 元素含量通过差减法计算获得，Cl 元素组成可采用艾士卡混合剂（$2MgO + Na_2CO_3$）熔样-硫氰酸钾滴定法（见图 6-2b）测试得到。

元素分析仪测试的取样量很小，会使得测试数据的离散度较大。对生活垃圾样品进行分析时，一般需将垃圾按物理组分分离，先对各物理组分进行元素分析，然后，再根据垃圾的物理组成和元素分析结果进行加和计算，获得混合生活垃圾的平均元素组成。

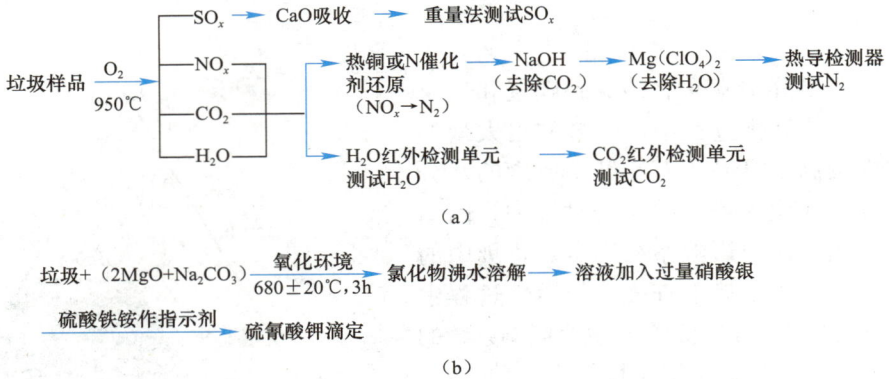

（a）

（b）

图 6-2 有机物元素分析方法

(a) C/H/O/N/S 元素分析仪原理；(b) 艾士卡混合剂熔样-硫氰酸钾滴定法测试氯元素

3. 热值（Heating value）

生活垃圾的热值，是其在燃烧反应中所能释放的热能。热值的大小可用于判断生活垃圾的可燃性和能量回收潜力，是生活垃圾焚烧工艺设计与运行的基本参数。生活垃圾的热值可用氧弹量热计直接测定，也可以根据垃圾的组成由经验公式估算。

氧弹量热计的主体是一个带有绝热外壳与水夹套的容器，其测定原理如下。

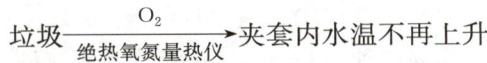

垃圾样品与定量助燃剂混合后装入氧弹量热计内，仪器密闭后，在充满氧气状态下点燃混合样品，样品释放的热量全部由夹套中的水吸收使水温上升，冷水升温所增加的热焓即为混合样品的热值，再扣除其中助燃剂的热值，剩余的即为垃圾样品的高位热值（Higher Heating Value，简称 HHV）。垃圾的低位热值（Lower Heating Value，简称 LHV）则应考虑因垃圾中水分蒸发所散失的热量。表 6-3 列出了生活垃圾主要组分或混合样品的热值测定结果。

美国城市生活垃圾的热值数据　　表 6-3

组分		含水率典型值（%）	灰分典型值（%）	低位热值（kJ/kg）	
				范围	典型值
有机类	食品垃圾	70	5	3500～7000	4650
	纸张	6	6	11600～18600	16750
	纸板	5	5	13900～17500	16300
	塑料	2	10	28000～37000	32500
	织物	10	2.5	15100～18600	17500
	橡胶	2	10	20900～28000	23250
	皮革	10	10	15100～19800	17500
	庭院垃圾	60	4.5	2300～18600	6500
	木类	20	1.5	17500～19800	18600
	细小有机物	—	—	—	—

续表

组分		含水率典型值（%）	灰分典型值（%）	低位热值（kJ/kg）	
				范围	典型值
无机类	玻璃	2	98	110～230	140
	镀锌铁罐	3	98	230～1160	700
	铝	2	96	—	—
	其他金属	3	98	230～1160	700
	泥、灰、渣石等	8	70	2300～11600	7000
混合类	城市生活垃圾	20	20	9300～13900	11600

注：本表摘自 Tchobanoglous G，Theisen H，Vigil S. Integrated solid waste management - engineering principles and management issues，2nd ed.　New York：McGraw-Hill，1993.

垃圾中含有水分，采用干基或湿基基准时，其热值也不同。热值与含水率之间存在交互影响关系，相应的各种热值定义如下，它们之间的换算关系见式（6-26）～式（6-29）。

（1）干基高位热值（HHV，kJ/kg）：1kg 干垃圾具有的高位热值，是假设氢燃烧产水和垃圾含水全部被冷凝成液态水的条件下，单位质量的无水基垃圾燃烧所放出的热量。其定义与氧弹量热计的测试条件相同，因此，也称为量热计热值。通常所说的高位热值即为干基高位热值。

（2）湿基高位热值（HHV_W，kJ/kg）：1kg 湿垃圾具有的高位热值，是假设氢燃烧产水和垃圾含水全部被冷凝成液态水的条件下，单位质量的含水垃圾燃烧所放出的热量。不常用。

（3）湿基低位热值（LHV，kJ/kg）：1kg 湿垃圾具有的低位热值，是在扣除燃烧过程水分气化潜热损失后，单位质量的含水垃圾燃烧所放出的净热量。通常所说的低位热值，即为湿基低位热值。

（4）干基低位热值（LHV_D，kJ/kg）：1kg 干垃圾具有的低位热值，是在扣除燃烧过程水分气化潜热损失后，单位质量的无水基垃圾燃烧所放出的净热量。不常用。

$$LHV(\text{kJ/kg}) = HHV \cdot \left(1 - \frac{w_W}{100}\right) - 2445 \times \left[\frac{9}{100} \times \left(w_H - \frac{w_{Cl}}{35.5} - \frac{w_F}{19}\right) + \frac{w_W}{100}\right]$$

(6-26)

$$HHV_W(\text{kJ/kg}) = HHV \cdot \left(1 - \frac{w_W}{100}\right)$$

(6-27)

$$LHV(\text{kJ/kg}) = LHV_D \cdot \left(1 - \frac{w_W}{100}\right) - 2445 \times \frac{w_W}{100}$$

(6-28)

式中　　　　　　　2445——水分在 20℃时的汽化潜热，kJ/kg；

w_W、w_H、w_{Cl}、w_F——垃圾中水分、H、Cl 和 F 元素的湿基百分含量，%；

$\frac{9}{100} \times \left(w_H - \frac{w_{Cl}}{35.5} - \frac{w_F}{19}\right)$——单位质量垃圾中的 H 在扣除与 Cl 和 F 反应的 H 后，与氧气反应生成的水分量。

根据式（6-2），H 与 H_2O 的质量比为 1：9。由于生活垃圾中的 F 含量较低，式（6-26）也可简化为：

$$LHV(\text{kJ/kg}) = HHV \cdot \left(1 - \frac{w_W}{100}\right) - 2445 \times \left[\frac{9}{100} \times \left(w_H - \frac{w_{Cl}}{35.5}\right) + \frac{w_W}{100}\right] \quad (6-29)$$

生活垃圾的高位热值也可以根据元素分析的结果由经验公式计算。常用的高位热值经验公式如下。

Dulong 公式：

$$HHV(\text{kJ/kg}) = 34000 \times \frac{w'_\text{C}}{100} + 143000 \times \left(\frac{w'_\text{H}}{100} - \frac{1}{8} \times \frac{w'_\text{O}}{100}\right) + 9400 \times \frac{w'_\text{S}}{100}$$

$$= \frac{34000 \times \frac{w_\text{C}}{100} + 143000 \times \left(\frac{w_\text{H}}{100} - \frac{1}{8} \times \frac{w_\text{O}}{100}\right) + 9400 \times \frac{w_\text{S}}{100}}{1 - \frac{w_\text{w}}{100}}$$

(6-30)

Steuer 公式：

$$HHV(\text{kJ/kg})$$

$$= 34000 \times \left(\frac{w'_\text{C}}{100} - \frac{3}{8} \times \frac{w'_\text{O}}{100}\right) + 23800 \times \left(\frac{3}{8} \times \frac{w'_\text{O}}{100}\right) + 144200 \times \left(\frac{w'_\text{H}}{100} - \frac{1}{16} \times \frac{w'_\text{O}}{100}\right) + 10500 \times \frac{w'_\text{S}}{100}$$

$$= \frac{34000 \times \left(\frac{w_\text{C}}{100} - \frac{3}{8} \times \frac{w_\text{O}}{100}\right) + 23800 \times \left(\frac{3}{8} \times \frac{w_\text{O}}{100}\right) + 144200 \times \left(\frac{w_\text{H}}{100} - \frac{1}{16} \times \frac{w_\text{O}}{100}\right) + 10500 \times \frac{w_\text{S}}{100}}{1 - \frac{w_\text{w}}{100}}$$

(6-31)

Scheurer-Kestner 公式：

$$HHV(\text{kJ/kg})$$

$$= 34000 \times \left(\frac{w'_\text{C}}{100} - \frac{3}{4} \times \frac{w'_\text{O}}{100}\right) + 23800 \times \left(\frac{3}{4} \times \frac{w'_\text{O}}{100}\right) + 143000 \times \frac{w'_\text{H}}{100} + 9400 \times \frac{w'_\text{S}}{100}$$

$$= \frac{34000 \times \left(\frac{w_\text{C}}{100} - \frac{3}{4} \times \frac{w_\text{O}}{100}\right) + 23800 \times \left(\frac{3}{4} \times \frac{w_\text{O}}{100}\right) + 143000 \times \frac{w_\text{H}}{100} + 9400 \times \frac{w_\text{S}}{100}}{1 - \frac{w_\text{w}}{100}}$$

(6-32)

式中　w'_C、w'_H、w'_O、w'_S——C、H、O、S 元素的干基质量百分比，%；

　　　w_C、w_H、w_O、w_S——C、H、O、S 元素的湿基质量百分比，%。

结合式（6-29），可计算生活垃圾的低位热值。

在未知垃圾元素组成的情况下，也通过工业分析得到的可燃分和水分含量，由经验公式（6-33）概算垃圾的低位热值，或利用垃圾物理组成，由式（6-34）概算垃圾的低位热值。

$$LHV(\text{kJ/kg}) = 18830 \times \frac{w_\text{CB}}{100} - 2445 \times \frac{w_\text{w}}{100} \tag{6-33}$$

$$LHV(\text{kJ/kg}) = 36900 \times \frac{w_\text{Pl}}{100} + 16950 \times \left(\frac{w_\text{Pa}}{100} + \frac{w_\text{Fo}}{100}\right) - 2445 \times \frac{w_\text{w}}{100} \tag{6-34}$$

式中　w_CB、w_w——可燃分和水分湿基质量百分比，%；

　　　w_Pl、w_Pa、w_Fo——塑料、纸张和厨余组分的湿基质量百分比，%。

【例 6-1】　美国和中国某地区城市生活垃圾的工业分析与元素分析结果见表 6-4。试计算两种城市生活垃圾的低位热值。

两种城市生活垃圾的工业分析组成和元素组成　　表 6-4

垃圾	可燃分（%）							水分（%）	灰分（%）
	C	H	O	N	S	Cl			
中国	17.9	2.8	9.8	0.4	0.4	0.4		57.5	10.8
美国	30.0	4.3	24.0	1.0	0.2	0.5		20.0	20.0

解：由 Dulong 公式，两种城市生活垃圾的高位热值分别为

$$HHV_{上海} = \frac{34000 \times \frac{17.9}{100} + 143000 \times \left(\frac{2.8}{100} - \frac{1}{8} \times \frac{9.8}{100}\right) + 9400 \times \frac{0.4}{100}}{1 - \frac{57.5}{100}}$$

$$= 19708 \text{kJ/kg}$$

$$HHV_{美国} = \frac{34000 \times \frac{30}{100} + 143000 \times \left(\frac{4.3}{100} - \frac{1}{8} \times \frac{24.0}{100}\right) + 9400 \times \frac{0.2}{100}}{1 - \frac{20}{100}}$$

$$= 15097 \text{kJ/kg}$$

由式（6-29），两种城市生活垃圾的低位热值分别为

$$LHV_{上海} = 19708 \times \left(1 - \frac{57.5}{100}\right) - 2445 \times \left[\frac{9}{100} \times \left(2.8 - \frac{0.4}{35.5}\right) + \frac{57.5}{100}\right]$$

$$= 6356 \text{kJ/kg}$$

$$LHV_{美国} = 15097 \times \left(1 - \frac{20}{100}\right) - 2445 \times \left[\frac{9}{100} \times \left(4.3 - \frac{0.5}{35.5}\right) + \frac{20}{100}\right]$$

$$= 10645 \text{kJ/kg}$$

6.1.5　焚烧的评价指标及技术标准

1. 焚烧的评价指标

生活垃圾焚烧处理的主要目的是燃烧其中的可燃物质，减少垃圾体积和质量，同时回收能量。因此，主要用燃烧效率（Combustion Efficiency，简写为 CE）作为生活垃圾焚烧处理效果的评价指标。常用的燃烧效率有以下几种表示方式。

$$CE(\%) = \left(\frac{W_F - W_R}{W_F}\right) \times 100 \tag{6-35}$$

式中　W_R——单位质量进料垃圾产生残渣中的可燃物质量，kg/kg；

　　　W_F——单位质量进料垃圾中的可燃物质量，kg/kg。

该式着重考量焚烧过程垃圾中可燃物的氧化分解情况。

$$CE(\%) = \frac{可实际利用的热量}{垃圾中释放的有效热量} = \frac{LHV - (H_R + H_L)}{LHV} \times 100 \tag{6-36}$$

式中　LHV——进料垃圾的低位热值，kJ/kg；

　　　H_R——以单位质量进料垃圾为基准的焚烧残渣中未燃尽碳损失的热值，kJ/kg；

　　　H_L——焚烧过程中，单位质量进料垃圾的散热损失。

该式着重考量焚烧过程中的热量回收利用情况。

$$CE(\%) = \frac{[CO_2]}{[CO] + [CO_2]} \times 100 \tag{6-37}$$

式中 $[CO]$ 和 $[CO_2]$——焚烧烟气中 CO 和 CO_2 的产生量，Nm^3/h。

该式着重考虑焚烧烟气中未燃尽碳的排放情况。环保要求非常严格的焚烧炉常以此指标来评判垃圾焚烧效果。

当焚烧的目的是为了破坏和去除垃圾中的有害组分（Principal Organic Hazardous Components，简写为 POHC）时，则用有害组分的破坏去除率（Destruction and Removal Efficiency，简写为 DRE）来判断焚烧过程的处理效果。

$$DRE(\%) = \left(\frac{W_{in} - W_{out}}{W_{in}}\right) \times 100 \tag{6-38}$$

式中 W_{in}——单位质量进料中某 POHC 的质量，kg/kg；

W_{out}——单位质量进料经焚烧后，出料中某 POHC 的质量，kg/kg。

焚烧炉渣的热灼减率（Loss Of Ignition，简称 LOI），是判断垃圾燃烧效率的直观指标，也是焚烧炉渣品质的一种检测指标。炉渣的热灼减率越小，垃圾越接近完全燃烧，炉渣中的未燃尽物也就越少。热灼减率的检测方法为：将一定质量的焚烧炉渣干燥后置于马弗炉中，在 600 ± 25℃下灼烧 3h，灼烧前后所减少的质量占干燥炉渣质量的百分数即是热灼减率，见式（6-39）。

$$LOI(\%) = \left(\frac{W_1 - W_2}{W_1}\right) \times 100 \tag{6-39}$$

式中 W_1——干燥后的炉渣质量，g；

W_2——经灼烧后剩余炉渣的质量，g。

表 6-5 中列出了不同垃圾组成、不同燃烧效率条件下，对应焚烧炉渣的热灼减率。从表中可以看出，即使在相同燃烧效率下，垃圾干固体中的可燃分比例越高，炉渣的热灼减率就越大。燃烧效率越高的焚烧炉，炉渣的热灼减率越小。对于可燃分比例较高的物料，需提高燃烧效率以获得较低的热灼减率。生活垃圾焚烧炉的技术性能指标中，一般要求炉渣热灼减率在 5% 以下。若生活垃圾的可燃分含量为 75%，由表 6-5 可知，燃烧效率需达到 95%~99% 以上方能实现炉渣热灼减率在 5% 以下。

燃烧效率与热灼减率的关系　　　　　　　　　　　　　　　　表 6-5

垃圾干固体组分（%）		燃烧效率对应的热灼减率（%）				
可燃分	灰分	99%	95%	90%	80%	70%
10	90	0.11	0.55	1.10	2.17	3.23
20	80	0.25	1.23	2.44	4.76	6.98
30	70	0.43	2.10	4.11	7.89	11.39
40	60	0.66	3.23	6.25	11.76	16.67
50	50	0.99	4.76	9.09	16.67	23.08
60	40	1.48	6.98	13.04	23.08	31.03
70	30	0.99	4.76	9.09	16.67	23.08
80	20	3.85	16.67	28.57	44.44	54.55
90	10	8.26	31.03	47.37	64.29	72.97

2. 焚烧相关技术标准

我国生活垃圾焚烧相关的国家和行业标准，由生态环境部（原环境保护部）与住房和城乡建设部在各自的管理范围内制定。住房和城乡建设部主要制定有关采样分析、工程技术规范等方面的标准；生态环境部制定有关焚烧污染控制、检测分析方面的标准。

（1）垃圾及焚烧产物的分析方法标准

分析方法标准主要包括垃圾及其焚烧产物采样、样品处理及分析方法等。如现行标准：《生活垃圾采样和分析方法》CJ/T 313、《生活垃圾化学特性通用检测方法》CJ/T 96、《固体废物 浸出毒性浸出方法 硫酸硝酸法》HJ/T 299、《固体废物 浸出毒性浸出方法 醋酸缓冲溶液法》HJ/T 300、《固体废物 二噁英类的测定 同位素稀释高分辨气相色谱-高分辨质谱法》HJ 77.3 等。

（2）焚烧厂设计标准

焚烧厂的设计需执行现行标准《生活垃圾焚烧处理与能源利用工程技术标准》GB/T 51452、《市政公用工程设计文件编制深度规定》（2013 版）、《小型火力发电厂设计规范》GB 50049、《烟囱工程技术标准》GB/T 50051、《室外排水设计标准》GB 50014 等市政、建筑、电力等相关行业的标准要求。

（3）焚烧工程项目建设标准

生活垃圾焚烧厂的建设，需执行《城市生活垃圾焚烧处理工程项目建设标准》（建标〔2001〕213 号）。项目建设标准对焚烧处理工程的建设规模与项目构成、选址与总图布置、工艺与装备、配套工程、环境保护与劳动保护、建筑标准与建设用地、运营管理与劳动定员、主要技术经济指标等方面给出了指导性的规范。该标准是编制、评估、审批城市生活垃圾焚烧处理工程项目可行性研究报告的重要依据，也是有关部门审查城市生活垃圾焚烧处理工程项目初步设计和监督检查整个建设过程的基础。

（4）工程技术标准

生活垃圾焚烧处理方面的工程技术标准，现行标准主要有《生活垃圾焚烧处理与能源利用工程技术标准》GB/T 51452、《生活垃圾焚烧厂运行维护与安全技术标准》CJJ 128、《生活垃圾焚烧炉及余热锅炉》GB/T 18750、《垃圾焚烧袋式除尘工程技术规范》HJ 2012、《生活垃圾焚烧厂评价标准》CJJ/T 137 等，这些标准对生活垃圾处理量与特性分析、焚烧厂的总体设计、垃圾接收贮存与输送、焚烧系统、烟气净化与排烟系统、垃圾热能利用系统、电气系统、仪表与自动化控制、给水排水、消防、采暖通风与空调、建筑与结构、其他辅助设施、环境保护与劳动卫生、工程施工及验收、设备运行以及系统维护、灰渣收运等方面提出了具体的技术要求。

（5）污染控制标准

我国《生活垃圾焚烧污染控制标准》GB 18485—2014 于 2014 年颁布执行，代替原有的《生活垃圾焚烧污染控制标准》GB 18485—2001。新标准规定了生活垃圾焚烧厂的选址要求、技术要求、入炉废物要求、运行要求、排放控制要求、监测要求和实施与监督等。在新标准中，生活污水处理厂污泥、一般工业废物和满足消毒效果检验指标的感染性废物均可在生活垃圾焚烧炉内焚烧处置，但不能影响焚烧炉污染物排放达标和焚烧炉正常运行；每台焚烧炉必须单独设置烟气在线监测装置，对 CO、NO_x、HCl、烟尘、SO_2 等进行连续监测。表 6-6 列出了我国新旧污染控制标准中的烟气排放限值，并与欧盟现行标准进行了对比，由表可见，新标准的烟气污染控制要求有了很大的提高，但与欧盟现行标准相比仍存在一定的差距。

我国与欧盟焚烧厂烟气污染控制标准限值比较　　表 6-6

标准		中国 2001[a]	中国 2014[b]		欧盟 2010[c]	
	项目	测定均值[d] 或 1h 均值[e]	1h 均值[f]	24h 均值[g]	0.5h 均值[h]	24h 均值[i]
宏量污染物	颗粒物，mg/Nm^3	80[d]	30	20	30	10
	HCl，mg/Nm^3	75[e]	60	50	60	10
	HF，mg/Nm^3	—			4	1
	NO_x，mg/Nm^3	400[e]	300	250	400	200（>6/h） 400（<6/h）
	SO_2，mg/Nm^3	260[e]	100	80	200	50
	TOC，mg/Nm^3	—	—		20	10
	CO，mg/Nm^3	150[e]	100	80	100	50
	项目	测定均值[d]	测定均值[j]		测定均值[j]	
微量污染物	Cd＋Tl，mg/Nm^3	0.1[k]	0.1		0.05	
	Hg，mg/Nm^3	0.2	0.05		0.05	
	Sb＋As＋Pb＋Cr＋Co＋Cu＋ Mn＋Ni＋V，mg/Nm^3	1.6[l]	1.0		0.5	
	二噁英和呋喃， ng-TEQ/Nm^3	1	0.1		0.1	

a)《生活垃圾焚烧污染控制标准》GB 18485—2001；
b)《生活垃圾焚烧污染控制标准》GB 18485—2014；
c)《Directive 2010/75/EU on industrial emissions（integrated pollution prevention and control）》；
d) 以等时间间隔至少采集 3 个样品测试值的平均值；
e) 连续 1h 采集样品测试值的平均值，或者 1h 内以等时间间隔至少采集 3 个样品测试值的平均值；
f) 任何 1h 采集样品污染物浓度的算术平均值；或在 1h 内以等时间间隔采集 4 个样品测试值的算术平均值；
g) 连续 24 个 1h 均值的算术平均值；
h) 采用连续监测，0.5h 采集样品污染物浓度的算术平均值；
i) 采用连续监测，24h 采集样品污染物浓度的算术平均值；
j) 以等时间间隔（最少 30min，最多 8h）至少采集 3 个样品测试值的平均值，二噁英类物质的采样时间间隔最少为 6h，最多为 8h；
k) 标准中只限定了 Cd；
l) 标准中只限定了 Pb。

6.2　焚烧污染控制

生活垃圾焚烧处理过程中，会衍生气相（焚烧烟气）、固相（焚烧灰渣，包括炉渣和飞灰）和液相（渗滤/沥液等）污染物，其污染控制是垃圾焚烧系统重要的组成部分。

6.2.1　烟气污染和控制方法

生活垃圾焚烧过程中产生的气相污染物，主要包括氮氧化物（NO_x）、酸性气体（SO_x、HCl、HF 等）、一氧化碳（CO）、颗粒物（Particulate matter）、二噁英类物质（PCDDs 和 PCDFs）、重金属（Heavy metals）及碳氢化合物（Hydrocarbons）等。

1. 氮氧化物（NO$_x$）

垃圾中所含有机氮化合物的燃烧产物主要是 N$_2$，但在高温焚烧过程中，如式（6-13）～式（6-19）所示，部分有机氮会被氧化成 NO、NO$_2$ 等氮氧化物。垃圾焚烧厂烟气中的 NO$_x$ 有 95% 以上是以 NO 形式存在。NO$_x$ 是形成光化学烟雾和酸雨的主要物质，也是消耗 O$_3$（可与 O$_3$ 反应）的重要因子。因此，必须严格控制垃圾焚烧过程 NO$_x$ 的排放。我国新修订的《生活垃圾焚烧污染控制标准》GB 18485—2014 中，将 NO$_x$ 排放限值（24h均值）修订为 250mg/Nm^3（表 6-6）。

通常采用以下技术措施控制 NO$_x$ 的产生及排放：分类收集厨余垃圾和庭院垃圾，以减少生活垃圾中的含氮有机物、焚烧控制（烟气部分循环至炉内；一次和二次助燃空气合理分布，以降低过剩空气比）和烟气处理。常用的 NO$_x$ 处理方法主要有两种：选择性非催化还原（SNCR）法和选择性催化还原（SCR）法。

（1）选择性非催化还原法

选择性非催化还原法，是在没有催化剂存在的情况下，将氨水或含 NH$_2$ 基化合物（如尿素）溶液喷入二次燃烧室/区域，在 700～1200℃（最佳反应温度为 850～1050℃）高温下发生下列反应。与氨水相比，固态的尿素易于贮存和操作，但是，这种方法可能会产生更多的 N$_2$O。

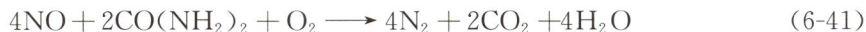

$$4NO + 4NH_3 + O_2 \longrightarrow 4N_2 + 6H_2O \tag{6-40}$$

$$4NO + 2CO(NH_2)_2 + O_2 \longrightarrow 4N_2 + 2CO_2 + 4H_2O \tag{6-41}$$

选择性非催化还原法对 NO$_x$ 的去除率约为 50%～80%。但是，当温度高于 1200℃时，会发生如下副反应。因此，控制焚烧温度对于减少 NO$_x$ 排放量非常重要。

$$4NH_3 + 5O_2 \longrightarrow 4NO + 6H_2O \tag{6-42}$$

选择性非催化还原法，通常需要加入过量的氨水或尿素，过剩的 NH$_3$ 随后会进入烟气，生成 NH$_4$Cl、NH$_4$HSO$_4$ 和（NH$_4$）$_2$SO$_4$ 等盐类。若烟气采用半干法或干法净化系统处理，这些物质会进入强碱性的飞灰，在飞灰处理处置过程中遇水时会释放出氨气，从而造成臭气污染（20mg/m^3 浓度下即可造成恶臭）；另外，这些盐分也可能会导致袋式除尘器的堵塞。若烟气采用湿法系统处理，这些盐分会进入污水，可与 Zn、Cu、Cd 等重金属形成氨络合物，从而使重金属沉淀困难，并使得氨化合物随废水排入水体环境。为避免氨过剩带来的不利影响，通常在焚烧炉膛内安装 3 层以上的喷射器（图 6-3）以改善混合效果，并根据实际负荷和温度情况调整投加剂量，以减少药剂使用量。为防止废水的氨污染，采用选择性非催化还原和湿法烟气净化系统的焚烧厂，还可设置氨吹脱设施，以便从烟气处理废水中回收 NH$_3$ 循环利用。

（2）选择性催化还原法

选择性催化还原法，是向烟气中通入氨气，然后烟气经过催化反应床，使 NO$_x$ 还原成 N$_2$，具体的化学反应式如下。

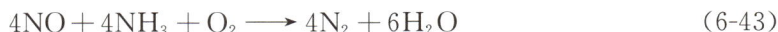

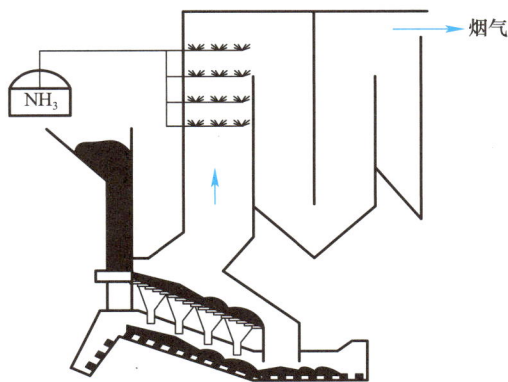

图 6-3　选择性非催化还原工艺示意图

$$4NO + 4NH_3 + O_2 \longrightarrow 4N_2 + 6H_2O \tag{6-43}$$

$$2NO_2 + 4NH_3 + O_2 \longrightarrow 3N_2 + 6H_2O \tag{6-44}$$

$$6NO + 4NH_3 \longrightarrow 5N_2 + 6H_2O \tag{6-45}$$

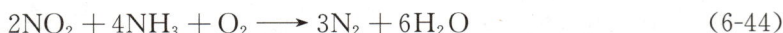

传统的选择性催化还原法的反应温度为 $300 \sim 400℃$，但是，新型催化剂可使反应温度降低至 $160℃$ 以下。催化剂可采用 Cu、Fe、Cr、Ni、Mo、Co 和 V 等金属，目前，最广泛使用的是日本研发的 V_2O_5/TiO_2 催化剂，在燃煤或燃油锅炉中已成功应用，NO_x 去除率可达 90% 以上。但是，在生活垃圾焚烧厂中，由于催化剂易被烟气中的重金属污染，通常将选择性催化还原设施安装在烟气净化系统末端，因此，可能需对烟气进行加热处理。

2. 酸性气体

生活垃圾含 Cl、F 等卤族元素（Cl 主要来自塑料，如聚氯乙烯等，在垃圾中的含量较高；F 在很多生活用品中微量存在，因此，垃圾中的 F 含量较低），在燃烧过程中会产生 HCl 和 HF 等酸性气体。另外，含 N 和 S 的垃圾燃烧后形成的 NO_x 和 SO_x 也属于酸性气体，会通过反应生成 HNO_3 和 H_2SO_4。这些酸性气体不仅会污染大气环境（降低空气能见度、形成酸雨和光化学烟雾等），而且存在于高温焚烧烟气中，会对焚烧炉、热回收系统设备、烟气输送管道造成很强的腐蚀作用。通常采用两种方法控制烟气中的酸性气体：垃圾分类收集，以减少其中含有 F、Cl、S 等元素的组分；对烟气进行净化处理。烟气中酸性气体的净化处理方法主要有干法、半干法和湿法 3 种。

(1) 干法烟气处理

干法烟气处理，是用压缩空气将消石灰（CaO）或碳酸氢钠（$NaHCO_3$）固体粉末直接喷入烟气管道或反应塔内（图 6-4），使碱性药剂与酸性气体充分接触并发生中和反应，见式（6-46）~式（6-49），从而去除酸性气体。在这个过程中，酸性气体先吸附到碱性药剂的表面，然后，再进行中和反应。干法工艺简单，但是与湿法相比，为达到相同去除效率，使用的药剂用量会更多。干法去除 HCl 气体的 CaO 用量一般为理论用量的 $220\% \sim 300\%$，去除 SO_2 气体的 CaO 用量一般为理论用量的 $180\% \sim 350\%$。而 $NaHCO_3$ 的用量与理论用量基本接近，但价格比 CaO 昂贵。

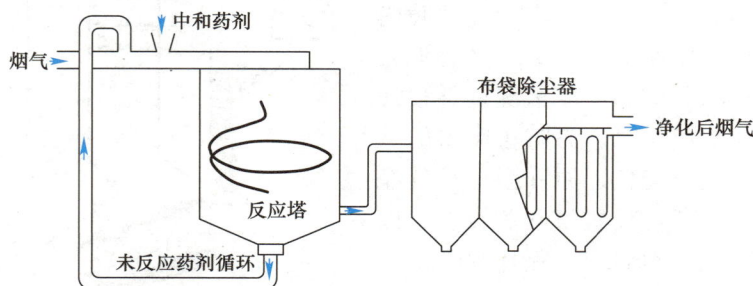

$$2HCl + CaO \longrightarrow CaCl_2 + H_2O \tag{6-46}$$

$$2SO_2 + 2CaO + O_2 \longrightarrow 2CaSO_4 \tag{6-47}$$

$$HCl + NaHCO_3 \longrightarrow NaCl + H_2O + CO_2 \tag{6-48}$$

$$2SO_2 + 4NaHCO_3 + O_2 \longrightarrow 2Na_2SO_4 + 2H_2O + 4CO_2 \tag{6-49}$$

图 6-4　干法烟气净化工艺示意图

(2) 半干法烟气处理

半干法烟气处理，是利用高效喷雾器将石灰浆（$Ca(OH)_2$）溶液喷入反应塔中（图 6-5），烟气与喷入的碱性试剂呈同向流或逆向流的方式充分接触，并发生中和反应去除酸性气体，化学反应式见式（6-50）～式（6-52）。接触反应过程中，石灰浆中的水分会汽化进入烟气，因此，半干法烟气处理工艺会增加烟气量。半干法去除 HCl 气体的 $Ca(OH)_2$ 用量一般为理论用量的 220％～300％，去除 SO_2 气体的 $Ca(OH)_2$ 用量一般为理论用量的 130％～260％。

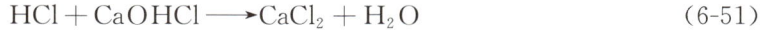

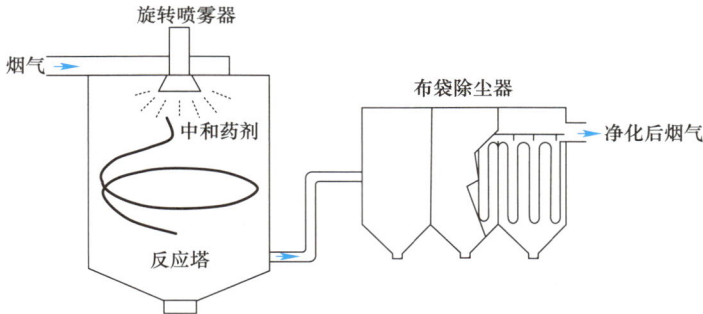

$$HCl + Ca(OH)_2 \longrightarrow CaOHCl + H_2O \tag{6-50}$$

$$HCl + CaOHCl \longrightarrow CaCl_2 + H_2O \tag{6-51}$$

$$2SO_2 + 2Ca(OH)_2 + O_2 \longrightarrow 2CaSO_4 + 2H_2O \tag{6-52}$$

图 6-5　半干法烟气净化工艺示意图

（3）湿法烟气处理

湿法烟气处理，通常应用于除尘器（如静电除尘器）之后，利用液体（吸收剂）吸收过程去除酸性气体。酸性气体至液体的传质速率与浓度梯度呈正比，并且受气体和液体表面阻力的限制。通常用填料塔（图 6-6）或板式塔增大气液两相接触面积，促进传质。

湿法烟气处理主要在欧洲应用较广泛，大部分采用两段式吸收工艺，第一段为酸性洗气塔，采用酸溶液去除 HCl、HF 和 Hg。焚烧过程中，垃圾中的 Hg 基本转化为 $HgCl_2$ 进入烟气，吸收至酸溶液后，Hg^{2+} 可与氯离子络合生成稳定的络合物（式 6-53）而从烟气中去除。但是，当烟气中存在还原剂（如 SO_2）时，Hg^{2+} 可能会被还原为 Hg^+，并通过歧化反应生成 Hg^0，而使 Hg 去

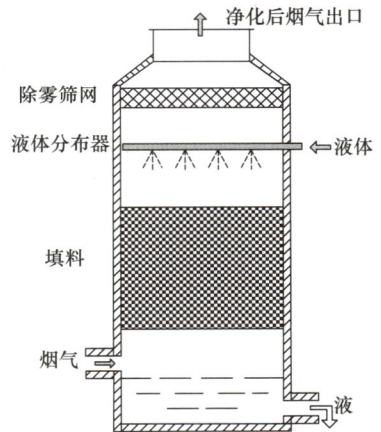

图 6-6　填料塔湿法烟气
净化工艺示意图

除效率大为下降。可将酸性洗气塔的溶液 pH 降至 0～1，以防止还原性气体 SO_2 的吸收；也可以采用加入氧化剂如 H_2O_2 的方法，将 Hg^0 转化为 Hg^{2+} 形态而利于 Hg 的去除。第二段为碱性洗气塔，此阶段 SO_2 与溶液中的 NaOH 或 $Ca(OH)_2$ 或 $CaCO_3$ 发生中和反应而被去除，见式（6-54）～式（6-56）。

$$Hg^{2+} + 4Cl^- \longrightarrow [HgCl_4]^{2-} \tag{6-53}$$

$$2SO_2 + 4NaOH + O_2 \longrightarrow 2Na_2SO_4 + 2H_2O \tag{6-54}$$

$$2SO_2 + 2Ca(OH)_2 + 2H_2O + O_2 \longrightarrow 2CaSO_4 \cdot 2H_2O \tag{6-55}$$

$$2SO_2 + 2CaCO_3 + 4H_2O + O_2 \longrightarrow 2CaSO_4 \cdot 2H_2O + 2CO_2 \tag{6-56}$$

3. 颗粒物

焚烧烟气中的颗粒物主要包括从炉膛逸出的惰性无机物颗粒、未燃尽碳和烟灰（微量有机污染物，如二噁英类、多环芳烃类等主要吸附在这些物质上）、重金属化合物、冷凝后的无机盐分，以及在烟气净化过程中加入的中和药剂和其反应产物、活性炭等，含量为 $450\sim22500\,mg/m^3$，粒径范围通常为 $1\sim100\,\mu m$。垃圾焚烧厂烟气中颗粒物的粒径，因焚烧厂的垃圾性质、运行条件（助燃气体分布模式、烟气流率）及焚烧炉与锅炉形式而异，是影响除尘效率的最重要参数。

烟气处理系统中使用的除尘设备，主要有旋风除尘器、静电除尘器、袋式除尘器和湿式除尘器（文丘里洗涤器）等，其处理效率见表6-7。其中，袋式除尘器和静电除尘器的处理效果最好，是目前生活垃圾焚烧厂应用最广泛的两种除尘设备。袋式除尘器能更为有效地捕集重金属颗粒及亚微米级颗粒物，随着人们对烟气中二噁英类和重金属污染物的日益重视，以及烟气排放标准中这些污染物排放限值要求的逐渐提高，我国垃圾焚烧厂主要采用布袋除尘器去除颗粒物。

各种除尘设备的颗粒物去除效率　　　　　　　　　　表 6-7

除尘设备	颗粒物粒径（μm）			
	<2.5	2.5~6.0	6~10	>10
旋风除尘器	10.0%	35.0%	50.0%	50%~90%
静电除尘器	95.0%	99.0%	>99.5%	>99.5%
袋式除尘器	99.0%	99.5%	>99.5%	>99.99%
湿式除尘器	90.0%	95.0%	99.0%	>99.0%

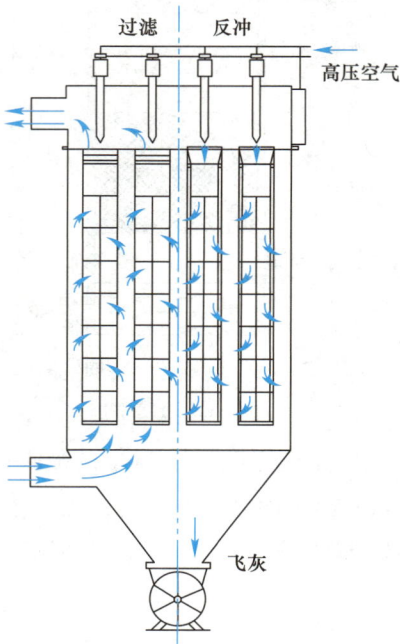

图 6-7　袋式除尘器示意图

静电除尘器，是利用高压电场使烟气中的悬浮颗粒物荷电，荷电粒子在电场力的作用下，向集尘电极运动而被捕集的装置。静电除尘器的除尘效率与颗粒物性质、电场强度、烟气速度、烟气性质，及静电除尘器设备结构等因素有关。

袋式除尘器，是利用天然或人造纤维织成的滤袋净化含尘气体的装置，除尘效率可达99%以上（表6-7）。袋式除尘器的滤料织物类型有棉纤维、毛纤维、合成纤维（聚丙烯、聚酯、聚四氟乙烯、聚酰胺、尼龙）以及玻璃纤维等，不同纤维织成的滤料具有不同性能。通常，将袋式除尘器安设在酸性气体处理装置之后，以降低水分和酸性气体腐蚀对滤料的损害，并保证布袋除尘器进气干燥。简单的袋式除尘器如图6-7所示。

4. 二噁英类物质

二噁英类物质（PCDD/Fs），是多氯代二苯并对二噁英（Polychlorinated dibenzo-p-dioxins，简称PCDDs）和多氯代二苯并呋喃（Polychlorinated dibenzo-furans，简称PCDFs）化合物的统称。它们是一个或两个氧键连接两个苯环的有机氯化合物，具有三环结构（图6-8）。由于Cl原子的取代数目和位置（图 6-8 标注数字位置）不同，PCDDs 共有 75 种异构体，PCDFs 共有 135 种异构体。

不同的二噁英和呋喃异构体，其毒性各不相同。其中有 7 种 PCDDs、10 种 PCDFs 的毒性较强，最受人们关注，而 2，3，7，8-T_4CDD 是目前世界上已知毒性最强的化合物。PCDD/Fs 的浓度常用毒性当量来表示，即将样品中测得的各种 PCDDs 和 PCDFs 异构体的实际浓度，乘上其相应的毒性当量因子（TEF）后求和。毒性当量因子，是 PCDDs 和 PCDFs 各种异构体与 2，3，7，8-T_4CDD 对 Ah 受体亲和性能的比值。17 种 PCDD/Fs 的毒性当量因子见表 6-8。

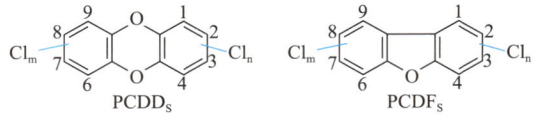

图 6-8 二噁英类物质结构示意图

二噁英和呋喃的毒性当量因子   表 6-8

种类	异构体	I-TEF	WHO-TEF（2005）
二噁英	2，3，7，8-T_4CDD	1	1
	1，2，3，7，8-P_5CDD	0.5	1
	1，2，3，4，7，8-H_6CDD	0.1	0.1
	1，2，3，6，7，8-H_6CDD	0.1	0.1
	1，2，3，7，8，9-H_6CDD	0.1	0.1
	1，2，3，4，6，7，8-H_7CDD	0.01	0.01
	O_8CDD	0.001	0.0003
	其他 PCDDs	0	0
呋喃	2，3，7，8-T_4CDF	0.1	0.1
	1，2，3，7，8-P_5CDF	0.05	0.03
	2，3，4，7，8-P_5CDF	0.5	0.3
	1，2，3，4，7，8-H_6CDF	0.1	0.1
	1，2，3，6，7，8-H_6CDF	0.1	0.1
	1，2，3，7，8，9-H_6CDF	0.1	0.1
	2，3，4，6，7，8-H_6CDF	0.1	0.1
	1，2，3，4，6，7，8-H_7CDF	0.01	0.01
	1，2，3，4，7，8，9-H_7CDF	0.01	0.01
	O_8CDF	0.001	0.0003
	其他 $PCDF_S$	0	0

WHO-TEF（2005），为国际卫生组织于 2005 年修正的毒性当量因子；I-TEF，为美国国家环保署于 1989 年制定的毒性当量因子。

生活垃圾焚烧过程中，PCDD/Fs 的产生途径主要有三种：垃圾直接带入、炉内高温合成及炉外低温再合成。

（1）垃圾直接带入：生活垃圾中混入的杀虫剂、除草剂、防腐剂等本身可能带有微量的 PCDD/Fs，但其在垃圾中的含量非常低。

（2）焚烧炉内高温合成：生活垃圾热分解和燃烧阶段，可能会形成暂时和局部缺氧部位，使不完全燃烧产物（脂肪族、烯烃、炔烃等）与垃圾中含氯物质的分解产物 HCl 和 Cl_2 等氯源物质，发生氯化和聚合反应，生成 PCDD/Fs。

（3）炉外再合成：生活垃圾燃烧时，可能生成气态有机或无机氯化物，以及氯代芳香族化合物（氯苯、氯酚、多氯联苯等）进入烟气，在低温（250～400℃）条件下，在飞灰表面活性位点的过渡金属（如 $CuCl_2$、$FeCl_3$ 等）的催化作用下，有机氯或无机氯化物可与大分子碳通过气固和固固相反应生成 PCDD/Fs（de novo synthesis，从头合成），氯代芳香族化合物（氯苯、氯酚、多氯联苯等）作为前驱物可经非均相催化反应生成 PCDD/Fs（Precursor synthesis，前驱物合成）。

根据 PCDD/Fs 的产生途径，可以从源控制和末端控制两个方面降低生活垃圾焚烧厂 PCDD/Fs 的产生与排放。

（1）源控制（产生控制）

垃圾中存在的有机氯或无机氯、过渡金属对 PCDD/Fs 产生有促进作用。因此，通过分类收集或预分拣，减少或控制氯和重金属含量高的垃圾组分进入焚烧炉，能显著降低 PCDD/Fs 的产生量。

选用合适的炉膛和炉排结构，合理控制助燃空气的风量、温度和注入位置，使垃圾在焚烧炉中得以充分燃烧，降低 PCDD/Fs 在焚烧炉内的高温合成。

控制焚烧炉膛内的燃烧温度在 850℃ 以上，烟气停留时间大于 2s，使垃圾本身带入和高温合成的 PCDD/Fs 在焚烧过程中被破坏分解。

通过添加抑制剂，降低 PCDD/Fs 的合成速度。如 VonRoll 公司发现，通过添加氨水到焚烧炉内，PCDD/Fs 的生成量可降低 90%。这一方面是因为氨与氯的结合能力强于前驱物与氯的结合能力，可以减少前驱物合成的 PCDD/Fs 量；另一方面，喷氨可以使 Cu 等金属催化剂失去催化作用，从而减少 PCDD/Fs 的生成。

缩短烟气在热回收和净化处理过程中处于 250～400℃ 温度域的时间，使高温烟气迅速冷却至 250℃ 以下，减少 PCDD/Fs 的炉外再合成。

另外，在生活垃圾焚烧厂中设置先进、完善和可靠的成套化自动控制系统，使垃圾焚烧和烟气净化工艺得以良好运行，也是防止 PCDD/Fs 生成的有效措施。

（2）末端控制

对烟气中已产生的 PCDD/Fs，可采用静电除尘器＋湿法烟气净化系统，或干法或半干法烟气净化＋活性炭吸附＋袋式除尘器系统，使其去除。现代化生活垃圾焚烧厂中采用的活性炭吸附＋新型袋式除尘器，能使焚烧烟气中 99% 的 PCDD/Fs 得到去除，使排放烟气中的 PCDD/Fs 达到 $0.1ng\ TEQ/Nm^3$ 以下。

烟气中绝大部分的 PCDD/Fs 会迁移到飞灰中。有研究表明，通过烟气排放的二噁英量不到生活垃圾焚烧厂二噁英总排放量的 0.3%。因此，对焚烧飞灰进行符合标准要求的处理和处置，是生活垃圾焚烧厂 PCDD/Fs 污染控制的重要措施。

6.2.2 灰渣污染和控制方法

焚烧处理生活垃圾具有十分显著的减量化效果，但是，仍会产生约占垃圾质量 15%～30% 的炉渣和 2%～6% 的飞灰。

1. 炉渣

炉渣，是从炉排排出和炉排间掉落或从流化床焚烧炉底部排出的物质。有些焚烧厂也将锅炉灰（被锅炉管道阻挡的焚烧烟气中的悬浮颗粒）与炉渣混合收集并处理处置。炉渣占焚烧灰渣总量的 80%～90%（质量），主要由熔渣、黑色及有色金属、砖石陶瓷碎片、玻璃碎片和其他一些不可燃物质，及未燃尽有机物组成。炉渣的二噁英类物质含量、可浸出重金属和溶解盐的浓度较低，通常被归类为一般固体废物，可于生活垃圾卫生填埋场直接填埋。

炉渣的物理化学和工程性质与轻质的天然集料相似，符合集料的很多技术要求，并且容易进行粒径分配，易制成商业化应用的产品。因此，很多国家在几十年前就开展了炉渣的资源化利用，寻求既能减少处理处置费用，又不至于对环境造成不利影响，且又技术可行的管理策略。目前，炉渣的资源化利用途径主要有：(1) 沥青路面的替代集料；(2) 水泥/混凝土的替代集料；(3) 填埋场覆盖材料；(4) 路堤、路基、停车场等的填充材料等。如果考虑其利用场合，炉渣主要是被用作陆地水泥基及沥青基工程（如道路、停车场等）和海洋建筑工程（如人工暗礁、护岸等）。现行国家标准《生活垃圾焚烧炉渣集料》GB/T 25032，就对生活垃圾焚烧炉渣经处理加工制成的用于道路路基、垫层、底基层、基层及无筋混凝土制品的集料要求进行了详细的规定。

为了满足产品利用所需的技术和环境要求，炉渣利用前需进行预处理，具体处理环节有破碎和筛分（调整粒径范围为金属分选和集料利用提供合适的粒径）、风选（去除未燃尽有机物）、磁选（回收黑色金属，主要为铁）、涡电流分选（回收铝、铜等有色金属，同时，避免炉渣材料利用过程中因金属铝反应产氢，而使利用产物性能变差）、老化/风化 1～3 个月（降低溶解盐浸出浓度，改善其物理化学性质）等；如果炉渣的重金属浸出毒性较高，还需加入稳定化药剂固定重金属。除对炉渣进行预处理以改善其利用性能外，有些国家对炉渣利用的环境条件也进行了规定。如丹麦，炉渣用于铺装路面或广场时，要求利用地距离饮用水源大于 20m 以上，并高于最高地下水位，炉渣层的平均厚度不超过 1m，最大厚度不得超过 2m。

2. 飞灰

飞灰是从烟气净化系统收集而得的混合物，包括焚烧烟气中的颗粒物、冷凝产物、注入的反应剂和吸附剂及其反应后产物等。与炉渣相比，飞灰中含有较高浓度的溶解盐、挥发性和半挥发性重金属，以及二噁英类污染物。国内外一般将其归类为危险废物，在填埋处置前必须进行固化/稳定化处理。常用的处理技术主要有水泥固化法、热处理法、化学药剂稳定法、水/酸溶液浸取、老化法等，以及这些处理方法的组合工艺。

(1) 水泥固化法

水泥固化法是在飞灰中加入硅酸盐水泥和水，使其发生水合反应和凝硬性反应，形成高强度低渗透性的块状物，通过物理包裹和氢氧化物沉淀等作用固定飞灰中的重金属。水泥固化法的药剂成本较低，技术和设备成熟，操作简单。但是，需添加大量的水泥（30%左右），产物增容、增重比较大，使后续的运输和填埋处置费用升高。另外，由于飞灰中的氯盐、硫酸盐等含量较高，在水泥固化时，CaO 会与氯盐反应生成 $CaCl_2$，吸湿而导致固化产物膨胀崩裂，影响固化产物中重金属的稳定性；水泥中的 $3CaO \cdot Al_2O_3$ 成分也易与硫酸盐发生反应而被侵蚀，增大固化产物重金属的浸出风险。水泥固化对飞灰中的二噁英类物质没有处理效果。

(2) 热处理法

热处理法可分为熔融、玻璃化和烧结三种技术。熔融是在不添加助熔剂的条件下，将废物加热到高于物质熔点的温度（1100～1500℃）使其熔化，产生晶形或非均相熔渣；玻璃化是将玻璃前驱物和废物混合后在高温下熔化，以产生非晶形均相的玻璃质产物；烧结是将废物加热到足够高的温度（低于熔点），以使固相中的化学组分重组，形成致密坚硬的烧结体。

热处理过程中，飞灰中的无机物变成致密坚硬的固相基质；二噁英类物质等有机物受热后被分解破坏；部分金属（低沸点）挥发迁移至烟气中，剩余部分金属（沸点较高）被包封固化在极稳定的熔渣晶格中，浸出风险大大降低；氯盐等沸点较低的盐分，则以烟尘的形式蒸发，并在烟气净化系统中冷凝。

热处理法能稳定重金属，对二噁英类物质破坏率可达99％以上，并且可以减小飞灰体积、增大熔渣产物相对密度。热处理产物非常稳定，可作为路基材料或用来烧制玻璃陶瓷，实现资源化利用。但是，热处理法成本高昂，约是水泥固化法的15倍；低沸点重金属会迁移至烟尘中，需加以净化处理，从而又产生少量的剧毒二次飞灰（Cd和Pb浓度是原生飞灰的5～10倍）。因此，近年来又发展出一种低温催化脱卤工艺，可在350～450℃的温度下，通过催还还原脱氯去除二噁英类物质，投资与运行成本显著降低。但是，仍大大高于水泥固化法和化学药剂稳定法。

（3）化学药剂稳定法

化学药剂稳定法是利用药剂与飞灰中的重金属等物质发生化学反应（溶解、沉淀、氧化、还原、螯合等），将重金属污染物转变成溶解度小和化学性质稳定的物质。化学药剂稳定法添加的药剂量比水泥固化法少，具有产物增容比小、运行费用较低、处理后飞灰物理性质变化不大等优点。但是，对二噁英类物质同样没有作用。目前，用于稳定飞灰的化学药剂主要有：磷酸盐类、铁氧化物、硫化物等无机类重金属稳定药剂和高分子螯合剂（多为含硫碱性药剂）。pH通常对化学药剂稳定化产物的重金属浸出有重要影响，需关注在环境pH条件变化下稳定化产物中重金属的长期稳定性。

（4）水/酸溶液浸取法

水/酸溶液浸取法，是将飞灰与水或酸溶液（液固比≥2）混合，调节pH，使飞灰中的溶解性盐分、水溶性或酸溶性重金属浸出至溶液中。浸取后飞灰需经脱水干化，其中的溶解性盐分含量和重金属浸出毒性大大降低。浸出液（废水）需进一步处理，通常添加无机重金属稳定药剂或高分子螯合剂（多为含硫碱性药剂），使废水中的重金属生成难溶性化合物而沉淀去除。

（5）老化

干法/半干法飞灰的颗粒小、比表面积大、碱性强，加水老化后可吸收CO_2生成碳酸盐沉淀，使飞灰浸出液pH降低，并抑制飞灰中重金属的浸出。老化工艺简单、成本低廉，可作为飞灰重金属稳定化的临时手段。因为老化飞灰中的重金属并不具有真正的稳定性，在酸性环境中，老化飞灰中的重金属有重新浸出的风险。

（6）组合工艺

焚烧厂经常采用上述方法的组合以期获得更好的稳定化效果，如化学药剂稳定法＋水泥固化法，化学药剂稳定法＋热处理法，水/酸溶液浸取法＋热处理法，水/酸溶液浸取法＋化学药剂稳定法＋烧结等。

固化稳定化后的飞灰可在安全填埋场填埋，也可在满足一定的入场要求下，在生活垃圾卫生填埋场填埋。如我国《生活垃圾填埋场污染控制标准》GB 16889—2024中规定，处理后的生活垃圾焚烧飞灰若满足以下条件，即可进入生活垃圾填埋场独立填埋分区处置：

1）二噁英类物质含量低于 $3\mu g$ TEQ/kg；

2）按照 HJ/T300 制备的浸出液中的危害成分浓度低于规定的限值。

6.2.3　渗沥液污染和控制方法

生活垃圾进焚烧厂后，在垃圾池中堆存待烧。在堆放过程中，垃圾受自身重力挤压作用而排出水分，易腐有机垃圾组分在垃圾池内的初步水解和厌氧发酵也会生成水分排出，从而形成组分复杂的渗沥液。我国生活垃圾含水率高，产生的渗沥液量可达进厂垃圾重量的 5%～30%。渗沥液的水质和水量随季节变化波动很大，一般来说，夏季垃圾含水率高，渗沥液产生量大；而冬季垃圾含水率较低，垃圾池中产生的渗沥液也较少。

见表 6-9，垃圾焚烧厂渗沥液是一种高浓度有机废水，BOD_5/COD 可达 0.5 以上，具有适宜生物脱氮的 C/N 比，含有大量的低碳有机酸和醇类等小分子有机物，具有良好的可生化性，适合生物处理。

某城市两座生活垃圾焚烧厂渗沥液性质　　　　表 6-9

化学指标	范围	平均值	有机酸	范围	平均值	重金属	范围	平均值
pH	4.2～6.9	5.4	甲酸	119～1050	654	As	0.01～0.08	0.04
电导率*	17.0～26.2	20.7	乙酸	1400～5900	3970	Cd	0.03～0.15	0.07
COD_{Cr}	39600～79800	58700	丙酸	150～2630	767	Cr	0.33～1.84	0.88
BOD_5	16600～47100	30300	丁酸	156～7170	2050	Cu	0.30～1.75	0.84
NH_4^+-N	260～1530	779	戊酸	0～3170	601	Hg	0.00～0.09	0.02
NO_3^--N	<10	<10	甲醇	0～614	277	Ni	0.79～3.72	1.94
TN	940～5000	2500	乙醇	40～6890	3180	Pb	0.02～3.05	1.30
SS	2240～14800	7680	乳酸	17～22345	8980	Zn	6.25～24.2	14.0

* 单位 ms/cm，除 pH 和电导率外的指标单位为 mg/L。

欧美和日本等发达国家的焚烧厂，由于垃圾含水率低，渗沥液产生量很小，且垃圾低位热值远高于焚烧炉自持燃烧限值，通常采用将渗沥液雾化回喷至炉膛燃烧/蒸发处理。但是，我国生活垃圾的含水率高，渗沥液产生量大，而垃圾低位热值接近自持燃烧限值，若将渗沥液回喷，会出现焚烧炉炉膛温度过低甚至熄火的情况。为提高燃烧的稳定性，我国焚烧厂目前多采用延长垃圾在垃圾池内的停留时间，使垃圾水分充分沥出，以提高入炉垃圾的热值。因此，我国生活垃圾焚烧厂目前尚不适合采用回喷方式处理渗沥液，必须对其作专门的处理。

我国《生活垃圾焚烧污染控制标准》GB 18485—2014 中规定，生活垃圾焚烧厂的渗沥液和车辆清洗废水应收集，并在焚烧厂内处理，或送至生活垃圾填埋场的渗滤液处理设施合并处理，处理后的水质需满足《生活垃圾填埋场污染控制标准》GB 16889—2024 中表 2 "直接排放的水污染物排放度限值"要求（色度≤40 倍，COD_{Cr}≤100mg/L，BOD_5≤30mg/L，悬浮物≤30mg/L，总氮≤40mg/L，氨氮≤25mg/L，总磷≤3mg/L，粪大肠菌群数≤10000 个/L，总汞≤0.001mg/L，总镉≤0.01mg/L，总铬≤0.1mg/L，六价铬≤0.05mg/L，总砷≤0.1mg/L，总铅≤0.1mg/L）后，方可直接排放。若通过污水管网排入污水集中处理设施，则应满足以下条件：

（1）在生活垃圾焚烧厂内处理后，渗沥液的总汞、总镉、总铬、六价铬、总砷、总铅等污染物达到 GB 16889 标准中表 4 的浓度限值要求；（2）不影响污水集中处理设施正常运行和处理效果。

鉴于垃圾焚烧厂渗沥液中含有高浓度的可生物降解有机物及良好的可生化性，目前，通常先采用生物法去除其中的有机污染物和脱氮。为了达到 GB 16889 标准中污染物排放浓度限值要求，出水还需通过物化处理后方能达标排入水体。

常用的渗沥液生物处理方法，是将厌氧和好氧处理工艺结合。厌氧工艺具有处理负荷高、能耗低、产泥率低、占地少等优点，已成熟应用于渗沥液处理，COD 去除率可达30%～90%。厌氧处理通常设置在好氧处理工艺之前，采用的设备有升流式厌氧污泥床、内循环厌氧反应器、厌氧固定床反应器，好氧工艺对渗沥液中有机物的去除比较彻底，可同时去除其中的有机物和氨氮。因此，渗沥液经厌氧处理后，需采用好氧工艺进一步去除有机物和脱氮。常用的工艺是各种具有硝化/反硝化功能的活性污泥法。厌氧好氧结合的生物处理工艺比较成熟。但是，由于渗沥液 COD、TN 浓度高，生物处理生成的残余有机物不一定能完全满足严格的排放标准。因此，尚需结合物化处理技术进一步去除其中的难降解有机物、重金属等污染物。目前，应用较多的物化处理技术是膜技术（超滤、纳滤和反渗透），而膜处理浓缩液需要采用适当的方法妥善处理。

6.2.4 其他污染控制

垃圾焚烧厂产生的其他污染还包括生产和生活污水、噪声、恶臭等。

生产和生活污水：包括洗车废水、卸料平台冲洗水、灰渣冷却水、锅炉废水、洗烟废水、实验室废水以及生活污水等。生活污水可直接排入城市管网进行处理，生产废水则宜在厂区内处理后尽量回用。

垃圾焚烧厂的噪声源：包括助燃空气风机、烟气引风机、余热锅炉蒸汽排空管、汽轮发电机组、垃圾运输车辆、垃圾破碎机、烟气净化器等。通过合理的总平面布置规划、合理的通风通气和通水管道布置，并选择符合国家噪声标准规定的设备，可降低噪声的产生。对已产生的噪声，按不同情况分别采取消声、隔振、隔声和吸声等措施。

焚烧厂的恶臭源：主要为垃圾池和运输车辆。常用的管理措施有：在卸料平台设置自动门，非卸料期间关闭使垃圾池密闭化；从垃圾池上方抽气作为助燃空气，使垃圾池内形成微负压，防止恶臭外溢；采用封闭式垃圾运输车等。焚烧厂应建设停炉检修期间垃圾池臭气的收集和处理系统，并在停炉检修期间运行。

6.3 焚烧工艺与设备

6.3.1 焚烧系统组成

生活垃圾焚烧系统是由多个设备和辅助系统组成的完整体系。图 6-9 显示了生活垃圾焚烧厂的典型工艺系统组成，可以看出，一个完整的垃圾焚烧厂通常包括：垃圾贮存和进料系统、焚烧系统、烟气冷却和余热回收系统、发电系统、烟气净化和排烟系统、燃烧空气系统、灰渣收集及处理系统、给水排水系统，以及电气、仪表与自动化控制、消防、采暖、空调等其他辅助设施。

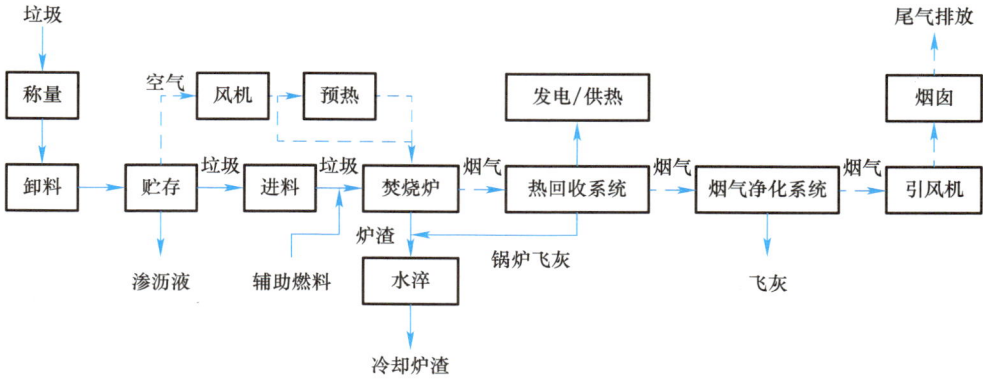

图 6-9　生活垃圾焚烧厂工艺流程图

1. 垃圾贮存和进料系统

本系统由称重地磅、卸料平台、垃圾池、垃圾池渗沥液导排、垃圾抓斗、大件垃圾破碎机（可设可不设）、进料斗和推料器，以及故障排除/监视设备等组成。垃圾池，主要是为了调节焚烧处理能力而设置的，同时，也起到垃圾混合均质、减水、去除大型垃圾、维持稳定燃烧以控制二噁英类物质产生的作用。垃圾池的容积，取决于焚烧设施的设计处理能力、垃圾收集量的日变化量，以及垃圾的容积密度。为延长垃圾在垃圾池内的停留时间以尽可能除水并提高垃圾热值，我国生活垃圾焚烧厂垃圾池设计的容积较大，一般可容纳 5～7 天焚烧处理量的垃圾。

2. 焚烧系统

焚烧系统即焚烧炉本体设备，包括炉床（炉排）和燃烧室、出渣装置、燃烧空气装置和辅助燃烧装置等。垃圾在炉床（炉排）上翻动及燃烧，空气从炉床底部和上方喷入，促进混合和充分燃烧，残渣从底部排出。

3. 烟气冷却和余热回收系统

该系统主体设备为余热锅炉，包括布置在炉膛四周的锅炉炉管（水冷壁、对流管束）、过热器、省煤器、吹灰装置、蒸汽导管、安全阀等装置。燃烧室内烟气温度高达 850℃ 以上，主要以辐射传热方式将热量传递到水冷壁，使其中的锅炉水蒸发而产生蒸汽。烟气从炉膛出来后，进入后半部的烟气通道和对流通道，通过对流管束蒸发器、过热器和省煤器交换热量，烟气温度进一步降低至 190～220℃ 后排出，进入烟气净化系统。

4. 发电系统

锅炉水蒸发得到的蒸汽进入低温和高温过热器后，生成高温高压的过热蒸汽，然后进入发电机组，在急速冷凝的过程中推动发电机的叶片产生电能，发电后的低压蒸汽经冷却后再循环至锅炉炉管蒸发，进行下一循环的发电工作。一部分低压蒸汽也可从该循环系统中导出，通过管网用于厂区附近生活小区的集中供热，或者预热助燃空气等，以尽可能地回收利用热能。

5. 烟气净化和排烟系统

从焚烧炉排出的烟气含有酸性气体、颗粒物、重金属、二噁英类物质等污染物，需进行净化处理，符合排放标准以后，经引风机加压通过烟囱排放至环境。

137

6. 燃烧空气系统

燃烧空气系统由一次空气和二次空气系统及其他辅助系统组成。一次空气从垃圾池上方抽取，以造成垃圾池的微负压，避免恶臭气体外溢和可燃气体的积存。一次空气进风口处设置过滤装置，过滤后的空气从焚烧炉床下方进入炉膛，与垃圾充分接触混合，并提供燃烧所需氧气，还有防止炉排过热的作用；二次空气从炉床上方进入，使炉膛内气体产生扰动，与挥发分和未燃尽气体充分混合燃烧。当垃圾的低位热值较低（＜5000kJ/kg）时，宜加热一次和二次空气，以提高焚烧炉膛温度。通常，助燃空气的预热温度应控制在250℃以下，一次空气的供给量应大于二次空气供给量。

7. 灰渣收集及处理系统

灰渣收集及处理系统包括炉渣冷却、输送、贮存、除铁等设施，和飞灰收集、输送、贮存、处理等设施。飞灰的固化/稳定化处理可在厂内进行，也可以运送至有资质的单位处理。

8. 给水排水系统

焚烧厂的给水包括锅炉给水、生活给水、消防给水以及循环冷却水系统。焚烧厂产生的污水包括垃圾渗沥液、循环水排污废水、生活污水、地面及设备冲洗水、洗烟废水等，根据不同的排放要求进行相应的处理。

6.3.2　燃烧装置

燃烧装置（即焚烧炉）是生活垃圾焚烧系统的核心设备，其结构形式与废物类型、性质和相态等有关。生活垃圾焚烧炉主要有机械炉排炉和流化床两种形式。

1. 炉排炉

炉排炉是将垃圾置于固定或活动的炉排上焚烧的装置，垃圾处理量大，且焚烧前不需要对垃圾进行破碎等预处理。因此，在国内外的生活垃圾焚烧处理领域应用最广。我国目前90％以上的大型生活垃圾焚烧系统采用炉排炉。

如图6-10所示，垃圾通过抓斗置入焚烧炉进料斗，在推料器作用下进入炉膛，在炉排上连续、缓慢地向下移动，经历干燥、热分解和燃烧的过程，当到达炉排底端时，垃圾中的有机物基本燃尽，残渣通过排渣装置进入炉渣处理系统。炉排（Grate）是生活垃圾燃烧的主要场所，是焚烧炉的最关键部件，其作用主要有：垃圾移送、搅拌和混合；炉渣排出；使炉排下方进入的一次空气顺利通过燃烧层。常用的垃圾焚烧厂炉排主要有往复式、逆动式和滚筒式三种形式（图6-11）。

如图6-11（a）所示，往复式炉排由活动炉排和固定炉排交互呈阶梯状排列组成，通过活动炉排的往复运动搅拌、混合炉排上的垃圾，并推送垃圾前进。每段炉排的高度、活动炉排的往复运动距离和运动方向，以及炉排整体的倾斜度等需根据垃圾含水率等性质确定。

如图6-11（b）所示，逆动式炉排由沿垃圾移动方向向下倾斜的活动和固定炉排交互排列组成，可动炉排进行逆向往复运动，使垃圾在移动方向及其反方向上同时得到搅拌，因此，炉排上垃圾的搅拌混合效果比其他方式更佳。

如图6-11（c）所示，滚筒式炉排沿着垃圾移动方向呈阶梯状排列，垃圾通过滚筒的转动向前推进，同时进行搅拌和混合。这种方式炉排的冷却效果较好，垃圾移送速度容易通过滚筒转速控制。但是，对于高水分低热值的生活垃圾，滚筒式炉排的操作运行有一定的困难。

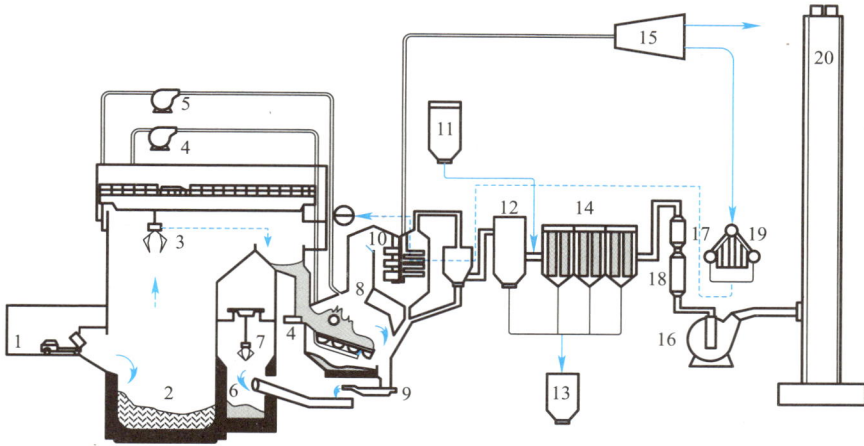

图 6-10 生活垃圾炉排炉焚烧系统示意图

1—卸料台；2—垃圾池；3—垃圾抓斗；4—推料器；5——次空气鼓风机；6—二次空气鼓风机；7—炉渣贮坑；
8—炉渣抓斗；9—炉排；10—排渣装置；11—余热锅炉；12—活性炭储仓；13—反应塔；
14—飞灰储仓；15—袋式除尘器；16—发电机；17—引风机；18—蒸汽式气体热交换器；
19—触媒反应塔；20—蒸汽冷凝器；21—烟囱

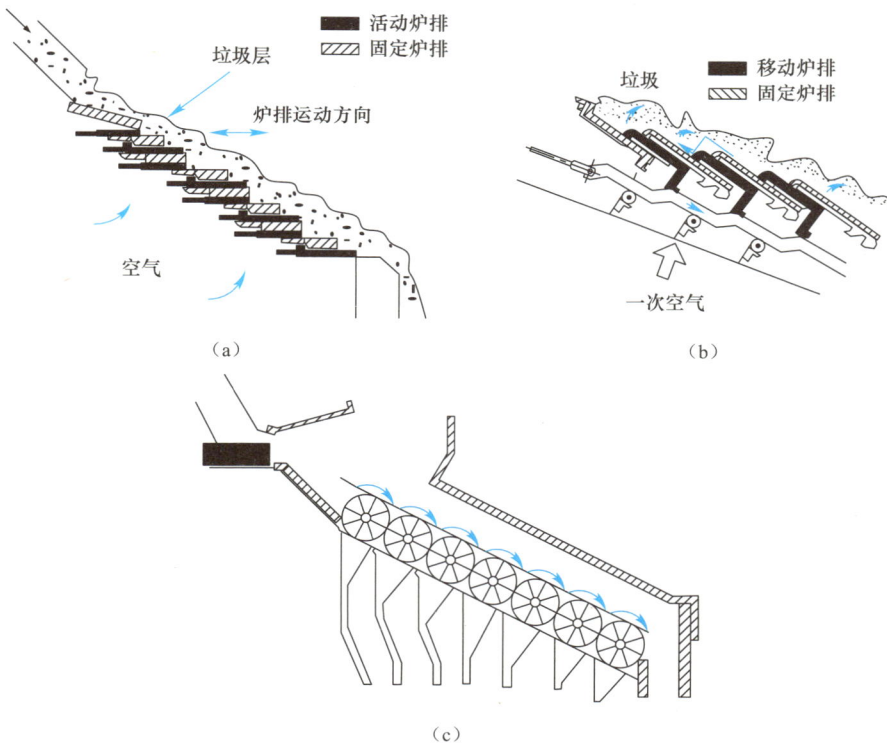

图 6-11 生活垃圾炉排的主要类型示意图
（a）往复式炉排；（b）逆动式炉排；（c）滚筒式炉排

为了充分氧化分解从垃圾池上方抽取的助燃空气中的恶臭物质（一般在 700℃ 以上可以实现），以及破坏分解高温合成和垃圾自身带入的二噁英类物质，同时，又考虑温度过高可能引起的灰渣结焦和高温腐蚀及 NO_x 形成等问题，生活垃圾焚烧厂的炉膛温度一般控制在 850～950℃。炉膛内通常设置成两个燃烧室（如图 6-12 所示）。在第一燃烧室内，固相垃圾和挥发组分进行火焰燃烧，室内衬有耐火材料，以尽量减少散热损失；第二燃烧室中，烟气中的未燃尽挥发分和悬浮颗粒进一步燃烧完全，室内采用水冷壁炉膛，利用余热锅炉冷却烟气，并回收热量。为了使烟气与二次空气充分混合，使未燃尽挥发分完全燃烧，根据和垃圾的运行方向一致与否，烟气在炉膛内的流动状态可以设计成对流式、并流式、错流式和二次回流式四种情况。

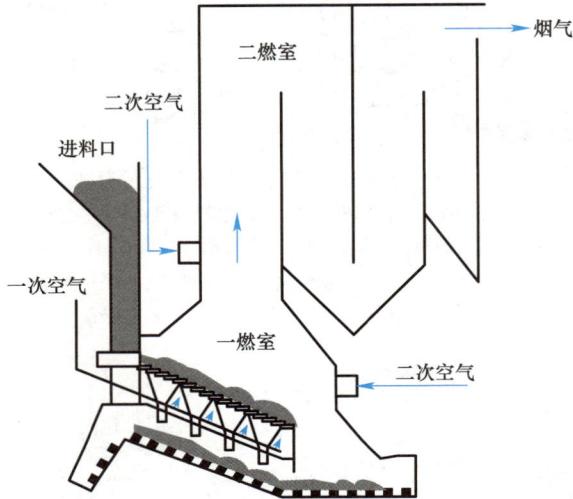

图 6-12　焚烧炉炉膛构造示意图

在设计焚烧炉时，需充分考虑以下因素：（1）生活垃圾的可燃烧特性随季节和区域的不同而可能有较大的变化；（2）生活垃圾含水率；（3）生活垃圾中不同组分的不同燃烧特性；（4）生活垃圾的形状和大小不一，导致的燃烧速率差异较大。

2. 流化床

如图 6-13 所示，流化床焚烧系统除了垃圾预处理、焚烧炉型和热载体分离循环外，其他工艺环节与炉排炉系统基本相似。

流化床焚烧炉主体是圆柱形的塔体（图 6-14），内衬耐火材料，下部设有支撑热载体和分配气体的布风板，板上装有热载体（通常选用 0.4～2.0mm 的石英砂）。助燃空气从下方通过布风板送入流化层，当助燃空气速度逐渐提高到某值（流化初始速度）时，床层上颗粒开始逐步呈现悬浮状态，颗粒间空隙增大，流化层体积开始膨胀；再进一步提高气速，床层将不能维持固定状态，颗粒全部悬浮于空气中，形成稳定的流化状态，床层压降几乎不变，而床层高度则不断膨胀、升高；当气速大于一定值时，载体开始被带出，床层压降下降；当气速达到某一界限时，床层高度无限升高，颗粒在床内无法停留，变成固体的气流状态输送。因此，助燃空气气速需控制在合适的范围内。

如图 6-14 所示，流化床焚烧时，垃圾从塔顶或塔侧进料，一次空气从塔下部通过布风板鼓入，使具有均匀传热与蓄热效果的惰性热载体流态化，助燃空气与垃圾充分接触传热，使垃圾快速干燥、分解和燃烧；二次空气从流化层上部送入，使未燃尽气体和颗粒进一步完全

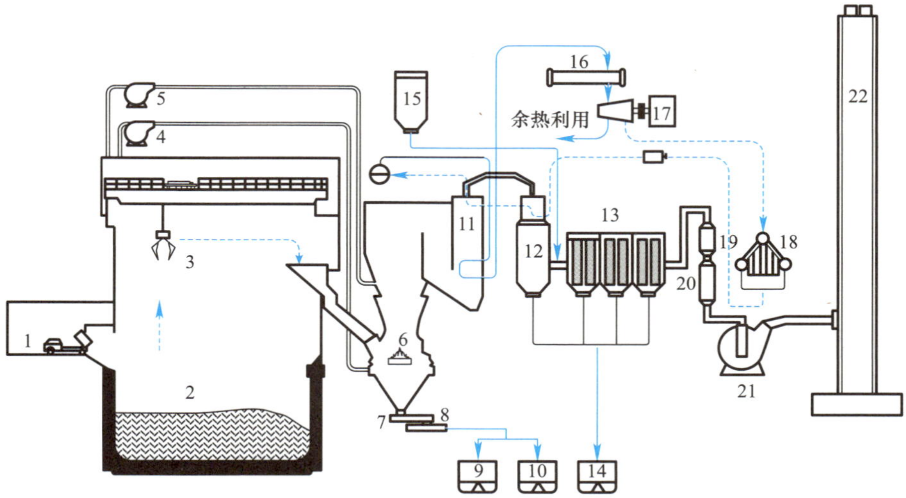

图 6-13　城市生活垃圾流化床焚烧系统示意图

1—垃圾卸料台；2—垃圾池；3—垃圾抓斗；4——次空气鼓风机；5—二次空气鼓风机；
6——流化床焚烧炉；7—难燃物排出装置；8—难燃物分选装置；9—难燃物贮罐；
10—废铁贮罐；11—余热锅炉；12—烟气净化装置；13—袋式除尘器；
14—飞灰处理装置；15—活性炭贮罐；16—蒸汽；17—涡轮发电机；18—蒸汽冷凝器；
19—蒸汽式气体热交换器；20—触媒反应塔；21—引风机；22—烟囱

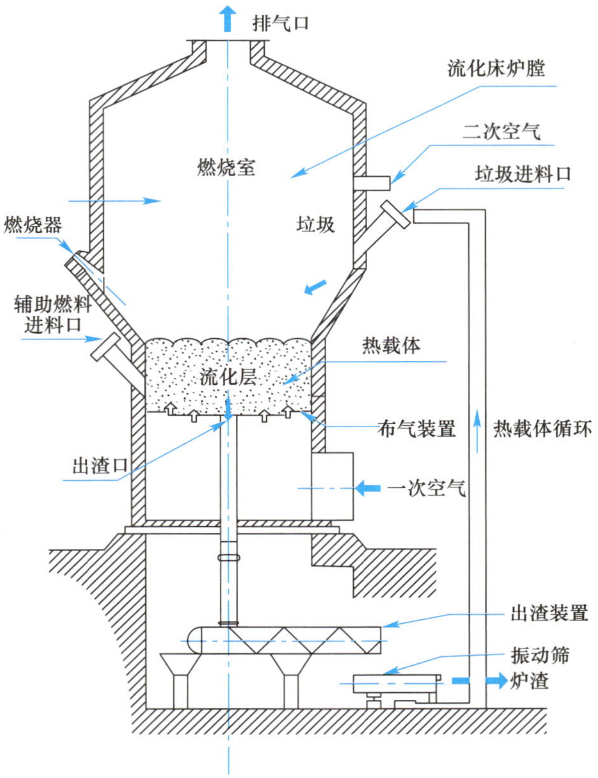

图 6-14　城市生活垃圾流化床焚烧炉本体示意图

燃烧。烟气（含相对密度较小的焚烧残渣颗粒物）从塔顶排出，经热量回收、净化和除尘后排入大气。焚烧残渣中相对密度较大的成分由流化床底部收集，分离出热载体在炉内循环使用。热载体可以采用以下方式分离：利用粒径差异，筛分残渣后，再将载体回流到炉内；利用相对密度差异，在底部出渣口处采用气体分离的方式，将热载体吹回炉内而炉渣排出；采用旋流出渣方式，使热载体和垃圾在炉内做回旋运动，分离出相对密度较大的炉渣。

为了保证燃烧完全同时又防止热载体的熔融粘结，流化层内的温度通常维持在700～950℃。床层上部空间的烟气温度需设置为850℃以上，以控制二噁英类物质的分解。流化床的气固混合充分，传热传质效果好，燃烧速度快，炉内燃烧温度分布均匀，物料燃烧完全。炉体单位处理能力较高，占地面积小，结构简单，炉内无移动部件。缺点是介质的流动对内壁的磨损较大，烟气中的粉尘量高，飞灰产量大，对进料颗粒粒径和均匀性有要求。因此，垃圾焚烧前需进行必要的分选和破碎，以降低垃圾尺寸，改善垃圾均匀性。我国城市生活垃圾焚烧现已极少采用流化床。

6.3.3　热能利用设备

垃圾焚烧烟气热能回收的利用方式，主要有直接热能利用、余热发电和热电联供3种。直接热能利用，是将烟气余热转换为蒸汽、热水和热空气（助燃空气），进行热能利用的方式。这种形式的热利用率高，设备投资小，适合小规模垃圾焚烧设备，且附近要有热源需求。

将烟气余热转化为电能，不仅能远距离传输，而且提供量不受用户热能需求量的限值。因此，在近几十年来，烟气余热发电得到了广泛的应用。在热能转化为电能的过程中，热能损失较大，如果能将发电、区域性供热、工业供热或农业供热结合起来（即热电联供），则可大大提高热能利用率。余热发电的热能利用率大概在35%，而热电联供的热能利用率可高达90%以上（电能占27%以上，热能占60%以上）。

1. 余热锅炉

不管采用哪种热能利用方式，余热锅炉均是应用最广泛的垃圾焚烧烟气的热能利用设备。余热锅炉，主要由锅筒（汽包）、水冷壁、对流管束、过热器、省煤器、空气预热器、烟管等组成。水冷壁，设置在焚烧炉膛内，与炉膛出口的烟气对流管束一起提供热交换表面；过热器，一般布置在靠近炉膛出口烟气温度较高的地方；省煤器，一般设置在锅炉的尾部烟道中；空气预热器，大多布置在尾部烟道的末端。

如图6-15所示，燃烧释放的大量热能通过辐射传热给炉膛四周的水冷壁管，同时，高温烟气进入对流烟道，将热量依次传递给对流管束、过热器、省煤器和空气预热器。锅炉水在省煤器中预热，并在水冷壁管和对流管束中受热蒸发，汽水混合物进入锅筒内进行汽水分离；然后，饱和蒸汽进入过热器，被加热成过热蒸汽后送至汽轮发电机组发电。分离出来的水和蒸汽发电后的凝结水送至省煤器循环再用。

余热锅炉的类型很多，分类方法也各不相同。例如：按额定蒸汽压力，可分为低压锅炉、中压锅炉和高压锅炉；按锅筒的放置方式，可分为立式和卧式等。锅炉的主要工作特性，通常通过蒸发量、额定蒸汽压力、额定蒸汽温度、锅炉热效率等指标衡量。中温中压（400℃，4MPa）是国内外最常用（90%左右）的余热锅炉参数。

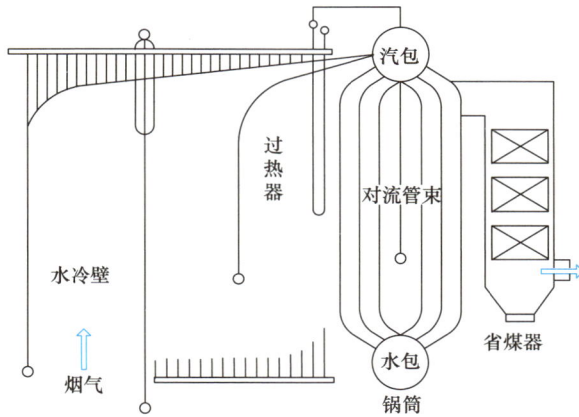

图 6-15　双筒式余热锅炉简图

2. 发电机

发电机有单纯供电的凝汽式发电机，和热电联供的供热式发电机。凝汽式发电机，将发电后做过功的蒸汽送入汽轮机末端的凝汽器，被冷却水降温凝结为水后再送回余热锅炉。因此，大量的热量被冷却水带走，热能利用效率较低。供热式发电机，将部分做了功的蒸汽从汽轮机中端抽出供给附近的用户，从而减少了凝汽式发电机中的热量损失。

汽轮发电机在生活垃圾焚烧厂已成熟和广泛使用。锅炉产生的过热蒸汽进入汽轮发电机内膨胀做功，将热能转换为叶片旋转的机械能，然后带动转子旋转，利用电磁感应实现机械能向电能的转化，进行发电。如图 6-16 所示，汽轮发电机，包括固定部分（由气缸、隔板、前后轴承座、前后轴承、前后汽封等组成）、转动部分（包括主轴和叶轮叶片及联轴器）和发电部分。由于蒸汽在汽轮机中逐级降压膨胀，比容不断增加，因此，各级叶片的长度逐渐增加。

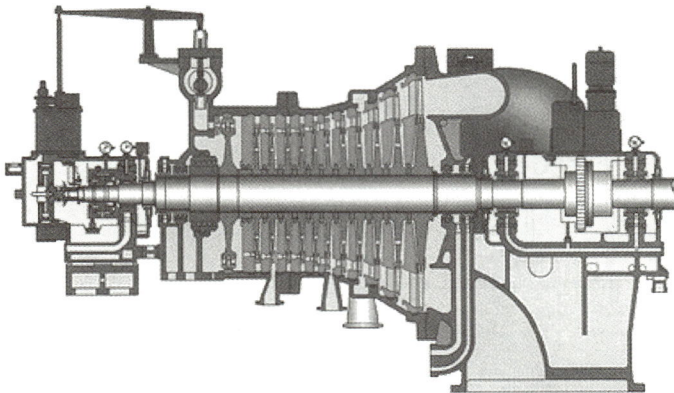

图 6-16　凝汽式汽轮发电机示意图

6.3.4　烟气处理工艺与装置

参见 6.2.1 节中的介绍。

6.3.5 焚烧过程控制

生活垃圾组分复杂，要提高垃圾焚烧效率，获得良好的焚烧运行效果，除燃烧设备和工艺需满足较高的要求外，焚烧炉燃烧系统的稳定控制也十分关键。具体的控制目标包括：达到预定的垃圾处理量；焚烧炉内温度达到设计值，并减少波动；垃圾维持稳定燃烧；焚烧炉排出烟气中含有较少的悬浮颗粒、氮氧化物及一氧化碳；焚烧炉渣的热灼减率达到设计值；维持稳定的蒸汽流量；减少人为操作失误。

焚烧过程的控制系统，包括助燃空气量控制、炉温控制、压力控制、冷却系统控制、集尘器容量控制、烟气浓度监测反馈、报警系统等。传统的燃烧控制系统如图 6-17 所示。根据垃圾的低位热值和单位时间处理量，决定垃圾在炉床（炉排）上的停留时间。为使焚烧温度维持在 850℃ 左右的稳定高温状态，需通过调整炉床移送垃圾的速度及控制助燃空气量来实现，并经由反馈数据对此加以修正，必要时需添加辅助燃料和改变蒸汽蒸发量，以维持稳定的炉温。

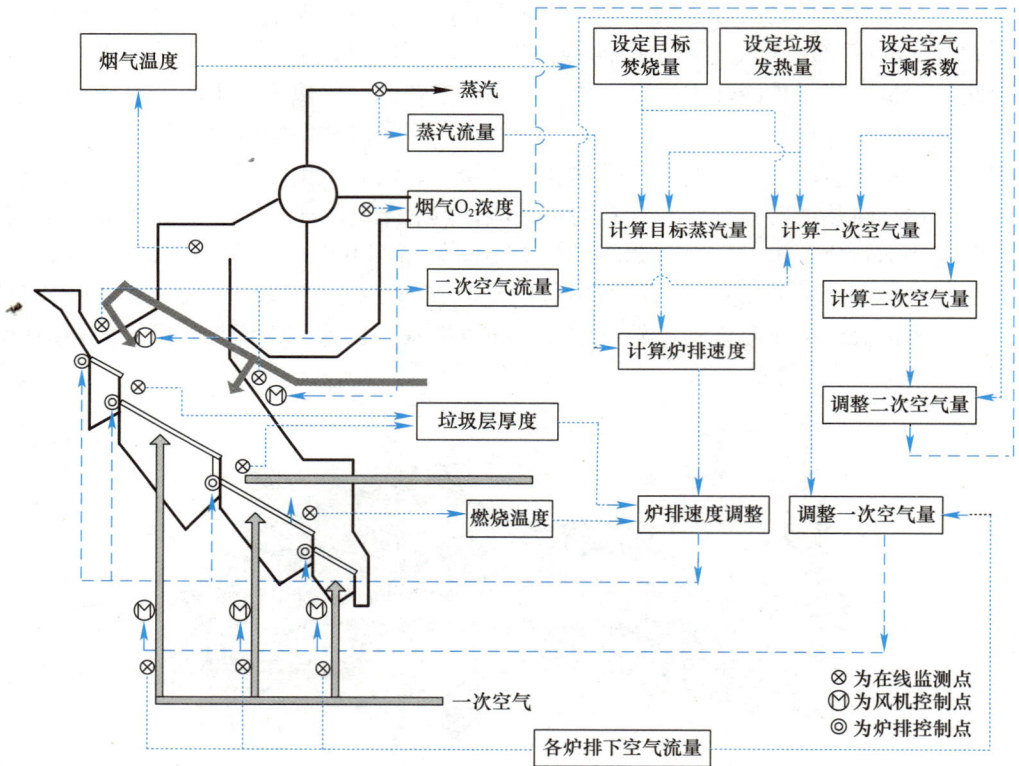

图 6-17 垃圾焚烧过程燃烧控制系统示意图

焚烧控制系统可根据垃圾的低位热值以及目标焚烧量计算出目标蒸汽流量，在焚烧过程中，将实际测得的蒸汽流量与目标蒸汽流量的偏差，反馈给炉床运动速度控制器和助燃空气流量控制器，依靠蒸发量的改变来调节控制炉床速度和助燃空气量。

炉床运动速度的设定与垃圾释热量（燃烧程度）有关。通过炉床上温度及垃圾层厚度的监测结果，以及蒸汽蒸发量偏差的计算结果，可进行运动速度的设定和修正。

助燃空气量直接影响垃圾的燃烧程度，并决定高温烟气的产生量，因而对焚烧温度与烟气中残余的氧浓度有重要作用。助燃空气量的控制，可通过计算烟气中残余氧浓度与蒸汽蒸发量偏差，将空气以不同比例分配到炉体的各进气口。

6.4　焚烧设计计算

6.4.1　设计计算方法框架

在进行焚烧工艺设计时，需先对将处理的生活垃圾量和物化特性（物理组成、工业分析、元素分析等）进行调研分析，在此基础上，根据质量守恒和能量守恒定律，进行生活垃圾焚烧系统的物料平衡和能量平衡计算，确定焚烧过程的主要工艺参数（助燃空气量、烟气产生量、焚烧温度、辅助燃料添加量等），然后，设计计算焚烧主体设施（焚烧炉膛、烟气管道、余热锅炉、反应塔、袋式除尘器等）的设备尺寸，以及辅助设施（如燃烧器、焚烧炉耐火材料等），如图 6-18 所示。

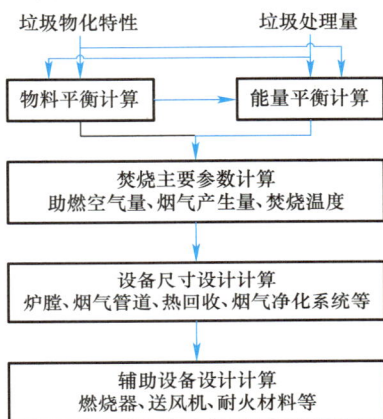

如图 6-19 所示，生活垃圾焚烧过程中，系统输入的物料包括生活垃圾、助燃空气、辅助燃料（垃圾热值不够的情况下）、烟气净化所需的药剂、水等；输出的物料包括垃圾渗沥液、烟气（由垃圾中的可燃分与空气中氧气发生反应生成的二氧化碳、水蒸气、二氧化硫、氯化氢以及未反应的氧气和氮气等组成）、炉渣（灰分和未燃尽碳组成）、锅炉灰、烟气净化系统飞灰、水蒸气等。根据质量守恒定律，可对整个生活垃圾焚烧系统或者其中单元（如焚烧单元、烟气净化单元）进行物料平衡计算，如式（6-57）所示：

$$\sum_{i=1}^{m} M_{输入i} = \sum_{j=1}^{n} M_{输入j} \tag{6-57}$$

图 6-18　焚烧厂设计计算框架

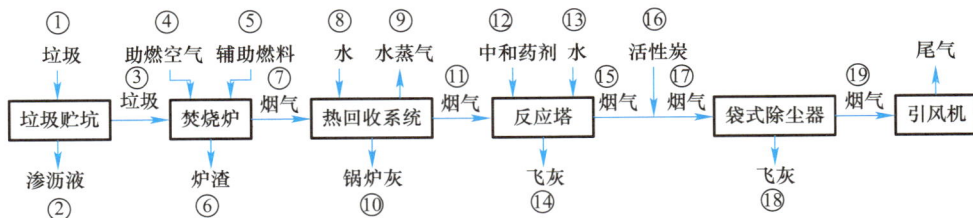

图 6-19　焚烧厂物料流示意图

如图 6-20 所示，生活垃圾焚烧过程中，焚烧系统输入的能量，包括生活垃圾和辅助燃料（垃圾热值不够时需添加辅助燃料的情况）燃烧放热，生活垃圾、辅助燃料和助燃空气显热等；焚烧系统输出的热量，包括烟气和炉渣带走的湿热、炉渣中未燃尽碳所具有的燃烧放热、炉膛散热损失。根据能量守恒定律，可对其作能量平衡计算，见式（6-58）。

$$\sum_{i=1}^{m} H_{输入i} = \sum_{j=1}^{n} H_{输入j} \tag{6-58}$$

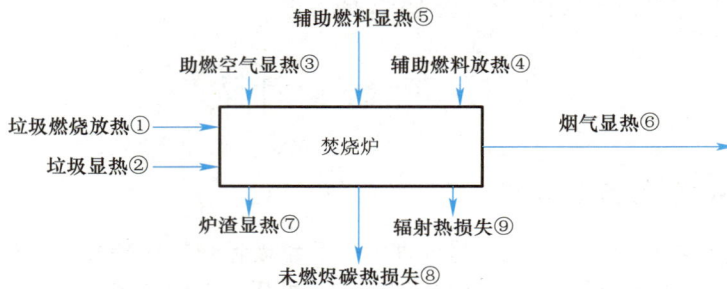

图 6-20　焚烧炉能量流示意图

6.4.2　物料平衡计算

生活垃圾焚烧过程物料平衡计算的基本依据，是垃圾中 C、H、O、N、S、Cl、水分和灰分的质量分数。焚烧灰渣量可依据垃圾灰分含量和炉渣热灼减率的设计值计算；垃圾焚烧所需的助燃空气量、生成的烟气量和组成可以选用式（6-8）的燃烧化学反应计量关系计算。

1. 助燃空气量

理论空气量（A_0）是指垃圾（或辅助燃料）完全燃烧时，所需要的最低空气量（化学计量所需空气量）。

以质量基准（空气质量组成近似计为氧气 23%，氮气 77%）计：

$$A_0(\mathrm{kg/kg}) = \frac{\left[\dfrac{\omega_C}{100} \times \dfrac{32}{12} + \left(\dfrac{\omega_H}{100} - \dfrac{\omega_{Cl}}{100 \times 35.5}\right) \times \dfrac{32}{4} - \dfrac{\omega_O}{100} + \dfrac{\omega_S}{100} \times \dfrac{32}{32}\right]}{0.23} \tag{6-59}$$

以标准状态体积基准（空气体积组成近似计为氧气 21%，氮气 79%）计：

$$A_0(\mathrm{Nm^3/kg}) = \frac{\left[\dfrac{\omega_C}{100} \times \dfrac{22.4}{12} + \left(\dfrac{\omega_H}{100} - \dfrac{\omega_{Cl}}{100 \times 35.5}\right) \times \dfrac{22.4}{4} - \dfrac{\omega_O}{100} \times \dfrac{22.4}{32} + \dfrac{\omega_S}{100} \times \dfrac{22.4}{32}\right]}{0.21}$$

$$\tag{6-60}$$

当过剩空气系数为 γ 时，实际供给的助燃空气量（实际空气量）A：

$$A = \gamma A_0 \tag{6-61}$$

2. 烟气产生量与组成

垃圾以理论空气量完全燃烧时产生的烟气量，称为理论烟气量（G_0）；垃圾以实际空气量情况下完全燃烧时产生的烟气量，称为实际烟气量（G）。

以质量基准计，当过剩空气系数为 γ 时，各烟气组分产生量如下。将 $\gamma = 1$ 代入式（6-62）～式（6-68），即可计算得到以质量计的理论烟气量及其组成。

$$G_{CO_2}(\mathrm{kg/kg}) = \frac{\omega_C}{100} \times \frac{44}{12} \tag{6-62}$$

$$G_{H_2O}(\mathrm{kg/kg}) = \left(\frac{\omega_H}{100} - \frac{\omega_{Cl}}{100 \times 35.5}\right) \times \frac{18}{2} + \frac{\omega_{H_2O}}{100} \tag{6-63}$$

$$G_{O_2}(\text{kg/kg}) = 0.23(\gamma - 1)A_0 \qquad (6\text{-}64)$$

$$G_{N_2}(\text{kg/kg}) = 0.77\gamma A_0 + \frac{\omega_N}{100} \qquad (6\text{-}65)$$

$$G_{SO_2}(\text{kg/kg}) = \frac{\omega_S}{100} \times \frac{64}{32} \qquad (6\text{-}66)$$

$$G_{HCl}(\text{kg/kg}) = \frac{\omega_{Cl}}{100} \times \frac{36.5}{35.5} \qquad (6\text{-}67)$$

$$G(\text{kg/kg}) = \Sigma \text{ 各烟气组分质量} \qquad (6\text{-}68)$$

以标准状态体积基准计，当过剩空气系数为 γ 时，各烟气组分产生量如下。

$$G_{CO_2}(\text{Nm}^3/\text{kg}) = \frac{\omega_C}{100} \times \frac{22.4}{12} \qquad (6\text{-}69)$$

$$G_{H_2O}(\text{Nm}^3/\text{kg}) = \left(\frac{\omega_H}{100} - \frac{\omega_{Cl}}{100 \times 35.5}\right) \times \frac{22.4}{2} + \frac{\omega_{H_2O}}{100} \times \frac{22.4}{18} \qquad (6\text{-}70)$$

$$G_{O_2}(\text{Nm}^3/\text{kg}) = 0.21(\gamma - 1)A_0 \qquad (6\text{-}71)$$

$$G_{N_2}(\text{Nm}^3/\text{kg}) = 0.79\gamma A_0 + \frac{\omega_N}{100} \times \frac{22.4}{28} \qquad (6\text{-}72)$$

$$G_{SO_2}(\text{Nm}^3/\text{kg}) = \frac{\omega_S}{100} \times \frac{22.4}{32} \qquad (6\text{-}73)$$

$$G_{HCl}(\text{Nm}^3/\text{kg}) = \frac{\omega_{Cl}}{100} \times \frac{22.4}{35.5} \qquad (6\text{-}74)$$

$$G(\text{Nm}^3/\text{kg}) = \Sigma \text{ 各烟气组分标态下体积} \qquad (6\text{-}75)$$

将 $\gamma = 1$ 代入式（6-69）～式（6-75），即可计算得到以标准状态体积计的理论烟气量及其组成。

【例 6-2】　中国某地区生活垃圾的工业分析和元素分析结果见表 6-4。试计算该生活垃圾焚烧所需理论空气量、理论烟气量和组成，以及过剩空气系数分别为 1.5、2 和 2.5 时的实际空气量、烟气量和组成。

解：将生活垃圾元素组成代入式（6-60），得到理论空气量 A_0：

$$A_0 = \frac{\left[\dfrac{17.9}{100} \times \dfrac{22.4}{12} + \left(\dfrac{2.8}{100} - \dfrac{0.4}{100 \times 35.5}\right) \times \dfrac{22.4}{4} - \dfrac{9.8}{100} \times \dfrac{22.4}{32} + \dfrac{0.4}{100} \times \dfrac{22.4}{32}\right]}{0.21}$$

$$= 2.021\,\text{Nm}^3/\text{kg}$$

理论烟气量为：

$$G_{0CO_2} = \frac{17.9}{100} \times \frac{22.4}{12} = 0.334\,\text{Nm}^3/\text{kg}，占 11.26\%$$

$$G_{0H_2O} = \left(\frac{2.8}{100} - \frac{0.4}{100 \times 35.5}\right) \times \frac{22.4}{2} + \frac{57.5}{100} \times \frac{22.4}{18} = 1.028\,\text{Nm}^3/\text{kg}，占 34.64\%$$

$$G_{0N_2} = 0.79 \times 2.021 + \frac{0.4}{100} \times \frac{22.4}{28} = 1.600\,\text{Nm}^3/\text{kg}，占 53.92\%$$

$$G_{0SO_2} = \frac{0.4}{100} \times \frac{22.4}{32} = 0.003\,\text{Nm}^3/\text{kg}，占 0.09\%$$

$$G_{0HCl}=\frac{0.4}{100}\times\frac{22.4}{35.5}=0.003\ \text{Nm}^3/\text{kg}，占 0.09\%$$

$$G_0=2.968\ \text{Nm}^3/\text{kg}$$

当过剩空气系数为 1.5 时，实际空气量 A 和实际烟气量 G 为：

$$A=\gamma A_0=1.5\times2.021=3.032\ \text{Nm}^3/\text{kg}$$

$$G_{CO_2}=\frac{17.9}{100}\times\frac{22.4}{12}=0.334\ \text{Nm}^3/\text{kg}，占 8.40\%$$

$$G_{H_2O}=\left(\frac{2.8}{100}-\frac{0.4}{100\times35.5}\right)\times\frac{22.4}{2}+\frac{57.5}{100}\times\frac{22.4}{18}=1.028\ \text{Nm}^3/\text{kg}，占 25.84\%$$

$$G_{O_2}=0.21\times(1.5-1)\times2.021=0.212\ \text{Nm}^3/\text{kg}，占 5.34\%$$

$$G_{N_2}=0.79\times1.5\times2.021+\frac{0.4}{100}\times\frac{22.4}{28}=2.398\ \text{Nm}^3/\text{kg}，占 60.29\%$$

$$G_{SO_2}=\frac{0.4}{100}\times\frac{22.4}{32}=0.003\ \text{Nm}^3/\text{kg}，占 0.07\%$$

$$G_{HCl}=\frac{0.4}{100}\times\frac{22.4}{35.5}=0.003\ \text{Nm}^3/\text{kg}，占 0.06\%$$

$$G=3.978\ \text{Nm}^3/\text{kg}$$

当过剩空气系数分别为 2 和 2.5 时，实际空气量、烟气量及组成分别见表 6-10。

该生活垃圾焚烧所需空气量和烟气产生量　　　　表 6-10

项目	空气量或烟气量（体积百分比），Nm^3/kg（%）			
	$\gamma=1$	$\gamma=1.5$	$\gamma=2.0$	$\gamma=2.5$
A	2.021	3.032	4.043	5.054
G	2.968	3.978	4.990	6.001
G_{CO_2}	0.334 (11.26)	0.334 (8.40)	0.334 (6.70)	0.334 (5.57)
G_{H_2O}	1.028 (34.64)	1.028 (25.84)	1.028 (20.60)	1.028 (17.13)
G_{O_2}	0.000 (0.00)	0.212 (5.34)	0.425 (8.51)	0.637 (10.61)
G_{N_2}	1.600 (53.92)	2.398 (60.29)	3.197 (64.08)	3.996 (66.60)
G_{SO_2}	0.003 (0.09)	0.003 (0.07)	0.003 (0.06)	0.003 (0.05)
G_{HCl}	0.003 (0.09)	0.003 (0.06)	0.003 (0.05)	0.003 (0.04)

6.4.3　热平衡计算

根据热量守恒定律，焚烧炉输入热量与输出热量的平衡关系为 $H_{in}=H_{out}$。

由图 6-19，输入热量 H_{in} 包括：

垃圾燃烧放热：$H_1=LHV_R \cdot F_R$　　　　　　　　　　　　　　　　　　　　（6-76）

垃圾显热：$H_2=F_R \cdot C_{pR} \cdot T_R$　　　　　　　　　　　　　　　　　　　（6-77）

助燃空气显热：$H_3=F_R \cdot (A_R+R_F \cdot A_F) \cdot C_{pa} \cdot T_a$　　　　　　　　　（6-78）

辅助燃料燃烧放热：$H_4=LHV_F \cdot F_R \cdot R_F$　　　　　　　　　　　　　　（6-79）

辅助燃料显热：$H_5=F_R \cdot R_F \cdot C_{pF} \cdot T_F$　　　　　　　　　　　　　（6-80）

$$H_{in}=H_1+H_2+H_3+H_4+H_5 \tag{6-81}$$

输出热量 H_{out} 包括：

烟气显热：$H_6 = F_R \cdot (G_R \cdot C_{pgR} + R_F \cdot G_F \cdot C_{pgF}) \cdot T_g$ (6-82)

炉渣显热：$H_7 = F_R \cdot \left(\dfrac{w_A + w_{RC}}{100}\right) \cdot C_{pBA} \cdot T_{BA}$ (6-83)

未燃尽碳热损失：$H_8 = LHV_{RC} \cdot F_R \cdot \dfrac{w_{RC}}{100}$ (6-84)

辐射热损失：$H_9 = (H_1 + H_2 + H_3 + H_4 + H_5 - H_8) \times \dfrac{\xi}{100}$ (6-85)

$$H_{out} = H_6 + H_7 + H_8 + H_9 \tag{6-86}$$

由 $H_{in} = H_{out}$，和式（6-81）、式（6-85）、式（6-86）可得：

$$(H_1 + H_2 + H_3 + H_4 + H_5 - H_8) \cdot \left(1 - \dfrac{\xi}{100}\right) = H_6 + H_7 \tag{6-87}$$

即：

$$\left[LHV_R + LHV_F \cdot R_F - LHV_{RC} \cdot \dfrac{w_{RC}}{100} + C_{pR} \cdot T_R + (A_R + R_F \cdot A_F) \cdot C_{pa} \cdot \right.$$

$$\left. T_a + R_F \cdot C_{pF} \cdot T_F \right] \cdot \left(1 - \dfrac{\xi}{100}\right) = (G_R \cdot C_{pgR} + R_F \cdot G_F \cdot C_{pgF}) \cdot$$

$$T_g + \left(\dfrac{w_A + w_{RC}}{100}\right) \cdot C_{pBA} \cdot T_{BA} \tag{6-88}$$

式中　　　　　　　　F_R——垃圾处理量，kg/h；

R_F——焚烧每千克垃圾所需添加的辅助燃料量，kg/kg；

LHV_R、LHV_F、LHV_{RC}——进料垃圾、辅助燃料和未燃尽碳低位热值，kJ/kg；

C_{pR}、C_{pF}、C_{pBA}——进料垃圾、辅助燃烧、炉渣的定压比热容，kJ/(kg·℃)；

C_{pa}、C_{pgR}、C_{pgF}——空气、垃圾燃烧产生烟气、辅助燃料燃烧产生烟气的定压比热容，kJ/(Nm³·℃) 或 kJ/(kg·℃)；

A_R 和 A_F——垃圾和辅助燃料燃烧的实际空气量，Nm³/kg 或 kJ/kg；

G_R 和 G_F——垃圾和辅助燃烧产生的实际烟气量，Nm³/kg 或 kJ/kg；

T_R、T_a、T_F、T_g、T_{BA}——进炉垃圾、进炉助燃空气、进炉辅助燃料、出炉烟气、出炉炉渣的温度，℃；

w_A 和 w_{RC}——进料垃圾中的灰分含量和未燃尽碳占进料垃圾的质量百分比，%；

ξ——辐射热损失占炉膛有效输入热量的百分比，%。

如果不添加辅助燃料，热量守恒式可简化为式（6-89）：

$$\left(LHV_R - LHV_{RC} \cdot \dfrac{w_{RC}}{100} + C_{pR} \cdot T_R + A_R \cdot C_{pa} \cdot T_a \right) \cdot \left(1 - \dfrac{\xi}{100}\right)$$

$$= G_R \cdot C_{pgR} \cdot T_g + \left(\dfrac{w_A + w_{RC}}{100}\right) \cdot C_{pBA} \cdot T_{BA} \tag{6-89}$$

由式（6-89），根据垃圾处理量和辅助燃料用量，可计算获得垃圾焚烧时所能达到的烟气温度；或者根据需达到的烟气温度，计算所需添加的辅助燃料量。

垃圾与空气混合并完全燃烧（燃烧效率100%）后，在没有任何热量损失的情况下，燃烧烟气所能达到的最高温度称为"绝热火焰温度"T_g，可由式（6-90）计算。

$$LHV_R + C_{pR} \cdot T_R + A_R \cdot C_{pa} \cdot T_a = G_R \cdot C_{pgR} \cdot T_g + \frac{w_A}{100} \cdot C_{pBA} \cdot T_{BA} \qquad (6\text{-}90)$$

【例 6-3】 某生活垃圾焚烧厂，单台焚烧炉处理能力为 10t/h。焚烧垃圾的工业分析和元素分析结果同表 6-4 中的中国某地区垃圾。进炉垃圾和助燃空气温度为 20℃，离开炉排炉渣的温度为 650℃；垃圾比热容 $C_{pR}=2.5$kJ/(kg·℃)，炉渣比热容 $C_{pBA}=0.31$kJ/(kg·℃)；过剩空气系数为 1.5；炉渣中含碳量 5%，碳的热值为 32700kJ/kg；辐射热损失占炉膛有效输入热量的 5%。试计算垃圾燃烧时产生烟气的温度。

解： 由［例 6-1］计算，该生活垃圾的低位热值为 6356kJ/kg。

［例 6-2］中介绍了体积基准的实际空气量和烟气量计算结果，本例中计算质量基准的实际空气量和烟气量。

炉渣中含碳量为 5%，垃圾灰分含量为 10.8%。因此，1kg 垃圾焚烧时，产生的炉渣量为：$w_{BA} = \dfrac{w_A}{1-0.05} = \dfrac{10.8}{0.95} = 11.37\%$。

未燃尽碳占进料垃圾质量百分比为：$w_{RC} = w_{BA} - w_A = 11.37 - 10.80 = 0.57\%$。

因此，燃烧过程中实际参与反应的碳为：$w_C = 17.90 - 0.57 = 17.33\%$。

$$A_0 = \frac{\left[\dfrac{17.33}{100} \times \dfrac{32}{12} + \left(\dfrac{2.8}{100} - \dfrac{0.4}{100 \times 35.5} \right) \times \dfrac{32}{4} - \dfrac{9.8}{100} + \dfrac{0.4}{100} \times \dfrac{32}{32} \right]}{0.23} = 2.637 \text{kg/kg}$$

$$A = \gamma A_0 = 1.5 \times 2.637 = 3.955 \text{kg/kg}$$

$$G_{CO_2} = \frac{17.33}{100} \times \frac{44}{12} = 0.635 \text{kg/kg}, \qquad 占 13.12\%$$

$$G_{H_2O} = \left(\frac{2.8}{100} - \frac{0.4}{100 \times 35.5} \right) \times \frac{18}{2} + \frac{57.5}{100} = 0.826 \text{kg/kg}, \quad 占 17.07\%$$

$$G_{O_2} = 0.23(\gamma - 1)A_0 + \frac{w_{RC}}{100} \times \frac{32}{12} = 0.23 \times 0.5 \times 2.637 + \frac{0.57}{100} \times \frac{32}{12}$$
$$= 0.318 \text{kg/kg}, \qquad 占 6.57\%$$

$$G_{N_2} = 0.77 \times 1.5 \times 2.637 + \frac{0.4}{100} = 3.049 \text{kg/kg}, \qquad 占 63.00\%$$

$$G_{SO_2} = \frac{0.4}{100} \times \frac{64}{32} = 0.008 \text{kg/kg}, \qquad 占 0.16\%$$

$$G_{HCl} = \frac{0.4}{100} \times \frac{36.5}{35.5} = 0.004 \text{kg/kg}, \qquad 占 0.08\%$$

$$G = G_{CO_2} + G_{H_2O} + G_{O_2} + G_{N_2} + G_{SO_2} + G_{HCl} = 4.840 \text{kg/kg}$$

在 0~1500℃ 范围内，各气体组分 C_p 与温度的关系如下，假设烟气温度为 880℃，可分别计算各烟气组分和混合烟气的比热容。

$$C_{pCO_2}[\text{kJ/(kg·℃)}] = 0.8205 + 9.618 \times 10^{-4} \times T - 6.560 \times 10^{-7} \times T^2$$
$$+ 1.696 \times 10^{-10} \times T^3$$

$$C_{pH_2O}[\text{kJ/(kg·℃)}] = 1.857 + 3.819 \times 10^{-4} \times T + 4.221 \times 10^{-7} \times T^2 - 1.994$$
$$\times 10^{-10} \times T^3$$

$$C_{pO_2}[kJ/(kg \cdot ℃)] = 0.9094 + 3.619 \times 10^{-4} \times T + 1.899 \times 10^{-7} \times T^2 - 4.097 \times 10^{-11} \times T^3$$

$$C_{pN_2}[kJ/(kg \cdot ℃)] = 1.035 + 7.848 \times 10^{-5} \times T + 2.042 \times 10^{-7} \times T^2 - 1.025 \times 10^{-10} \times T^3$$

$$C_{pSO_2}[kJ/(kg \cdot ℃)] = 0.6703 + 6.093 \times 10^{-4} \times T - 4.845 \times 10^{-7} \times T^2 + 1.343 \times 10^{-10} \times T^3$$

$$C_{pHCl}[kJ/(kg \cdot ℃)] = 0.7987 - 3.677 \times 10^{-5} \times T + 2.664 \times 10^{-7} \times T^2 - 1.189 \times 10^{-10} \times T^3$$

$$C_{pgR} = C_{pCO_2} \times \frac{13.12}{100} + C_{pH_2O} \times \frac{17.07}{100} + C_{pO_2} \times \frac{6.57}{100} + C_{pN_2} \times \frac{63.00}{100}$$

$$+ C_{pSO_2} \times \frac{0.16}{100} + C_{pHCl} \times \frac{0.08}{100} = 1.274 \times \frac{13.12}{100} + 2.384 \times \frac{17.07}{100}$$

$$+ 1.109 \times \frac{6.57}{100} + 1.192 \times \frac{63.00}{100} + 0.860 \times \frac{0.16}{100} + 0.892 \times \frac{0.08}{100}$$

$$= 1.400 kJ/(kg \cdot ℃)$$

空气中 O_2 和 N_2 的质量组成分别为 23% 和 77%，由 C_p 与温度关系式可计算 20℃ 时的 C_{pO_2} 和 C_{pN_2}，然后计算得到：

$$C_{pa} = C_{pO_2} \times 0.23 + C_{pN_2} \times 0.77 = 0.9165 \times 0.23 + 1.037 \times 0.77$$

$$= 1.009 kJ/(kg \cdot ℃)$$

将上述参数代入式 (6-88)：

$$\left(6356 - 32700 \times \frac{0.57}{100} + 2.5 \times 20 + 3.955 \times 1.009 \times 20\right) \times \left(1 - \frac{5}{100}\right)$$

$$= 4.840 \times 1.400 \times T_g + \left(\frac{10.80 + 0.57}{100}\right) \times 0.31 \times 650$$

得到 $T_g = 880℃$，与设定温度一致（若相差较大，则调整设定温度，重新计算 C_{pgR}，然后，再计算烟气温度，直到设定温度与计算得到的烟气温度相似）。因此垃圾燃烧时产生烟气的温度为 880℃。

【例 6-4】 某生活垃圾焚烧厂，单台焚烧炉处理能力为 10t/h。垃圾组成为：水分，65%；C，11.5%；H，1.5%；O，8.0%；N，0.4%；Cl，0.3%；S，0.3%；灰分，13%。添加燃油以提高炉温，燃油组成为：C，85.63%；H，12.57%；O，0.20%；N，0.13%；S，1.47%。垃圾和燃油的低位热值分别为 2740kJ/kg 和 44500kJ/kg。进炉垃圾和助燃空气温度为 20℃，离开炉排的炉渣温度为 650℃；垃圾比热容 $C_{pR} = 2.5kJ/(kg \cdot ℃)$，燃油比热容 $C_{pF} = 2.2kJ/(kg \cdot ℃)$，炉渣比热容 $C_{pBA} = 0.31kJ/(kg \cdot ℃)$；垃圾过剩空气系数为 1.5；燃油过剩空气系数为 1.3，垃圾和燃油完全燃烧；辐射热损失占炉膛有效输入热量的 5%。试计算烟气温度达到 850℃ 时所需添加的燃油量。

解：（1）垃圾燃烧所需的空气量和产生的烟气量为：

$$A_{R0} = \frac{\left[\frac{11.5}{100} \times \frac{32}{12} + \left(\frac{1.5}{100} - \frac{0.3}{100 \times 35.5}\right) \times \frac{32}{4} - \frac{8.0}{100} + \frac{0.4}{100} \times \frac{32}{32}\right]}{0.23} = 1.517 kg/kg$$

$$A_R = \gamma A_{R0} = 1.5 \times 1.517 = 2.276 \text{kg/kg}$$

$$G_{RCO_2} = \frac{11.5}{100} \times \frac{44}{12} = 0.422 \text{kg/kg}，占 13.40\%$$

$$G_{RH_2O} = \left(\frac{1.5}{100} - \frac{0.3}{100 \times 35.5}\right) \times \frac{18}{2} + \frac{65}{100} = 0.784 \text{kg/kg}，占 24.93\%$$

$$G_{RO_2} = 0.23 \times 0.5 \times 1.517 = 0.174 \text{kg/kg}，占 5.55\%$$

$$G_{RN_2} = 0.77 \times 1.5 \times 1.517 + \frac{0.4}{100} = 1.757 \text{kg/kg}，占 55.83\%$$

$$G_{RSO_2} = \frac{0.3}{100} \times \frac{64}{32} = 0.006 \text{kg/kg}，占 0.19\%$$

$$G_{RHCl} = \frac{0.3}{100} \times \frac{36.5}{35.5} = 0.003 \text{kg/kg}，占 0.10\%$$

$$G_R = G_{RCO_2} + G_{RH_2O} + G_{RO_2} + G_{RN_2} + G_{RSO_2} + G_{RHCl} = 3.146 \text{kg/kg}$$

850℃ 时，C_{pCO_2}、C_{pH_2O}、C_{pO_2}、C_{pN_2}、C_{pSO_2}、C_{pHCl} 分别为 1.268kJ/(kg · ℃)、2.364kJ/(kg · ℃)、1.105kJ/(kg · ℃)、1.186kJ/(kg · ℃)、0.858kJ/(kg · ℃)、0.887kJ/(kg · ℃)，则烟气的比热容为：

$$C_{pgR} = 1.268 \times \frac{13.40}{100} + 2.364 \times \frac{24.93}{100} + 1.105 \times \frac{5.55}{100} + 1.186 \times \frac{55.83}{100}$$
$$+ 0.858 \times \frac{0.19}{100} + 0.887 \times \frac{0.10}{100} = 1.485 \text{kJ/(kg · ℃)}$$

（2）燃油燃烧所需的空气量和产生的烟气量为：

$$A_{F0} = \frac{\left(\frac{85.63}{100} \times \frac{32}{12} + \frac{12.57}{100} \times \frac{32}{4} - \frac{0.20}{100} + \frac{1.47}{100} \times \frac{32}{32}\right)}{0.23} = 14.356 \text{kg/kg}$$

$$A_F = \gamma_F A_{F0} = 1.3 \times 14.356 = 18.662 \text{kg/kg}$$

$$G_{FCO_2} = \frac{85.63}{100} \times \frac{44}{12} = 3.140 \text{kg/kg}，占 15.97\%$$

$$G_{FH_2O} = \frac{12.57}{100} \times \frac{18}{2} = 1.131 \text{kg/kg}，占 5.75\%$$

$$G_{FO_2} = 0.23 \times 0.3 \times 14.356 = 0.991 \text{kg/kg}，占 5.04\%$$

$$G_{FN_2} = 0.77 \times 1.3 \times 14.356 + \frac{0.13}{100} = 14.371 \text{kg/kg}，占 73.09\%$$

$$G_{FSO_2} = \frac{1.47}{100} \times \frac{64}{32} = 0.029 \text{kg/kg}，占 0.15\%$$

$$G_F = G_{FCO_2} + G_{FH_2O} + G_{FO_2} + G_{FN_2} + G_{FSO_2} = 19.662 \text{kg/kg}$$

$$C_{pgF} = 1.268 \times \frac{15.97}{100} + 2.364 \times \frac{5.75}{100} + 1.105 \times \frac{5.04}{100} + 1.186 \times \frac{73.09}{100}$$
$$+ 0.858 \times \frac{0.15}{100} = 1.262 \text{kJ/(kg · ℃)}$$

（3）将已知参数代入式（6-88）：

$$[2740 + 44500 \times R_F + 2.5 \times 20 + (2.276 + R_F \times 18.662) \times 1.009 \times 20 + R_F \times$$

$$2.2 \times 20] \times \left(1 - \frac{5}{100}\right) = (3.146 \times 1.485 + R_F \times 19.662 \times 1.262) \times 850 +$$

$$\frac{13}{100} \times 0.31 \times 650$$

得到 $R_F = 0.06$，即每千克垃圾焚烧需加入 0.06kg 燃油，方可使烟气温度达到 850℃。

焚烧炉的物料和热量平衡，除了可按生活垃圾平均组成及处理量计算外，还应按生活垃圾组成及处理量的变化范围以及最高炉内温度，计算最大和最小的空气和烟气量。

6.4.4　焚烧炉尺寸计算

焚烧炉燃烧室（炉膛）尺寸的设计，主要由燃烧室内允许的热负荷和烟气在炉内的停留时间决定。燃烧室热负荷（VHR）是指燃烧室单位容积、单位时间内燃烧废物所释放的热量。燃烧室热负荷和烟气停留时间的设计值应在合适的范围内选取，热负荷过大时，则燃烧室容积变小，炉膛温度升高，会加速耐火材料损伤和垃圾在炉排、炉壁上的结焦，同时，烟气停留时间缩短，使可燃气体燃烧不完全；相反，当燃烧室热负荷设计过小时，燃烧室容积增大，炉壁的散热损失会造成炉膛温度降低，特别是当垃圾热值较低时，会使得燃烧不稳定，造成炉渣热灼减率的提高。连续式炉排炉和流化床燃烧室热负荷通常取为 $(40 \sim 100) \times 10^4 \, \text{kJ/(m}^3 \cdot \text{h)}$。

燃烧室容积（V）是指耐火材料所包围的空间，以空炉时炉排上方的容积计，燃烧室容积应同时满足热负荷和停留时间的要求。因此，在设计时，常用的做法是按热负荷和停留时间分别计算燃烧室所需容积，然后，择取其中较大值。

$$V(\text{m}^3) = \max\left(\frac{H}{VHR}, \quad F_R \cdot G' \cdot \frac{t}{3600}\right) \tag{6-91}$$

式中　H——单位时间内燃烧废物所释放的热量，kJ/h，可由垃圾低位热值和助燃空气带
　　　　　　入热量计算而得，即：$H = LHV_R \cdot F_R + F_R \cdot A \cdot C_{pa} \cdot (T_a - T_0)$；

　　　　F_R——垃圾处理量，kg/h；

　　　　G'——以温度 T_g（℃）下的体积为基准的烟气产生量，m^3/kg，与标态下的实际烟
　　　　　　气量（G，Nm^3/kg）关系为 $\dfrac{G'}{273.15 + T_g} = \dfrac{G}{273.15}$；

　　　　t——烟气停留时间，s。

炉排面积的大小（GA）与所需处理的垃圾量及炉排处理能力有关，可采用式（6-92）设计计算。

$$GA(\text{m}^2) = \frac{F_R}{GBR} \tag{6-92}$$

式中　GBR——炉排燃烧率，即炉排单位面积、单位时间可以焚烧的废物量，$\text{kg/(m}^2 \cdot \text{h)}$。

炉排燃烧率越高，说明焚烧炉的处理能力越大，焚烧炉的性能越好。而对于特定的焚烧炉（规格、大小一定），则垃圾热值越高、助燃空气温度越高，炉排燃烧率就应取得越高。炉排设计的参考值，对于间歇式焚烧炉通常取为 $120 \sim 160 \, \text{kg/(m}^2 \cdot \text{h)}$，连续式炉排焚烧炉的燃烧率通常取为 $200 \, \text{kg/(m}^2 \cdot \text{h)}$，流化床的燃烧率（取流化床单位截面积）通常取为 $400 \sim 600 \, \text{kg/(m}^2 \cdot \text{h)}$。

【例 6-5】 某生活垃圾焚烧厂，单台焚烧炉处理能力为 10t/h，过剩空气系数为 1.5。焚烧垃圾的工业分析和元素分析结果同表 6-4 中的中国某地区垃圾。进炉垃圾和助燃空气温度同大气温度，炉内烟气温度为 850℃，垃圾低位热值为 6365kJ/kg。焚烧炉热负荷设计值为 $80 \times 10^4 kJ/(m^3 \cdot h)$。试计算燃烧室容积 V。

解： （1）按热负荷计算：

$$V = \frac{H}{VHR} = \frac{LHV_R \cdot F_R + F_R \cdot A \cdot C_{pa} \cdot (T_a - T_0)}{VHR} = \frac{LHV_R \cdot F_R}{VHR}$$

$$= \frac{6365 \times 10000}{80 \times 10^4} = 79.6 m^3$$

（2）按停留时间计算：

$$V = F_R \cdot \frac{G \times (273.15 + T_g)}{273.15} \times \frac{t}{3600} = 10000 \times \frac{3.978 \times (273.15 + 850)}{273.15} \times \frac{2}{3600}$$

$$= 90.9 m^3$$

因此，燃烧室容积取较大值，90.9m³。

6.4.5　热能利用计算

高温烟气所具有的显热，是焚烧厂实际可利用的热量。焚烧厂热能利用的典型方式如下。

（1）高温烟气→气/气热交换器→热空气或过程气体
（2）高温烟气→气/液热交换器→热水、过程流体、有机流体
（3）高温烟气→蒸汽锅炉→蒸汽
（4）高温烟气→冷凝型热交换器→热水
（5）高温烟气→直接接触型热交换器→热水

其中，高温烟气→蒸汽锅炉→蒸汽方式是目前生活垃圾焚烧厂最主流的热能利用方式。根据能量守恒定律，可根据烟气温度计算余热锅炉的蒸发量，或根据余热锅炉的蒸汽量计算烟气温度的下降值，详见式（6-93）。

$$(G \cdot C_{pg} \cdot T_g - G \cdot C_{pb} \cdot T_b) \cdot \left(1 - \frac{\xi_b}{100}\right)$$

$$= W \cdot \eta \cdot (2257 + C_{pv} \cdot T_v) + W \cdot (1 - \eta) \cdot C_{pw} \cdot T_w \tag{6-93}$$

式中　C_{pb}、C_{pv}、C_{pw}——余热锅炉出口烟气、水蒸气和出水的定压比热容，kJ/(kg·℃)；

T_b、T_v、T_w——余热锅炉出口烟气、水蒸气和出水的温度，℃；

ξ_b——余热锅炉热损失，%；

W——每千克垃圾焚烧的锅炉给水量，kg/kg；

η——锅炉给水的蒸发效率，无量纲；

$W \cdot \eta$——余热锅炉蒸发量，kg/kg。

6.4.6　烟气处理工艺流程设计

烟气净化工艺流程设计，应充分考虑垃圾性质、焚烧烟气中污染物浓度的变化及其物化性质，并注意组合工艺间的相互匹配，根据焚烧厂所在地的烟气排放标准确定。目前，

常用的烟气净化组合工艺主要有以下几种：

（1）干法或半干法除酸＋活性炭喷射吸附＋布袋除尘；

（2）SNCR 脱硝＋干法或半干法除酸＋活性炭喷射吸附＋布袋除尘；

（3）SNCR 脱硝＋干法或半干法除酸＋活性炭粉末喷射吸附＋布袋除尘＋SCR 脱硝；

（4）SNCR 脱硝＋半干法除酸＋活性炭粉末喷射吸附＋布袋除尘＋湿法除酸＋SCR 脱硝；

（5）半干法除酸＋活性炭粉末喷射吸附＋布袋除尘＋湿法除酸＋活性炭床。

根据不同的烟气净化工艺，选择合适的烟气停留时间、烟气温度等工艺条件，进行相应的净化设备选型和尺寸设计。

思考题与习题

1. 生活垃圾焚烧过程的主要影响因素是什么？可采取哪些控制措施保证焚烧厂的稳定运行？

2. 试从焚烧厂运行和烟气污染控制两方面，分析限塑令对生活垃圾焚烧工艺的影响。

3. 试分析生活垃圾焚烧厂主要的用水途径和耗水量，讨论可采取的节水措施。

4. 试设计生活垃圾渗沥液的处理工艺流程，并阐述各处理单元的功能。

5. 生活垃圾焚烧厂烟气的主要污染物是什么？如何控制？

6. 试比较炉排炉和流化床焚烧炉的差异。

7. 某生活垃圾焚烧厂，进厂垃圾组成为：水分，65%；C，11.5%；H，1.5%；O，8.0%；N，0.4%；Cl，0.3%；S，0.3%；灰分，13%。垃圾在垃圾池中堆存 5 天后，含水率下降至 55%。假设垃圾中的有机物没有降解。试求垃圾的低位热值上升了多少。

8. 某生活垃圾焚烧厂，垃圾可燃分、水分和灰分分别为 60%、20% 和 20%。其可燃分的概化分子式为 $C_{150}H_{260}O_{90}N_8S_3$，试求垃圾焚烧所需的理论空气量和烟气量（kg/kg）。若空气过剩系数为 2，则实际空气量和烟气量（kg/kg）又分别为多少？

9. 某生活垃圾焚烧厂，垃圾组成同表 6-4 中的美国垃圾。当过剩空气系数为 2 时，试计算焚烧绝热火焰温度。已知：进料垃圾和助燃空气温度为 20℃，离开炉排的炉渣温度与烟气相同，垃圾比热容为 $C_{pR}=2.2kJ/(kg \cdot ℃)$，炉渣比热容为 $C_{pBA}=0.33kJ/(kg \cdot ℃)$。

10. 某生活垃圾焚烧厂，进厂垃圾组成为：水分，65%；C，11.5%；H，1.5%；O，8.0%；N，0.4%；Cl，0.3%；S，0.3%；灰分，13%。已知：进料垃圾和助燃空气温度为 20℃，离开炉排的炉渣温度为 600℃；垃圾比热容为 $C_{pR}=2.5kJ/(kg \cdot ℃)$，炉渣比热容为 $C_{pBA}=0.31kJ/(kg \cdot ℃)$；垃圾过剩空气系数为 1.5；垃圾完全燃烧；辐射热损失占炉膛有效输入热量的 5%，试计算烟气温度。若助燃空气预热至 120℃，则烟气温度可上升至多少度？

第7章　生活垃圾填埋处置

填埋处置是利用地表空间，通过堆、填、埋等土工作业进行废物处理的方法。填埋处置是实现废物最终处置的重要手段，可以实现废物的无害化和减量化。根据废物污染特征的差别，填埋处置基本可分为三种类型：①适用于污染物溶出水平对周边环境无显著影响的惰性废物的控制性填埋；②适用于生活垃圾和以有机污染为主的一般废物的卫生填埋；③适用于危险废物的安全填埋。本章着重讲授生活垃圾的卫生填埋技术方法。

7.1　填埋处置的基本概念

7.1.1　填埋场功能和设施构成

20世纪30年代初，美国开始对传统填埋法进行改良，提出一套系统化、机械化的科学填埋方法，称卫生填埋法。卫生填埋是用工程手段，采取有效技术措施，防止渗滤液[①]及有害气体对水体和大气的污染，并将垃圾压实减容至最小，减小填埋占地面积，在每天填埋操作结束后用土（或膜）覆盖，使整个填埋过程对公共卫生安全及环境污染均无危害的一种土地处理垃圾技术方法。典型填埋场构造示意如图7-1所示。

从其使用功能上看，垃圾填埋场内的各项工程设施可分为三大类，即主体工程设施、辅助工程设施和生产管理与生活服务设施。

主体工程设施包括：场区道路，场地平整，水土保持，防渗系统，雨水、地下水导排系统，清污水分流系统，填埋气体导排处理系统，坝体工程，渗滤液收集、处理和排放，防轻飘垃圾飞散设施，监测井，绿化隔离带及封场工程等。

辅助工程设施与设备包括：进场道路（码头），库房，机械车辆修理设施，供配电设施，通信设施，消防设施，给水排水系统，计量设施，覆土备料场，加油站，洗车台设备，碾压设备，监测化验设备，挖土运土设备及消杀设备等。

生产管理与生活服务设施包括：办公楼、宿舍、食堂、浴室、锅炉房等。

7.1.2　垃圾卫生填埋工艺流程与特点

1. 填埋堆体

填埋堆体简称填埋体，是填埋场中用于垃圾填埋的整个三维空间，是填埋场的主体。填埋场的三维空间通常采用二维的方式进行划分，即：采用平台概念划分高程；以单元划分同一平台的平面空间。

单元是填埋场同一平台上空间划分的单位，其高度一般与填埋场平台间的高度相等，

---

① 本章正文统一用渗滤液，涉及标准规范时，用原文。

营养土层
支持土层
排水层
密封层
导气层
导气石笼
1:3
1:3
锚固沟（永久截洪沟）
锚固沟（临时截洪沟）
渗滤液收集管
调节池
垃圾坝
填埋垃圾
中间覆盖土
日覆盖土
渗滤液收集层
防渗层
地下水导流层

（a）

营养土层
支持土层
排水层
土工布保护层
HDPE膜
压实黏土层
导气层
填埋垃圾
渗滤液收集层
土工布保护层
HDPE膜主防渗层
渗滤液检测层
HDPE膜次防渗层
压实黏土层
地下水导流层
渗滤液收集管
渗滤液检测收集管
地下水导流管

（b）

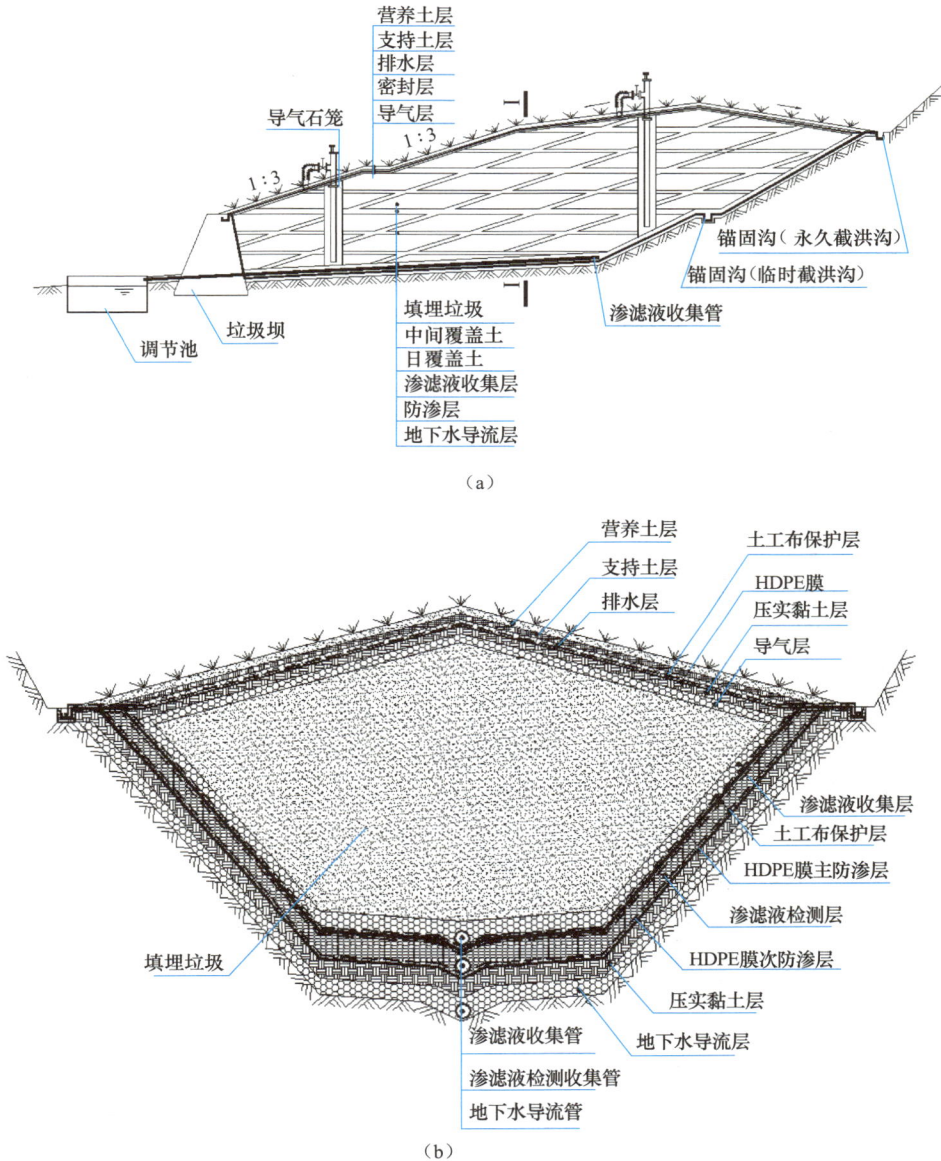

图 7-1　填埋场构造示意图

（a）填埋区纵剖面；（b）Ⅰ—Ⅰ剖面

一般为 2～4m（不超过 6m）。单元的平面尺寸，则按容纳填埋场 1 天的垃圾填埋量及填埋作业机械操作空间要求确定。

2. 填埋库区、库底、边坡、顶面和台阶

填埋库区是指填埋堆体的水平投影界面。库底和顶面为填埋体下部和上部较平坦的界面，分别与库区地基接触和暴露于大气中。填埋边坡是填埋堆体的四周界面，因通常带有明显的坡度，而通称为边坡。根据填埋堆体所处的特定地形，填埋边坡可分为与周边岩土连接的接触边坡和直接暴露于大气的露天边坡两类，分别可称为背坡和前坡。台阶为设置于填埋边坡上的平坦边缘构造，用于稳定填埋边坡。一般当边坡高差大于一定限度时，必须在边坡上构建台阶。

3. 填埋库底基础

填埋库底基础包括承载层、地下水导流、防渗和渗滤液收集等多层结构。其中，承载层由去除库底浮土并夯实的基础构成；地下水导流层采用疏水结构，并埋置导流管，使填埋库底与周边环境保持地下水流动通畅状态，避免因地下水局部超压造成库底不稳定和防渗层的破坏；防渗层为低渗性结构，主要起阻断填埋堆体与场址内地下水水力交换的作用；渗滤液收集层与地下水导流层的构造相似，其功能是收集并导出填埋堆体内的渗滤液，防止防渗层因受填埋堆体内渗滤液水压过高的影响而被破坏。

4. 填埋作业过程

（1）填埋作业时，首先应划分填埋单元，并准备废物填入作业的辅助材料，主要是各种类型的覆盖材料，及随填埋台阶升高而铺设的填埋气体（LFG）导排井（沟）材料；完成从填埋库区道路通向作业单元的临时道路的修筑。临时道路应满足填埋作业机械（推土机、压实机、铺土机等）和废物运输车的通行需要。

（2）垃圾卸载，把每天运到填埋场的垃圾卸载在限定的区域内。按卸载时车辆所在高程与单元地面的位置关系，可分为水平卸载和高位卸载两种。前者车辆直接驶入填埋单元内卸载；后者车辆驶入与填埋单元相邻的高位平台卸载。

（3）摊铺、压实，将已卸入填埋单元的垃圾铺散成 30～60cm 的薄层，然后压实，再在其上铺 30～60cm 的垃圾，然后再压实，直到每天操作结束。在摊铺时，应使垃圾面形成一定的坡度，坡度控制应与填埋场总体边坡控制及雨水分流要求一致。在压实操作时，可同时对填埋垃圾堆体进行整形，以使堆体坡面平整度适合覆盖的要求。

（4）覆盖，根据覆盖对象和作业手段的差异，填埋场覆盖有三种类型：单元（日）覆盖、中间覆盖和最终覆盖。在每个单元（每天）的作业完成后，用膜或类土材料（如：矿质土、破碎的建筑垃圾、垃圾焚烧炉渣等）覆盖，称为单元（日）覆盖。具有相同高度的一系列相互衔接的填埋单元构成一个填埋层（平台）。暂时不在其上继续进行填埋作业的平台，应进行中间覆盖，覆盖材料可采用黏土或其他低渗透性材料。完整的卫生填埋场由一个或多个填埋层组成。当垃圾填埋达到最终的设计高度之后，进行最终覆盖，就得到一个完整的封场后的卫生填埋场。

生活垃圾卫生填埋典型工艺流程如图7-2所示。

卫生填埋的技术关键是填埋体的力学稳定性和污染物控制措施。其中，力学稳定性的保障措施主要有：控制填埋废物的土工性质，填埋体压实，排水和导气，及边坡坡度控制；污染控制措施主要有：隔离（防渗、分单元填埋和覆盖），污染物分流（渗滤液和填埋气体）导出与处理。

与简易填埋相比，卫生填埋具有如下特点：①按国家标准规定采取防渗措施；②落实了卫生填埋作业工艺，如推平、压实、覆盖等；③对渗滤液进行收集、处理，并达标排放；④采取有效的填埋气体收集、导排与污染控制措施；⑤蚊蝇得到有效的控制；⑥最终封场，并考虑封场后的土地利用。

7.1.3 填埋场的分类

填埋场分类的方法有多种。

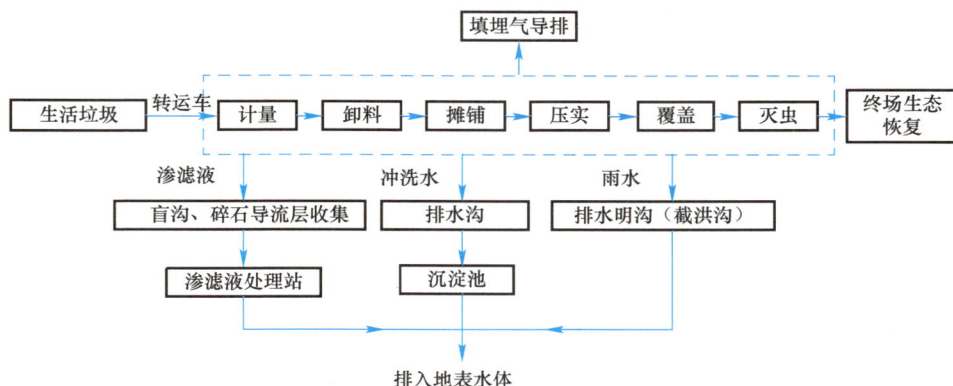

图 7-2　生活垃圾卫生填埋典型工艺流程

1. 按地形分类

（1）平地型填埋场

平地型填埋场是在地形比较平坦的场地构建，堆体四周均为直接暴露于大气的前坡的填埋场，如图 7-3（a）所示。通常平地型填埋场需在外围四周形成屏障，再在此基础上采用逐个台阶放坡的高层填埋方式。由于覆盖材料紧缺，因此在填埋场的底部开挖基坑是保证提供填埋场覆盖材料的一个有效方法，此法还可以增加填埋库容。平地型填埋场工程施工比较容易，容易进行水平防渗处理。

（2）坡地型填埋场

坡地型填埋场是在有一定坡度的山地构建，堆体四周有 1~2 面与周边山体连接的背坡的填埋场，如图 7-3（b）所示。山地型填埋场易于场地平整和渗滤液收集导排，容易进行水平防渗处理，但单位面积库容量小。

（3）山谷型填埋场

山谷型填埋场，通常地处重丘山地，垃圾填埋区一般为三面环山，一面开口，堆体四周有 3 面为与周边山体连接的背坡，如图 7-3（c）所示。此类填埋场填埋区库容量大，单位面积用地处理垃圾量多，但工程施工难度通常较大。

2. 按反应机制分类

按填埋场有机物降解环境有氧与否，可分为好氧型填埋场、厌氧型填埋场和准好氧型填埋场三类。

（1）好氧型填埋场

好氧型填埋场是利用鼓风机或插入自然通风管向填埋场中鼓风或自然通风，从而使填埋场处于好氧环境中。充足的氧气可加速填埋垃圾的好氧分解速率，垃圾性质可较快得到稳定，填埋堆体迅速沉降，反应过程中会产生较高温度（60℃左右），可使垃圾中的有害微生物得以杀灭。该类型的填埋场，通风阻力不宜太大，故填埋体高度一般都较低。好氧填埋场结构较复杂，施工要求较高，单位造价高，有一定的局限性，故其应用不是很普遍。

（2）厌氧型填埋场

在厌氧型填埋场，垃圾填埋体内无须供氧，空气无法进入，填埋场基本上处于厌氧分

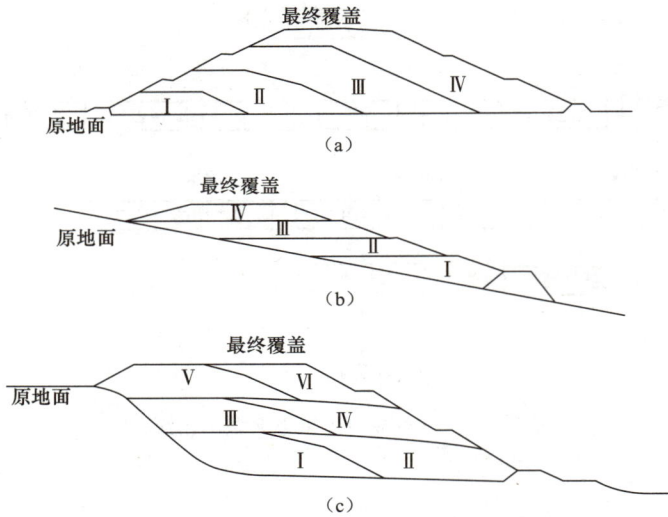

图 7-3　填埋场地形分类

（a）平地型；（b）坡地型；（c）山谷型

（图上罗马数字为堆填顺序）

解状态，垃圾中的有机物在厌氧环境下进行缓慢分解，最终达到稳定化。由于无需强制通风供氧，简化了填埋场结构，降低了电耗，使投资和运营费大为减少，管理变得简单。同时，不受气候条件、垃圾成分和填埋高度限制，适应性广。但是，填埋场稳定化时间较长。该法在实际应用中，不断完善发展成改良型厌氧卫生填埋，是目前世界上应用最广泛的填埋类型。

（3）准好氧型填埋场

准好氧型填埋介于好氧型填埋和厌氧型填埋之间，是 20 世纪 70 年代日本科研人员在好氧填埋的基础上发展起来的一种填埋技术，其设计原理是不用动力供氧，而是利用渗滤液收集管道的不满流设计，并利用填埋堆体的内外温差，使填埋体外空气在"烟囱效应"作用下自然通入，在渗滤液收集管和竖直通风管道周围形成一定的好氧区域，此处的垃圾进行好氧分解，其他地方则基本处于厌氧状态。这种好氧、厌氧共存的方式，称为准好氧填埋。准好氧填埋在费用上与厌氧填埋没有大的差别，而在有机物分解方面又不比好氧填埋逊色，它兼有好氧型填埋和厌氧型填埋的优点，通常在中小型生活垃圾填埋场中逐渐得到推广应用。

3. 按处理能力分类

Ⅰ类　处理能力大于等于 1200t/d；

Ⅱ类　处理能力在 500～1200t/d；

Ⅲ类　处理能力在 200～500t/d；

Ⅳ类　处理能力少于 200t/d。

7.2　填埋基本原理

在填埋垃圾堆体内部、防渗系统与填埋场地基（边坡和坡底）等处均可能出现稳定破坏现象。因此，填埋的基本原理首先涉及填埋堆体的稳定性控制。此外，填埋场中的生活垃圾在堆体环境中会发生自发性的代谢过程，释放出污染物，在垃圾堆体内和填埋介质中进行迁移转化，并对周围环境存在潜在的污染风险。因此，填埋堆体内和隔离层的污染物传递现象及填埋废物的生物代谢过程，同样是填埋基本原理体系的重要组成部分。

7.2.1　填埋堆体土工稳定性及控制

1. 填埋场稳定性相关的主要性质

与填埋场稳定性相关的废物与土的主要性质有：重力密度、含水量、孔隙率（比）、透水性及强度。

（1）重力密度

重力密度简称重度，定义为单位体积内物料所受的重力，常用单位"kN/m³"。可采用多种方法测量重力密度，如现场采集柱体样后，在实验室测量；现场用大尺寸试样盒或开挖试坑测量；基于填埋场一段时间内的进场垃圾量、使用的覆盖材料量和新增的填埋体积测算；还可以应用地球物理方法，用 X 射线在原位测定。上述测量方法中，现场大尺度测量的数据较为准确并具有代表性，而测算方法的精度较差。

生活垃圾在填埋场中的初始重度，主要受垃圾组分、含水率及填埋作业时的压实程度影响，而随着后续填埋的进行，在自发性的降解和上覆垃圾压力作用下，垃圾的重度会进一步增加，并表现为填埋场内垃圾的重度随填埋深度逐渐增加的趋势。一般而言，填埋场生活垃圾重度为 4～13kN/m³，我国生活垃圾卫生填埋场压实后的垃圾重度多为 9.8～11.8kN/m³。填埋 5～8 年后，生活垃圾的重度可增加至 13～14kN/m³。

（2）含水量

填埋场中生活垃圾含水量，常用质量比含水量（$\bar{\omega}$）和体积分率含水量（θ）表示。两种含水量的定义式及其与含水率（质量分率含水量，ω）间的换算关系如下式所示：

$$\bar{\omega} = (W_w/W_s) \times 100\% \tag{7-1}$$

式中　W_w——废物中水的质量，kg；

　　　　W_s——废物的干重，kg。

$$\theta = (V_w/V) \times 100\% \tag{7-2}$$

式中　V_w——废物中水的体积，m³；

　　　　V——废物的总体积，m³。

$$\frac{1}{\omega} = 1 + \frac{1}{\bar{\omega}} \tag{7-3}$$

$$\theta = \bar{\omega} \cdot D / [(1 + \bar{\omega}) \cdot D_w] \tag{7-4}$$

式中　D——废物的密度，kg/m³；

　　　　D_w——水的密度，kg/m³。

填埋场中生活垃圾的含水量主要由入场垃圾原始的含水量决定，填埋作业中的压实操作对含水量有一定的影响。发达国家生活垃圾填埋场中的 $\bar{\omega}$ 多为 30%～60%；我国北方地区生活垃圾填埋场中的 $\bar{\omega}$ 一般为 60%～120%，而南方地区可高达 150%。压实操作对高含水量垃圾的影响，主要是减少 $\bar{\omega}$，而增加体积分率含水量。

（3）孔隙率

废物堆体中空隙比率的大小，可以用孔隙率（ε）和空隙比（$\bar{\varepsilon}$）表达。孔隙率为废物堆体孔隙体积与总体积之比；孔隙比为孔隙体积与干物质体积之比。ε 与 $\bar{\varepsilon}$ 的换算关系如下式所示：

$$\varepsilon = \bar{\varepsilon}/(1+\bar{\varepsilon}) \tag{7-5}$$

发达国家生活垃圾填埋场堆体的孔隙率一般为 0.40～0.55，高于黏土。我国生活垃圾因含水率高，孔隙率略高于发达国家，平均为 0.50～0.65。

（4）废物的透水性

废物的透水性，可用饱和水力传导系数（K，也称渗透系数）描述。松散堆积的新鲜生活垃圾，其 K 值一般大于 1.0×10^{-3} cm/s；经填埋作业压实后的生活垃圾，其 K 值约为 $1.0 \times 10^{-4} \sim 1.0 \times 10^{-5}$ cm/s；而随着填埋体内废物的降解、沉降和压实，生活垃圾填埋体的 K 值可降至 1.0×10^{-6} cm/s，甚至更低。其中，渗滤液自上而下流动夹带细颗粒在下层填埋体沉积，可使填埋体孔隙阻塞，K 值可进一步降至 1.0×10^{-7} cm/s 水平。

（5）废物的强度

参照土工试验的指标，废物的强度可采用抗剪强度（S）、内聚力（c）和摩擦角（Φ）等参数描述。与土相似，生活垃圾的强度也随着法向载荷的增加而增大（图 7-4）。

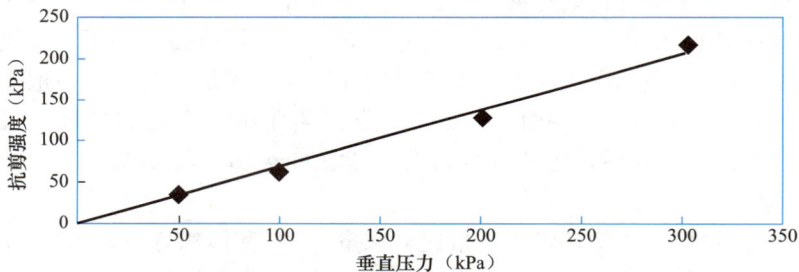

图 7-4　长填龄生活垃圾抗剪强度与法向载荷的关系

测试填埋场中废物强度的常用方法有：①取样至实验室，用直剪式三轴仪测试；②在现场通过水平推剪试验测定；③基于破坏实例或现场荷载试验数据，进行反演计算。

抗剪强度与内聚力和摩擦角之间的关系如下式所示：

$$S = N \cdot \tan\Phi + c \tag{7-6}$$

式中　N——法向载荷，kPa。

由于生活垃圾组分的不均匀性和颗粒尺度较大，实验室数据的代表性通常较差，现场反演数据经常得到引用（图 7-5）。

但是，反演计算利用一组已知条件（安全系数＝1.0）同时确定两个未知量（c 和 Φ），与实际测定方法获得的结果比较，内聚力明显偏大，应该在引用数据时注意验证。

2. 填埋场稳定性分析方法

按稳定性破坏的力学依据分，填埋场稳定性破坏的模式可有边坡表面滑动性破坏和堆体（土体）内部转动力矩破坏两个基本的类别。本节主要介绍堆体稳定性分析的方法。

（1）堆体的整体稳定性

一般采用楔体平衡的原理，分析填埋场堆体整体的稳定性。根据典型的填埋体堆体剖面，可将堆体概化为重力势能较大的"主动楔"及重力势能较小的"被动楔"两部分。各部分的受力状况分析如图 7-6 所示。

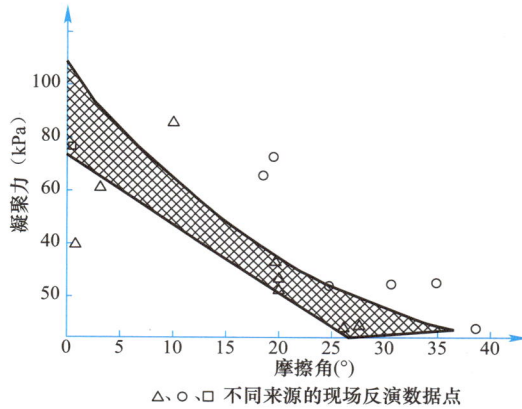

图 7-5　填埋场生活垃圾强度反演数据示例

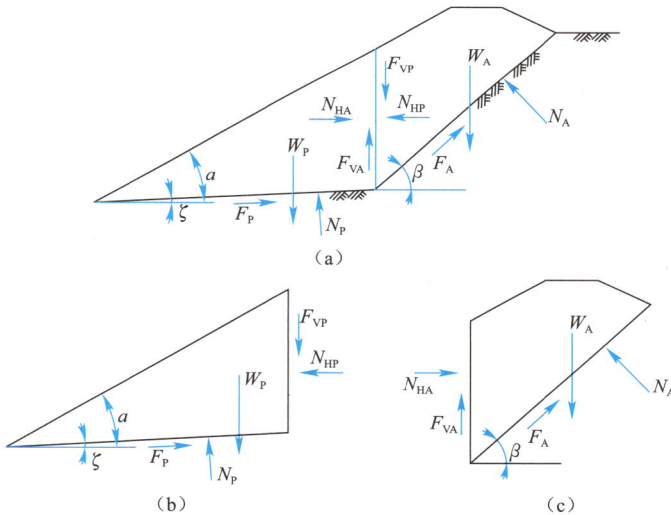

图 7-6　填埋体整体稳定性的楔体分析
（a）填埋堆体；（b）被动楔；（c）主动楔

楔体分析的符号说明如下：

W_P——被动楔的重力，kN；

N_P——作用于被动楔底部的法向力，kN；

F_P——作用于被动楔底部的摩擦力，kN；

N_{HP}——主动楔作用于被动楔的法向力，kN；

F_{VP}——主动楔与被动楔接触面上作用于被动楔的摩擦力，kN；

F_{SP}——被动楔的安全系数；

Φ_P——被动楔下各接触面中最小的摩擦角；

Φ_S——固体废物内摩擦角；

α——固体废物堆体的坡角；

ζ——填埋场基底的倾角；

W_A——主动楔的重力，kN；

N_A——作用于主动楔底部的法向力，kN；

F_A——作用于主动楔底部的摩擦力，kN；

N_{HA}——被动楔作用于主动楔的法向力，kN；

F_{VA}——主动楔与被动楔接触面上作用于主动楔的摩擦力，kN；

F_{SA}——主动楔的安全系数；

Φ_A——主动楔下各接触面中最小的摩擦角；

β——填埋场基础坡面的坡角；

F_S——整个填埋堆体的安全系数。

1）分析被动楔受力平衡

$\Sigma F_y=0$，有
$$W_P+F_{VP}=N_P \cdot \cos\zeta+F_P \cdot \sin\zeta \tag{7-7}$$

$\Sigma F_x=0$，有
$$F_P \cdot \cos\zeta=N_{HP}+N_P \cdot \sin\zeta \tag{7-8}$$

因
$$F_P=N_P \cdot \tan\Phi_P/F_{SP} \tag{7-9}$$
$$F_{VP}=N_{HP} \cdot \tan\Phi_S/F_{SP} \tag{7-10}$$

将式（7-9）、式（7-10）代入式（7-7）、式（7-8），联立式（7-7）、式（7-8）并消除 N_P，可得：

$$N_{HP}=\frac{W_P \cdot (\cos\zeta \cdot \tan\Phi_P/F_{SP}-\sin\zeta)}{\cos\zeta+(\tan\Phi_P+\tan\Phi_S) \cdot \sin\zeta/F_{SP}-\cos\zeta \cdot \tan\Phi_P \cdot \tan\Phi_S/F_{SP}^2} \tag{7-11}$$

2）分析主动楔受力平衡

$\Sigma F_y=0$，有
$$W_A=F_A \cdot \sin\beta+N_A \cdot \cos\beta+F_{VA} \tag{7-12}$$

$\Sigma F_x=0$，有
$$F_A \cdot \cos\beta+N_{HA}=N_A \cdot \sin\beta \tag{7-13}$$

因
$$F_A=N_A \cdot \tan\Phi_A/F_{SA} \tag{7-14}$$
$$F_{VA}=N_{HA} \cdot \tan\Phi_S/F_{SA} \tag{7-15}$$

将式（7-14）、式（7-15）代入式（7-12）、式（7-13），联立式（7-12）、式（7-13）并消除 N_A，可得：

$$N_{HA}=\frac{W_A \cdot (\sin\beta-\cos\beta \cdot \tan\Phi_A/F_{SA})}{\cos\beta+(\tan\Phi_A+\tan\Phi_S) \cdot \sin\beta/F_{SA}-\cos\beta \cdot \tan\Phi_A \cdot \tan\Phi_S/F_{SA}^2} \tag{7-16}$$

3）填埋堆体稳定性：堆体平衡条件下，$N_{HA}=N_{HP}$，且 $F_{SA}=F_{SP}=F_S$，由式（7-11）等于式（7-16），可得：

$$W_A \cdot (\sin\beta-\cos\beta \cdot \tan\Phi_A/F_S) \cdot [\cos\zeta+(\tan\Phi_P+\tan\Phi_A) \cdot \sin\zeta/F_S-$$
$$\cos\zeta \cdot \tan\Phi_P \cdot \tan\Phi_S/F_S^2]=W_P \cdot (\cos\zeta \cdot \tan\Phi_P/F_S-\sin\zeta) \cdot [\cos\beta+$$
$$(\tan\Phi_A+\tan\Phi_S) \cdot \sin\beta/F_S-\cos\beta \cdot \tan\Phi_A \cdot \tan\Phi_S/F_S^2] \tag{7-17}$$

式（7-17）是关于 F_S 的一元三次方程，可用于计算填埋堆体的安全系数，并可作为填埋场设计和操作的土工安全性分析的基础。

（2）填埋堆体沉降分析

生活垃圾填埋堆体由于物理压缩、填埋垃圾的生物化学变化以及生物降解等作用，表面会沉降到原标高以下的现象称为填埋堆体沉降。填埋堆体的沉降，常常在堆加填埋荷载后就立即开始发生，并且在很长一段时间内持续发展。填埋堆体沉降的机理相当复杂，其主要的机理有：

1）物理压缩：包括垃圾的畸变、弯曲、破碎和重定向。物理压缩由填埋垃圾自重及其所受到的荷载引起，在整个填埋期内都有可能发生。

2）错动：填埋垃圾中的细颗粒向大孔隙或洞穴中运动。

3）物理化学变化：填埋垃圾中的物质因腐蚀、氧化和燃烧作用引起的质变及体积减小。

4）生化分解：填埋垃圾因好氧、厌氧等生物降解作用而引起质量减少，如填埋气的产生与排放、渗滤液的产生与排放等引起的质量减少。

填埋堆体沉降程度，可用垃圾沉降率（K_c）或垃圾沉降系数（C_s）来表征。沉降率是指垃圾填埋沉降高度与填埋总高度之比；沉降系数是指垃圾填埋总高度与沉降后垃圾的高度之比。K_c 与 C_s 具有如下关系：

$$K_c = 1 - 1/C_s \tag{7-18}$$

影响沉降量的因素很多，主要因素包括：①垃圾填埋场各堆层中，垃圾层及覆盖土层的初始密度或孔隙比；②垃圾中可分解成分含量；③填埋高度；④填埋压实密度及应力历史；⑤渗滤液水位及其变化；⑥环境因素，如大气湿度、氧含量、温度等。这些影响因素之间又是相互作用、相互影响的，是决定填埋堆体沉降的基本条件。

压实密度和填埋体平均高度大、渗滤液导排效率高、垃圾中可降解组分含量高、填埋场服务时间长等因素，均会提高沉降率，反之亦然。现场监测结果表明，我国生活垃圾填埋场填埋 2 年后的垃圾沉降率约为 20%；10 年左右沉降基本稳定，沉降率约达 35%～50%。在计算填埋场所需库容时，需考虑各标高封场时前期填埋垃圾的平均填埋年限，垃圾沉降率（K_c）可取为 20%～35%，并以此计算垃圾填埋实际所需库容。

7.2.2　填埋场二次污染的产生及控制

1. 垃圾填埋堆体的生物代谢

传统的生活垃圾卫生填埋堆体内的生物代谢过程，随着堆体内氧环境条件和可降解基质条件的变化呈现阶段性的演化特征。

第一阶段：好氧分解阶段。生活垃圾被填入填埋体中之后，由于垃圾空隙中夹带有部分氧气和空气从表层垃圾扩散进入的部分氧气，垃圾在好氧环境下立即开始降解，其中易降解有机物被好氧微生物分解成 CO_2、H_2O、NH_3 和 NO_3^-。这一过程发生在垃圾填入几天至几个月的时间内。参与降解的微生物来源于生活垃圾自身和用于单元覆盖（日覆盖）的土质材料。

第二阶段：过渡阶段。当垃圾中的氧气逐渐被消耗，一旦氧气浓度水平（体积分数）低于 5%～10% 时，则兼性和厌氧微生物被激活，此时填埋堆体进入到过渡阶段。在此阶段，厌氧环境已经开始形成，硝酸盐和硫酸盐在兼性厌氧异养型微生物的作用下，被还原成 N_2 和 H_2S。在第二阶段，由于厌氧水解形成的有机酸和填埋气体中 CO_2 的浓度上升，填埋场渗滤液 pH 出现明显下降。

第三阶段：产酸阶段。厌氧水解微生物的活性加强，在水解菌、产酸菌的作用下，首先，水解菌将不溶性高分子有机物水解成可溶性的低分子有机物，然后，在产酸菌作用下将低分子有机物分解成挥发性脂肪酸（VFA），并伴随有少量氢气的产生。由于有机酸的进一步积累和填埋堆体空隙中高浓度 CO_2 的存在，第三阶段填埋场渗滤液的 pH 可降低到 5 左右，渗滤液的生化需氧量（BOD_5）、化学需氧量（COD）和电导率在此阶段都会显著上升，一些重金属和其他无机组分在此阶段也会溶出至渗滤液中，渗滤液水质开始急剧恶化。

第四阶段：产甲烷阶段。随着厌氧过程的进一步进行，导致氧化还原电位进一步降低，当代谢环境的还原电位小于 $-250mV$ 时，开始形成有利于产甲烷菌的生存环境。在此阶段，产甲烷菌将上一阶段形成的乙酸和氢气转化为甲烷和二氧化碳，前期积累的 VFA 逐步被降解，pH 重新回升，并逐步稳定在 $6.8\sim8.0$，原先溶解在渗滤液中的重金属会重新沉积，渗滤液中的重金属浓度、BOD_5 和 COD 开始下降，渗滤液水质开始出现好转。填埋场开始稳定产甲烷的时间一般为 1 至 2 年，大型填埋场出现稳定产甲烷的时间一般在 7 至 10 年，此时填埋气体可以收集利用。

第五阶段：稳定化阶段。当填埋垃圾中可生物降解的有机物被几乎完全降解为 CH_4 和 CO_2 之后，填埋场进入稳定化阶段。由于大多数可用的营养物质在前几个阶段中或被降解或随着渗滤液被带走，剩下底物的生物降解速率变得很慢，导致产气速率明显降低。在这一阶段中，主要的填埋气成分仍然是甲烷和二氧化碳，由于填埋层出现了不均匀沉降，空气可能进入，填埋气体中可能会存在少量的氮气和氧气。在此阶段，填埋场渗滤液中常常含有的腐殖酸与富里酸是相当复杂和稳定的物质，其可生化性会很差，很难用生化方法进一步处理。

传统生活垃圾卫生填埋不同降解阶段的填埋气体和渗滤液组成演化规律如图 7-7 所示。

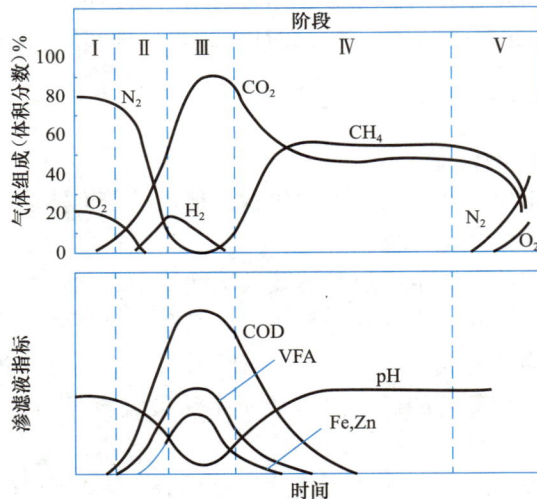

图 7-7　生活垃圾卫生填埋不同降解阶段的填埋气体和渗滤液组成演化规律

需要指出的是：上述的五个阶段并非绝对孤立，它们之间相互联系。垃圾性质、填入的时间以及场地的环境条件不同，填埋阶段经常会出现一些交叉，即使同一批填入的垃圾在降解过程中的不同阶段也会发生交叉。

在传统的卫生填埋场中，生活垃圾的生物降解是一个无任何控制的自然降解过程。由于垃圾组成成分复杂，物理、化学和生物特性差异很大，以及垃圾填埋场结构设计上的问题，其无法为微生物提供适宜的生长条件，垃圾的生物降解过程因而受到限制。因此，传统的卫生填埋场除了占地面积大之外，还具有降解过程缓慢、稳定化时间长、降解不完全、产气率低、渗滤液成分复杂，且难以处理等缺点。为了解决这些问题，20 世纪 70 年代，美国率先开展了"生物反应器"填埋技术的研究。

生物反应器填埋场是试图通过有目的的控制手段强化微生物过程，从而加速垃圾中易降解与中等易降解有机组分转化和稳定的一种生活垃圾卫生填埋场运行方式。这些控制手段，包括液体（水、渗滤液）回灌、备选覆盖层设计、营养物添加、pH 调节、温度调节和通风供氧等。生物反应器填埋场与传统卫生填埋场的本质不同在于其生物降解过程是加以控制的。一个填埋单元就是一个小型的"可控生物反应器"，许多这样的填埋单元构成的填埋场就是一个大型生物反应器填埋场。

渗滤液循环回灌是生物反应器填埋场最主要的控制手段之一。渗滤液循环回灌是将渗滤液直接或经处理后回灌到填埋场，利用填埋垃圾层和覆盖土壤层的净化作用来处理渗滤液的方法。它既可以提高垃圾的湿度，增强垃圾中微生物的活性，提高产甲烷速率和加速有机物的分解，从而促进填埋垃圾的稳定；又可以依靠生物降解和表面蒸发或蒸腾作用来降低渗滤液的污染负荷，减少渗滤液的产量，对水质、水量起稳定化作用，减轻其对污水处理设施的冲击负荷。它也可以通过结合主动或被动通风，在填埋场构建好氧区域、缺氧区域和厌氧区域，还可以实现硝化和反硝化，降低渗滤液的氨氮浓度，降低后续渗滤液处理的难度，而缺点是失去了填埋气体能源利用的可能性。

生活垃圾生物反应器填埋场具有生物降解速度快、填埋垃圾稳定化时间短、填埋产气速率高、渗滤液污染强度低等特点。

2. 堆体中填埋气体的迁移

生活垃圾是一种由多种成分、形态各异的固体颗粒及颗粒之间充满气体的空隙所共同构成的聚合体。在实际填埋场中，垃圾固体颗粒之间的空隙往往同时充满气体和液体。因此，填埋垃圾是一种气、液、固三相共存的复合体系。由于填埋气体是一种混合气体，因此填埋气体在填埋场内的迁移是一种伴随多相多组分的渗流。其分析方法一般基于多孔介质中流体对流与扩散传质理论。

由于填埋场主要关心的是宏量产生的填埋气体（主要由 CH_4 和 CO_2 组成）的迁移规律，因此主要考虑气体总压差驱动下的气体迁移。如果忽略因气体组分性质不同造成的迁移性差异，对填埋区域内的任意微小单元，通过质量衡算，可得到如下无气体主动收集（或主动收集系统关闭）条件下的堆体内气体迁移平衡方程：

$$\frac{\partial}{\partial x}[\rho v_x] + \frac{\partial}{\partial y}[\rho v_y] + \frac{\partial}{\partial z}[\rho v_z] + \frac{\partial(\varepsilon_{air}\rho)}{\partial t} = F_m^g \tag{7-19}$$

式中　　　ρ——气体密度，kg/m^3；

v_x、v_y、v_z——气体分别在 x、y、z 方向的迁移速度，m/s；

F_m^g——单位填埋堆体容积中，填埋气体的质量产生速率，$kg/(m^3 \cdot s)$；

ε_{air}——堆体自由（气体可占据）空隙率，无量纲；

t——时间变量，s。

由于填埋堆体多孔介质的平均孔隙半径较大（远大于 10^{-5} mm），填埋气体在土壤及垃圾体中的迁移适用于 Darcy 定律，即：

$$v_x = -\frac{K_x}{\mu}\frac{\partial p}{\partial x} \tag{7-20}$$

$$v_y = -\frac{K_y}{\mu}\frac{\partial p}{\partial y} \tag{7-21}$$

$$v_z = -\frac{K_z}{\mu}\left(\frac{\partial p}{\partial z} + \rho g\right) \tag{7-22}$$

式中　K_x、K_y、K_z——气体分别在 x、y、z 方向的传质系数，m^2；

p——气体的总压，Pa，其中 $p = p_a + p_r$，p_a 为绝对大气压，p_r 为填埋堆体内部气体的相对压力；

μ——填埋气体黏度，$N \cdot s/m^2$。

若忽略重力的影响，将式（7-20）~式（7-22）代入式（7-19）中，可得堆体内气体迁移控制方程为：

$$\frac{\partial}{\partial x}\left[\rho\frac{K_x}{\mu}\frac{\partial p}{\partial x}\right] + \frac{\partial}{\partial y}\left[\rho\frac{K_y}{\mu}\frac{\partial p}{\partial y}\right] + \frac{\partial}{\partial z}\left[\rho\frac{K_z}{\mu}\frac{\partial p}{\partial z}\right] + F_m^g = \frac{\partial(\varepsilon_{air}\rho)}{\partial t} \tag{7-23}$$

由于填埋场内部填埋气体的相对压力 p_r 通常为 $300 \sim 400Pa$，远小于大气压力 p_a。假设填埋气体为理想气体的条件下，ρ 与 p 遵循下列关系：

$$\rho = \frac{mp}{RT} \tag{7-24}$$

式中　m——填埋气体中的平均分子量，g/mol；

R——气体普适系数，$kg \cdot m^2/(s^2 \cdot mol \cdot K)$；

T——填埋堆体温度，K。

同时，填埋气体质量产生速率（F_m^g）和体积产生速率（F_v^g）间的转换关系为：

$$F_m^g = \rho F_v^g \tag{7-25}$$

式中　F_v^g——单位填埋堆体容积中，填埋气体的体积产生速率，1/s。

若忽略堆体中气体占据空隙的变化，将式（7-24）和式（7-25）代入式（7-23）中，可得以 p 为二次偏微分线性化的填埋堆体内气体迁移控制方程：

$$\frac{\partial}{\partial x}\left[K_x\frac{\partial p^2}{\partial x}\right] + \frac{\partial}{\partial y}\left[K_y\frac{\partial p^2}{\partial y}\right] + \frac{\partial}{\partial z}\left[K_z\frac{\partial p^2}{\partial z}\right] + 2\mu \cdot p_a \cdot F_v^g = \frac{\varepsilon_{air} \cdot \mu}{p_a}\frac{\partial p^2}{\partial t} \tag{7-26}$$

在式（7-26）中，如引入填埋气体主动收集系统的气体收集速率（W_v^g——单位体积堆体中的填埋气体抽取速率，L/s）项，则可得到用于描述主动气体收集系统开启条件下的填埋堆体气体迁移方程为：

$$\frac{\partial}{\partial x}\left[K_x\frac{\partial p^2}{\partial x}\right] + \frac{\partial}{\partial y}\left[K_y\frac{\partial p^2}{\partial y}\right] + \frac{\partial}{\partial z}\left[K_z\frac{\partial p^2}{\partial z}\right] + 2\mu \cdot p_a \cdot (F_v^g - W_v^g) = \frac{\varepsilon_{air} \cdot \mu}{p_a}\frac{\partial p^2}{\partial t} \tag{7-27}$$

式（7-27）用于具体的填埋场时，μ、ε_{air}、F_v^g、W_v^g 等参数可分别根据样品的物性测试结果和填埋场的操作条件确定；K_x、K_y、K_z 一般通过现场抽气试验，由抽气时监测得到的堆体压强随时间变化数据进行率定。有研究表明，我国垃圾填埋气体在水平方向的渗透系数（K_x/μ、K_y/μ）约为 $2.3 \times 10^{-6} \sim 2.99 \times 10^{-4} m^2/(Pa \cdot s)$，在垂直方向的渗透系数（$K_z/\mu$）约为 $3.6 \times 10^{-7} \sim 3.99 \times 10^{-5} m^2/(Pa \cdot s)$。填埋气体的渗透系数与填埋垃圾的压实密度、含水率和垃圾的腐熟程度等因素有关，压实密度越大、含水率越高，填埋气体的渗透系数就越小。

3. 填埋场垫层的水分运移与污染物的迁移

填埋场衬垫层通常由致密的材料（压实黏土或合成膜）构成，其中的水分与污染物传递的机制有：渗流、渗透和衬垫层破损条件下的宏观流动。

（1）渗流过程

渗滤液在填埋场中的运移可以看作在多孔介质中的运移，其行为可以用 Darcy 定律描述：

$$q = K \cdot \mathrm{d}h/\mathrm{d}L \tag{7-28}$$

式中　q——在单位时间内，单位面积的水流通量，m/s；

　　　h——以液位高表达的流体压力，m；

　　　L——渗流高差或衬垫层的厚度，m；

　　　K——饱和水力传导系数或渗透系数，m/s。

当填埋场内积水厚度为 h，防渗层厚度为 L，则有：

$$q = K \cdot (h+L)/L \tag{7-29}$$

在进行填埋场防渗设计时，除了需要知道下渗水量外，还需要了解渗滤液穿透防渗层的速度，并以此了解渗滤液穿透防渗层的时间。水在多孔介质中的流动速度通常可用孔隙平均速度（v_p）表示，在非饱和条件下，有：

$$v_\mathrm{p} = q/\theta \tag{7-30}$$

式中　θ——土壤的饱和度，量纲为 1。

在饱和条件下，有：

$$v_\mathrm{p} = q/\varepsilon_\mathrm{e} \tag{7-31}$$

式中　ε_e——土壤的有效孔隙率，量纲为 1。

【例 7-1】　某填埋场底部防渗黏土衬层厚度为 2.0m，饱和水力传导系数为 $1.0 \times 10^{-7}\mathrm{cm/s}$，有效孔隙率为 5%，当填埋场底部积水深 0.3m 时，试计算填埋场中流过 1.0ha 压实黏土衬层的渗滤液的流量和渗滤液穿透防渗层所需的时间。

解：1）计算渗滤液通过黏土衬层的水流通量

$q = K \cdot (h+L)/L = 1.0 \times 10^{-9}\mathrm{m/s} \times (0.3\mathrm{m} + 2.0\mathrm{m})/2.0\mathrm{m} = 1.15 \times 10^{-9}\mathrm{m/s}$

2）计算渗滤液的体积流量

$$Q = 10^4\mathrm{m}^2 \times 1.15 \times 10^{-9}\mathrm{m/s} = 1.15 \times 10^{-5}\mathrm{m}^3/\mathrm{s} = 0.994\mathrm{m}^3/\mathrm{d}$$

3）计算渗滤液在黏土层的平均流速

$$v_\mathrm{p} = q/\varepsilon_\mathrm{e} = 1.15 \times 10^{-9}\mathrm{m/s}/0.05 = 2.3 \times 10^{-8}\mathrm{m/s}$$

4）计算穿透时间

$$t = L/v_\mathrm{p} = 2\mathrm{m}/(2.3 \times 10^{-8}\mathrm{m/s}) = 8.70 \times 10^7\mathrm{s} = 2.76\mathrm{a}$$

（2）渗透扩散

［例 7-1］表明，即使衬垫被正确地安装（没有小孔和缺陷），液体仍然会渗流通过，但流速非常低。而气体通过完善安装衬垫的主要机制是渗透扩散。气体通过衬垫的渗透扩散量服从 Fick 第一定律，如下式所示：

$$J = -D \cdot (\mathrm{d}c/\mathrm{d}x) \tag{7-32}$$

式中　J——渗透扩散通量，mol/(m²·s)；

D——扩散系数，m^2/s；

c——气体浓度，mol/m^3；

x——扩散方向的长度，m。

合成土工膜材料的渗透性可以通过水蒸气渗透系数测定仪测定。部分常用合成土工膜的水蒸气透过通量见表7-1。

部分合成土工膜的水蒸气透过通量（ASTM E96）　　　　表7-1

土工膜	膜厚度（mm）	水蒸气透过率（$g \cdot m^{-2} \cdot s^{-1}$）
PVC	0.75	1.9
CPE	1.0	0.4
CSPE	1.0	0.4
HDPE	0.75	0.02
HDPE	2.45	0.006

注：CPE为氯化聚乙烯；CSPE为氯磺化聚乙烯。

（3）合成膜孔洞中的流动

在工程实践过程中，如果土工膜衬垫层由于不适当的铺设作业和盖在尖锐的石头上方而产生一个或多个小孔（缺陷），这些孔被彼此分隔开，使得每个孔的渗漏都可以独立于其他孔。衬垫上渗滤液的水头 h 为常量，而土工膜下方土体的渗透性相当高（与土工膜渗透性相比），下层土体对土工膜上小孔的渗漏几乎没有阻力。通过伯努利方程，可以估算流过衬垫层合成膜孔洞的流量。若孔洞的尺寸和形状已知，则：

$$Q = C_b \cdot A \cdot (2gh)^{0.5} \tag{7-33}$$

式中　Q——流过土工膜的流量，m^3/s；

C_b——流动系数，对于圆孔来说约为 0.6；

A——孔洞的面积，m^2；

g——重力加速度，$9.81m/s^2$；

h——衬垫层上的水头，m。

美国的统计数据表明，在有着良好质量控制手段的情况下，每公顷合成膜衬垫层约会出现 5 个洞；如果质量控制较差，每公顷合成膜衬垫层的孔洞数甚至可达到 75 个。大多数孔洞很小（小于 $0.1cm^2$），但有时也会出现大孔（大于 $6cm^2$）。因此，在实际工程中，控制好膜的铺设质量；同时，检查铺设膜的气密性，以便排查膜的缺陷并及时补救至关重要。

（4）填埋场垫层污染物的迁移

渗滤液中的污染物随水平防渗衬层及衬层下土层迁移过程中，会受到土壤介质的吸附、滞留、弥散、稀释和降解作用，其浓度会不断减小。污染物的这种迁移过程可以用一维迁移方程来描述，即：

$$R_d \frac{\partial c}{\partial t} = D \frac{\partial^2 c}{\partial z^2} - v_P \frac{\partial c}{\partial z} - \lambda R_d c \tag{7-34}$$

式中　c——污染物浓度，kg/m^3；

D——z 方向上的弥散系数，m^2/s；

R_d——滞留因子，量纲为1；

t——时间，s；

z——垂向坐标，向下为正，m；

v_p——渗滤液在多孔介质中的孔隙平均流速，m/s；

λ——污染物衰变常数，1/s。

滞留因子 R_d 是表示介质对污染物吸附性能的指标，其物理意义为污染物的迁移速度慢于水迁移速度的倍数。滞留因子可以用下式表示：

$$R_\mathrm{d} = 1 + K_\mathrm{d} \cdot \rho_\mathrm{b} / \varepsilon_\mathrm{e} \tag{7-35}$$

式中　ρ_b——介质干密度，kg/m³；

K_d——污染物在介质和水之间的分配系数，m³/kg；

ε_e——介质的有效孔隙率，量纲为 1。

对于式（7-34），在给定以下初始条件和边界条件下，

$$\begin{cases} c(z,\ 0) = 0 \\ c(0,\ t) = c_0 \\ \dfrac{\mathrm{d}c}{\mathrm{d}z}(\infty,\ t) = 0 \end{cases}$$

可以得到如下解析解：

$$c(z,\ t) = 1/2 \cdot c_0 \cdot [\exp(A_1) \cdot \mathrm{erfc}(A_2) + \exp(B_1) \cdot \mathrm{erfc}(B_2)] \tag{7-36}$$

式中：

$$A_1 = \frac{z}{2D}[v_\mathrm{P} - \sqrt{v_\mathrm{P}^2 + 4\lambda D R_\mathrm{d}}]$$

$$A_2 = \frac{z - \dfrac{t}{R_\mathrm{d}}\sqrt{v_\mathrm{P}^2 + 4\lambda D}}{2\sqrt{Dt/R_\mathrm{d}}}$$

$$B_1 = \frac{z}{2D}[v_\mathrm{P} + \sqrt{v_\mathrm{P}^2 + 4\lambda D R_\mathrm{d}}]$$

$$B_2 = \frac{z + \dfrac{t}{R_\mathrm{d}}\sqrt{v_\mathrm{P}^2 + 4\lambda D}}{2\sqrt{Dt/R_\mathrm{d}}}$$

余补误差函数 $\mathrm{erfc}(x)$ 具有如下性质：即 $\mathrm{erfc}(\infty) = 0$，$\mathrm{erfc}(-\infty) = 2$。式（7-36）中，当 $t \to \infty$ 时，浓度分布趋于稳定，稳定状态的解析解为：

$$c(z,\ \infty) = c_0 \exp\left[\frac{z}{2D}(v_\mathrm{P} - \sqrt{v_\mathrm{P}^2 + 4\lambda D R_\mathrm{d}})\right] \tag{7-37}$$

利用式（7-37），可以评价渗滤液中污染物对地下水的影响。对于可降解的物质，λ 越大，降解就越快，如果地下水位之上的土层足够厚，则污染物在进入地下水之前就能被完全降解，从而不至于对地下水造成污染。

7.3　生活垃圾卫生填埋场的设计

7.3.1　填埋场总体设计程序

在填埋场总体设计时，一般按照下面的步骤进行：

（1）收集基础资料，包括自然状况、社会经济、垃圾收运、垃圾产量与组成、城市总体规划、区域环境规划、城市环境卫生专业规划，以及其他相关规划等资料。

（2）确定系统的运行目标，确定填埋场服务年限与所需填埋库容。

（3）场址选择与评价，确定填埋场址。

（4）填埋场工程设计。

在确定最终填埋场址后，进行填埋场各分项工程的设计，包括场地平整、填埋区分区、地下水导排、防渗工程、渗滤液收集与处理、填埋气体收集与控制、防洪、地表水导排、进场道路、垃圾坝、环境监测设施、绿化，以及生产生活服务配套设施的设计，并提出设备配置表。

（5）最终封场设计，提出封场与土地利用规划。

生活垃圾填埋场总体设计思路用框图表示如图 7-8 所示。

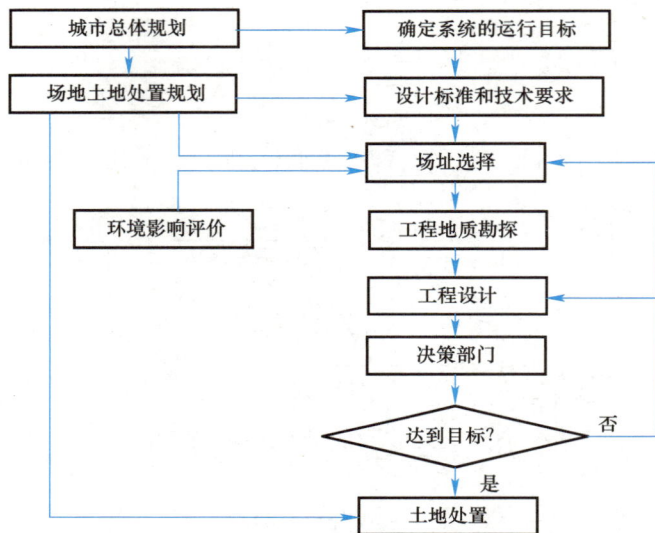

图 7-8　生活垃圾填埋场总体设计程序

7.3.2　入场废物要求

根据我国现行的生活垃圾卫生填埋有关规范和标准的规定：填埋物含水量、有机成分、外形尺寸应符合具体填埋工艺设计要求；环境卫生机构收集或产生者自行收集的生活垃圾、街道清扫和公共场所垃圾、商业和企事业办公垃圾，服装生产、食品加工等生活服务业产生的与生活垃圾性质相近的工业固体废物，生活垃圾焚烧炉渣和堆肥处理残余物，均可以直接进入填埋场处置；污水处理厂污泥、厌氧产沼和粪便处理残余物，经脱水至含水率小于60％后，可以进入填埋场处置；经处理后的某些种类医疗垃圾、生活垃圾焚烧飞灰和医疗垃圾焚烧残余物，及工业固体废物，经处理达到特定的污染物浸出标准限值后，可在填埋场内分区单独处置。

根据填埋处理工艺的需要，可以接收适量建筑垃圾、渣土作为填埋工艺辅助材料（如覆盖层材料、边堤修筑材料）。除经处理符合规定的生活垃圾焚烧飞灰以外的危险废物，未经处理的餐厨垃圾、粪便，放射性废物、畜禽养殖废物和电子废物及其处理处置残余物，不得在生活垃圾填埋场中填埋处置。

7.3.3　选址方法

1. 场址选择原则

场址的选择是卫生填埋场规划设计的第一步，主要遵循以下两个原则：一是从防止污染角度考虑的安全原则；二是从经济角度考虑的经济合理原则。安全原则是填埋场选址的基本原则；经济合理原则是指垃圾填埋场从建设到使用过程中，单位垃圾的处理费用最低，垃圾填埋场使用后资源化价值最高。即要求以合理的技术、经济方案，以较少的投资达到最理想经济效果，实现环保的目的。

2. 选址影响因素

影响选址的因素很多，主要考虑的基本因素有：工程因素、经济因素、社会和环境因素等。这些因素是相互影响、相互联系、相互制约的。

（1）工程因素

1）库容要求。要保证有足够的库容量，以便在有效服务期间容纳规划区域内所产生的所有废物。

2）场地力学特性。场址要具有良好的力学特性，尽量避开地质不稳定区域。典型的地质不稳定区域包括：破坏性地震及活动构造区，活动中的坍塌、滑坡和隆起地带，活动中的断裂带，石灰岩溶洞发育带，废弃矿区的活动塌陷区，活动沙丘区，海啸及涌浪影响区，湿地，尚未稳定的冲积扇及冲沟地区，泥炭地等。

3）施工特性。考虑场地的地形、地貌和土壤条件，所选场地施工难度应尽可能小，场内交通组织方便易行，要充分利用当地的自然条件，确保取土和弃土堆放，减少土石方运输量，并保证工程机械的施工效率。

（2）社会、环境因素

1）政策法规。场址应符合现行国家标准《生活垃圾填埋场污染控制标准》GB 16889和相关标准的规定，并应符合当地城市总体规划、区域环境规划及城市环境卫生专业规划等规划要求；与当地的大气防护、水土资源保护、自然保护及生态平衡要求相一致。场址不应选在珍贵动植物保护区和国家、地方自然保护区；公园，风景、游览区，文物古迹区，考古学、历史学、生物学研究考察区；军事要地、基地，军工基地和国家保密地区等。

2）公众意见。场址应征得地方政府和公众的同意。

3）环境保护。场址应避开洪泛区和泄洪道、地下水集中供水水源地及补给区、长远规划中的水库等蓄水设施的淹没区和保护区，距居民区、机场、地表水体等环境敏感目标应有一定的保护距离。场址应位于地下水贫乏地区、环境保护目标区域的地下水流向下游地区及夏季主导风向的下风向。

（3）经济因素

1）运输费用。场址应交通方便、运距合理，在符合有关法规和保证环境安全的前提下，尽量靠近废物产生源，以减少管理和运输费用。

2）征地费用。场地的土地利用价值及征地费用均较低。

3）施工费用。这包括挖掘、平整、筑路、设施建设，及水、电等其他施工费用，都尽可能低。

在填埋场规划和设计之前必须充分考虑以上因素，并尽量保证所选场址能够满足这些条件。如果由于当地的自然、社会经济等条件的限制，不能充分满足这些条件时，必须采取相应的工程措施弥补，并应对其措施加以严格地论证。

3. 选址程序

（1）基础资料的收集

填埋场选址时，应先进行下列基础资料的收集：

1）城市总体规划，区域环境规划，城市环境卫生专业规划及其他相关规划；

2）土地利用价值及征地费用，场址周围人群居住情况与公众反映，填埋气体利用的可能性；

3）地形、地貌及相关地形图（1∶10000、1∶50000 或 1∶100000），土石料条件；

4）工程地质与水文地质；

5）洪泛周期（年）、降水量、蒸发量、夏季主导风向及风速、基本风压值；

6）道路、交通运输、给水排水及供电条件；

7）拟填埋处置的垃圾量和性质，服务范围和垃圾收集运输情况；

8）城市污水处理现状及规划资料；

9）城市电力和燃气现状及规划资料。

（2）选址参与部门

选址应由建设项目所在地的建设、规划、环保、环卫、国土资源、水利、卫生监督等有关部门和专业设计单位的有关专业技术人员参加。

（3）选址顺序

1）场址候选

在对填埋处置所在地全面调查与收集资料分析的基础上，综合考虑上述选址影响因素，在提供的地形图上，初步选定 3 个及以上候选场址。

2）场址预选

对每个候选场址的地形、地貌、植被、地质、水文、气象、供电、给水排水、覆盖土源、交通运输及场址周围人群居住情况等进行现场踏勘，以选址影响因素为依据，进行对比分析，推荐 2～3 个备选场址。

如果经过现场踏勘比较分析后，从候选场址中难以选出合适的备选场址，则需要扩大搜索范围，重新进行场址候选与场址预选，直到选择出合适的备选场址。

3）场址确定

对每个备选场地，再进一步调查场地及其周围的社会、经济条件，以及公众对填埋场建设的反映和社会影响；测量（监测）可用地面积，测算运输距离，匡算场地填埋总容量，考虑场内运输路线、垃圾坝体工程、雨洪水导排工程，以及防渗工程等主要工程经济决定性支出。采用层次分析法或多指标模糊比较方法，对上述备选场地的各个指标进行综合比较，筛选出最适宜的选址作为拟定场址。

对拟定场址进行地形测量、初步勘察、初步工艺方案设计（可行性研究报告）以及环境影响评价，并将工程方案要点和环境影响评价结果向当地公众公布，征求公众意见。通过公众同意和部门审查认可后，最终确定场址。

7.3.4　库容计算

填埋场容量测算是确定填埋场的填埋区占地及其平面布置的基本依据。填埋场容量测算，通常包含填埋库容量测算和填埋服务容量计算两部分。填埋库容量是以填埋体积几何形状设计决定的库区填埋空间总容量；填埋服务容量是由填埋场服务年限内入场废物处置量、填埋覆盖方式和沉降因素决定的所需总容量。只有当设计填埋库容量大于等于填埋服务容量时，填埋场设计才可满足填埋场服务年限的要求。

1. 填埋库区总容量计算

计算填埋库区容量实际上是计算填埋库区三维空间的体积。按填埋工艺要求确定了场地平整标高和顶面封场标高后，可以计算出填埋库区总容量。如图 7-9 所示，自填埋库区底向上分 i（$i=1,2,\cdots,N$）个计算单元，单元 i 与单元 $i+1$ 之间的几何空间近似棱台，其对应的高程差为 h_i，在地形图中计算出各单元高程对应的库区面积 A_i，可按下式计算填埋区的总容量：

$$V=\sum_{i=1}^{N}\frac{1}{3}(A_i+A_{i+1}+\sqrt{A_iA_{i+1}})h_i \tag{7-38}$$

式中　V——填埋库区的总容量，m^3。

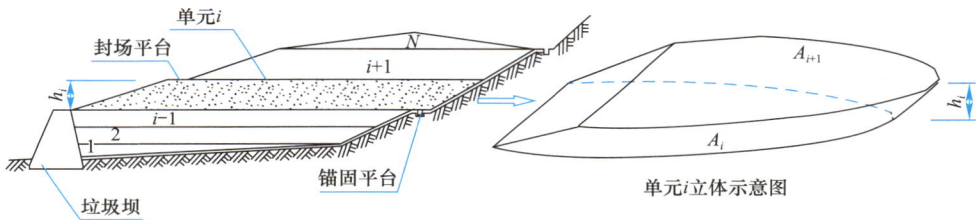

图 7-9　填埋库区容量计算简图

值得注意的是，当计算单元高程位于封场平台或锚固平台处时，应以棱台上、下底面对应的实际面积计为该高程的库区面积。如图 7-9 所示，计算 $i+1$ 单元的体积时，下底面积为 A_{i+1} 减去该处的封场平台面积；计算 $i-1$ 单元的体积时，上底面积为 A_i 减去该处的锚固平台面积。

2. 填埋服务容量计算

在确定填埋场服务年限后，生活垃圾卫生填埋场填埋服务容量可用下式计算：

$$V_n=\sum_{i=1}^{n}365\left(\frac{W_iP_i}{\rho}\eta_i+V_{ci}\right)/[(1-k_a)C_s] \tag{7-39}$$

式中　V_n——填埋场服务库容，m^3；

　　　n——填埋场服务年限，a；

　　　W_i——填埋场服务区域内第 i 年垃圾人均日产量，kg/（人·d）；

　　　P_i——填埋场服务区域内第 i 年的服务人口，人；

　　　η_i——服务区域内第 i 年填入的垃圾量占总产生量的比例，量纲为 1；

　　　ρ——填埋场垃圾压实后的平均密度，kg/m^3；

　　　V_{ci}——填埋场第 i 年所需的覆盖土体积，m^3；

k_a——填埋场其他构造（防渗层、导气井、水平和垂直排水通道）占填埋体的容积比，量纲为1；

C_s——垃圾填埋沉降系数，量纲为1。

服务范围内每日的垃圾总产量与服务范围人口数之间的比值，即为垃圾人均日产量。填埋场服务年限内的人均垃圾产量，应在当地人均垃圾产量实测值的基础上，参考其历史变化规律以及类似地区垃圾产量变化情况做出合理预测。当无相关资料时，我国人均生活垃圾产量可取 $0.8 \sim 1.2 \mathrm{kg}/(人 \cdot \mathrm{d})$。

我国生活垃圾卫生填埋有关规范规定，填埋垃圾压实密度应大于 $600 \mathrm{kg}/\mathrm{m}^3$。国内研究表明，采用推土机压实，压实 $3 \sim 4$ 次，垃圾压实密度可达 $800 \mathrm{kg}/\mathrm{m}^3$；采用专用压实机压实，1 次碾压后，垃圾的压实密度就可以达到 $700 \sim 800 \mathrm{kg}/\mathrm{m}^3$，经 3 次碾压后，可以达到 $900 \sim 1000 \mathrm{kg}/\mathrm{m}^3$。

覆盖用土包括日覆盖土、中间覆盖土和封场覆盖土。如果日覆盖和中间覆盖均采用土质材料，这部分土体积约占填埋垃圾体积的 13.6%（$0.6/4.4$），再加上封场覆盖土的体积，总覆盖土体积可达到填埋垃圾体积的 20% 左右。近年来，我国生活垃圾填埋场普遍采用合成膜作为日覆盖和中间覆盖材料，这种材料可以重复使用，不需占据填埋场空间。因此，采用膜覆盖的填埋场其覆盖土体积约为填埋垃圾体积的 $6\% \sim 8\%$。

填埋场的其他构造，如防渗层、导气井、水平和垂直排水通道等所占据的空间在设计中大多忽略不计，或合并计算在覆盖土体积中。随着填埋场防渗要求的提高（大多采用双层或复合防渗结构），以及对填埋气和渗滤液导排功能的加强，这部分构造所占据的空间不容忽略。对于一个填埋场，底部防渗层（包括地下水导流、防渗和渗滤液收集）平均厚度可达约 $1 \mathrm{m}$，顶部密封层（包括地表水导流、密封和导气）厚度为 $0.7 \sim 0.9 \mathrm{m}$，再加上垂直导气石笼和填埋堆体中的水平导排盲沟所占空间，填埋场其他构造占填埋体的容积比可达 $10\% \sim 20\%$。

依据 7.2 节的分析结果，垃圾填埋沉降系数 C_s 可取为 $1.25 \sim 1.50$。

7.3.5 地基与防渗设计

1. 场底平整

场底平整的目的是为填埋场提供具有承载填埋体负荷的自然土层或经过地基处理的稳定层，不因填埋垃圾的沉降而使基层失稳，达到保护防渗层中防渗膜的作用。同时，为了防止渗滤液在填埋场底部的积蓄，填埋场底部应做成一系列的坡形阶地。根据建设填埋作业道路的需要，在通往填埋库区底部，需设计临时道路。

库底平整，一方面为清除所有植被及表层耕植土，确保去除所有软土、有机土和其他所有可能降低防渗性能和强度的异物，确保所有裂缝和坑洞被堵塞；另一方面，应满足场底地下水的收集导排、渗滤液收集导排及填埋区内部雨水的收集导排。一般要求平整后的库底平整度应达到每平方米黏土层误差不得大于 $2 \mathrm{cm}$，库底应有不小于 2% 的纵、横向坡度。位于填埋区底部的黏土层压实度不得小于 93%。

边坡平整，也应去除所有植被及表层耕植土，同时需采取稳定处理，确保边坡的稳定。此外，边坡平整要考虑膜铺设的稳定性，垂直高差较大的边坡应设锚固平台，平台高差应结合实际地形确定，不宜大于 $10 \mathrm{m}$；边坡坡度宜小于 $1:2$。位于填埋区边坡的黏土层压实度不得小于 90%。

2. 防渗设计

按构造类型，填埋场水平防渗可分为单层衬垫、复合衬垫和双层衬垫 3 种。不同类型填埋场防渗构造示意如图 7-10 所示。

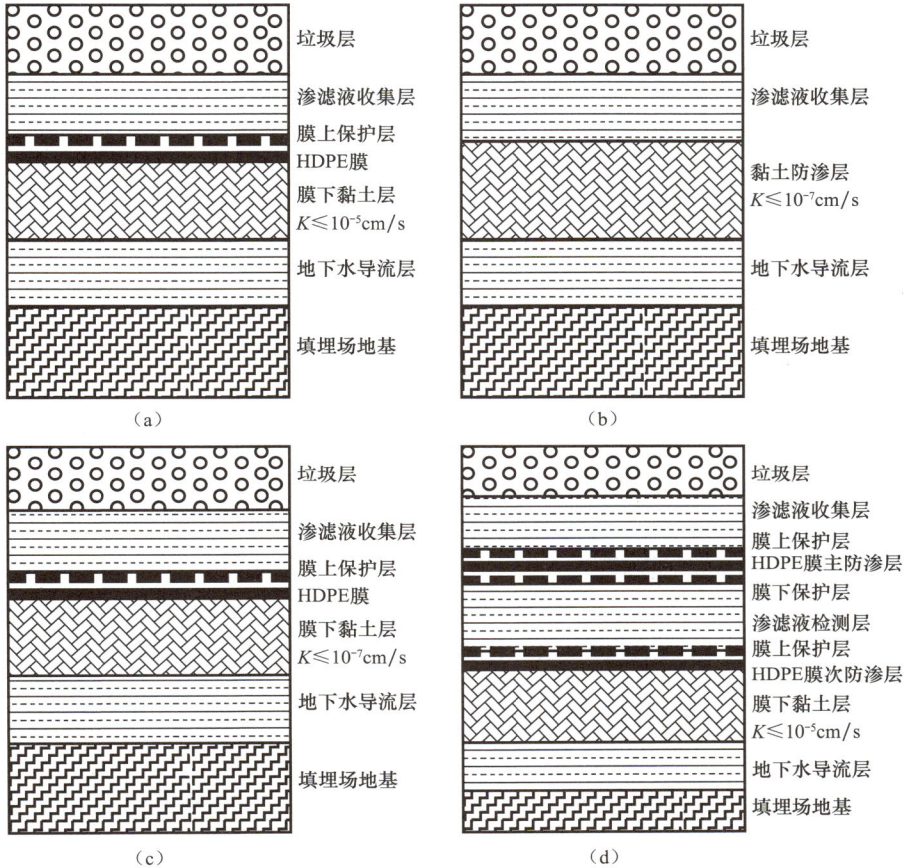

图 7-10　填埋场防渗衬垫构造示意图

（a）HDPE 膜单层衬垫；（b）黏土单层衬垫；（c）HDPE 膜/黏土复合衬垫；（d）HDPE 膜双层衬垫

（1）单层衬垫防渗系统

单层衬垫系统只有一个防渗层，其上是渗滤液收集层（和保护层），其下是地下水导流层（和膜下保护层）［图 7-10（a）、（b）］。天然黏土衬层要求满足：填埋场库底和四周边坡压实厚度不应小于 2m，渗透系数不应大于 1.0×10^{-7} cm/s。HDPE 膜衬层要求膜厚度不应小于 1.5mm。单层衬垫系统构造简单、防渗性能较差，一般用在防渗要求较低、抗损性低的场合。

（2）复合衬垫系统

复合衬垫系统是由两种防渗材料紧密铺贴在一起而形成的一种防渗结构，它的两个防渗层可以是由相同或不同的防渗材料构成。一般主防渗材料采用 HDPE 膜，副防渗材料采用天然黏土（图 7-10（c））。当填埋场天然基础层饱和渗透系数小于 1.0×10^{-5} cm/s，且厚度不小于2m时，可采用这种结构类型的复合衬垫系统。复合衬垫的关键作用是使柔性膜紧密接触黏土矿物层，以保证柔性膜的局部破损不会引起渗滤液沿两者结合面扩散而造成大面积渗漏。

为解决我国大部分地区填埋场基础土质达不到规定的渗透系数要求、边坡较陡黏土难于铺设的问题，我国生活垃圾填埋场相关标准规定，可采用钠基膨润土垫（GCL）代替黏土作为复合防渗结构的副防渗材料，要求 GCL 渗透系数不大于 1.0×10^{-9} cm/s，规格不得小于 4800g/m^2，其下部应采用一定厚度的压实土壤作为保护层。

（3）双层衬垫系统

双层衬垫系统包含两层防渗层，但在两层之间设有渗滤液收集（检测）层（图7-10（d））。因此，它的两层防渗层是分开的，而不是紧贴在一起的，这是它与复合衬垫的主要区别。双层衬垫系统有其独特的优点，透过上部主防渗层的渗滤液或者气体受到下部次防渗层的阻挡而在渗滤液检测层得到收集和控制，这样既提高了对防渗层渗漏的防护能力，也可以在第二渗滤液导流层中布设水分和水质监测探头，用于监测主防渗层膜是否已经遭到破坏。当填埋场天然基础层饱和渗透系数不小于 1.0×10^{-5} cm/s，或天然基础厚度小于2m时，应采用双层衬垫系统。

（4）防渗层用材与施工

渗滤液收集（检测）层、地下水导流层的材料宜采用砾石、卵石或碎石等材料，材料的 $CaCO_3$ 含量不宜大于 5%，库底铺设厚度不小于300mm，渗透系数不应小于 1.0×10^{-3} cm/s；四周边坡可采用袋装砂或土工复合排水网作为排水材料。

膜下黏土保护层和膜下黏土防渗层的厚度，在库底一般不小于1.0m，边坡一般不小于0.75m，当边坡较陡时，可采用 GCL 膜替代。用于防渗层的黏土除满足一定的渗透系数要求外，还应控制砂砾的含量，不得大于 5%。黏土层施工时，应分层摊铺与压实。

土工布常用于作 HDPE 膜的上、下保护层，一般采用无纺土工布，其常用规格有 150g/m^2、200g/m^2、300g/m^2、400g/m^2、600g/m^2、800g/m^2 等。其中与渗滤液收集层接触的土工布保护层规格不得小于 600g/m^2。土工布铺设后，各布幅间应进行缝合连接，搭接宽度为 75 ± 15mm。

防渗层使用的 HDPE 膜的性能指标应符合《垃圾填埋场用高密度聚乙烯土工膜》CJ/T 234 规定的垃圾填埋场用高密度聚乙烯土工膜的要求。HDPE 膜施工应由供货商认可的施工队实施，膜间搭接应采用双缝热焊的方法，搭接宽度为 100 ± 20mm，每条焊缝均应进行真空检查验收。在坡度大于 10% 的坡面上和坡脚向库底方向 1.5m 范围内不得有水平接缝。

7.3.6 覆盖设计

1. 日覆盖

日覆盖通常应采用松散的土质材料，如砂性土、筛选（分）过的建筑废物等。日覆盖的厚度一般为 0.2~0.3m。为了节省土质材料，同时改善日覆盖的隔水性能，我国的生活垃圾填埋场已普遍采用 HDPE 或 LDPE 膜进行日覆盖。这种覆盖是临时性的，每天作业后完成覆盖，下一天作业前再部分揭开。覆盖膜可重复利用，既减少了覆盖材料用量，又相应增加了填埋库容中垃圾填埋的空间比率。

2. 中间覆盖

中间覆盖可采用厚度不小于 0.75mm 的 HDPE 膜或 LDPE 膜，也可采用黏土。当采用黏土进行平面中间覆盖时，其覆盖层应摊平、压实、整形，厚度不宜小于 0.3m，不宜使用黏土进行斜面中间覆盖。

3. 最终覆盖

最终覆盖是废物填埋堆体与大气和表面径流间永久性的屏障。实施最终覆盖的具体目的是：①使废物同环境隔离；②调节填埋场顶面地表排水，减少降水的渗入；③减少场地表面的侵蚀；④防止臭气溢出，避免滋生蚊蝇。

根据采用阻隔材料的不同，最终覆盖系统有黏土封场覆盖结构和膜封场覆盖结构两种做法（图 7-11）。

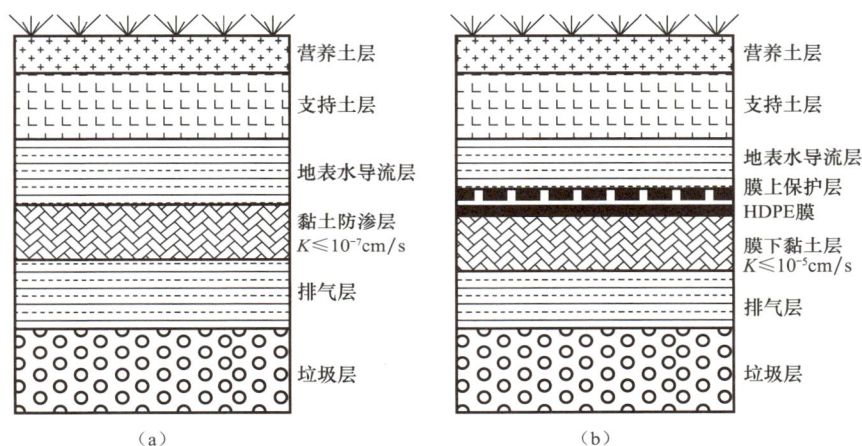

图 7-11　最终覆盖结构示意图
（a）黏土覆盖结构；（b）膜覆盖结构

（1）黏土封场覆盖结构

黏土封场覆盖结构（图 7-11（a））的排气层应采用粗粒或多孔材料，厚度不小于 30cm，起疏导气体，同时调整表面平整度的作用；黏土防渗层的渗透系数不应大于 1.0×10^{-7}cm/s，厚度应大于 30cm；地表水导流层宜采用粗粒或多孔材料，粗粒材料的厚度应为 20～30cm，应与填埋库区四周的排水沟相连；支持土层是植被层的一部分，由压实土构成，渗透系数应大于 1.0×10^{-4}cm/s，厚度不小于 45cm，起支撑上部植被作用，同时保护下部防渗层不受植物根系的损害；营养土层是植被层的表层土，主要起支持最终植被垦复的作用，土质应利于植被生长，厚度不应小于 15cm。

（2）膜封场覆盖结构

膜封场覆盖结构（图 7-11（b））与黏土封场覆盖结构的差异仅在于防渗阻隔层材料的不同。在膜封场覆盖结构中，防渗阻隔层采用土工膜，并在膜的上部设置土工布保护层，下部设置黏土保护层。土工膜一般采用厚 1mm 的 HDPE 膜或线性低密度聚乙烯膜（LLDPE）。膜下黏土保护层厚度为 20～30cm，渗透系数不应大于 1.0×10^{-5}cm/s。

填埋场封场顶面坡度不应小于 5%。顶面斜坡大于 10% 时，宜采用多级台阶进行封场，台阶间的坡度不宜大于 1∶3，台阶宽度不宜小于 2m。

7.3.7 地表径流与地下径流控制

1. 周边地表径流控制

填埋场周边地表径流指的是填埋场所在地形汇水区内，除填埋库区外的地表径流。周边地表径流控制主要是通过设置在填埋场四周的排洪沟渠，将上游的地表径流截流，并最终汇入填埋库区下游自然或人工汇流渠，从而防止库区上游地表径流进入填埋场内。当上游流域汇水面积较大时，为减少填埋场流域洪水对下游的冲击，必要时，可在截洪沟下游设置洪水调节池。

排洪沟渠和洪水调节池的具体设计可参照《排水工程》（上册）（第五版），相关的防洪标准可按现行《防洪标准》GB 50201、《城市防洪工程设计规范》GB/T 50805 和《生活垃圾卫生填埋处理技术标准》GB 50869 等执行。需注意的是，截洪沟除截流填埋场外周边的地表径流外，也是填埋场内（封场后）径流的排除通道。因此，流域面积应为填埋场所在汇水流域的总面积。

2. 地下径流控制

填埋场地下径流指的是流经填埋库区投影下方的地下水径流。这部分地下水的流动受到填埋场防渗构造的阻隔及填埋场载荷压缩地基的影响，需要在填埋场底部设置导排通道，避免因局部水压积累而破坏填埋场的结构安全性。

地下径流的控制要求，可以归结为保持地下水位稳定，由此可以达到：①避免地下水顶托填埋场底部防渗层；②保持填埋场底与地下水位的距离，同时减少渗滤液污染地下水和地下水侵入填埋体形成渗滤液的风险。

地下径流控制的主要方法之一，是在填埋场底设置导排管道，以保持场底地下径流的上下游连通。其构造如图 7-12 所示。

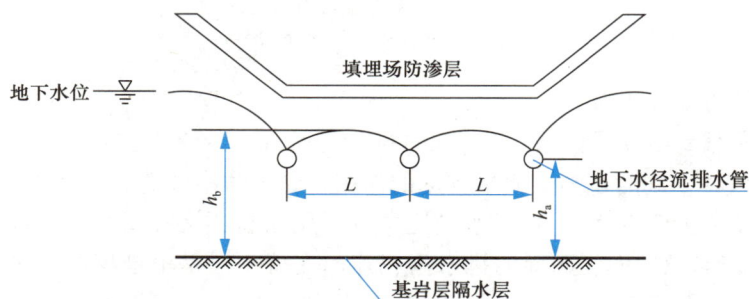

图 7-12 填埋场地下径流控制典型构造

导排管道与地下水径流应同向布设，管道间距可由唐南（Donnan）公式计算：

$$L^2 = \frac{4K(h_b^2 - h_a^2)}{Q_d} \tag{7-40}$$

式中 L——排水管间距，m；

K——填埋场底土壤渗透系数，m/d；

h_a——导排管与基岩隔水层间的高差，m；

h_b——填埋场底地下水最高允许水位与基岩隔水层间的高差，m；

Q_d——地下水补给率，$m^3/(m^2 \cdot d)$。

若忽略填埋场渗滤液渗漏对地下水的补给，则地下水补给率为：

$$Q_d = K \cdot i \tag{7-41}$$

式中　i——地下径流水力坡度，量纲为 1。

将式（7-41）代入式（7-40），可得：

$$L^2 = \frac{4(h_b^2 - h_a^2)}{i} \tag{7-42}$$

地下水导排管管径可根据管道密度、Q_d 及管道的坡降，通过水力计算确定。

7.3.8　渗滤液导排

填埋场渗滤液收集导排包括渗滤液收集层、收集盲沟、集液井、调节池和提升泵等设施。

1. 渗滤液产生量

填埋场渗滤液的来源，主要有降水、地表径流、地下水渗入、生活垃圾含水和降解产生的水分。按规范建设的现代卫生填埋场，场地均设有整体性的低渗性构造，以阻隔填埋体与周边的水文联系。因此，场地外围地表径流和地下径流渗入对渗滤液产生量的贡献基本可以忽略，渗滤液则主要来源于场内降水渗入和垃圾自身产生的水分。场内降水形成渗滤液的比例与场内雨、污分流措施有关。而填埋垃圾自身降解释放的渗滤液量则与垃圾的含水率和可降解组分含量有关，含水率和可降解组分含量高者，垃圾自身降解释放的渗滤液量就较多。我国主要城市现阶段生活垃圾含水率和易降解食品垃圾含量分别约为 55% 和 50%，明显高于欧美发达国家，相应地，生活垃圾自身降解释放对渗滤液量的贡献也就大得多。

目前，渗滤液产生量计算方法主要有水量平衡法、经验公式法和水文模型（HELP）法等。

HELP 模型是美国生活垃圾填埋场普遍采用的用于研究渗滤液产生量以及污染物迁移的模拟模型，该模型程序利用气候、土壤和设计数据来估算每天流进、通过和流出填埋场的水量。应用该模型时，需要比较详细的气象资料和土壤等相关数据，若缺乏资料，则模型难以应用。

水量平衡法是基于填埋体内基础的水分平衡，通过分析垃圾填埋堆体各部分水量变化，通过建立水分平衡方程式，计算渗滤液产生量。水量平衡法计算的渗滤液产生量比较准确可靠，有一定的理论基础，但计算过程较为繁琐，且需掌握有关基础资料。因此，在工程中，通常采用经验公式法来计算渗滤液产生量。

我国生活垃圾填埋场运行经验表明，渗滤液量与垃圾自身降解产水和从填埋场外部进入的水量相关。垃圾自身降解产水的排出极限水量为垃圾的田间含水量；而按规范建设的卫生填埋场，外部进入的水量主要来自场内降雨，即渗滤液产生量取决于场内降雨形成渗滤液的分数（降雨渗流率）。降雨渗流率则与填埋场的覆盖条件有关。因此，可以建立如式（7-43）所示的降雨量与渗滤液（产生）量间的经验公式：

$$Q = \frac{I}{1000} \times (C_{L1}A_1 + C_{L2}A_2 + C_{L3}A_3) + \frac{M_d \times (W_C - F_c)}{\rho_w} \tag{7-43}$$

式中　Q——渗滤液产量，m^3/d；

I——日降雨量，mm/d；

A_1——填埋作业单元汇水面积，m²；

C_{L1}——填埋作业单元渗出系数，一般取 0.5～0.8；

A_2——中间覆盖单元汇水面积，m²；

C_{L2}——中间覆盖单元渗出系数，宜取（0.4～0.6）C_{L1}；

A_3——终场覆盖单元汇水面积，m²；

C_{L3}——终场覆盖单元渗出系数，0.1～0.2；

W_C——填埋垃圾初始含水率，%；

M_d——日均填埋规模，t/d；

F_c——填埋垃圾田间持水量，%，取值参见表 7-2。

ρ_w——水的密度，t/m³。

垃圾初始含水率和田间持水量取值表　　　　　　　　表 7-2

当地年降雨量（mm）	初始含水率（%）
＞800	35～60
400～800	20～55
＜400	15～40
堆体平均厚度（m）	田间持水量（%）
＜20	30～35
20～40	25～30
40～60	20～25

注：垃圾无机物含量≥30%或经转运脱水时取低值。

　　F_c——完全降解垃圾田间持水量（%），宜根据当地或类似填埋场的测试数据选取，无测试数据时，可按表 B.0.1-2 执行；

　　ρ_w——水的密度（t/m³）。

　　垃圾降解程度高时取低值。

式（7-43）的主要参数为降雨量和渗入系数。降雨量与当地气候条件有关，其特征值有多年平均降雨量、多年平均逐月降雨量、最大 24h 降雨量等。I 值的选用，渗滤液平均产生量计算用多年平均降雨量；用于设计渗滤液导排管的渗滤液流量计算用最大 24h 降雨量。

式（7-43）中的渗入系数为经验参数。从表观上看，渗入系数为渗入作业单元或覆盖面的雨水量与降雨量之比。但是，作为经验参数，渗入系数既反映了填埋场暴露面积的雨水可渗入特性，同时还反映了垃圾堆体的蒸发作用，与一般的下垫面渗入系数等于 1 减径流系数不同。

填埋场运行过程中，随着时间的进行，式中 A_1、A_2 和 A_3 可能不同，从而导致不同时期的渗滤液产生量也不同。在设计渗滤液导排与处理设施时，应按上述三类面积的最不利组合情况计算渗滤液产生量。

2. 渗滤液收集层

传统上，渗滤液收集层仅设置于填埋场底部，少数库底侧壁面积较大的填埋场，也可在侧壁下部一定的位置设置导流层。渗滤液收集层用材与做法参见本节的防渗层用材与施工。

3. 收集盲沟

收集盲沟布置于渗滤液收集层内,采用干、支沟(管)相结合的平面布置方式(图 7-13)。支盲沟可采用石料(无管)盲沟和 HDPE 管盲沟等形式(图 7-14),而干盲沟则大多采用 HDPE 管盲沟形式。

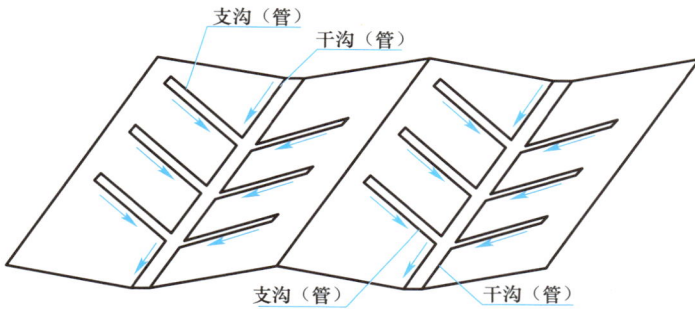

图 7-13　渗滤液收集干、支沟(管)布置示意

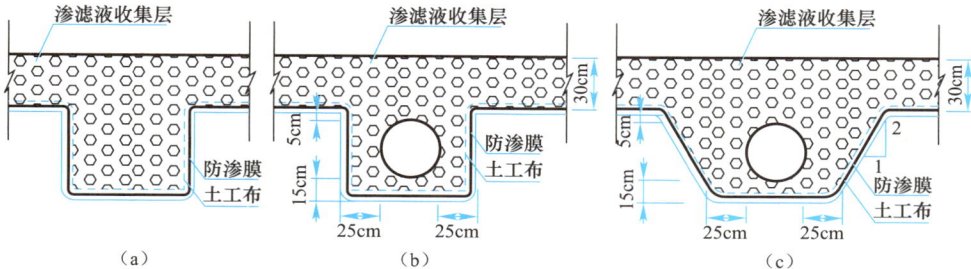

图 7-14　渗滤液收集盲沟示例

(a) 石料盲沟;(b) 矩形有管盲沟;(c) 倒梯形有管盲沟

采用 HDPE 管盲沟时,HDPE 收集管公称外径不应小于 315mm。渗滤液收集层石料粒径一般为 15~30mm。渗滤液收集管采用穿孔管,其开孔率应保证渗滤液收集能力和材料强度要求,一般孔径 d 为 10~20mm,孔距 L 为 15~20cm,其做法可参考图 7-15。

渗滤液收集管布置示意如图 7-16 所示,其最大水平排水距离 L 可通过下式计算:

$$h_{\max} = L\sqrt{(q/k)}\left[\frac{\tan^2\alpha}{(q/k)} + 1 - \frac{\tan\alpha}{(q/k)}\sqrt{\tan^2\alpha + (q/k)}\right] \qquad (7-44)$$

式中　$h_{\max}$——填埋场衬垫上的最大积水深度,m;

　　　L——渗滤液收集管最大水平排水距离,m;

　　　q——竖直流入单位面积收集层的渗滤液流量,cm/s;

　　　k——渗滤液收集层渗透系数,cm/s;

　　　α——库底衬垫坡角。

一般规定,填埋场衬垫上的积水深度不超过 0.3m,令 $h_{\max}=0.3\text{m}$,利用式(7-44)可求出渗滤液收集管最大水平排水距离,则收集管设置间距为 $2L$。

4. 集液井

集液井与填埋场各个渗滤液的收集干管连接,以导出和提升渗滤液至调节池。

集液井与干管的连接有两种基本方式:其一为填埋体外设置竖井,竖井与穿过填埋体

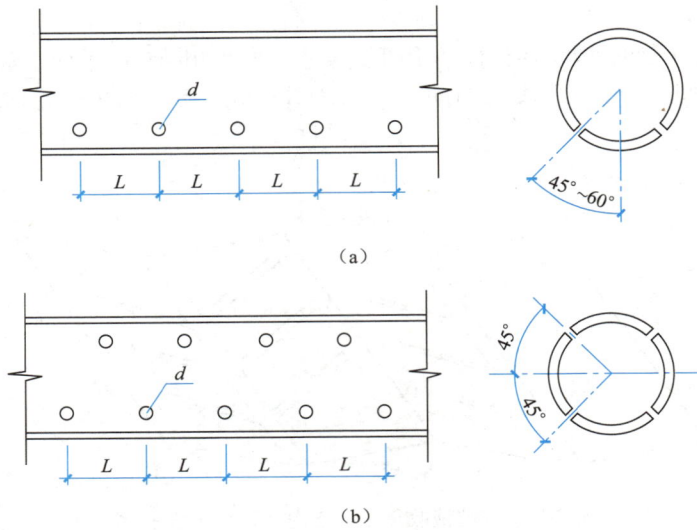

（a）

（b）

图 7-15　渗滤液收集管穿孔示意图
（a）下部两侧开孔；（b）上下四周开孔

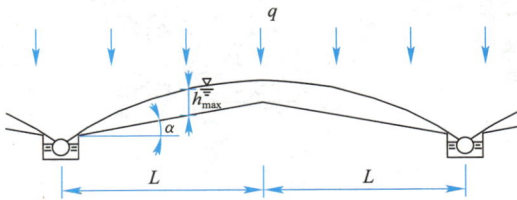

图 7-16　填埋场渗滤液收集管布置简图

防渗层的渗滤液收集干管相连，井内设置潜水泵，泵出流入井内的渗滤液；另一种为在防渗层侧壁内设置斜井，井底设置集水池与干管连接，内置可通过斜井安放的管道式潜水泵，直接在防渗层上提升和导出渗滤液。

5. 调节池

调节池接受从集液井提升的渗滤液，功能是作为产生渗滤液的不均匀流量和处理设施相对固定的处理量之间的调节器。

调节池的容量应保证在降雨集中的时段，调节池能容纳集中产生的渗滤液，不发生因溢流而污染水体的事件。其计算方法如式（7-45）所示。

$$V_{Ln} = V_{Ln-1} + (Q_{产n} - Q_{处理n}) \tag{7-45.1}$$

式中　n——计算周期，月或日；

V_{Ln}——第 n 个计算周期内的库容调节量，m^3；

V_{Ln-1}——第 $n-1$ 个计算周期内的库容调节量，m^3；

$Q_{产n}$——第 n 个计算周期内渗滤液产量，m^3；

$Q_{处理n}$——第 n 个计算周期内渗滤液处理量，m^3。

若 $V_{Ln} < 0$，则取 $V_{Ln} = 0$。

调节池调节库容按下式计算：

$$V_L = s \cdot \max(V_{Ln}) \tag{7-45.2}$$

式中　s——安全系数，按表 7-3 取值。

渗滤液调节池，可以采用钢筋混凝土结构，但通常采用挖掘机垒土筑堤的方式构建，池底和四壁应采取与填埋库区相同的防渗构造。

目前，我国生活垃圾卫生填埋场的渗滤液调节池普遍采用了"加盖"措施，即在其上部采用 HDPE 膜覆盖。"加盖"可以较好地解决调节池内的臭气释放问题。在气温高于20℃的季节，池内还会发生自发性的厌氧降解过程，可在一定程度上削减渗滤液处理负荷。但是，必须在池内设置气体收集管，以及时导出沼气，沼气可汇入填埋场内填埋气体处理设施处理或利用。

各种调节池计算方法中安全系数 s 取值　　　　　　　　表 7-3

计算方法	20 年一遇降雨资料	50 年一遇降雨资料
逐月水量平衡计算法	1.25～1.55	1.05～1.25
逐日水量平衡计算法	1.2～1.5	1.0～1.2

注：湿润气候区取大值，干旱气候区取小值。

7.3.9　填埋气体导排与利用

填埋气体（LFG）主要组分为甲烷（CH_4）和二氧化碳（CO_2），同时还含有高浓度的芳香烃、脂类、脂肪烃类等挥发性有机物（VOC_s）。LFG 管理是控制生活垃圾填埋场安全风险和污染释放的必需环节，其对应的工程设施有 LFG 导排及处理和利用两部分构成。

1. 填埋气体产生量

填埋气体（LFG），主要源于生活垃圾中可降解有机物在填埋环境中的生物转化过程。传统上，尽管填埋气体可能在填埋体处于初始好氧、兼性向厌氧的过渡、厌氧等各个阶段产生（图 7-7），其各阶段的气体组成特征也同样可从图中看出。但是，以净产生量计，填埋气体极大部分还是产生于厌氧阶段。因此，目前填埋气体产生量的测算方法，均是以可降解有机物在填埋体厌氧环境中的生物转化产气为依据的。

一般采用经验模型方法测算生活垃圾中可降解有机物在填埋体中的厌氧产气量，常用于测算填埋气产生量的经验模型为 LandGEM 模型。

LandGEM 模型，以一级动力学模型为基础计算填埋场的填埋气体产生量。该模型依据填埋生活垃圾的总量、时间分布及降解速率，计算每年产生的填埋气体量，而其默认参数以美国生活垃圾填埋场的实际测试结果设定，并根据生物反应器填埋场的试验结果增加了相应的参数。其计算公式如下：

$$G_n = \sum_{i=1}^{n} \sum_{j=0.1}^{1} k_1 L_0 \left(\frac{M_i}{10} \right) e^{-k_1 t_{ij}} \tag{7-46}$$

式中　G_n——甲烷产生量，m^3/a；

　　　n——生活垃圾填埋年限（也称填埋龄），n＝当前年－垃圾填入年，a；

　　　k_1——生活垃圾降解速率常速，1/a；

　　　L_0——生活垃圾的产甲烷潜能，m^3/t；

　　　i——以 1 年计的时间增量；

　　　j——以 0.1 年计的时间增量；

　　　M_i——第 i 年填埋的生活垃圾量，t；

　　　t_{ij}——第 i 年填入生活垃圾 M_i 在 j 时段的时间（如 3.2 年），a。

参数 k_1 和 L_0 可以根据填埋场的类型选择，或者根据实际测算结果计算获得。美国有关机构提供的本公式中的参数默认值见表 7-4。

美国不同类型生活垃圾填埋场 k_1 和 L_0 的默认值　　　　　　　　　　表7-4

默认参数来源	填埋场类型	K_1 (a^{-1})	L_0 $(m^3 \cdot t^{-1})$
CAA	典型填埋场	0.05	170
CAA	干型填埋场	0.02	170
EPA	典型填埋场	0.04	100
EPA	干型填埋场	0.02	100
EPA	湿型填埋场	0.7	96

注：CAA指美国空气清洁法推荐用于臭氧层保护评价的参数；EPA指美国国家环保署推荐用于气候变化评价的参数。

根据对我国若干生活垃圾卫生填埋场的监测结果，L_0 的取值宜为 $80\sim120m^3/t$，k_1 宜为 $0.5\sim0.8a^{-1}$。

2. 填埋气体导排

按是否采取机械装置驱动分类，填埋气体导排有主动收集系统和被动收集系统两种。主动收集是利用鼓风机、气泵等机械设备产生压力梯度来收集气体的方式，收集的气体可进行利用，也可直接燃烧排放；被动收集是靠填埋气体自身产生的压力来驱动气体运动，将气体导排入大气或控制系统的收集方式。

按气体汇流通道形式不同分类，填埋气体导排有竖井收集和水平沟收集两种方式。

（1）导排竖井：与填埋场外主动收集风机连接的LFG导排竖井形式可参见图7-17。

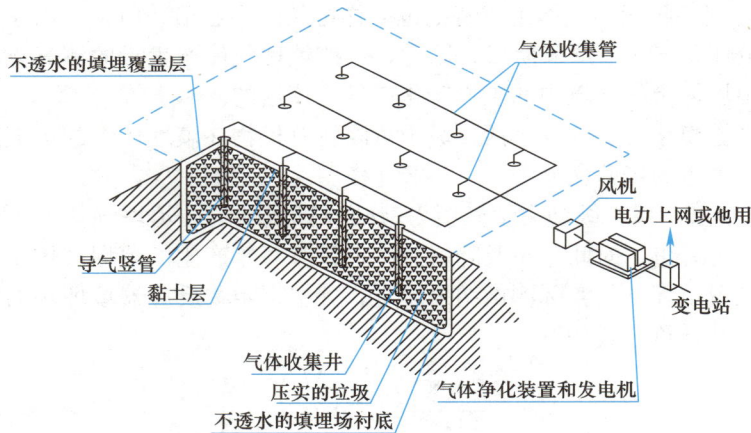

图 7-17　填埋气采用竖井收集的系统图

用于LFG主动收集导排竖井的典型剖面结构如图7-18所示。竖井的作用，是在填埋场范围内提供一种透气排气空间和通道，同时将填埋场内渗滤液尽快引至场底。竖井直径 D 一般为 $60\sim100cm$，内置收集管，并用粒径 $25\sim50mm$ 的砾石等透气性材料填充。收集管多采用HDPE管或PVC管，管径为 $100\sim200mm$，下部开孔。孔的形状可为长方形或圆形，一般长方形宽度为 $6\sim10mm$，长度为 $15\sim36mm$；圆形直径为 $10\sim20mm$。通常沿圆周均匀开4个孔，沿长度方向的孔间距为 $10\sim15cm$。为了防止吸入从填埋体表面渗入的空气，收集管的上部通常为非穿孔结构。填埋体内因不均匀沉降而存在强大的应力，为避免收集管被应力切断，收集管应分段布置，各分段间采用柔性材料（如橡胶管）连接。

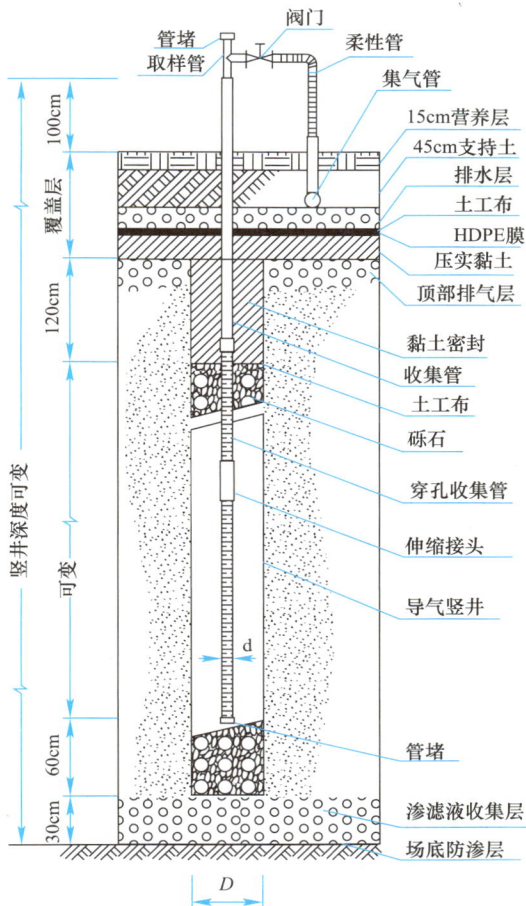

图 7-18　主动收集型 LFG 导排竖井剖面图

与主动收集配套的 LFG 导排竖井，应在其上部端口设置控制阀和分水器（分流冷凝水）等装置，起到控制抽气量和保护设备的作用。

LFG 导排竖井应随着填埋体作业高程的升高，逐级升高构建。在填埋开始前，先构筑高于第一作业高程 1m 左右的竖井；然后，在第二作业高程开始前，完成一次升高构建，直至填埋达到终止高程。为了及时收集 LFG，可以将主动收集系统的配套构造提前与尚需补接升高的竖井口连接，使其在填埋作业周期内也能进行 LFG 收集操作。

填埋体内竖井的布置间距应根据抽气井的影响半径 R 按相互重叠原则设计。抽气井的影响半径指抽气井收集填埋气的最大作用范围，在该范围以内，填埋气都向抽气井运动而被收集。如图 7-19 所示，导气竖井按正方形布置，竖井间距为 $\sqrt{2}R$，抽气影响区相互重叠达到 60%；导气竖井按正三角形布置，竖井间距为 $\sqrt{3}R$，抽气影响区相互重叠达到 27%。

抽气井的影响半径，受填埋场抽气压力、填埋高度、覆盖条件、堆体温度、渗透系数等诸多因素的影响，其值一般可通过抽气试验获得。在缺少试验数据的情况下，抽气井的影响半径可以采用 30～40m，填埋深度大并有人工膜覆盖的填埋场取高值，填埋深度小且

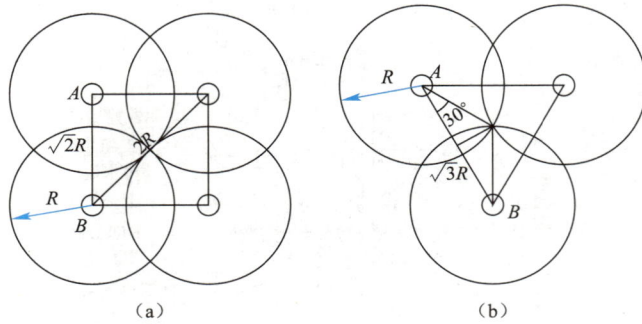

图 7-19　抽气竖井的布置形式
(a) 正方形布置；(b) 正三角形布置

采用黏土覆盖的填埋场取低值。已知抽气竖井的影响半径，根据竖井的布置形式，就可以确定竖井的设置间距，其值一般为 40～60m。

导排竖井也同时适用于气体被动导排操作。用于气体被动导排时，竖井的下部结构相同，区别在于井口的构件由与主动收集系统配套改为被动排放口（图 7-20）。

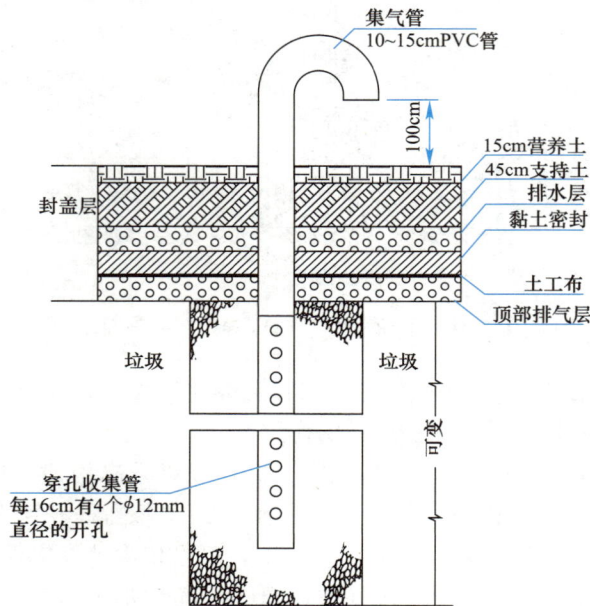

图 7-20　LFG 被动导排竖井

（2）水平沟收集：大填埋体容量，特别是大深度的填埋场，仅采用导排竖井已难以保证 LFG 的主动收集效率。水平设置的导排沟可以有效地改善竖井收集存在的问题。水平沟收集在国外填埋场的使用比例正在稳步地增加。

水平沟收集的基本构造与竖井相似，亦由中心的穿孔收集管和周边填充的疏气材料构成（图 7-21）。

水平收集沟在填埋作业至相应的高程时，通过在填埋场体内挖沟构筑，收集沟可以在填埋场的覆盖层边坡（前坡）或填埋体底壁（后坡）与收集干管连接。不同高程水平收集沟与 LFG 主动收集系统连接的示意图如图 7-22 所示。

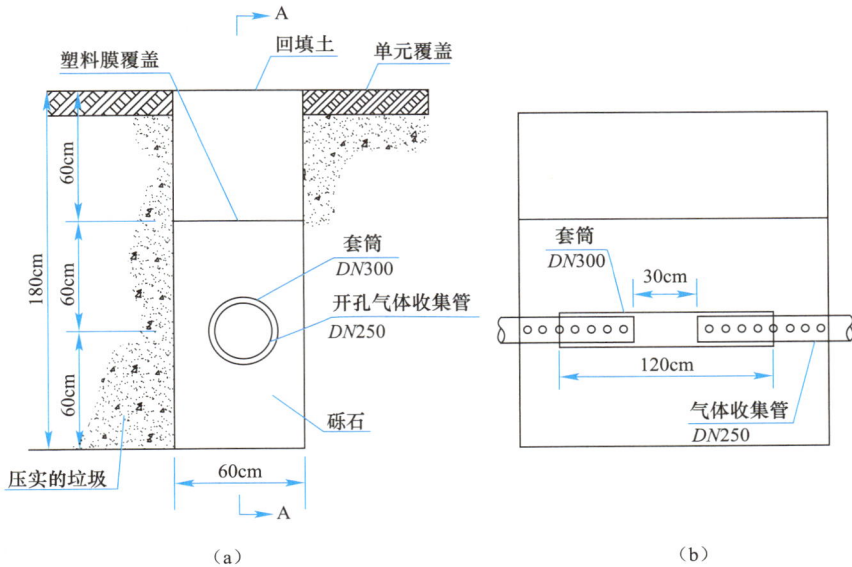

图 7-21 气体水平收集沟详图

（a）水平沟剖面；（b）A—A 向

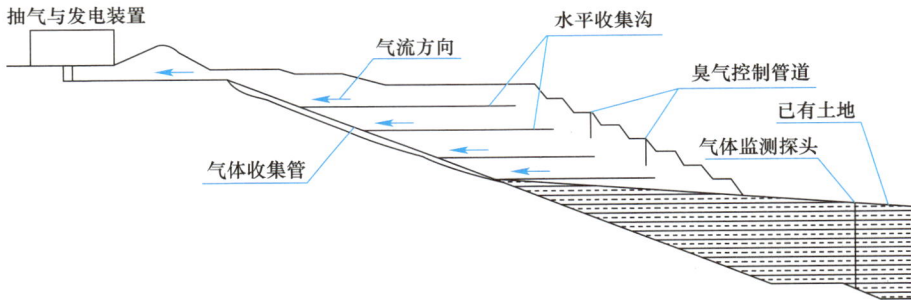

图 7-22 水平收集沟与 LFG 主动收集系统

水平沟设置间距一般为 40～50m。气体收集管必须有不小于 3％的坡度，以确保气体中的冷凝水不因填埋场非均匀沉降而影响其排放。

水平导排沟既可以与竖井联合应用以达到强化收集 LFG 的效果，也可以单独应用，以替代竖井的功能。

3. 收集管路系统设计

填埋气体收集管路系统设计，包括确定收集管管径、压力损失以及风机设备选型。其计算步骤如下：

（1）根据填埋气体收集系统布置，绘制收集系统的计算草图；

（2）在草图上标注管段编号、各管段的长度和填埋气体产生量（或抽气量）；

（3）选择最不利管路，并进行计算：

1）根据各管段流量，选择合理流速。

2）利用下式计算管道尺寸。即：

$$D = \sqrt{\frac{4Q}{\pi \cdot V}} \tag{7-47}$$

式中　D——管道内径，m；

　　　Q——气体流量，m^3/s；

　　　V——气体流速，m/s。

3）根据管径计算结果，选择对应的标准断面尺寸，并由式（7-47）计算实际的气体流速。

4）计算雷诺数。即：

$$Re = D \cdot V/\nu \tag{7-48}$$

式中　Re——雷诺数，量纲为1；

　　　ν——填埋气体的运动黏滞系数，$8.897 \times 10^{-6} m^2/s$。

5）计算摩擦阻力系数（经验公式）。即：

$$\lambda = 0.0055 + 0.0055[(20000\varepsilon/D) \cdot (1000000/Re)]/3 \tag{7-49}$$

式中　λ——摩擦阻力系数，量纲为1；

　　　ε——管道绝对粗糙度，m，PVC管取 1.68×10^{-6}m。

6）计算管道沿程阻力和局部阻力。沿程阻力采用下式计算：

$$\Delta p = \lambda \frac{1}{D} \cdot \frac{V^2 \cdot \rho}{2} l \tag{7-50}$$

式中　Δp——管道压力损失，pa；

　　　ρ——填埋气的密度，kg/m^3，一般可取 $1.36kg/m^3$；

　　　l——管道长度，m。

局部阻力根据阀门和管件的数量分别进行计算。

（4）并联管路的计算，阻力平衡计算与调整；

（5）计算系统的总阻力；

（6）选择风机。

4. LFG 的处理与利用

现有 4 种 LFG 的处理与利用模式：①被动导排（放散）；②主动收集后燃烧处理；③主动收集后燃料利用；④主动收集后净化提纯作汽车燃料，或生产城镇燃气。

被动导排（放散）是将 LFG 自填埋体内引出后，利用自然扩散作用，使之迅速稀释排放。此方法仅可有限地解决填埋场 LFG 的安全问题，不能解决其由于 VOCs 和 CH_4 衍生的环境问题。目前，此方法仅在小型或封场后的填埋场应用。

主动收集后燃烧处理，可以有效地解决 LFG 的安全和环境问题，其缺陷是没有利用其中 CH_4 的能量资源。这种方式在发达国家应用相当普遍，典型的设备流程如图 7-23 所示，其关键技术是对低 CH_4 含量 LFG 气体的有效燃烧。

主动收集后燃料利用，是最理想的 LFG 管理方式，可同时解决安全和环境问题，并回收能源。目前，应用比例最高的 LFG 燃料利用方式是由内燃机发电。LFG 发电站内一般亦设有备用的 LFG 燃烧装置，用于在 LFG 中的 CH_4 含量低于内燃机启动要求时，对其进行燃烧处理。

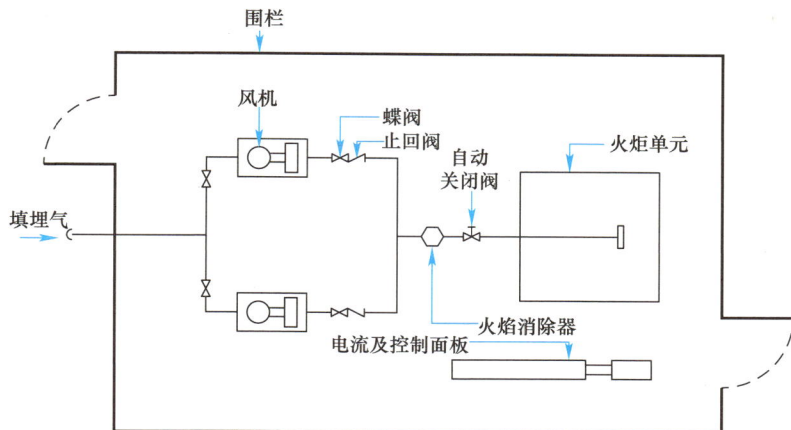

图 7-23　LFG 主动收集后燃烧处理系统构成

填埋气经过脱除 CO_2 和 H_2S 的净化处理，达到或接近天然气标准，再经压缩后，可用作汽车燃料。常用的 LFG 净化工艺，主要有膜分离法、物理和化学吸收法、变压吸附法（PSA）法等。

7.4　卫生填埋场作业

卫生填埋基本操作包括生活垃圾卸载、摊铺、压实（整形），以及对暴露垃圾的覆盖作业，其目的是控制填埋衍生物对环境的影响，从而实现卫生填埋的目标。为此，填埋作业重点应加强填埋场内的雨污分流、摊铺压实以及覆盖。

7.4.1　场内雨污分流

分区填埋、控制作业面积和覆盖是实现填埋场内雨污分流的主要操作方法。覆盖操作可参考 7.3 节。

1. 分区填埋

将分区填埋与填埋场底雨污分流措施结合，可以达到减少污染径流量，从而减少渗滤液处理量和污染负荷的目的。

根据填埋场的地形特征，分区填埋和雨污分流可以通过修建分水堤、围筑堤坎及设计临时截洪沟等措施实现。

对于库底面积较大的填埋场，图 7-24 的实例可供参考。

对山谷型和坡地型填埋场，根据场地特征，通常在边坡不同平台高程设置 1 条或多条临时截洪沟。填埋高程位于某临时截洪沟以下时，该临时截洪沟以上边坡的雨水可以直接导出（或导入终场永久截洪沟），实现雨污分流；当填埋高程达到该临时截洪沟时，该临时截洪沟被废弃，产生的径流进入渗滤液收集系统。对于地形较陡的场地，通常临时截洪沟结合锚固沟设置（图 7-25）。临时截洪沟的设计方法与周边地表径流控制截洪沟设计方法相同。

2. 控制作业面积

作业面积指的是每日填埋作业时，没有任何的雨水分流控制，此面积是降雨时径流渗入比最大的位置。通过控制此面积大小，可以有效地提高全填埋场雨污分流的效果。

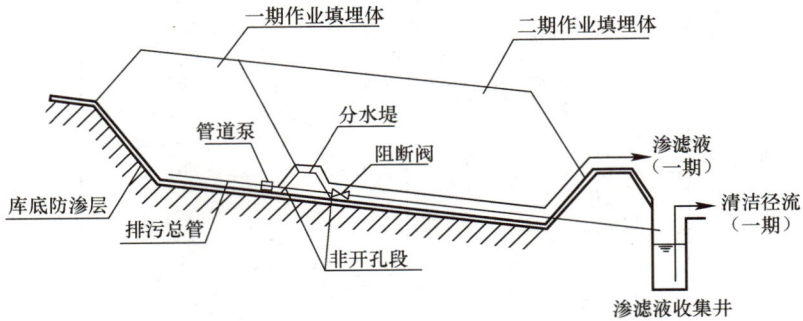

图7-24 分区填埋雨污分流系统实施例

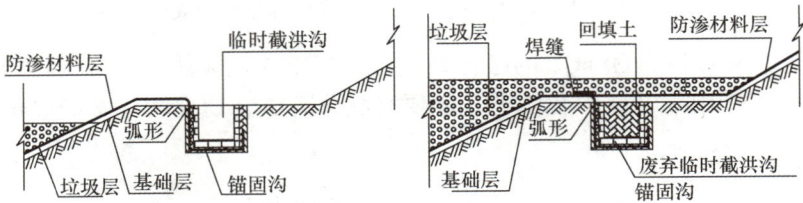

图7-25 临时截洪沟与锚固沟示意图

为将填埋作业面的雨水与外围雨水隔离，在单元填入垃圾前需构筑土工工程，通常是在填埋单元的周界，构筑0.5～1.0m高度的土坎。土坎可以规范生活垃圾填入作业区域，保证填入场地的整洁，更为重要的是可以隔离单元内外的径流，为通过中间覆盖面进行雨污分流创造条件，是降低渗滤液产生量的有效措施。

作业面积控制有赖于对作业机械（垃圾运输车、推土机、专用压实机）运动路线的合理规划和实时引导。可以通过现场无线通信群，由作业负责人统一指挥实施。

根据《生活垃圾卫生填埋场运行维护技术规程》CJJ 93—2011中的规定，对Ⅰ、Ⅱ类填埋场，应控制作业区面积（单位以"m²"计）不超过日填埋量（单位以"t"计）的0.8～1.0倍，其中暴露面积不应大于作业面积的1/3；对Ⅲ、Ⅳ类填埋场，应控制作业区面积（单位以"m²"计）不超过日填埋量（单位以"t"计）的1.0～1.2倍，其中暴露面积不应大于作业面积的1/2。

7.4.2 填埋操作方法

生活垃圾填埋操作，应在由填埋场日志规定，并已完成了垃圾填入前构筑物工程的单元内进行。填埋操作步骤，主要包括卸料、摊铺、压实和整平等。根据卸料与单元操作面的高程关系，废物填埋操作可分为上推式和下推式两种。

1. 上推式填埋作业

采用上推式填埋操作方式时，运输车将生活垃圾卸载于作业单元的下部所在平面（图7-26（a））；然后，由推土机采用渐升推土板的方式，将垃圾推成向上倾的斜面，完成摊铺过程。摊铺作业应分层进行，每一层的摊铺厚度控制在0.3～0.6m，斜面坡度以（1：4）～（1：5）为宜，且不应超过1：3。

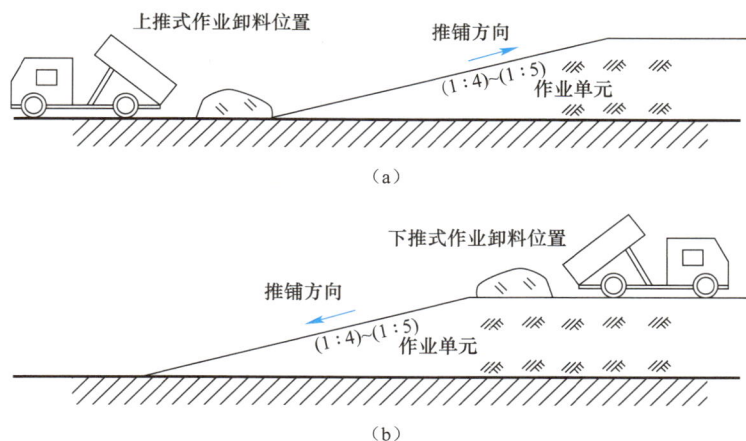

图 7-26　垃圾摊铺作业方式示意图
（a）上推式作业；（b）下推式作业

完成一层摊铺后，应进行压实作业。常用的压实机械为推土机和专用的钢轮压实机。目前，中国的大部分生活垃圾填埋场采用推土机进行垃圾的压实作业。采用推土机进行压实作业时，应反复多次（2～4 次），使推土机的履带印相互交叠 50％以上，使垃圾压实密度达到 800kg/m³ 以上。

一层垃圾被压实后，再在其上重复进行上一层的摊铺和压实，直至完成整个单元的垃圾填入作业。

最后，对该单元的垃圾面进行整平作业，为覆盖操作提供良好的平面条件。整平操作一般由拖带压辊的推土机完成。

2. 下推式填埋作业

采用下推式填埋操作方式时，运输车将生活垃圾卸载于作业单元的上部所在平面（图 7-26（b））。因此，推土机应采用渐降推土板的方式，自上而下将垃圾推成下倾的斜面，完成摊铺作业。而摊铺的厚度与倾角控制，以及其后的压实和平整作业均与上推式填埋作业方式相似。

7.4.3　覆盖操作方法

填埋场覆盖不仅可以阻止填埋垃圾直接暴露于大气，减少臭味散发，还能改善表面径流，减少降水入渗。

1. 日覆盖

日覆盖通常应采用松散的土质材料，如砂性土、筛选（分）过的建筑废物等。不宜采用黏土质材料，主要原因是黏土收缩性大，加上初始填入垃圾的土工不安定性（沉降，且是不均匀地发生），易使覆盖层开裂破坏。日覆盖的厚度一般为 0.2～0.3m，为使其能完全覆盖垃圾面，均匀摊铺是必要条件。因此，宜使用专门的摊铺机械进行作业。

近年来，我国的生活垃圾填埋场已普遍采用 HDPE 或 LDPE 膜进行日覆盖。宜选用厚度 0.5mm 及以上的 HDPE 膜或 LDPE 膜作为日覆盖膜。进行膜覆盖时，膜的外缘应拉出，宜开挖矩形锚固沟，并在护道处进行锚固；应通过膜的最大允许拉力计算，确定沟深、沟宽、水平覆盖间距和覆土厚度。覆盖时，膜与膜搭接的宽度宜为0.20m，各覆盖膜间的搭接开口应朝下坡方向；覆盖后的膜应平直整齐，保证膜上径流排水通畅，膜上需压放有整齐稳固的压膜材料；压膜材料应压放在膜与膜的搭接处，摆放的直线间距1m左右；当日覆盖作业遇到风力较大气候时，可在每张膜的中部摆上压膜袋，直线间距为2～3m。

2. 中间覆盖

中间覆盖可采用厚度不小于0.75mm的HDPE膜或LDPE膜，也可采用厚度不小于0.3m的土质材料。目前，对于采用何种类型的土质材料尚存在分歧。主张采用黏土材料的，在于考虑其可以更好地隔离径流，避免侵入填埋体而形成渗滤液；而反对采用黏土材料的，则认为黏土易被降雨冲刷损耗，作业机械偶尔驶过其表面时，更可能会完全带走黏土。

铺设用于中间覆盖的膜时，除要求膜搭接处宜采取有效的固定措施外，其余铺设要求与日覆盖膜的铺设要求基本相同。为保证从覆盖膜表面排除的径流能顺利地导入填埋体周边的截洪沟内，填埋体表面应设置排水通道。一般可在中间覆盖面上设置与截洪沟连通的排水沟。

3. 最终覆盖

最终覆盖是根据最终覆盖设计（本章7.3节）要求，构造垃圾填埋堆体与大气和表面径流间永久性的屏障。

需要注意的是，采用膜作为最终覆盖封闭层，当封场至LFG主动收集系统关闭阶段（此时的LFG产生率过低，限制主动收集系统的运用）时，应将场内各个LFG导排井、导排沟改造为被动导气模式，以防止填埋体内气体蓄积超压，进而顶托破坏最终覆盖层。

7.4.4　填埋作业管理

1. 填埋作业计划

填埋作业计划是生活垃圾填埋场运行管理达到卫生填埋场技术规范要求的组织保障。应有年、月、周、日填埋作业计划，并严格按填埋作业计划进行作业管理，才能确保填埋场安全并符合卫生填埋规范要求。应按填埋操作要求，详细列出各个项目的工程量、控制范围及采取措施的时间进度安排。

2. 填埋设施管理

填埋场设施包括主体工程设施、辅助工程设施和生产与生活服务设施。填埋作业过程中，应重点加强道路工程、防渗系统、雨洪水导排与填埋气收集等主体设施的维护管理。

垃圾填埋场专用道路需进行经常性维护和保养，及时排除内部道路上的积水，保持道路设施完整，通行良好。入场垃圾运输车应严格按规定路线行驶进入填埋作业区，车速要求控制在15km/h以内。

目前我国卫生填埋场的底部和侧坡均铺设有合成膜防渗层，它是隔离填埋场内水、气与外界环境交流的重要屏障，对其需进行日常检查、维护和管理，并采取必要的防护措施，以防止遭受损坏。这些措施包括：①禁止穿钉鞋在防渗膜上践踏；②填埋场底部首台阶填入作业，当垃圾厚度小于 2m 时，不能进行机械摊铺和压实作业；③任何情况下，填埋场运输和作业机械均不得进入距边坡 2m 以内的位置。

应保持填埋场雨、污分流设施畅通完好。填埋区地表水应及时通过排水系统排走，不得滞留填埋区。大雨和暴雨期间，填埋场应有专人负责专门防洪值班，巡查排水系统的排水情况，发现设施损坏或堵塞应及时组织处理。

在气体导排竖井不断加高过程中，应保障竖井内气体收集管道连接顺畅，填埋作业过程中应注意保护气体收集系统。在导气竖井周围进行作业时，应在竖井周围均匀倒入垃圾后再进行碾压，以防导气石笼倾倒。对气体导排竖井应定期进行检查、维护，清除杂物，保持设施完好。

3. 填埋设备管理

填埋设备是填埋场工程的组成部分，管理好设备是确保填埋场日常运行的重要条件。设备管理包括对新设备的购置、检验、登记、调配以及正在使用设备的保养、维护与管理。填埋场应建立一个合理的设备管理体系，具体可参考图 7-27 所示的设备管理体系。

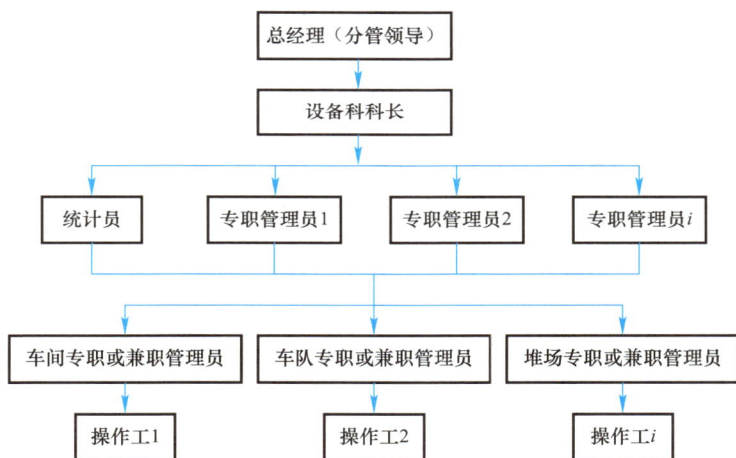

图 7-27　填埋场设备管理体系框架图

填埋场设备，主要有计量地衡、填埋机械、渗滤液导排与处理设备、气体净化与利用设备以及监测设备等。其中，通用和专门的填埋机械，主要有推土机、履带式挖掘机、钢轮压实机和装载机，其配置可参考表 7-5。

填埋场主要机械设备的配置　　　　　　　　　　　　　　　　表 7-5

处理能力（t/d）	推土机（台）	压实机（台）	挖掘机（台）	装载机（台）
＜200	1～2	1	1	1～2
200～500	1～2	1	1	1～2
500～1200	2～3	2	2	2
＞1200	3～4	2～3	2	2～3

按照设备使用和《生活垃圾卫生填埋场运行维护技术规程》CJJ 93—2011 的要求，定期对填埋场设备进行检查、维护保养。

4. 安全与环境保护

填埋场安全主要涉及人身安全、设施设备安全和消防安全。填埋场安全管理，首先，应制定安全生产管理规范和各项安全生产管理制度，进行标准化管理；其次，应加强安全培训教育，提高安全意识；此外，应定期进行各项安全检查，包括职工体检，及时排除事故隐患；最后，应建立一套完善的事故处理制度和突发事件的应急处置预案。填埋场一些安全管理的具体措施有：填埋区等生产作业区严禁吸烟，严禁酒后作业；运行管理人员应熟悉填埋作业工艺、技术指标及填埋气体的安全管理，非本岗位人员不得违规操作；上人建（构）筑物设施的临空高度超过 1.0m 的，需设置防护栏；填埋库区周围设置安全防护设施及 8m 宽度的防火隔离带，配备消防设施，并储备干粉灭火剂和灭火沙土。

填埋场环境保护管理涉及水环境保护、大气环境保护、声环境保护、蚊蝇虫害防治、飞尘及垃圾轻漂物控制等管理。

水环境保护应重点做好防渗、雨污分流、渗滤液导排与处理等工程的保护措施。

大气环境保护应重点做好臭气防治与填埋气体的收集处理。对于臭气，可以通过控制填埋作业面，实施日覆盖、中间覆盖和最终覆盖，填埋区四周种植绿化隔离带等措施防止其扩散；对于填埋气体，应控制库区上方甲烷气体浓度小于 5％填埋场建（构）筑物内甲烷气体含量严禁超过 1.25％，当填埋场不具备填埋气体利用条件（甲烷浓度不超过 30％）时，应主动导出并采用燃烧装置集中燃烧排放。

填埋场大部分设备的工作噪声在 85dB 以下，对噪声较大的设备应采用消声、隔声和减振措施，种植绿化隔离带可起到一定的屏障作用。

防止苍蝇、蚊子的滋生是生活垃圾填埋场环境保护的一个重要方面，其控制标准为苍蝇密度填埋区小于 10 只/(笼·日)。蚊蝇控制措施包括：对填埋垃圾及时覆盖；对垃圾暴露面上的苍蝇采用药物喷雾或烟雾杀灭，但要注意药物对周边环境产生的副作用；还可用引诱苍蝇的药物诱杀，或种植驱蝇植物等。

填埋场内飞尘及轻漂物的产生途径，主要为垃圾在装卸、填埋作业时会扬起大量的尘土，塑料、纸张等轻质垃圾会随风飞扬。飞尘的控制可采取以下几项措施：填埋场内作业表面及时覆盖；种植绿化隔离带控制飞尘扩散；填埋区四周设置 2.5～3.0m 高的拦网，拦截飞扬的轻质垃圾；填埋作业单元周边应设置可移动挡板，减少作业面的风力，同时拦阻飞（飘）扬的轻质物。

5. 技术资料管理

填埋场技术资料管理主要包括：垃圾特性、类别及进场垃圾量；填埋作业规划及阶段性作业方案进度实施记录；填埋作业记录（倾卸区域、摊铺厚度、压实情况、覆盖情况等）；污水收集、处理、排放记录；填埋气体收集、处理记录；环境监测与运行检测记录；场区蚊蝇消杀记录；填埋作业设备运行维护记录；机械或车辆油耗定额管理和考核记录；填埋场运行期工程项目建设记录；环境保护处理设施污染治理记录；岗位培训、安全教育及应急演习等的记录；劳动安全与职业卫生工作记录；突发事件的应急处理记录；其他必要的资料和数据。

应建立填埋场运行管理日报、月报和年报制度，系统、全面、及时进行数据、资料的收集、整理和报送工作。

7.5　渗滤液处理

7.5.1　渗滤液性质与处理要求

1. 生活垃圾填埋场的渗滤液水质

由于存在生活垃圾填埋体内的自发性厌氧反应过程，填埋场渗滤液的水质通常表现出与其运行年份相对应的变化。生活垃圾填埋场渗滤液的典型水质特征可见表 7-6。

生活垃圾卫生填埋场渗滤液的典型水质特征　　　　　　　　　　表 7-6

指标	单位	填埋初期（<5a）	填埋中后期（5~10a）	封场后期（>10a）
COD_{Cr}	mg/L	5000~60000	5000~10000	1000~5000
BOD_5	mg/L	2000~40000	500~4000	100~1000
NH_4^+-N	mg/L	200~2000	500~3000	1000~3000
NO_x-N	mg/L	0~100	0~50	0~50
TN	mg/L	500~2500	800~3000	1000~3000
盐度	mg/L	1000~30000	10000~30000	10000~30000
TS	mg/L	500~2000	200~1500	200~1000
pH	—	5~8	6~8	6~9

由表 7-6 可见，填埋场渗滤液属高浓度有机废水，主要的特征性污染物为化学需氧性有机物（COD）和以氨氮为主的营养物质。

在填埋初期，渗滤液的 BOD_5/COD_{Cr} 约为 0.5，渗滤液生物可降解性较好；随着填埋时间的进行，BOD_5/COD_{Cr} 逐渐减小，在填埋中后期小于 0.3，渗滤液生物可降解性变差；对于老龄生活垃圾填埋场，BOD_5/COD_{Cr} 通常为 0.05~0.2，此时的渗滤液难以生物降解。

渗滤液中的氮以氨氮为主。在填埋初期，渗滤液的氨氮含量相对较低，C/N 质量比能满足生物脱氮的要求；随着填埋时间的进行，氨氮浓度逐渐增加，填埋中后期渗滤液的 C/N 质量比小于 3，难以满足生物脱氮的要求。

渗滤液的上述水质特性，加之水量变化较大，因此，生活垃圾渗滤液被认为是当今较难处理的废水之一。

2. 处理要求

我国《生活垃圾填埋场污染控制标准》GB 16889—2024 规定的渗滤液处理控制指标见表 7-7。

生活垃圾填埋场渗滤液污染控制标准 GB 16889—2024　　　　　　表 7-7

指标	单位	排放限值
色度	稀释倍数	40（30）*
COD_{Cr}	mg/L	100（60）*
BOD_5	mg/L	30（20）*
SS	mg/L	30

续表

指标	单位	排放限值
TN	mg/L	40（20）*
NH_4^+-N	mg/L	25（8）*
TP	mg/L	3（1.5）*
粪大肠杆菌数	个/L	10000（1000）*
总 Hg	mg/L	0.001
总 Cd	mg/L	0.01
总 Cr	mg/L	0.1
Cr^{6+}	mg/L	0.05
总 As	mg/L	0.1
总铅	mg/L	0.1

注：* 括号内的数值为国土开发密度已经较高、环境承载能力开始减弱，或环境容量较小、生态环境脆弱，容易发生严重环境污染问题而需要采取特别保护措施地区的排放限值。

对照表 7-7，生活垃圾填埋场渗滤液处理的关键为：①氨氮等含氮类污染物的去除；②难降解化学好氧物质（以 COD_{Cr} 计）的去除。其达标排放需要的去除率一般均大于 99%。

7.5.2 关键污染物的处理方法

1. 有机物（以 COD_{Cr} 计）

常用的去除垃圾渗滤液中有机物的方法有物化处理和生化处理。物化处理有混凝沉淀、化学氧化、膜分离等技术；生化处理可分为厌氧生物处理和好氧生物处理。常用的厌氧生物处理技术有上流式厌氧污泥床反应器（UASB）、厌氧生物滤池（AF）和厌氧折流板反应器（ABR）等；常用的好氧生物处理技术有膜生物反应器（MBR）、周期循环活性污泥法（CASS）、曝气生物滤池（BAF）和生物接触氧化法等。

2. 氮类污染物

生活垃圾填埋渗滤液中的含氮类污染物以氨氮为主，常用的去除渗滤液中氨氮的方法有物理化学脱氮法和生物脱氮法。物理化学脱氮法，有氨吹脱、磷酸铵镁沉淀、化学氧化（折点氯化法、电化学氧化）等；生物脱氮是通过生物的硝化和反硝化过程实现脱氮，具备这些过程的污水处理工艺均具有生物脱氮功能，如 A^2/O 工艺、MBR 工艺、氧化沟（OD）、周期循环活性污泥法（CASS）等。在生物脱氮过程中，重要的是提供充足的碳源，一般要求 BOD_5/N 不小于 3。实际上，上述有机物去除技术，都有不同程度的除氮功能。

7.5.3 典型处理工艺

根据渗滤液中关键污染物去除要求和水质特征，渗滤液的处理工艺可以采用"预处理＋生物处理＋深度处理"或"生物处理＋深度处理"的组合工艺。

预处理工艺可采用厌氧、混凝沉淀、化学氧化等方法，主要是降低后续渗滤液处理负荷，或改善渗滤液的可生化性。

生物处理工艺，可采用"厌氧＋好氧"方法或好氧处理方法，主要是去除渗滤液中的有机污染物和氮、磷等营养物质。

深度处理工艺，可采用膜分离、高级氧化，主要是去除渗滤液中的难降解有机物、总氮及其他污染物等。

典型的生活垃圾填埋渗滤液处理工艺如图 7-28 所示。

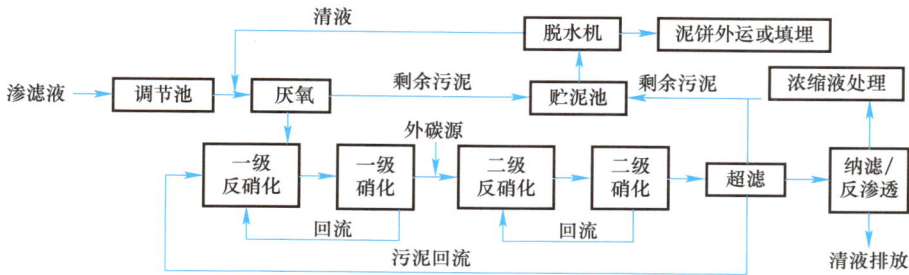

图 7-28　厌氧-MBR（两级）-NF/RO 工艺

厌氧-MBR（两级）-NF/RO 工艺，以厌氧去除有机物，降低后续生化处理负荷，以 MBR 去除有机物和氮，以 NF 去除剩余大部分有机物，以 RO 作为水质达标的保障。当渗滤液 COD 浓度不是太高时，可以省去厌氧处理单元。当填埋场运行期在 3 年以下时，渗滤液的生物可降解性较好，TN 浓度不是太高，膜处理系统可主要采用 NF，同时生化处理单元也无需添加外碳源；当填埋运行中后期，为保障水质达标排放，需采用 NF＋RO 串联运行。填埋场中后期或封场期渗滤液，常常出现 C/N 失调，需在二级反硝化处理段补充外碳源。外碳源可采用甲醇、工业葡萄糖、啤酒废液等。对于老龄垃圾渗滤液，生物处理单元效果不理想时，为保障出水水质达标，同时延长膜系统使用寿命、降低膜系统运行成本，可在膜系统前增加混凝沉淀或高级氧化单元。膜过滤浓缩液处理可采用蒸发、焚烧、混凝沉淀、高级氧化等及其组合工艺处理。

7.6　封 场 管 理

7.6.1　封场规范要求

填埋场填埋作业至设计终场标高或不再受纳垃圾而停止使用时，必须实施封场工程。最终（终场）覆盖做法见本章 7.3 节。进行封场覆盖操作时，应首先对垃圾堆体进行整形与处理。经整形与处理后，垃圾堆体顶面坡度不应小于 5％；当边坡坡度大于 10％时，宜采用台阶式收坡，台阶间边坡坡度不宜大于 1∶3，台阶宽度不宜小于 2m，高差不宜大于 5m。

填埋场封场后，填埋场管理的主要内容为二次污染控制、环境监测及场内设施的维护管理。

7.6.2　封场后监测和养护

1. 封场后二次污染处理

填埋场在封场后的相当长时期内（可能长达 20 年以上），仍会持续地产生渗滤液，而 LFG 产生的持续周期也与渗滤液相近。因此，相应的二次污染处理设施应继续有效运行，直至场内渗滤液水质和周边水质控制目标相容，而且 LFG 中的 CH_4 浓度与周边对照点没有显著差异时方可中止。其中，渗滤液处理的运行工艺应根据水质的变化及时地调整。如渗滤液 BOD_5/COD_{Cr} 值小于 0.05 时，生物处理单元应予以关闭。封场后，LFG 主动收集效率亦会受到影响，当主动收集 LFG 中的 CH_4 含量小于 20％时，可考虑停止主动收集与处理（如燃烧），将所有的导排竖井和水平沟改造为被动导排模式，以节省设施维护的成本。

2. 环境监测

已封场的生活垃圾填埋场应进行持续的环境监测，以保障二次污染处理设施的有效性和场地安全。主要的监测点和监测事项如下。

（1）渗滤液处理排放口：监测的水样指标按处理标准确定；

（2）地表径流排放通道：在降雨时，对径流水样进行监测，监测指标参照《地表水环境质量标准》GB 3838—2002 执行；

（3）地下水径流：在枯、丰水季节均应通过填埋场场地的上、下游监测井取样监测，监测指标参照《地下水质量标准》GB/T 14848—2017；

（4）场内和周围的大气：在填埋场内和场界不同方向设点取样进行监测，监测指标可参照《恶臭污染物排放标准》GB 14554—1993 执行，并加测 CH_4 和总烃；

（5）场内土壤：在填埋场内的不同位置取代表性的土壤样品，按《土壤环境质量　农用地土壤污染风险管控标准（试行）》GB 15618—2018 指标监测，并与周边土壤进行对照评价；

（6）场内植物：在填埋场内不同位置取代表性植物的根、茎、叶等组织样品，监测重金属含量等指标。

3. 场内设施维护

已封场的生活垃圾填埋场除需按运行和监测要求，有效维护二次污染控制和环境监测设施外，应重点对覆盖层和填埋场场地内的地表水排水设施（排水沟渠、汇水点等）进行维护。

封场后，覆盖层因受到填埋堆体不均匀沉降的影响，易出现开裂、局部凹陷等结构损坏，应及时进行填补。作为覆盖层重要组成部分的植被，也应精心维护，避免出现枯死、倒伏等现象。

思考题与习题

1. 简述生活垃圾卫生填埋的工艺流程。与简易填埋相比，卫生填埋有哪些特点？

2. 生活垃圾卫生填埋场按地形分类可分为哪几种？分别阐述其特点。

3. 生活垃圾卫生填埋场按反应机制可分为哪几种？分别阐述其特点。

4. 阐述生活垃圾填埋堆体内各阶段的生物代谢过程。

5. 简述生物反应器填埋的原理。生物反应器填埋的特点是什么？

6. 生活垃圾卫生填埋场场址选择的原则是什么？选址时应主要考虑哪些因素？

7. 生活垃圾卫生填埋场内的各项工程设施从其使用功能上可分为哪几类？生活垃圾卫生填埋场的建设及运行包括哪些具体步骤？

8. 填埋场库容的确定需要考虑哪些因素？

9. 填埋场防渗按照构造类型可分为哪几种？分别描述其特点。

10. 填埋气体（LFG）的主要成分有哪些？控制填埋场作业过程产生臭气的措施有哪些？试分别分析其作用效果。

11. 生活垃圾填埋渗滤液的特征性污染物有哪几种？分别阐述其在填埋各阶段的变化规律。

12. 影响生活垃圾填埋渗滤液产生量的因素有哪些？生活垃圾填埋场的长填龄渗滤液适合采用什么方法处理？

13. 填埋场填埋作业实施最终覆盖的目的是什么？根据材料不同，最终覆盖系统有哪几种？分别阐述其特点。

14. 某生活垃圾卫生填埋场，服务人口为 50 万，服务年限为 20 年，服务年限内的人均生活垃圾产量为 1.2kg/（人·d），服务范围内 95% 的垃圾收集进入该填埋场，垃圾压实密度为 0.8t/m³，覆土占填埋垃圾体积的 10%，防渗与气体导排等其他构造占填埋体容积的 15%，填埋平均高度为 15m，垃圾填埋沉降系数为 1.5，占地面积利用系数（填埋库区最大水平投影面积占填埋场总用地面积的比率）为 75%。试计算填埋场规划占地面积为多少？总填埋库容量为多少？

15. 某生活垃圾卫生填埋场填埋区面积为 8ha，根据填埋场设计和操作计划，在填埋作业区、中间覆盖区和最终覆盖区面积分别为 0.5ha、4.0ha 和 3.5ha 时，对渗滤液产生最为不利。不考虑垃圾自身降解或压缩产生的渗滤液量。已知渗入系数：填埋作业区为 0.8；中间覆盖区为 0.5；终场覆盖区为 0.1。多年（20 年）平均降雨量为 3.3mm/d，各月最大降雨量见表 7-8。假定渗滤液处理设施投资总成本为 6 万元/（m³/d），渗滤液调节池投资为 300 元/m³。试求渗滤液处理设施合理的设计处理能力和渗滤液调节池的容量。

各月最大降雨量 表 7-8

月份	1	2	3	4	5	6	7	8	9	10	11	12
降雨量（mm）	17.1	19.3	41.5	94.3	175.4	193.2	199.8	187.7	135.3	96.2	52.5	28.4

第8章 特种城市垃圾处理

8.1 厨余垃圾处理

8.1.1 厨余垃圾组成特征

厨余垃圾是指易腐烂、富含有机质的生活垃圾，包括家庭厨余垃圾、餐厨垃圾、其他厨余垃圾。家庭厨余垃圾是指居民家庭日常生活过程中产生的菜帮、菜叶、瓜果皮壳、剩菜剩饭、废弃食物等易腐性垃圾。餐厨垃圾指相关企业和公共机构在食品加工、饮食服务、单位供餐等活动中产生的食物残渣。食品加工废料废弃食用油脂等。其他厨余垃圾指农贸市场产生的蔬菜瓜果垃圾、腐肉、肉碎骨、水产品、畜禽肉产业等。

厨余垃圾主要成分包括米和面粉类食物残余、蔬菜、动植物油、肉骨等。化学组成上，多以可生物降解的有机物为主，包括主食所含的淀粉、蔬菜及植物茎叶所含的纤维素、聚戊糖，肉类食物所含的蛋白质和脂肪，水果所含的单糖、果酸及果胶多糖等；无机盐中则以氯化钠的含量最高，同时还含有少量的钙、镁、钾、铁等元素。

厨余垃圾主要有以下几个特点：

① 含水率高。厨余垃圾的含水率一般能达到 $80\% \sim 90\%$，因此流动性大，运输不便，非常容易渗漏，热值较低，处理方法不当容易产生二次污染。

② 有机物含量高。粗脂肪、粗蛋白等有机物含量高，富含 N、P、K、Ca 及各种微量元素，开发利用潜力大。

③ 厨余垃圾中油、盐的含量较高。在进行处理时要综合考虑该因素，以防出现油、盐的抑制或资源化产品的利用率低等问题。

④ 厨余垃圾在常温下很容易腐烂变质，容易滋生病菌，引起各种疾病。

厨余垃圾产生的危害主要有以下几个方面：

① 影响城市环境。厨余垃圾的含水率和可生物降解有机组分很高，使其成为恶臭及腐烂的来源。

② 作为饲料的危害。由于厨余垃圾营养丰富，为各种病菌的繁殖提供了丰富的有机质，用厨余垃圾直接喂猪可使猪感染各种疾病的风险大为提高，并存在同源污染风险。

③ 废弃食用油脂所产生的危害。"地沟油、泔水油"流向食品市场用于加工食品，直接危害人体健康。

④ 渗沥液的危害。厨余垃圾中渗沥液的析出，严重污染地表和地下水，对水环境安全构成威胁。

因此，厨余垃圾具有鲜明的资源和废物的双重特性，既具有潜在的资源利用价值，却又很容易对环境和人体健康造成不利影响。

8.1.2 厨余垃圾处理与利用途径

厨余垃圾有机质含量高，具有较高的利用价值，但易腐烂发臭，极易产生各种环境问题。因此，必须对其进行适当处理，才能实现社会效益、经济效益和环境效益的统一。常规的填埋和焚烧方法不仅导致大量生物质的浪费，而且会产生严重的二次污染。目前，国内外对厨余垃圾的处理与资源化技术的研究比较多，主要有肥料化、饲料化和能源化等方向。

常用的厨余垃圾处理技术列举如下：

1. 机械粉碎直排

一般的做法是在水池下部的出水处和下水道排水管之间安装一种小型的垃圾粉碎机，将厨余垃圾粉碎后由下水道排入市政污水管网。但是，该处理方法仅适用于产生厨余垃圾量较小的单位或家庭；而且将厨余垃圾粉碎直排很容易滋生病菌、蚊蝇和导致疾病传播；并且油污凝结成块会造成排水管道的堵塞，降低城市下水道的排水能力；同时，由于厨余垃圾有机质及油脂含量高，必然会加重城市污水处理系统的负荷。

2. 混合生活垃圾处置

填埋和焚烧是大多数国家生活垃圾无害化处置的主要方式。由于厨余垃圾中含有大量的生物可降解组分，稳定时间短，有利于垃圾填埋场地的恢复使用，且操作简便。因此，填埋技术应用得比较普遍。但是，填埋存在占据空间大，渗滤液易造成二次污染，浪费生物质资源等问题。因此，厨余垃圾的填埋率都呈现下降的趋势，有些发达国家已禁止厨余垃圾进入填埋场处置。焚烧法处理量大，减容性好，焚烧过程产生的热能可转换为蒸汽或者电能，从而实现能源的回收利用。因此，很多国家普遍采用这种垃圾处理技术。但是，厨余垃圾的含水率高，热值较低，燃烧时会增加燃料的消耗；同时，高含水率会导致焚烧炉内的垃圾燃烧不完全，促进二噁英的生成。因此，将厨余垃圾同其他生活垃圾混合焚烧将受到严格限制。

3. 分类处理

（1）肥料化处理，是指在人工控制的条件下，利用微生物作用使厨余垃圾稳定化的过程。厨余垃圾可生物降解有机物含量高，C/N 较低，营养元素全面，非常适合用作堆肥原料。厨余垃圾堆肥的优点，是处理方法简单、堆肥产物中能保留较多的氮、可用于农业或制作动物饲料；缺点是占地面积大、发酵周期长，堆肥过程中产生的臭气和污水可能会对周边环境造成二次污染；同时，厨余垃圾的高含量油脂和高含盐量不利于微生物的生长，从而制约了好氧堆肥工艺的处理效果。因此近年来，大型生物反应器、强制通风静态垛和条垛式堆肥等都受到极大限制，堆肥设备正向小型化、移动化和专用化趋势发展。

（2）饲料化处理，是通过对其粉碎、脱水、发酵、软硬物分离后，将厨余垃圾中的有机物转变成高热量的动物饲料，变废为宝。厨余垃圾干物料中的粗脂肪和粗蛋白含量很高，与常规饲料相近。因此，具有较高的资源开发利用价值。目前，厨余垃圾的饲料化处理技术已趋成熟，主要技术有物理法和生物发酵法。物理法，是将厨余垃圾脱水后进行干燥消毒、粉碎后制成饲料；生物发酵法，通常是指在生物反应器中通过接种不同种类的功能微生物进行发酵处理，进一步提高产品中的营养含量，提高产品质量。但总体来讲，厨余垃圾饲料化存在产品质量不高和销路不好的问题。

（3）能源化处理，主要包括制取生物柴油、厌氧消化产能技术等。厨余垃圾经过水油分离，过滤后得到的废油脂，称为潲水油。以潲水油为原料，经适当的预处理后，再在酸性或碱性催化作用下进行酯化反应可得到粗甲酯，然后经分离、水洗处理及高温蒸馏处理，便得到可替代化石燃料柴油的生物柴油。厌氧消化产能技术主要包括厌氧发酵产氢及制取甲烷。因为厌氧消化在技术上相对比较成熟，餐厨垃圾具有良好的产甲烷性能，具有环境效益好、成本低等优点，可实现厨余垃圾的减量化、资源化和无害化，是处理厨余垃圾比较理想的技术方法。

4. 其他

除了以上的处理与资源化技术外，利用厨余垃圾厌氧发酵产乙醇也正在受到较多的关注。但整体而言，由厨余垃圾发酵产乙醇技术还不够成熟、可靠，尚处于实验阶段。热分解法是将厨余垃圾在高温下进行热解，使垃圾中所含的能量转换成燃气、油和碳的形式，然后再进行利用。热解法具有广阔的应用前景，但技术尚未达到实用阶段。

8.1.3 厨余垃圾收集运输规范

由于厨余垃圾高含水率、高生物质含量、易腐败变质的特性，在其收集运输过程中必须以规范予以限制。主要内容包括：

① 厨余垃圾的产生者应对产生的厨余垃圾进行单独存放和收集，厨余垃圾的收运者应对厨余垃圾实施单独收运，收运中不得混入有害垃圾和其他垃圾。煎炸废油应单独收集和运输，不宜与厨余垃圾混合收集。厨余垃圾宜实施分类收集和分类运输。

② 厨余垃圾不得随意倾倒、堆放，不得排入雨水管道、污水排水管道、河道、公共厕所和生活垃圾收集设施中。

③ 厨余垃圾运输车装、卸料宜为机械操作。

④ 厨余垃圾应采用密闭、防腐专用容器盛装，采用密闭式专用收集车进行收集，专用收集车的装载机构应与厨余垃圾盛装容器相匹配。

⑤ 厨余垃圾应做到日产日清。采用厨余垃圾饲料化和制生化腐殖酸的处理工艺时，厨余垃圾在运输过程中应采取防止发生霉变的措施。

⑥ 厨余垃圾运输车辆在任何路面条件下不得泄露和遗洒。

⑦ 厨余垃圾宜直接从收集点运输至处理厂。产生量大、集中处理且运距较远时，可设厨余垃圾转运站，转运站应采用非暴露式转运工艺。

⑧ 运输路线应避开交通拥挤路段，运输时间应避开交通高峰时段。

8.1.4 厨余垃圾转化利用技术

厨余垃圾转化利用技术可以分为预处理、厌氧消化、好氧堆肥和饲料化处理等。

1. 厨余垃圾的预处理

预处理工艺用来改善厨余垃圾的物理化学性质，为后续处理工艺创造条件，通常包括分选、破碎、油脂分离、湿热预处理、干热预处理等。

分选可将厨余垃圾中混杂的不可降解物有效去除，可以根据需要选配大件垃圾分选、风力分选、重力分选、磁选等设施与设备，分选后的厨余垃圾中不可降解杂物含量应小于1%。

破碎是指利用冲击、剪切、挤压等作用将所收集的厨余垃圾破碎，目的是为了有利于后续的处理与处置过程。

油脂分离是利用重力沉降原理，将厨余垃圾中油脂与水分离的过程，应根据厨余垃圾处理主体工艺的要求确定油脂分离工艺，并应对分离出的油脂进行综合利用。但是，严禁将厨余垃圾分离出的油脂用于生产食用油或食品加工。

干热处理是指将厨余垃圾预脱水后，利用热能进行干燥处理，同时杀灭细菌的处理过程。由于干热处理为间接加热，物料温度的上升需要一定时间，干热设备在设计和运行中应满足物料的温度和停留时间，以满足灭菌的要求。通常干热处理物料温度宜为 $95\sim120℃$，物料的停留时间应大于 $25min$。

湿热处理是指利用高温蒸汽对厨余垃圾进行加热蒸煮处理，基于热水解反应，可将其中大分子难降解的有机物水解为易于被动植物吸收的小分子易溶性物质，并回收油脂、营养物等资源，也可杀灭病原菌；同时，也有利于厨余垃圾脱油和脱水性能的提高，并改变垃圾后续加工性能的厨余垃圾处理过程。湿热处理的温度不宜过高，否则会产生有害物质。通常湿热处理温度宜为 $120\sim160℃$，处理时间应不少于 $20min$。

2. 厌氧消化工艺

厌氧消化是指在厌氧微生物的分解作用下，使厨余垃圾中有机物分解消化并趋于稳定的过程。厌氧消化时，有机物的分解过程可分为产酸和产气两个阶段。在产酸阶段，在兼性好氧的酸性腐化菌或产酸菌的作用下，厨余垃圾中的含碳有机物被水解为单糖，蛋白质被水解为多肽和氨基酸，脂肪被水解成丙三醇、脂肪酸等，还有醇、氨，同时释放能量。在产气阶段，前一阶段产生的各种有机酸、醇类在厌氧条件下被甲烷菌分解为甲烷、CO_2、NH_3、H_2 和 H_2S 等。

在实际应用中，根据废物中有机固体浓度高低的不同，厌氧消化工艺可以分为干式和湿式厌氧消化工艺两种。干式厌氧消化，即保持固体废物的原始状态进行厌氧消化，消化物含固率大于 20%，物料消化停留时间不宜低于 20 天。湿式厌氧工艺，有机固体废物通常要用水稀释到进料中消化物料含固率为 $5\%\sim15\%$，物料消化停留时间不宜低于 15 天。干式消化对于预处理的要求比湿式简单，一般不需要对进料进行稀释。但是，为了满足高黏度废物输送和搅拌的需求，干式工艺所用的设备要比湿式昂贵。由于湿式发酵中的浆液处于完全混合的状态，更容易受到氨氮、盐分等物质的抑制。因此，湿式和干式厌氧消化工艺各有优缺点。湿式消化的优点有：物料流动性好，易于输送；易于搅拌，设备耗电量较小；物料在反应器的停留时间较短。缺点有：处理负荷较小；对于含水率低的垃圾需要额外加水，增加污水处理负担；物料在反应器中重物质易沉淀，轻物质易漂浮，使得物料匀化较困难；耗水耗热量较大；物料在反应器中易发生短流；对物料预处理要求高。干式消化的优点有：有机物负荷高，抗负荷冲击能力较强；系统稳定性较好；对物料预处理要求较低，物料不易发生短流；缺点有：物料流动性较差，输送耗电较大；物料均匀性控制较难，停留时间较长；易堵塞而造成停产。

根据反应器的级数，厌氧消化技术可以分为单段厌氧消化工艺和两段厌氧消化工艺。两段厌氧消化中的两相工艺，将厌氧消化过程在两个单独的反应器中进行，为产酸菌和产甲烷菌提供各自适宜的生存环境，在有机负荷过高的情况下能够降低因挥发性有机酸积累对于后续甲烷产气过程的抑制，降低反应器中不稳定因素的影响，提高反应器负荷和产气效率。在两相厌氧消化工艺中，可以根据实际需要在产酸相和产甲烷相应用高效的厌氧反应器，例如 UASB、生物滤池等。但事实上，在实际运作中，两相消化并没有表现出优越性，两相消化所占的相对密度比单段消化要低得多，原因是两段消化系统需要更多的投资，运转维护也更为复杂。

根据运行的连续性，厌氧消化可以分为连续厌氧消化工艺和间歇厌氧消化工艺。间歇厌氧消化工艺，实际上是将餐厨垃圾分批次地投入到反应器中，然后用水喷淋垃圾，再将渗滤液回流或利用后续厌氧工艺处理渗滤液。

一般认为，厌氧生物反应可以在很宽的温度范围（5～80℃）内进行，而产甲烷作用则可以在 4～70℃的温度范围内发生。温度主要是通过对厌氧微生物细胞内某些酶活力的影响而影响微生物的生长速率和微生物对基质的代谢速率，从而影响到厌氧生物处理工艺中污泥的产量、有机物去除速率、反应器处理负荷；温度还会影响有机物在生化反应中的流向和某些中间产物的形成，以及各种物质在水中的溶解度，会影响到沼气的产量和成分等。目前，经常采用的是高温消化和中温消化两种：中温温度以 30～38℃为宜，高温温度以 50～60℃为宜。厌氧消化系统应能对物料温度进行控制。

3. 好氧堆肥

好氧堆肥是在有氧条件下，好氧菌对垃圾中有机物进行吸收、氧化、分解的过程，微生物通过自身的生命活动，把一部分被吸收的有机物氧化成简单的无机物，同时释放出可供微生物生长活动所需的能量，而另一部分有机物则被合成新的细胞质，使微生物不断生长繁殖，产生出更多生物体的过程。

厨余垃圾采用好氧堆肥方式处理时，应对厨余垃圾进行脱水、脱盐、脱油、碳氮比调节等处理，物料粒径应控制在 50mm 以内，含水率宜为 40%～60%，碳氮比宜为（20～40）：1。

厨余垃圾堆肥过程中产生的残余物应进行回收利用，不可回收利用部分必须进行无害化处理。

4. 饲料化处理

厨余垃圾在进行饲料化处理前的放置时间，冬季不应超过 48 小时，在夏季温度高于 20℃的环境中不应超过 24 小时，高于 30℃的环境中不应超过 16 小时，以保证不发生变质。进行饲料化处理的厨余垃圾中，不得混杂塑料、木头、金属、玻璃、陶瓷等非食物垃圾以及过期变质食品。

厨余垃圾饲料化处理必须设置病原菌杀灭工艺，病原菌杀灭率应大于 99.99%。对于含有动物蛋白成分的厨余垃圾，其饲料化处理必须设置生物处理工艺，以消除饲料的动物同源性，并不得生产反刍动物饲料。

饲料成品质量，应符合现行国家饲料卫生标准以及国家现行有关饲料产品标准的规定。

8.2　城市粪便处理

8.2.1　城市粪便组成特征

粪便是人体从消化系统和泌尿系统排出的生理排泄物。粪便中含有大量的水分和半纤维素、脂肪、蛋白质、氨基酸、胆汁、尿素及各种无机物，和含有氨气、硫化氢等多种恶臭的有害气体，同时还存在大量微生物。在肠道传染病病人的粪便中，还含有多种肠道致病菌、寄生虫卵和病毒，收集的粪便中还混有手纸、砂石及各类其他夹杂物。

粪便的成分中，约 3/4 为水，约 1/4 为固体；固体中的 30% 为死细菌，10%～20% 为脂肪，2%～3% 为蛋白质，10%～20% 为无机盐，30% 为未消化的残存食物及消化液中的固体成分。

从以上粪便组成看，一方面含有机物及丰富的肥料成分，如氮、磷、钾是农田的必需物质；另一方面会造成水质污染、土壤污染和大气污染，特别是粪便中的病原体，易传播疾病，从卫生角度讲，具有极大的危害性。由此可见，粪便是农业的资源，也是环境的污染源和疾病的传染源。

根据对环境造成污染危害的不同，粪便中的污染物大致可分为以下几个类别：

① 固体污染物：包括悬浮固体和溶解性固体，其中悬浮固体是粪便的重要性状指标，去除悬浮固体是粪便排入水体前进行净化处理的基本任务。

② 有机污染物：是粪便处理的主要对象，通常用化学需氧量、生物化学需氧量、总有机碳来表征。

③ 营养性污染物：粪便中含有丰富的氮和磷，直接排放易导致水体富营养化，促使藻类繁殖，恶化环境卫生。

④ 生物污染物：是指粪便中的致病性微生物，分为病菌、病毒、寄生虫三类。通常以粪便中致病性指示微生物来表示粪便含病原体生物污染指标，主要采用粪大肠菌群、粪链球菌、蛔虫卵。

⑤ 感官污染物：粪便的恶臭、浑浊、泡沫、异色等现象，虽无重大危害，但易引起人们感官上的极度不适和厌恶感。

8.2.2　城市粪便贮运方法

城市粪便贮存系统主要为贮存池、化粪池和吸粪车。

1. 贮存池

贮存池是收集、贮存粪便污水的构筑物。由于收集、运输的影响，进入粪便处理厂的粪便量是不连续的，而且粪便性状随来源不同其浓度变化很大，为保证处理系统量的连续性和成分的均匀性，采用贮存池予以收集、均衡。

贮存池的平面形状通常为长方形、正方形或圆形，钢筋混凝土结构。

2. 化粪池

化粪池是承接粪便污水、兼具沉淀和厌氧消化功能的构筑物。粪便污水进入化粪池中，固体杂质在重力作用下沉淀到池底成为污泥，污泥在化粪池内厌氧消化，体积显著减少。粪便污水进入化粪池经过 12～24h 的沉淀，可去除 50%～60% 的悬浮物。沉淀下来的污泥经过 3 个月以上的厌氧发酵分解，可使污泥中的有机物分解成稳定的无机物，易腐败的生污泥转化为稳定的熟污泥，改变了污泥的结构，降低了污泥的含水率。上层水化物质可通过污水管道流走。污泥在厌氧分解过程中会产生硫化氢，对混凝土化粪池的坚固性和耐久性有损害。化粪池上清液呈酸性，可能给后续污水处理带来难度。

传统化粪池的技术路线是污水和污泥接触的模式，沉积的粪便污泥消化降解产生沼气、二氧化碳、硫化氢等沼气，沼气的上浮作用对污泥产生扰动，沼气对污泥的扰动作用能够让污泥与生物菌群的混合更充分，有助于消化降解。但是，底部污泥随沼气上升，气泡逸出后，污泥又会重新向下沉淀，这些上升和沉淀的污泥又重新污染污水。在化粪池污水与污泥接触混合的技术模式下，需要延长污水停留时间来改善沉淀效果及出水水质，污水停留时间一般为 12～24h。

在传统化粪池的基础上，三相分离化粪池技术保留了化粪池中泥水混合的优点，增加了"污水、污泥、沼气"三相分离的技术，在化粪池的出水端设置三相分离装置，使出水端的污泥、沼气与污水处理过程分离，避免气浮现象对污水处理的干扰。三相分离化粪池中，污水停留时间为 4～6h，通过缩短污水停留时间而节省了有效容积，所节省有效容积能够贮存更多的粪便污泥。

3. 吸粪车

吸粪车是收集和中转清理运输粪便污水、避免二次污染的环卫车辆，可自吸自排，工作速度快，容量大，运输方便，适用于收集运输粪便、泥浆、原油等液体物质，具有真空度高、吨位大、效率高、用途更广泛的特点。

吸粪车工作原理是吸粪胶管始终浸没于液面下，粪罐内的空气被抽吸后，因其得不到补充而越来越稀薄，致使罐内压力低于大气压力，粪液即在大气压力使用下，经吸粪胶管进入容罐；或者由于虹吸管接近罐底，空气被不断排入粪罐时，因其没有出路而被压缩，致使罐内压力高于大气压力，粪液即在压缩空气的作用下，经虹吸管、吸粪胶管被排出罐外。

8.2.3 城市粪便处理系统

1. 粪便处理原则

粪便处理，应根据排放卫生标准、排放出路、粪便性质、粪便收集量等因素，综合技术经济能力，协调近期与远期、处理与利用、粪便处理与生活污水和生活垃圾处理之间的关系，合理选择处理方法。粪便经处理后的排放出路有两类，包括农业利用和达标排放。因此，粪便处理原则应是达到农业利用的无害化标准或达到排放水体的水质标准。

2. 粪便处理系统组成

粪便中的污染物多种多样，不能采用一种方法就能将所有污染物去除，往往需要经多种处理单元组合成有机整体，合理配置先后顺序，才能达到处理要求的程度。按照处理任务程度划分，粪便处理系统可分为一级、二级和三级。

一级粪便处理系统的任务，是去除粪便中悬浮状态的固体污染物质，采用的单元处理设施主要有化粪池、沉砂池、沉淀池、调节池、格栅等。截留的污泥再进行处理处置，出水经消毒后排放。

二级粪便处理系统的任务，是去除经一级处理后粪便中呈胶体和溶解状态的有机污染物质，采用的单元处理设施主要有厌氧消化池、生物曝气池或生物滤池、湿式氧化反应池、二沉池等。

三级粪便处理系统的任务，是去除营养物质氮、磷、色度和其他溶解物质，采用的方法包括化学絮凝法、臭氧氧化法、活性炭吸附法等。

目前，粪便处理从安全适用、技术可靠、经济合理的角度考虑，可从以下流程选择：

粪便农业利用时，无害化处理方法宜采用厌氧消化法，也可采用密封贮存池或大型三格化粪池进行处理。当粪便处理厂址选择在生活垃圾卫生填埋场、污水处理厂的用地范围内或附近时，宜采用粪便絮凝脱水主处理工艺（图 8-1）或粪便厌氧消化主处理工艺（图 8-2），也可以采用粪便固液分离预处理工艺（图 8-3）。

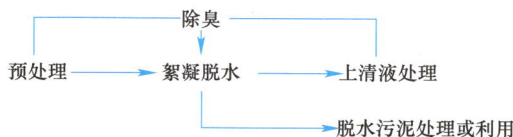

图 8-1　粪便絮凝脱水处理工艺示意图

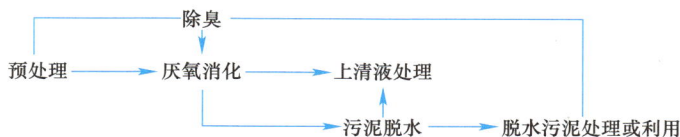

图 8-2　粪便厌氧消化工艺示意图

图 8-3　粪便固液分离预处理工艺示意图

预处理工艺，通常采用接受设施、固液分离设施、贮存调节池或调节罐、浓缩池或浓缩机等单元的不同组合。

接收设施是指将粪便从真空吸粪车或其他专用运输工具卸入接收沉砂池的设施。固液分离设施，是指对粪便中固体杂物和液体部分进行分离的设施，主要去除纤维、竹木、塑料等固体杂物。

粪便经絮凝脱水或厌氧消化等工艺过程产生的液体称为上清液。上清液处理应根据排放去向和排放标准采用相应处理措施，优先考虑与城市污水处理厂（站）的污水或生活垃圾卫生填埋场的渗滤液合并处理。不具备合并处理条件时，可建设独立的上清液处理设施，达标处理后排放。

脱水污泥处理处置，宜进行高温堆肥处理后用于农业，也可送往生活垃圾处理设施进行卫生填埋或焚烧最终处置。填埋处置应符合现行国家《生活垃圾填埋场污染控制标准》GB 16889 中的有关规定，焚烧处置应符合现行国家《生活垃圾焚烧污染控制标准》GB 18485 中的有关规定。

8.2.4　粪便处理方法

粪便处理方法大致可分为净化处理和无害化处理。

（1）净化处理：是指采用各种技术手段，将粪便中的污染物质分离，或将其转化为无害物质，达到排放标准。净化处理的基本方法，按作用原理可分为物理法、化学法、物理化学法和生物法。

物理法：是利用物理作用来分离或回收粪便中的不溶性固体杂质，包括沉淀、过滤、离心分离等。

化学法：是指通过化学试剂或其他化学反应，将粪便中的溶解物或胶体颗粒予以去除或转化，包括混凝、氧化还原、吸附、离子交换等。

物理化学法：是指通过热分解、氧化分解或凝集分离等物理化学过程处理粪便中污染物，包括湿式氧化、蒸发干燥、焚烧等。

生物法：是利用微生物的作用将粪便中有机物质转化为稳定、无害物质，包括好氧氧化、厌氧消化等。

（2）无害化处理：是指采用各种技术，基本杀灭粪便中的病原体，完全杀灭苍蝇幼虫，并有效控制苍蝇滋生和繁殖，促使粪便中含氮有机物分解，防止肥效损失，从而使粪便无害化、稳定化，成为农田肥料。无害化处理的主要方法，有密封贮存法、三格化粪池处理法、高温堆肥法、化学药物杀卵法和厌氧消化法。

密封贮存法：是指在密封的贮存池内，粪便在缺氧环境中因有机物分解而腐熟。

三格化粪池处理法，既具有密封贮存法的腐熟功能，同时具有沉卵作用，故又称发酵沉卵法。

高温堆肥法：是指在一定的温度、湿度条件下，利用好氧微生物分解有机物，同时杀灭病原体，使有机物腐熟。

化学药物杀卵法：是通过施加化学药物或野生植物快速杀灭寄生虫卵。

厌氧消化法：是指在厌氧环境中，厌氧微生物降解有机物质，产生沼气，同时杀灭和沉降病原体的方法。

8.3 城市污泥处理

8.3.1 城市污泥来源与分类

污泥是一种由各种微生物和有机、无机颗粒组成的固液混合的絮状物质。

根据来源不同，污泥可分为：（1）城市污水处理厂污泥，在城市污水净化处理过程中产生的沉淀物质及污水表面漂出的浮渣；（2）城市自来水厂污泥，来源于原水净化过程中产生的沉淀物和滤除物；（3）城市排水管道污泥，城市排水管道系统中的沉积物；（4）河湖疏浚污泥，通过疏浚工程从污染河段和污染湖泊中清理出的表面沉积游泥（在本节中，讨论对象针对污水处理厂污泥）。

按照污泥处理的不同阶段，可分为：（1）生污泥，指从沉淀池（包括初沉池和二沉池）排出的污泥；（2）浓缩污泥，指生污泥经过浓缩后得到的污泥；（3）消化污泥，指生污泥经厌氧消化处理后的污泥，也称作熟污泥；（4）脱水污泥，指浓缩污泥经机械脱水后产生的污泥；（5）干化污泥，指经过干化处理后的污泥。

按照污水处理厂污泥来源的工艺段不同，可分为：（1）初沉污泥，指在一级污水处理过程中产生的污泥，即在初沉池沉淀下来的污泥；（2）剩余污泥，指在生物化学处理等二级处理过程中排放的污泥，也称作剩余活性污泥；（3）腐殖污泥，指来自生物膜法处理后的二次沉淀池污泥；（4）化学污泥，指絮凝沉淀和化学深度处理过程中产生的污泥。

8.3.2　污泥的性质

污泥性质主要包括物理性质、化学性质和卫生学指标等方面，污泥性质是选择污泥处理处置工艺的重要依据。

1. 物理性质

污泥的物理性质主要有含水率、污泥比阻等指标。

含水率：是指污泥中所含水分的质量与污泥质量之比。初沉污泥的含水率通常为 97%～98%；活性污泥的含水率通常为 99.2%～99.8%；污泥经浓缩之后，含水率通常为 94%～96%；经机械脱水之后，可使含水率降低到 80% 左右。

污泥比阻为单位过滤面积过滤单位质量的干固体所受到的阻力，反映了污泥脱水的难易程度，其单位为 m/kg。通常，初沉污泥比阻为 $(20\sim60)\times10^{12}\,m/kg$，活性污泥比阻为 $(100\sim300)\times10^{12}\,m/kg$，厌氧消化污泥比阻为 $(40\sim80)\times10^{12}\,m/kg$。一般来说，比阻小于 $1\times10^{11}\,m/kg$ 的污泥易于脱水，大于 $1\times10^{13}\,m/kg$ 的污泥难以脱水。机械脱水前应进行污泥的调理，以降低污泥比阻。

2. 化学性质

污泥化学性质复杂，是影响污泥处理处置技术方案选择的主要因素，包括挥发分、植物营养成分、热值、重金属含量等。

挥发分是污泥最重要的化学性质，决定了污泥的热值与可消化性。一般情况下，初沉污泥挥发分的比例为 50%～70%，活性污泥为 60%～85%，经厌氧消化后的污泥为 30%～50%。

污泥的植物营养成分主要取决于污水水质及其处理工艺。污水处理厂污泥中植物营养成分的总体状况见表 8-1。

我国城镇污水处理厂污泥的植物营养成分（以干污泥计）（%）　　表 8-1

污泥类型	总氮（TN）	磷（P_2O_5）	钾（K）
初沉污泥	2.0～3.4	1.0～3.0	0.1～0.3
活性污泥	3.5～7.2	3.3～5.0	0.2～0.4

污泥的热值与污水水质、排水体制、污水及污泥处理工艺有关。各类污泥的热值见表 8-2。

各类污泥的热值　　表 8-2

污泥类型	热值（以干污泥计）(MJ/kg)
初沉污泥	15～18
初沉污泥与剩余活性污泥混合	8～12
厌氧消化污泥	5～7

污泥中的有毒有害物质主要指重金属和持久性有机物等。我国城镇污水处理厂污泥中的重金属含量见表 8-3。

3. 卫生学指标

卫生学指标主要包括细菌总数、粪大肠菌群数、寄生虫卵含量等。

我国污水处理厂污泥中的重金属含量，单位：mg/kg（干污泥）　　表 8-3

项目	Cd	Cu	Pb	Zn	Cr	Ni	Hg	As
平均值	2.01	219	72.3	1058	93.1	48.7	2.13	20.2
最大值	999	9592	1022	30098	6365	6206	17.5	269
最小值	0.04	51	3.6	217	20	16.4	0.04	0.78

初沉污泥、活性污泥及消化污泥中，细菌、粪大肠菌群及寄生虫卵的一般数量见表 8-4。

城镇污水处理厂污泥中的细菌、粪大肠菌群与寄生虫卵均值表（以干污泥计）　　表 8-4

污泥类型	细菌总数（10^5 个/g）	粪大肠菌群数（10^5 个/g）	寄生虫卵（10 个/g）
初沉污泥	471.7	158	23.3（活卵率 78.3%）
活性污泥	738.0	12.1	17.0（活卵率 67.8%）
消化污泥	38.3	1.2	13.9（活卵率 60%）

4. 污泥中的水分

污泥中所含的水分包括空隙水、毛细水、吸附水和结合水四部分。

空隙水指存在于污泥颗粒之间的一部分游离水，占污泥中总含水量的 65%～85%；通过污泥浓缩可将绝大部分空隙水从污泥中分离出来。

毛细水指污泥颗粒之间的毛细管水，约占污泥中总含水量的 15%～25%；通过浓缩作用不能将毛细水分离，必须采用自然干化或机械脱水进行分离。

吸附水指吸附在污泥颗粒中的一部分水分，由于污泥颗粒小，具有较强的表面吸附能力，因而浓缩或脱水方法均难以使吸附水与污泥颗粒分离。

结合水是污泥颗粒内部的化学结合水，只有改变颗粒的内部结构，才可能将结合水分离。

吸附水和结合水一般占污泥总含水量的 10% 左右，只有通过高温加热或焚烧等方法，才能将这两部分水分离出来。

8.3.3　城市污泥处理方法

污泥处理是指污泥通过减容、减量、稳定化和无害化的过程。污泥处理工艺单元，主要包括污泥浓缩、脱水、消化、好氧堆肥、干化、石灰稳定等过程。

污泥处置是指以自然或人工方式使经处理后的污泥或污泥产品能够达到长期稳定，并对生态环境无不良影响的最终消纳方式。污泥处置主要包括土地利用、污泥农用、填埋、焚烧和建材利用等。

1. 污泥浓缩

浓缩可将污泥颗粒间的空隙水分离出来，减小污泥体积，为污泥输送、后续处理处置带来方便，如可减少消化池容积、减少耗热量、减少脱水机台数、降低絮凝剂投加量、节省运行成本。一般地，污泥经浓缩后，其含水率仍在 94% 以上，仍需通过脱水设备将污泥中的毛细水分离出来。

污泥浓缩的方法主要分为重力浓缩、机械浓缩和气浮浓缩。目前，经常采用重力浓缩和机械浓缩。

重力浓缩本质上是一种沉淀工艺，属于压缩沉淀。浓缩前由于污泥浓度很高，颗粒之间彼此接触支撑。浓缩开始以后，在上层颗粒的重力作用下，下层颗粒间隙中的水被挤出界面，颗粒之间相互拥挤得更加紧密。通过拥挤压缩过程，污泥浓度进一步提高，从而实现污泥浓缩。污泥浓缩一般采用圆形池，进泥管一般在池中心，上清液自圆形池周液面的溢流堰溢流排出。重力浓缩的特点是电耗低、缓冲能力强，但其占地面积较大，易发生磷的释放，臭味大，需要增加除臭设施。初沉池污泥采用重力浓缩后，含水率一般可从97%～98%降至95%以下；剩余污泥一般不宜单独进行重力浓缩；初沉污泥与剩余活性污泥混合后进行重力浓缩，含水率可由96%～98.5%降至95%以下。

机械浓缩主要有离心浓缩、带式浓缩等方式，具有占地省、避免磷释放等特点，与重力浓缩相比，电耗较高，并需要投加高分子助凝剂。机械浓缩一般可将剩余污泥的含水率从99.2%～99.5%降至94%～96%。

离心浓缩是指污泥颗粒在离心力的作用下，与水分离，完成污泥浓缩。由于离心力是重力的500～3000倍，因而在很大的重力浓缩池内要经十几小时才能达到的浓缩效果，在较小的离心机内就可以完成，且只需十几分钟。对于不易重力浓缩的活性污泥，离心机可借其强大的离心力，使之浓缩。活性污泥的含固率在0.5%左右时，经离心浓缩后，含固率可增至6%。

带式浓缩是根据沉淀池排出污泥含水率高的特点，利用带式压滤机重力脱水段的原理设计的一种污泥浓缩设备，如图8-4所示。絮凝后的污泥进入重力脱水段，为了顺利地脱水，在重力段设置了很多犁耙，将均匀摊铺在滤带上的污泥耙起很多垄沟，垄背上污泥的水分渗过垄沟处通过滤带而分离。

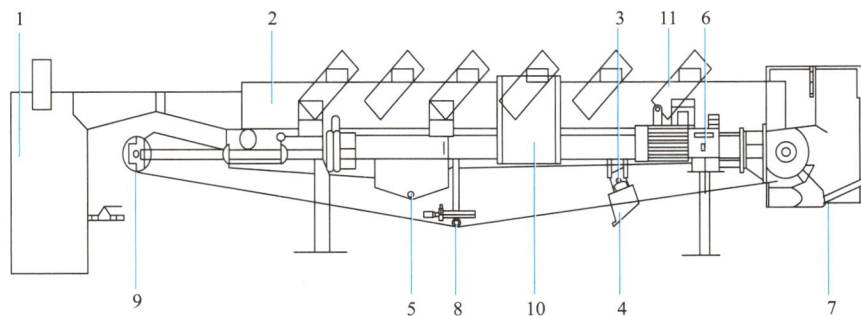

图 8-4　带式浓缩机结构示意图

1—絮凝反应器；2—重力脱水段；3—冲洗水进口；4—冲洗水箱；5—过滤水排出口；
6—电动机传动装置；7—卸料口；8—调整辊；9—张紧辊；10—气动控制箱；11—犁耙

2. 污泥脱水

污泥经浓缩之后，其含水率仍在94%以上，呈流动状，体积很大，难以处置消纳。因此，还需进行污泥脱水。浓缩主要是分离污泥中的空隙水，而脱水则主要是将污泥中的吸附水和毛细水分离出来，这部分水分约占污泥中总含水量的15%～25%。

机械脱水主要有真空过滤脱水、带式压滤脱水、板框压滤脱水、离心脱水、螺旋压榨脱水、深度脱水等方式。

真空过滤脱水是将污泥置于多孔性过滤介质上，在介质另一侧造成真空，将污泥中的水分强行"吸入"，使之与污泥分离，从而实现脱水。常用的设备有各种形式的真空转鼓过滤脱水机，如图 8-5 所示。

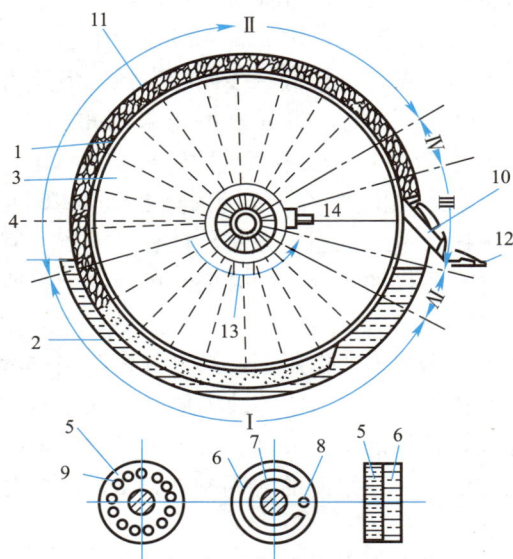

图 8-5 真空转鼓过滤脱水机工作原理示意图

Ⅰ—滤饼形成区；Ⅱ—吸干区；Ⅲ—反吹区；Ⅳ—休止区

1—空心转筒；2—污泥槽；3—扇形格；4—分配头；5—转动部件；6—固定部件；7—与真空泵相通的缝；
8—与空压机相通的孔；9—与各扇形格相通的孔；10—刮刀；11—泥饼；12—皮带输送器；
13—真空管路；14—压缩空气

压滤脱水是将污泥置于过滤介质上，在污泥一侧对污泥施加压力，强行使水分通过介质，使之与污泥分离，从而实现脱水，常用的设备有各种形式的带式压滤脱水机和板框压滤机。

带式压滤脱水机是由上下两条张紧的滤带夹带着污泥层，从一连串按规律排列的辊压筒中呈 S 形弯曲经过，靠滤带本身的张力形成对污泥层的压榨力和剪切力，把污泥层中的毛细水挤压出来，获得含固量较高的泥饼，从而实现污泥脱水，如图 8-6 所示。带式压滤脱水机有很多形式，但一般都可分成以下四个工作区。重力脱水区：滤带水平行走，游离水在该区内借自身重力流过滤带，从污泥中分离出来。楔形脱水区：楔形区是一个三角形的空间，滤带在该区内逐渐靠拢，污泥在两条滤带之间逐步开始受到挤压。低压脱水区：污泥经楔形区后，被夹在两条滤带之间绕辊压筒作 S 形上下移动，脱水机前边三个辊压筒直径较大，一般在 50cm 之上，施加到泥层上的压力较小，使污泥成饼，强度增大，为接受高压作准备。高压脱水区：进入高压区之后，受到的压榨力逐渐增大，含固量进一步提高，正常情况下在 25％左右。带式压滤机一般都由滤带、辊压筒、滤带张紧系统、滤带调偏系统、滤带冲洗系统和滤带驱动系统组成。

板框压滤机由交替排列的滤板和滤框构成一组滤室，如图 8-7 所示。滤板的表面有沟槽，其凸出部位用以支撑滤布，如图 8-8 所示。滤框和滤板的边角上有通孔，组装后构成完整的通道，能通入悬浮液、洗涤水和引出滤液。板、框两侧各有把手支托在横梁上，由压紧装置压紧板、框。板、框之间的滤布起密封垫片的作用。由供料泵将污泥悬浮液压入滤室，在滤布上形成滤渣，直至充满滤室。滤液渗过滤布，并沿滤板沟槽流至板框边角通道，集中排出，如图 8-9 所示。过滤完毕，可通入清水洗涤滤渣。洗涤后，有时还通入压缩空气，除去剩余的洗涤液。随后打开压滤机，卸除滤渣，清洗滤布，重新压紧板、框，开始下一工作循环。板框压滤脱水泥饼含水率低，但占地和冲洗水量较大，车间环境较差，且非连续操作。板框压滤脱水进泥含水率要求一般为 97％以下，出泥含水率一般可达 65％～75％。

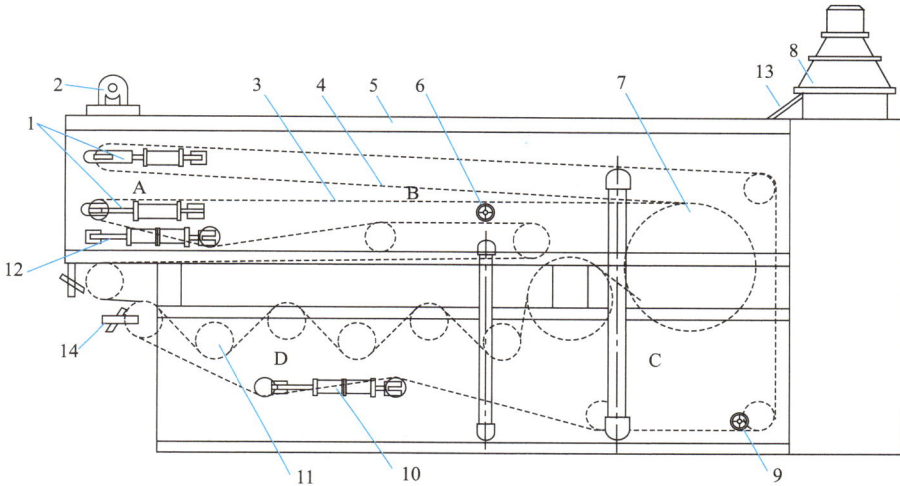

图 8-6　带式压滤机外形示意图
A—重力区；B—楔形区；C—低压区；D—高压区
1—上下滤带气动张紧装置；2—驱动装置；3—下滤带；4—上滤带；5—机架；6—下滤带清洗装置；
7—预压辊；8—絮凝反应器；9—上滤带清洗装置；10—上滤带调偏装置；11—高压辊系统；
12—下滤带调偏装置；13—布料口；14—滤饼出口

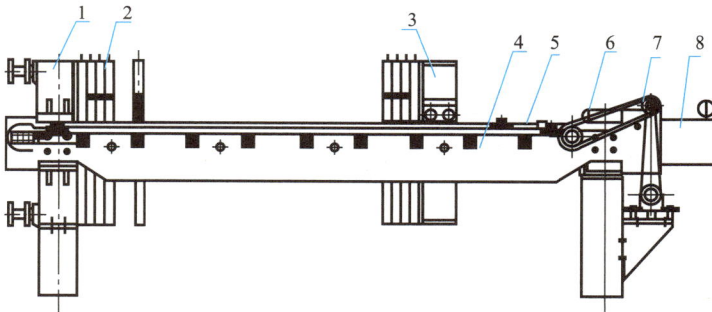

图 8-7　板框压滤机结构示意图
1—止推板；2—滤板；3—压紧板；4—导轨；5—拉板系统；6—油缸座；7—减速机构；8—油缸

离心脱水是通过水分与污泥颗粒的离心力之差使之相互分离从而实现脱水，常用的设备有各种形式的离心脱水机。离心脱水机主要由转鼓和带空心转轴的螺旋输送器组成，如图 8-10 所示。污泥由空心转轴送入转筒后，在高速旋转产生的离心力作用下，立即被甩入转鼓腔内。污泥颗粒由于相对密度较大，离心力也大，因此被甩贴在转鼓内壁上，形成固体层（因为环状，称为固环层）；水分由于密度较小，离心力小，因此只能在固环层内侧形成液体层，称为液环层。固环层的污泥在螺旋输送器的缓慢推动下，被输送到转鼓的锥端，经转鼓周围的出口连续排出；液环层的液体则由堰口连续"溢流"排至转鼓外，形成分离液，然后汇集起来，靠重力排出脱水机外。离心脱水占地面积小、不需冲洗水、车间环境好，但电耗高，药剂量高，噪声大。离心脱水进泥含水率要求一般为 95％～99.5％，出泥含水率一般可达 75％～80％。

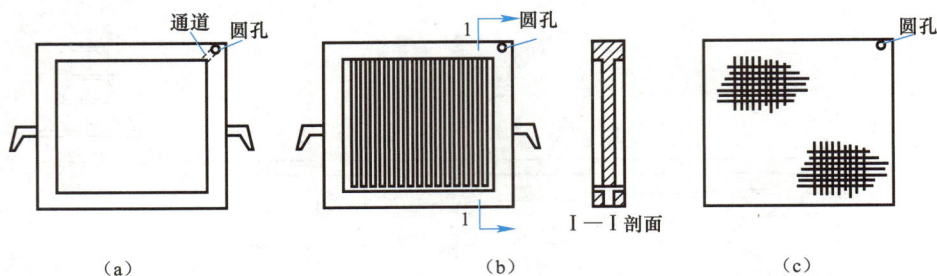

图 8-8　滤板、滤框和滤布
（a）滤框；（b）滤板；（c）滤布

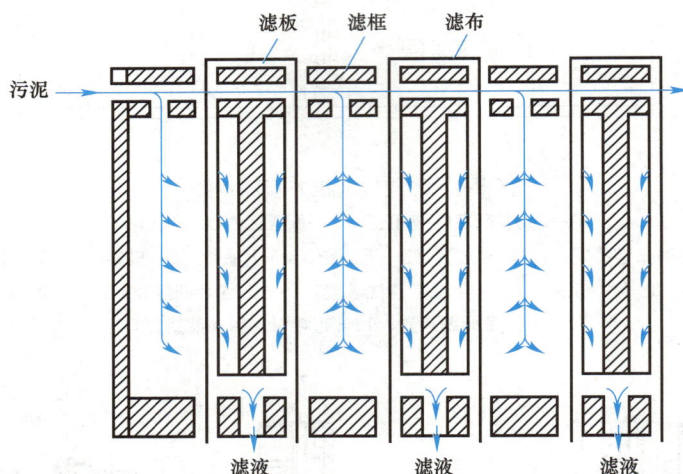

图 8-9　滤板、滤框和滤布组合后的工作状况

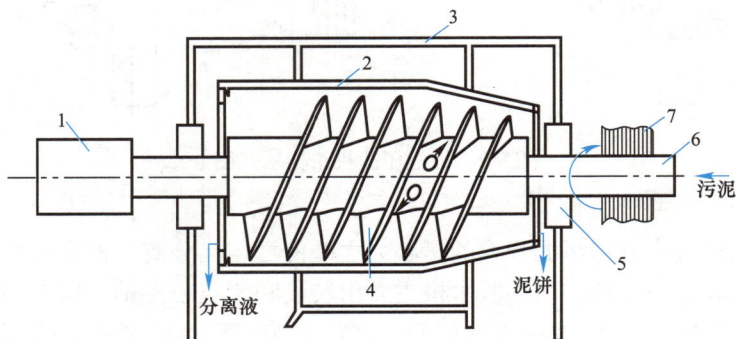

图 8-10　转筒式离心机结构示意图
1—变速箱；2—转筒；3—罩盖；4—螺旋输送器；5—轴承；6—空心轴；7—驱动轮

螺旋压榨式脱水机，是由形成滤腔的金属制滤筒及外套和螺旋轴，结合对滤腔内的污泥施加脱水压力的螺旋轴和螺旋齿叶构成，有清洗滤筒的清洗装置、螺旋轴驱动装置、防止滤液及臭气挥散的防臭盖板和污泥絮凝装置，如图 8-11 所示。用高压压力将密封型絮凝装置内经高分子絮凝剂调质过的污泥从螺杆中心压入脱水机，然后以螺旋齿叶旋转输送到过滤、压榨部位。滤腔从污泥投入侧向泥饼排出侧容积逐渐减小，污泥受到容积变化和螺旋齿叶的推力，内部压力逐渐上升，达到压榨脱水的目的。在脱水机的尾部，污泥受到挤压装置的背压（50～300kPa）和螺旋齿叶的推力以及由螺旋齿叶回转的剪切力而被进一步加压脱水。到达排出口的泥饼，在挤压背压和螺旋推力的双向作用下挤出挤压环，掉落排出脱水机外。螺旋压榨式脱水占地面积小、冲洗水量少、噪声小、车间环境好；但是，单机处理容量小，上清液固体含量高。螺旋压榨脱水进泥含水率要求一般为 95％～99.5％，出泥含水率一般可达 75％～80％。

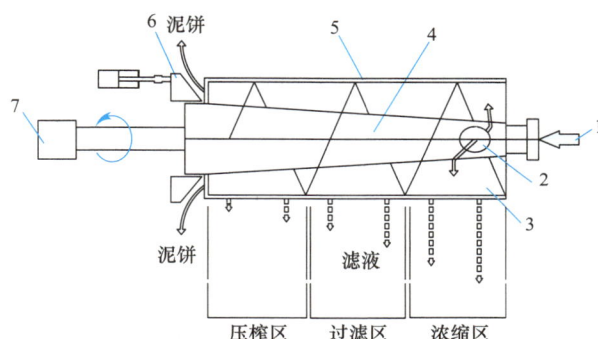

图 8-11　螺旋压榨式脱水机工艺示意图
1—污泥进料口；2—供给孔；3—隙腔；4—螺杆及叶片；5—滤筒；6—挤压环；7—电动机

3. 污泥消化

污泥消化是指在有氧或无氧条件下，利用微生物的作用，使污泥中的有机物转化为较稳定物质的过程。

厌氧消化是指在无氧的条件下，由兼性菌和专性厌氧菌（甲烷菌）降解有机物，分解的最终产物为二氧化碳和甲烷的过程。其目的是降解污泥中易腐败发臭的有机物，进一步减少液体和固体量，减少病原菌，消除臭味。相对于污泥好氧消化过程，污泥厌氧消化可以达到很好的污泥稳定效果，能最大限度地降解污泥中的有机物。

好氧消化主要由两个阶段组成，一是能被生物降解的物质直接氧化，二是微生物的内源呼吸阶段。好氧消化通常在一个敞开或密闭的反应池中，曝气时间 10～20 天，依靠有机物的好氧代谢和微生物的内源代谢稳定污泥中的有机物。好氧消化过程会产生二氧化碳、水和氮，以及硫酸盐、磷酸盐等。

4. 好氧堆肥

好氧堆肥是在有氧条件下，好氧微生物对废弃物进行分解、转化并产出发酵产品的过程。微生物通过自身的生命活动，把一部分被吸收的有机物分解成简单的无机物，同时释放出可供微生物生长活动所需的能量，而另一部分有机物则被合成新的细胞质，使微生物不断生长繁殖，产生出更多生物体的过程。在有机物生化降解的同时，伴有热量产生，因堆肥过程中该热能不会全部散发到环境中，就必然造成发酵物料的温度升高，这样就会使一些不耐高温的病原菌及虫卵死亡，从而达到无害化的目的。

5. 污泥干化

污泥干化是指进一步降低污泥中含水率的过程。污泥中含有多种性质的水分，如自由水分、间隙水分、表面水分、结合水分等，要使污泥含水率降至60%以下，必须采用干化技术。污泥干化可分为自然干化和热干化。

自然干化是将污泥摊置到由级配砂石铺垫的干化场上，通过蒸发、渗透和清液溢流等方式，实现脱水。这种脱水方式适用于村镇小型污水处理厂的污泥处理，维护管理工作量很大，且可能产生大范围的恶臭。自然干化一般适用于气候比较干燥、土壤渗透性能较好、用地不紧张、环境卫生条件允许、服务人口小于50000人的小型城镇污水处理厂。

热干化是指通过污泥与热媒之间的传热作用，脱除污泥中水分的工艺过程。一般适用于经济较为发达，土地价格和劳动力成本较高的沿海城市及其周边地区。污泥热干化系统，主要包括储运系统、干化系统、尾气净化与处理、电气自控仪表系统及其辅助系统等。

目前，应用较多的污泥干化工艺设备，包括流化床干化、带式干化、桨叶式干化、卧式转盘式干化、立式圆盘式干化和喷雾干化等六种工艺设备。选择干化工艺和设备应综合考虑技术成熟性和投资运行成本，并结合不同污泥处理处置项目的要求。

6. 石灰稳定技术

通过向脱水污泥中投加一定比例的生石灰并均匀掺混，生石灰与脱水污泥中的水分发生反应，生成氢氧化钙和碳酸钙，并释放热量。石灰稳定可产生以下作用：

① 灭菌和抑制腐败。温度的提高和pH的升高，可以起到灭菌和抑制污泥腐败的作用。尤其在pH≥12的情况下，效果更为明显，从而可以保证在污泥利用或处置过程中的卫生安全性；

② 脱水。根据石灰投加比例（占湿污泥的比例）的不同（5%～30%），可使含水率80%的污泥在设备出口的含水率达到74.0%～48.2%。并通过后续反应和一定时间的堆置，含水率还可进一步降低；

③ 钝化重金属离子。投加一定量的氧化钙使污泥呈碱性，可以结合污泥中的部分金属离子，钝化重金属；

④ 改性和颗粒化。可污泥改善贮存和运输条件，避免扬尘、渗滤液泄漏和恶臭污染。

7. 土地利用

经处理后的污泥或污泥产品可作为土壤改良剂，用于园林、绿地、土壤修复等。为区别于污泥农用，污泥土地利用中不包括污泥农用。

污泥土地利用可依靠土壤的自净能力，包括生物降解、化学络合、氧化—还原、物理吸附等抑制污泥中一些致病生物的生长并使其失活，使污泥中大部分有机物矿化和腐殖化；同时，还可以限制重金属的迁移、扩散与生物可利用性等，实现污泥的进一步无害化。而且，污泥中的有效成分还可改善土壤结构，利用其中的有机质，增加土壤肥力，促进作物的生长。但是，污泥土地利用，如果施用不当，也可能造成环境的二次污染。

8. 污泥农用

污泥农用是指经处理后的污泥或污泥产品作为肥料或土壤改良材料，用于农业生产作物和果蔬，包括谷物、水果、蔬菜、植物油作物、草料等的处置方式。但是，污泥农用可能存在隐患和风险，主要包括污泥土地施用对植物的影响，重金属从土壤到植物的迁移，重金属、氮、磷在土壤中的迁移等。因此，世界各国在相关规范中，均明确提出了污泥农用的基本条件和规定。

9. 填埋

污泥填埋是指通过填充、推平、压实、覆盖、再压实和封场等工序，使污泥得到最终处置；同时，收集和处理渗滤液，防止产生对周边环境的危害和污染。

污泥填埋可分为单独填埋和与城市生活垃圾混合填埋。

混合填埋是指利用城市生活垃圾填埋场将污泥与生活垃圾共同填埋处置，这是一种过渡性的处置措施。混合填埋时，污泥应首先进行脱水减量和稳定化处理。没有经过消化或堆肥稳定化处理的污泥不能直接进入生活垃圾填埋场填埋处置。

单独填埋的污泥含水率需小于 60%，有机质含量需小于 50%，污泥的横向剪切强度应大于 25kPa，纵向抗剪强度不小于 $80\sim100kN/m^2$。满足不了抗剪强度等要求时，可投加石灰或通过其他技术措施进行后续处理，使其满足相关要求。随着国际社会碳减排的需求，污泥填埋已不是主流技术，逐步压缩或取消。

10. 污泥焚烧

污泥焚烧是指利用焚烧炉高温氧化污泥中的有机物，使污泥完全矿化为少量灰烬的过程。

污泥焚烧可分为单独焚烧和混合焚烧两种方式。单独焚烧主要是指干化污泥焚烧；混合焚烧主要包括与生活垃圾混合焚烧、利用水泥窑炉掺烧和在燃煤火力发电厂与燃煤混合焚烧。

11. 污泥综合利用

污泥综合利用主要采用脱水污泥或污泥焚烧灰制砖、制陶粒、制水泥、制人工轻质填料、制混凝土的填料、制活性炭、制生化纤维板等。

污泥在综合利用前，需进行无害化处理，否则应避免与人体直接接触。综合利用时的混掺污泥量不得对生产工艺和产品质量造成污染和影响，生产的产品需符合相关产品标准和规范。

思考题与习题

1. 试述厨余垃圾的来源和成分组成。以你所在学校的食堂为例，分析厨余垃圾的特点。
2. 厨余垃圾处理的主要方法有哪些？各有什么特点？
3. 试述城市粪便的组成特征？
4. 粪便处理系统有哪几种形式？
5. 城市污水处理厂污泥处理和处置有什么不同？各有什么典型工艺方法？
6. 表征污泥物理、化学性质的指标有哪些？请从污泥处理处置的工程应用角度分析其指标意义。

第9章 生活垃圾中可回收物再生利用

9.1 生活垃圾中的可回收物

9.1.1 生活垃圾中可回收物的来源

1. 基本定义

可回收物亦称再生资源，是指在社会生产和生活消费中产生的，失去原有全部或部分使用价值，但经过回收、加工处理，能使其重新获得使用价值的各种废弃物（《再生资源回收管理办法》商务部令〔2007〕第 8 号，2019 年修订）。废物能成为再生资源的条件有技术和经济两个方面。技术方面，取决于其是否可通过适当的工艺方法转化或加工为具有使用价值的原料或产品，此为废物资源再生的技术可行性；经济方面，则取决于废物资源再生的市场可行性，即由废物转化或加工得到的原料或产品销售能否实现，及通过销售而得到的收入能否抵偿其转化或加工的成本。由于废物的转化和加工方法及原料和产品的市场价格随时间不断地处于变化之中，因此，可作为可回收物的废物类型也随区域和时间而处于变化之中。如有统计表明，二次世界大战期间的伦敦，为了把一切资源用于支持战争，生活垃圾中作为再生资源回收的比例高达 90%；而战后经济高速发展后，发达国家几乎完全放弃了从生活垃圾中回收再生资源。但是，20 世纪 90 年代之后，发达国家普遍接受了固体废物全过程管理的理念，通过可回收物再生利用优化生活垃圾管理的环境与资源效益重新得到重视。以德国包装物管理法规为代表的生活垃圾可回收物再生利用促进政策在发达国家普遍得到实施，1990 年后美国生活垃圾（城市固体废物）的可回收物回收率从不足 3%逐步增加至大于 23%（不含堆肥利用）。

根据目前可回收物再生利用加工技术及市场的现状，生活垃圾中的可回收物主要是金属、纸类、玻璃和塑料类等可工业化利用的物料；部分国家，如美国，则把可生物降解生活垃圾（园林垃圾、食品垃圾等）的堆肥化转化也归入再生资源利用的范畴。

2. 可回收物的来源和分类

生活垃圾来源于消费过程，从消费功能的分类看，生活垃圾中的可回收物主要来源于商品包装和非耐用消费品。生活垃圾中的各主要类别可回收物来源简述如下。

（1）金属：生活垃圾中的金属主要来源于商品包装，特别是液体和固体罐装食品的包装；家用五金件（如铰链、把手、托架、插座、开关等）和容器是非耐用消费品中金属的主要来源。非耐用消费品类的废弃电器电子产品，如手机、小家电等也含有较高比例的金属成分。

源于商品包装的金属主要是铁金属，少量为铝制品。家用五金件中属电器类的插座、开关等有铜制部件，其他多为铁金属类。电子产品中的金属组成则相对复杂，除铁、铝、铜等外，还常含有锌、锰、镍等组分，甚至还含有镉、汞、铅等高毒性的金属；应按废弃电器电子产品的管理规定回收处理。

（2）纸类：生活垃圾中可再生利用的纸类物料，主要源于非耐用消费品类的报刊书籍等印刷品、办公纸品，及硬质纸包装（盒）。生活护理类的纸制品（如纸巾等）和散装食品包装纸的纤维质量差，受污染水平高，一般不适合回收再生利用。

（3）玻璃类：生活垃圾中的玻璃类物料，主要源于液体或膏体商品的包装容器，以及建筑玻璃制品；其中，数量最大的是饮料（含酒类）容器。

色泽不同的玻璃类物料其化学组成有明显的差异，因此，回收利用方法也各不相同。生活垃圾中常见玻璃的色泽类别有透明（无色）、绿色、棕色和乳白色。

（4）塑料类：生活垃圾中的塑料类物料，主要源于各种定型（如饮料容器）和不定型（如塑料袋）的包装物，及日常生活用品（塑料制容器、架子等）。

塑料是一大类人工合成聚合物的统称。根据回收再生利用的需要，国际上按材质将塑料分为 7 类：1）聚对苯二甲酸乙二醇酯，回收分类标记 1 号，缩写 PET，多用于水或饮料容器，也用于防水包装材料；2）高密度聚乙烯，回收分类标记 2 号，缩写 HDPE，主要用于牛奶、食用油、洗涤剂等液态商品的容器，也用于玩具等商品的定型包装；3）聚氯乙烯，回收分类标记 3 号，缩写 PVC，主要用于食品包装膜、吸塑包装膜和植物油容器；4）低密度聚乙烯，回收分类标记 4 号，缩写 LDPE，是大部分塑料袋的原料，也用于吸塑包装膜和衣物包装袋等；5）聚丙烯，回收分类标记 5 号，缩写 PP，是大部分冰箱搁架和瓶盖的原料，也用于塑料袋、合成纤维地毯和食品保鲜膜等；6）聚苯乙烯，回收分类标记 6 号，缩写 PS，主要用于肉类包装物、一次性食品托盘（多用于超市），发泡后用于保护性包装；7）其他塑料，指多种塑料混合或塑料与其他材料复合的制品，如塑铝复合膜，回收分类标记 7 号，属不易直接再生利用的物料。

各种塑料的回收分类标记如图 9-1 所示。

图 9-1　塑料的回收分类标记

除了上述主要类别的可回收物外，生活垃圾中的织物、皮革、橡胶、竹木等组分，也可能转化为可利用原料。但是，从原料品质、资源数量等方面考虑，其再生利用的可行性和重要性明显低于金属等类废物。

近年我国部分再生资源类物料的市场价格见表 9-1，由此可见我国可回收物回收市场的主要物料种类及回收市场的潜力。

我国部分再生资源类物料的市场价格（元/t）* 　　表 9-1

品种	黄杂铜	废生铝	软杂铝	统料钢	黄纸板	旧报纸	书本	PET 瓶
2013 年代表价	30000	10600	11500	1870	1100	1250	1250	4500
2022 年代表价	38000	14000	12000	3500	2200	2600	1800	6000

* 本表数据根据相关市场信息归纳。

随着市场消费结构的变化，废弃电器电子产品、汽车等大量进入家庭，一些发达国家也将家（商）用电器、废轮胎等列入城市（固体废物）垃圾再生资源的管理范围。

9.1.2　生活垃圾中可回收物的组成

生活垃圾中可回收物的组成是规划和管理其利用的基础，发达国家生活垃圾中可回收物的组成，通常采用生活垃圾物理组成（参见第1章）数据表征。通过物理组成，可以了解生活垃圾中可回收物类别的组成；也可以结合生活垃圾的产生量，测算不同类别可回收物的数量。

单纯由物理组成表征生活垃圾中可回收物的缺陷，是无法表示这些物料的可回收性质。为此，一些国家采用垃圾组分材质分类（图9-2）或材质与物料来源复合分类（图9-3），以便于更准确地判断各种可回收物的可回收性。

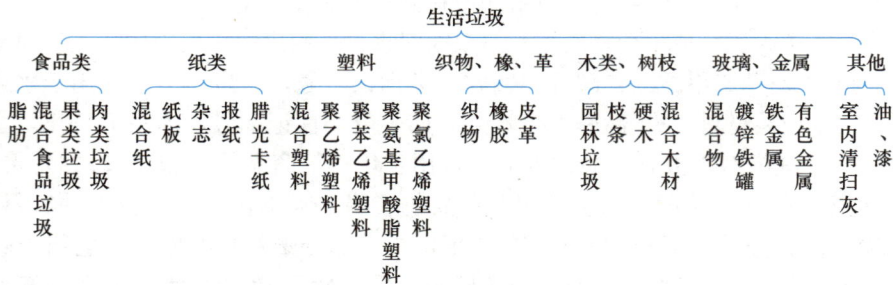

生活垃圾
- 食品类：脂肪、混合食品垃圾、果类垃圾、肉类垃圾
- 纸类：混合纸、纸板、杂志、报纸、腊光卡纸
- 塑料：混合塑料、聚乙烯塑料、聚苯乙烯塑料、聚氨基甲酸脂塑料、聚氯乙烯塑料
- 织物、橡、革：织物、橡胶、皮革
- 木类、树枝：园林垃圾、枝条、硬木、混合木材
- 玻璃、金属：混合物、镀锌铁罐、铁金属、有色金属
- 其他：室内清扫灰、油、漆

图 9-2　生活垃圾按材质细分例

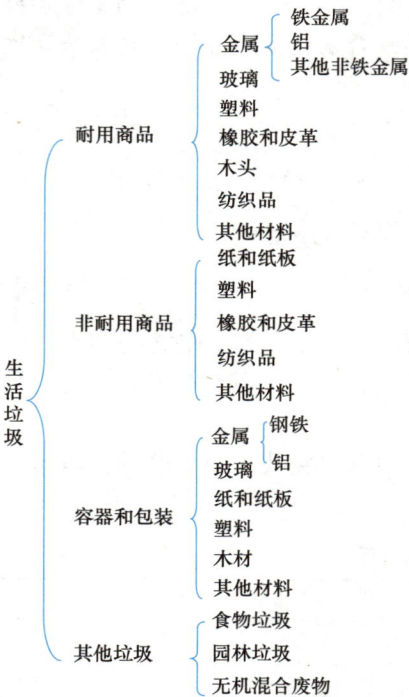

生活垃圾
- 耐用商品：
  - 金属：铁金属、铝、其他非铁金属
  - 玻璃
  - 塑料
  - 橡胶和皮革
  - 木头
  - 纺织品
  - 其他材料
- 非耐用商品：
  - 纸和纸板
  - 塑料
  - 橡胶和皮革
  - 纺织品
  - 其他材料
- 容器和包装：
  - 金属：钢铁、铝
  - 玻璃
  - 纸和纸板
  - 塑料
  - 木材
  - 其他材料
- 其他垃圾：
  - 食物垃圾
  - 园林垃圾
  - 无机混合废物

图 9-3　生活垃圾按产生源和材质分类

上述这些分类细化方法，可提供更多对垃圾中可回收组分的可回收性进行分类的信息。例如，图9-2将纸类细分为"混合纸、纸板、杂志、报纸、蜡光纸"，可以根据不同纸类的质地对其可回收性进行分类；而按图9-3的分类，也可判断源于"容器和包装物"的玻璃其可回收性应优于源自"耐用商品"的玻璃类物料。

采用物理组成表征垃圾中可回收物的另一个影响因素，是物理组成分析的样本采集位置。由于垃圾自产生源向处理终端输送的过程中，存在可回收组分分流的可能环节，例如，发达国家较普遍地设有社区"回购中心"，可分类收集垃圾中的可回收组分；而我国生活垃圾在家庭或各种单位产生后，既可能在家庭或单位内部分流回收，也可能在收集箱、中转站等环节通过所谓的"拾荒"途径被分流。因此，通过物理组成准确表征垃圾中的可回收物组成，对于发达国家和我国已设置社区生活垃圾可回收物收集装置的城市，应将各类垃圾分类收集容器均列入样本采集范围；而对于存在家庭和单位回收及"拾荒"实践的地区，准确测算垃圾中的可回收物组成，需要将区域内的各类有偿回收点纳入调查范围。

9.2 可回收物回收方法

生活垃圾可回收物产生于所有的垃圾源，属一种分散源的物料；同时，垃圾在传统上是混合弃置的，因此，还具有与其他垃圾混合的特征。城市垃圾中的可回收物也被称为"城市矿藏"，而其利用的过程也与自然矿藏类似，必须经过"开采"和"精选"的过程。可回收物作为"城市矿藏"利用时，完成其"开采"和"精选"功能的就是其回收环节。

9.2.1 废品回购

废品回购是传统的生活垃圾中可回收物的回收方法，采用的是根据市场价格交换的商业模式。

废品回购的物流过程与常规的商品零售相反，居民或其他废品拥有者在回购网点交售废品，网点再逐级将废品分流，最终直接或通过再生资源市场（集散地）进入废品再生利用环节。

传统上，废品回购依据的是经济刺激的原理，其实质是以废品交售的收入交换居民或其他废品拥有者从垃圾中分拣出的可回收物，并运送至废品回购网点的成本。由此，废品回购方式可以同时完成生活垃圾可回收物的"开采"和"精选"功能。

废品回购的实施，由硬件和软件两方面的条件构成。硬件方面，即回购的设施条件，一般包括回购网点、将网点与后续再生资源集散地和转化利用设施连接的物流环节，以及再生资源集散设施（市场、仓储等）。

回购网点有两种形式，一为固定网点，即传统的废品回收站，可提供全时（营业时段）和定点的回收服务。回收站一般有一定的收售空间和废品分类贮存场所，如商商贸发〔2009〕142 号"关于加快推进再生资源回收体系建设的通知"的附件"试点城市再生资源回收体系建设规范"中规定，按照"便于交售"的原则，城区每 2000 户居民设置 1 个回收站（点）；乡、镇每 2500 户居民设置 1 个回收站（点）；每个回收站（点）面积原则上不少于 $10m^2$。回购网点的另一种形式为流动式，一般由废品运输车辆和相应的回收人员组成，流动式回购网点可提供定时（非全营业时段）和多点（不定点）的回收服务。近年来，为了配合生活垃圾分类收集的展开，我国城乡均开始应用智能型回收箱，在社区普遍设置无人回收点。智能回收箱配备视频系统，记录投放人和投入物的图像，可实时监控或回溯投放过程，控制回收质量。回收箱可采用统收（不分品类）或按类别回收的模式运营，运营单位远程监控存料状况，适时收运至集散场所，分类售卖至再生加工企业。居民通过网络文件平台获取收益。

废品回购实施的软件方面，集中表现为废品（可回收物）的回收价格体系。只有当废品的回收价格超过可回收物分拣、暂存、运送等回收成本时，通过废品回购实现可回收物回收才具有经济可行性。传统上，废品的回收价格由相关原材料的市场供求关系决定，主要反映资源类商品的价值。近二十年来，城市垃圾中可回收物回收的环境意义得到了更广泛的认识。在废品回收价格中，通过政策（法规）调控体现其环境价值成为较为普遍的实践。德国自 1996 年起建立的一系列包装废物管理法规即属此类政策的代表，为达到此法规要求的包装废物回收率要求，包装物使用企业通过集体平台或单独地向包装废物回收市场提供补贴的方式，提高此类废品的回收价格，由此有效提高了社会对相应类别废品的回收率。也可以通过干预相应的原料市场，调控废品回收的价格。我国已普遍实施的禁止"黏土烧制普通建筑砖"的政策即属此类，该政策的实施显著促进了可作为制砖原料的工业固体废物的资源化利用，粉煤灰等废物从负价格（需补贴才有企业愿意接受）转为价格和销路稳定的原料。近年来，我国严控"洋垃圾"进口，对稳定国内废品回收市场也起到了积极作用（参见表 9-1）。

9.2.2　分类收集

分类收集是从 20 世纪 80 年代开始实践的生活垃圾按组分的源分流方法（参见第 3 章），即在生活垃圾收集的起始端按类别进行组分分流。因此，按类别的细分程度，可以实现生活垃圾再生资源回收的"开采"和"初选"，及不同程度的"精选"功能。目前，已有报道的生活垃圾分类收集类别数最高达 20 余类，一般分类的类别大于 10 类时，相应类别的废品（可回收物）已可达到直接回收的"纯度"要求。

分类收集的实施，需要垃圾产生者对垃圾按组分分类投放或分拣，即需要产生者的劳动"投入"；为促进这种投入，生活垃圾分类收集需要一定的推动（刺激）措施予以激励。生活垃圾分类收集的推动措施可分为三类：志愿、经济和强制。"志愿"推动，是通过教育提高垃圾产生者的环境、资源和可持续发展意识，自愿地投入对垃圾按组分分类投放的附加劳动；"经济"推动，是通过建立垃圾按量收费制度，为垃圾分类提供某种交换价值（如，达到分类要求的某些垃圾组分可以免缴处理费），由此使垃圾按组分分类投放成为有价的劳动，实现经济杠杆对分类收集的推动；"强制"推动，是法规强制的方法，通过行政手段，对不执行城市垃圾分类投放规定的垃圾产生者进行惩罚，以此使产生者实施垃圾分类投放的行为。目前，在各国的生活垃圾分类收集实践中，最为普遍和有效的推动措施是经济类手段；我国采用的教育—强制系列措施，经实践也已取得了实效。

生活垃圾分类收集的实施方法，主要有"平行收集"和"无偿回收（购）中心"两类。"平行收集"，通过按垃圾分类类别数设置用于相应类别收集的容器和分类运输车实现垃圾分类收集，相当于混合收集的按类别数平行扩增。"无偿回收（购）中心"，通过设置类似于前述的固定回购网点，由垃圾产生者将分类后的废品（可回收物）组分运送至回收中心完成分类收集；此类回收中心与传统废品回收网点的主要区别，在于不采用有价交换机制（有些地区的回收中心向垃圾产生者发放低价礼品作为一种"温情"鼓励），对分类的要求通常低于废品回收网点。比较两类方法，"平行收集"适合一定地域内垃圾产生量较大的区域，而"无偿回收中心"在垃圾产生量较低的区域应用更具有经济性。我国人口密度高，城市区域垃圾产生量大，在分类收集实践中，普遍采用"平行收集"方式。

"无偿回收（购）中心"也可采用流动式的形式运作，废弃电器电子产品、废轮胎等大件垃圾的专项分类收集多采用此类运作方式。

与废品回购比较，通过分类收集方式回收可回收物的前提，是必须有可行的推动措施配套；同时，分类收集得到的可回收物"纯净度"一般低于收购的废品，大多还需要进一步的分选。但是，分类收集不受特定可回收组分市场价格波动的影响，可以按生活垃圾管理的整体需要设定回收组分，并可在废品（再生资源）市场波动的条件下，保持回收水平的相对稳定。

9.2.3　机械分选与人工分拣

机械分选与人工（包括智能分拣）分拣，通过技术手段从混合或部分分类的生活垃圾中分离可回收物（废品）组分；与自然矿产的开采类比，机械分选与人工分拣相当于选矿过程。同样，不同分选对象的废品回收难度也不相同。混合收集的生活垃圾属"贫矿"，分选和分拣技术难度大、成本高；合理分类后的城市垃圾可使可回收组分富集，属"富矿"，可降低分选、分拣的难度和成本。

从混合或部分分类的生活垃圾中分离可回收组分的机械分选和人工分拣单元方法，可参见第 4 章。机械分选和人工分拣用于生活垃圾中可回收组分分离的关键，是混合或部分分类生活垃圾组分的可分选性，影响可分选性的因素有组分间的性质差异度和总体性质两类。组分间的差异度，主要是指各种机械分选方法所依据的物理性质差异，如颗粒径、密度、磁性、导电性等；总体性质则是指影响组分间可分离性的物理性质，主要有含水率和含泥率（亲水性的细小颗粒）。

一般来说，总体性质对可分选性的影响更大。垃圾含水率大于 40％时，垃圾的可分选性即严重劣化。其主要原因是水分使得垃圾颗粒粘连，由此导致不同垃圾组分的物理性质变异而难以按设计要求分选；另一方面，组分粘连也必然影响分选所获得组分的纯净度。

组分间性质的差异度，则是选择生活垃圾机械分选单元及其组合方法的依据。从理论上讲，在没有总体性质限制的条件下，依据组分间性质的差异均能发展出各组分的分选方法（具体可见第 4 章），应用的限制条件主要是技术经济性。

由此可见，混合收集生活垃圾的含水率（源于高含水的厨余等食品垃圾组分）和含泥率（源于街道等保洁垃圾）均高，从总体性质上限制了其组分的可分选性，通常不适合采用机械分选方法回收其中的可回收组分。合理分类后的生活垃圾，则可避免含水和含泥等总体性的条件对其组分可分选性的限制，具有采用机械（物理）分选回收的可行性。

我国生活垃圾属高含水、高含泥类别，混合收集条件下，难以通过机械分选实现可回收组分的回收；合理的分类收集，是我国生活垃圾具备机械分选可行性的前提条件。以我国目前普遍采用的生活垃圾分类收集方式，即"干（其他）、湿（厨余）"分离为背景，"干垃圾"类所含的组分主要有：塑料、纸类、橡胶皮革类、竹木、玻璃、金属及渣石等，这些组分分选可行性概括见表 9-2。

<table>
<tr><td colspan="6" align="center">"干垃圾"主要组分分选可行性　　　　　　　　　　　　　　　表 9-2</td></tr>
<tr><td>分选方法</td><td>筛选</td><td>密度选</td><td>磁选</td><td>涡电流选</td><td>弹性选</td></tr>
<tr><td>可分离组分</td><td>无</td><td>对各组分进行分级</td><td>黑色金属组分</td><td>铜、铝组分</td><td>玻璃容器、大块无机物与其他组分分离</td></tr>
</table>

根据"干垃圾"类组分的可分选（离）特征，其可行的分选流程如图 9-4 所示。

图 9-4 所示的分选流程，是基于先分级、后分组分的思路设置。首先，通过磁选回收黑色金属；再由水平风选将垃圾分为轻、重两类组分，轻组分包含塑料、纸类、竹木及部分橡胶皮革类，重组分包括玻璃、金属、渣石及一些橡胶皮革等；然后，再以涡电流选从两组物流中分选铜、铝等有色金属；其他轻组分（塑料、纸类）等以手选分离；重组分中

的玻璃容器则基于弹性差异予以分离。

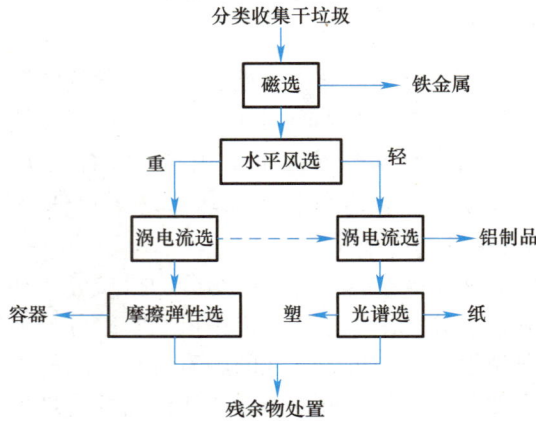

图 9-4 "干垃圾"再生资源组分的可行分选流程

9.3 典型可回收物的资源再生方法

9.3.1 金属类

1. 废金属再生的基本方法

废金属是回收价值最高的可回收物，生活垃圾中主要的可回收金属种类为钢铁、铝、铜和铅等。废金属再生加工的共性流程如图 9-5 所示。

废金属已经过使用，因而不同程度地受到沾污；同时，还可能与其他材质通过机械、物理或化学复合。因此，金属类再生资源需要通过预处理才能满足再熔炼的要求。根据沾污程度和与其他材质复合的机制，废金属的预处理包括分拣、清洗、拆解、烧灼等环节。对于化学复合有杂质的废金属，预熔炼过程可用于分离杂物（包括合金中的其他金属）。如铜锌合金回收时，先加入硼酸钠共熔造渣分离锌，再分别对铜、锌进行精炼。经预处理、预熔炼

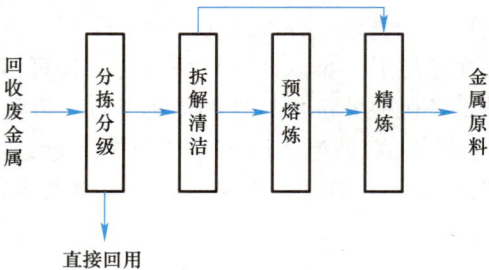

图 9-5 废金属再生加工共性流程

过程后，废金属转化为达到金属精炼要求的原料，可通过精炼过程生产成品金属。

2. 典型废金属资源再生方法

（1）废钢铁

废钢铁资源的来源，主要有钢铁厂厂内返料（来自钢渣磁选，铸、轧残余料等）、机械加工企业边角残料（锯、切、磨等加工的残余物）及社会回收废料（废旧钢铁制品）。生活垃圾中的废钢铁属于社会回收废料，主要是建筑用钢（主要随建筑垃圾产生）和钢铁制生活消费品（容器类等），而随着生活垃圾焚烧技术的普及，也使其炉渣成为重要的生活垃圾中废钢铁回收源。有害垃圾中的废油漆桶也是重要的废钢铁来源。

　　与钢铁厂厂内返料和机械加工边角残料比较，生活垃圾中的废钢铁受各种沾污的程度较大，基本上均需要通过一定的预处理才能满足炼钢装炉的要求。其中，回收的建筑用钢主要沾污各种建筑材料残余和有漆膜保护，可分别采用清洗和烧灼的预处理方法去除这些杂物。钢铁制生活消费品大多由片材制成，除拆解、除漆膜等预处理外，除去有色金属涂膜也是其特征性的预处理环节。依据钢片材常用防锈层为两性金属锌、锡的特点，通常采用碱溶法去除有色金属膜，即将回收的金属片材适度切割后在氢氧化钠溶液浸泡，溶出锌、锡，避免其在再冶炼中影响产品质量。焚烧炉渣中的钢铁组分可比原生垃圾富集 5～10 倍，但是，仍需通过分选达到熔炼的品位要求，代表性的焚烧炉渣中钢铁组分分选工艺见图 9-6。

　　废钢铁的组成特征与作为常规炼钢原料的生铁不同，其冶炼比较适合采用电炉熔炼方法。同时，为了提高装炉效率，堆积密度较低的废钢铁（如容器、片材）在装炉前应进行压块处理。

　　（2）废铜类

　　铜被认为是所有金属中可再生性能最

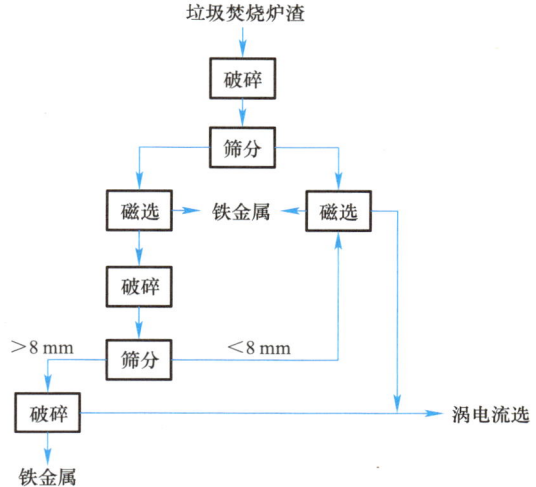

图 9-6　焚烧炉渣中钢铁组分分选工艺示例

好的，原因在于达到一定纯度的废铜无需熔炼可直接用于铜产品制造。废铜同样可按来源进行分类，一类是新废铜，是铜工业生产过程中产生的废料。冶金厂的铜废料称"本厂废铜"，铜加工厂产生的废铜屑及直接返回供应厂的铜废料叫作"工业废杂铜"或"新废杂铜"；另一类是旧废铜，它是使用后被废弃的物品，各类生活垃圾中回收的废铜均属此类。

　　废铜的回收加工，遵循分拣分类、除杂、再熔炼的总体技术路线。其中，分拣分类的目的是按废铜的"净度"（指与其他非铜组分的混杂与复合程度）及"纯度"（指铜类组分的含铜率水平）对旧废铜进行分类，具体分为可直接熔铸利用的高"纯"铜（包括高纯紫铜和黄铜等）、可直接熔炼利用的"净"铜，及需要除杂分离后才能进一步利用的"杂"铜。"净度"的分类方法主要靠目视判断，手工结合机械分离；"纯度"的分类判断应目视结合便携式仪器（如同位素检测仪和 X 射线荧光分析仪等）实施，同样通过手工结合机械分离。

　　经分拣、分类后分流的"杂"铜，需进行除杂后才能满足后续再生利用的要求。除杂方法与"废金属回收基本方法"中所述的预处理方法类似，主要目的在于去除含铜组分所沾污的杂物及与其复合的非铜部件。

　　通过分拣、分类及除杂得到的不能直接熔铸利用的"净"铜废料，需要进行熔炼转化为铜原料，铜废料的冶炼主要采用火法熔炼和湿法电解的方法。一般而言，火法熔炼的投入产出比优于湿法电解。当铜废料含铜水平及杂质状况允许时，应优先采用火法熔炼回收铜原料；只有当铜废料含有火法熔炼难于去除的杂物时，才考虑使用湿法电解回收。

　　铜废料火法熔炼工艺与富铜矿石熔炼相似，一般包括熔化、氧化、还原、造渣等环节。传统上，铜废料熔炼采用反射加热炉，在此基础上改进的倾动炉因可使上述各个熔炼环节均处于较优操作条件而代表了目前的发展方向。

（3）废铝类

铝与铜相似，其工业材料的类别众多。因此，通过生活垃圾回收的废杂铝的再生加工，其总体技术路线与废铜类回收相似。

废铝料的初级分类按是否受其他非铝组分沾污或与之复合，通过目视将回收的废铝料分为"净"料（无沾污或复合）及"杂"料两类。对于"净"料，按铝材料的合金类型，如纯铝、变形铝合金、铸造铝合金、混合料等，继续采用目视或便携式仪器检测对这些"净"废铝进行分级存放，以备后续加工利用。

对于"杂"废铝料，应按其含杂类型分别进行预处理。复合含杂的铝废料需进行拆解处理，去除与铝料连接的钢铁、其他有色金属或聚合物部件。拆解处理可通过手工或机械方法完成，一般构成简单、形状规整的废料更易于采用机械方法拆解分离（参见图9-7）。

经拆解去除了复合部件的废铝料与非复合的沾污废铝料，需要再经过除污预处理才能获得符合进一步再生要求的废铝料。沾污废铝料除污的关键，是除铁和除聚合物。铁类杂质对于废铝的冶炼十分有害，进一步提纯熔炼的废铝料含铁量一般应控制在1.2%以下；含铁量在1.5%以上的废铝料，只能适用于做钢铁工业的脱氧剂；主要采用多级破碎—磁选的方法除铁。废铝中常见的聚合物杂质有油漆、油类、塑料、橡胶等，在回炉冶炼前，必须设法加以清除。应避免采用敞开烧蚀法去除聚合物，以免烧蚀过程中产生的大量有害气体造成二次污染。应根据沾污的类型采用针对性的除杂技术，如废铝器皿表面的涂层、油污以及其他污染物，可采用脱漆炉脱漆；脱漆炉的温度应根据油类和涂层的挥发温度合理控制，产生的尾气可通过冷凝、洗涤净化。对于铝箔纸，有效的分离方法是将铝箔纸先放在水溶液中加热、加压，然后迅速减压，并进行机械搅拌。这种方法，既可以回收纤维纸浆，又可以回收铝箔。

通过拆解、除杂后，"杂"料就成为"净"料，同样可按其合金类型进行分类，并分别进行加工利用。加工利用的原则，是与特定规格铝合金组成一致（或通过添加较小比例的原生铝锭能调整至一致）的废铝，应直接溶化用于铸造等铝制品生产过程。其他废铝需通过精炼达到铝原材料规格等级后才能继续利用。废铝精炼的主要设备是熔炼炉和精炼净化炉，一般采用燃油或燃气为燃料的专用静置炉。废铝精炼过程包含熔化和熔融条件下的除杂，除杂的主要方法是通气（氧、氯、氮）精炼、盐类精炼、真空精炼等。

（4）废铅类

铅在生活消费品中的使用面相当狭窄，目前主要用于车用电池（铅酸蓄电池），因汽车已大量进入家庭，同时电动汽车、助动车（部分以铅酸蓄电池蓄能）在我国的普及率也相当高。依据发达国家的经验，车用铅酸蓄电池可能成为生活垃圾中铅回收的主要来源。

铅酸蓄电池回收后，应先清除内含酸性液体，拆除导线和金属紧固件，然后将铅电极板与聚合物和其他杂物分离（参见图9-8），分离后的富铅组分可送至铅冶炼企业利用，其他组分适合焚烧热能利用。

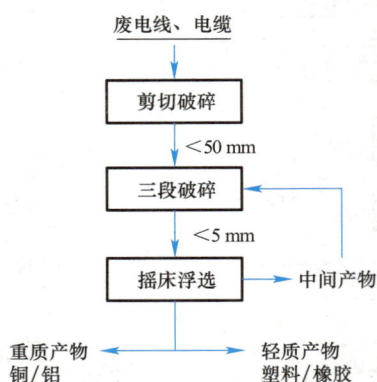

图9-7 电缆金属分离回收流程

废电线、电缆 → 剪切破碎 → <50 mm → 三段破碎 → <5 mm → 摇床浮选 → 中间产物

重质产物 铜/铝　轻质产物 塑料/橡胶

9.3.2　废纸类

废纸再造纸是我国生产最为稳定的再生资源行业，2021 年废纸浆产量为 5814 万 t，占国内耗用纸浆总量的 71.1%。可见，废纸是我国造纸生产的主要原料。废纸资源曾主要依靠进口。2017 年开始我国禁止洋垃圾入境。因此，随着生活垃圾分类收集的推行，此状况将进一步改善。

废纸再生造纸的工艺成熟，其原理主要基于纤维分散条件下的杂物多途径（筛分、浮选、化学转化等）分离，基本的工艺流程如图 9-9 所示。

传统上，回收的废纸经简单清洁（分拣除杂）后即可用于再生造纸。先进行碎浆，然后进行多级除渣、脱墨，再通过热分散（除蜡）浓缩后漂白，即完成制浆。获得的纸浆可根据本身质量和产品需求，进入不同的造纸机制造成品纸。

废纸碎浆一般采用水力冲击方式，使废纸充分纤维化；除渣，可采用多级筛分或筛分与浮选结合的方法，其中需要脱墨时，多采用筛分与浮选结合方式；热分散除蜡，主要用于去除与纸浆纤维结合的沥青、蜡膜等，通过加热使纤维与蜡膜等分散，再通过浮选或精筛分离；浓缩，则用于分离再生处理过程引入的多余水分，使纸浆符合造纸机对原料的要求。

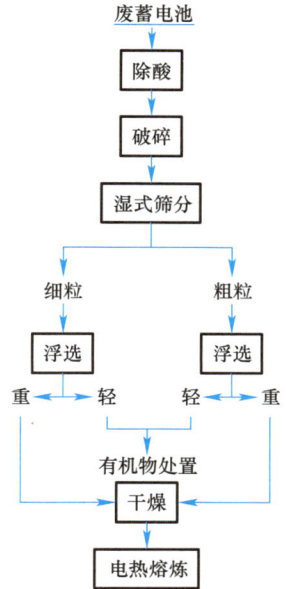

图 9-8　铅酸蓄电池回收典型流程

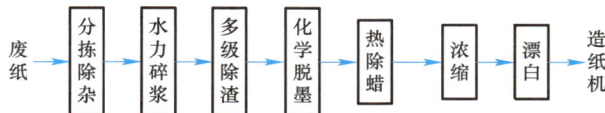

图 9-9　废纸再生造纸基本工艺流程

废纸再生造纸是资源再利用过程，与植物原浆造纸相比有显著的资源保护意义，并可大幅度削减造纸全过程的污染水平。但是，废纸再生造纸本身还是资源消耗和污染衍生水平较高的过程。由于其需要在水力分散环境中完成纤维与杂物的分离，使每吨纸的耗水量在数十至上百吨，并产生相应量的废水。目前，可削减废纸再生造纸环境负荷的主要途径有两条：其一，是放宽杂物分离的要求，生产质地较粗糙、带有一定色度的所谓"再生纸"；其二，是水力碎浆前先进行强化的干式分选，提高水力处理前的杂物去除率，降低水力环境中杂物分离的负荷。

9.3.3　玻璃类

玻璃是一类组成繁杂、功能和形态多样的熔融成型无机材料的统称，按主要成分可分为氧化物和非氧化物两大类。非氧化物玻璃，主要有硫系和卤化物玻璃，此类玻璃多用于电子和光学产品，在生活垃圾中基本没有分布。氧化物玻璃，又可分为硅酸盐玻璃、硼酸盐玻璃、磷酸盐玻璃等；其中，硅酸盐玻璃指基本成分为 SiO_2 的玻璃，其品种多，用途广，生活垃圾中回收的主要是此种玻璃。从形态上分，硅酸盐玻璃的品种有平板和容器两类；从色度上可分为透明和乳浊两种，透明类玻璃又有无色、绿色、棕色等不同品种。

由于生活垃圾中回收玻璃的组成有一定的复杂性，因此，其再生利用的总体技术路线与合金种类较多的铜、铝等废金属相似，包括分类分级、预处理、再生利用等环节。

废玻璃回收后，首先应按完整容器和碎玻璃分类；完整的容器经质量检验后应尽量直接回用；不符合直接回用要求的容器与碎玻璃一起再按色度（参见上述）进行分类，对杂物进行分选获得再生加工原料。相对完整容器等大块玻璃的色度分类，可由光谱识别-机械分选完成，细颗粒玻璃的色度分类则相对较难实施。玻璃除杂，一般可采用湿法洗涤或干式风选方法。

废玻璃再生加工途径，有做玻璃原料及加工其他玻璃衍生产品两类。从资源投入产出比考虑，废玻璃再生应优选做玻璃原料的途径。废玻璃做玻璃原料的实质，是以废玻璃重熔作为玻璃熟料替代生料，熟料再加工的能耗、物耗均远小于生料；但是，做玻璃原料对废玻璃的纯度和掺加比例均有限制，几种常用类型玻璃生产对碎玻璃原料的含杂量要求见表 9-3。废玻璃作为玻璃熟料的掺入比与玻璃类型和碎玻璃原料的纯净度有关，一般为20%～50%，最高可达80%（均为质量比）。

玻璃生产对碎玻璃原料含杂量的要求（质量比）　　　　　表 9-3

杂物类型	玻璃类型		
	绿色玻璃	棕色玻璃	无色玻璃
金属	0.01%（单个颗粒质量小于 10 g）		
非金属无机物	每吨原料含颗粒数小于 10，且单个颗粒粒径小于 1 mm		
有机物	0.01%（单个颗粒体积小于 10cm³）		
绿色玻璃	—	5%	20%
棕色玻璃	20%	—	50%
非硅酸盐玻璃	不得含有		

其他的废玻璃再生利用途径主要是制造类玻璃材料，如制玻璃马赛克、微晶玻璃、人造大理石、玻璃棉、空心玻璃砖等。废玻璃做上述用途时，掺入比仍然受到限制，但纯净度要求一般低于做玻璃原料。低质废玻璃还可以制造非玻璃混合料，如玻璃沥青、墙面涂料等。

9.3.4　塑料类

塑料属有机聚合物材料，同样包含多种化合物类型（参见本章 9.1 节）。根据是否全面改变聚合物结构，废塑料回收利用有两类途径，一是物理再生，二是化学转化。

物理再生的代表性方法，是将废塑料重新熔化、造粒，再制成再生塑料粒子。根据原料的组成特征，废塑料物理再生又可分为纯组分再生和混合组分再生两大类。纯组分再生，是把单一品种的废塑料直接循环回收利用，或经过简单熔化造粒加工后利用。纯组分再生产物的聚合物成分最大限度地与原状产品保持了一致，因此，可回收获得性质良好的再生塑料。根据塑料的类别，其性能可与新（原状）料相似（如 PET）或相近（如 PE，物理性能衰退小于20%），回收的再生产品在很大程度上可以替代新料使用。

混合组分再生，是以混合废塑料为原料，通过破碎、配料、混合、再熔等加工环节，得到混合再生塑料粒子。混合再生的优势，是无需对回收的废塑料按聚合物类别进行分类，几乎所有的热塑性废塑料，甚至混合少量热固性废塑料都可以再生回收利用。但是，混合再生塑料的聚合物构成已发生了变化，从单一聚合物变成了多种聚合物的不均匀复合体，材料结构的整体稳定性差，易变脆断裂；而且，为保证多种聚合物的粘连复合，加工过程中需加入大量塑化剂，这些塑化剂大多属持久性有机物污染物（POPs，如邻苯二甲酸酯类和双酚 A 等），在其所制成产品的使用过程中，塑化剂易释放形成环境污染甚至危害人体健康。同时，因工程性质衰竭，此类再生塑料一般只适合制作"粗重"制品，如建材、填料、包装填充物等。而且，由于在一次循环中已降低了塑料的性能，此种回收得到的再生塑料不适合多次循环再生利用。

对大部分塑料制品而言，按聚合物类型进行分类回收仍存在技术障碍（如不同类别塑料制成的膜类产品很难通过机械或人工识别），我国现阶段的废塑料回收技术仍然以混合物理再生回收为主，回收利用工序主要为收集、分类分离、清洗、干燥、破碎或造粒再生。

废塑料物理再生加工方法如图 9-10 所示。其中，最常用的是熔炼再生（参见前述），其次是溶解再生类的方法。溶解再生法适合于纯组分的线形聚合塑料（PE、PVC、PP 等）的再生，通过溶剂溶解废塑料，在溶液环境中通过浮选、过滤等方法分离杂质后，再溶剂分离回收。这种再生方法回收的聚合物纯度高，但聚合状态有所衰减，适合加入到同类原状塑料中利用。粉（破）碎再生法适合于聚酯类塑料（PET），得到的聚酯切片可与新料混合使用。

针对当前废塑料难以完全按类别分离后回收，而混合废塑料再生的产物质量及衍生污染问题制约其利用的状况，目前主要的努力方向是：1）发展废塑料复合材料加工技术；2）发展废塑料化学分解转化技术。

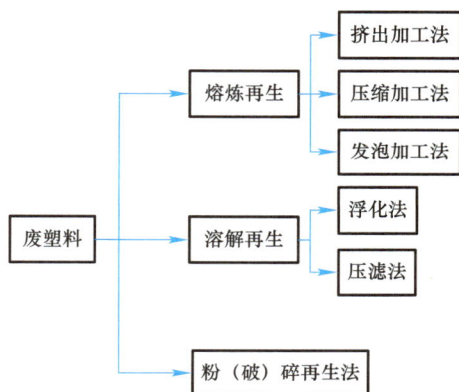

图 9-10　废塑料物理再生加工方法

废塑料复合材料一般由塑料、增强剂、固结剂、填料等采用建材生产中常用的混炼、成型技术制造，已有的品种包括塑木复合材料、塑料与硅酸盐复合材料等。

废塑料化学分解主要采用热分解机理，按照主要的产物类型有 PVC 塑料低温脱氯制衍生燃料、塑料制油、塑料制合成气、塑料制炭焦等技术方法。此类方法在转化过程中会衍生大量的 POPs 污染物，二次污染控制技术复杂，成本极高，加之产品性质与现有市售产品有一定的差距，因此，目前的实用性仍待完善。

由上述内容可见，目前成熟的废塑料回收再利用技术仍然是经过改性再生加工成产品或与新料混合使用。废塑料再生的关键是对废塑料进行鉴别和分离，按单一塑料类型进行再生加工，这需要管理和技术两方面的条件支撑。

思考题与习题

1. 城市垃圾中的可回收物有哪些主要类别？

2. 城市垃圾中不同类别可回收物的可回收性有无差异？如有差异，主要是由什么因素造成的？

3. 试讨论强化城市垃圾中可回收物回收的可能措施有哪些？

4. 观察你的学校里教室和宿舍的垃圾箱，描述其中的可回收物有哪些种类，评述它们通过机械分选回收的可能性。

5. 有人建议在所有的垃圾转运站装设磁选机，以回收垃圾中的铁金属，请评估此建议的可行性？

6. 废金属、塑料、纸类、玻璃再生回收的共性工序是什么？为什么？

7. 请设想通过源头管理控制废塑料类别混杂的方法。

8. 试设计塑料—金属复合膜的回收工艺？

第 10 章　生活源危险废物管理

10.1　生活源危险废物来源及分类

生活源危险废物是指在家庭日常生活或为日常生活提供服务的活动中产生的对人类健康和环境有潜在危害的危险废物，如废药品及其包装物，废杀虫剂、除草剂、消毒剂及其包装物，废油漆、溶剂及其包装物，废矿物油及其包装物，废胶片及废像纸，废荧光灯管，废含汞温度计、废含汞血压计，废铅蓄电池、废镍镉电池和氧化汞电池，废空调、冰箱、显像管等电子电器类危险废物等。危险废物中的有害物质可通过蒸发、溶解等方式进入大气、土壤和水体，其环境污染和危害性很大。因此，成为全球关注的环境问题。然而有别于工业源危险废物建有专业的运输、贮存、利用或者处置管理系统，生活源产生的危险废物常被混合弃置于生活垃圾中，与生活垃圾一起处理处置，因而增加了生活垃圾的污染风险。

生活源危险废物种类复杂，不同国家和地区目前尚没有统一的分类标准。其产生随时间、空间波动很大，且因与生活垃圾混合弃置而难以统计。因此，生活源危险废物产生量的准确估计比较困难。不同的调研结果，由于危险废物鉴别和分类方法不一样，调研的地域和时限不同，往往差异很大。例如，英国生活源危险废物的产生量，不同的研究者分别得到了（1.5～2）万 t/a、6.5 万 t/a 和 25 万 t/a 的结果。总体来说，如果家用电子电器废物和含氟氯烃废物不计在内，生活源危险废物的产生量约占生活垃圾量的 0～1％。

根据不同的来源、组成特征和污染特性，生活源危险废物可以有不同的分类方法。例如，根据其危险特征，生活源危险废物可分为腐蚀性、反应性、易燃性和生物毒害性危险废物等，如图 10-1 所示。在《欧洲废物名录》（the European List of Waste，European Commission Decision 2000/532/EC，2025 年修订）中，生活源危险废物按组成特征分为：光化学制品废物、废杀虫剂、荧光灯管和其他含汞废物、含氟氯烃的废弃设备、非食用性废油脂、含有害组分的废油漆/油墨/树脂/粘合剂、含有害组分的洗涤剂、细胞毒性或细胞抑制性废药品、含铅/镍/镉/汞/锂/锌/钠等废电池、电子电器废物、含有害组分的废木材、含酸废物、含碱废物和废溶剂等 14 类。采用什么样的分类准则，取决于分类的目的。生活源危险废物分类的目的基本包括两个方面：1）引导废物处理与利用技术的选择；2）为管理方法提供依据。

在生活源危险废物中，最常见及产生量较大的类别是含有害组分的家用化学品（如杀虫剂、洗涤剂、油漆等）、荧光灯管、废电池。

10.1.1　含有害组分家用化学品

家用化学品是用于家庭日常生活和居住环境（包括办公室和公共场所）的化工产品，

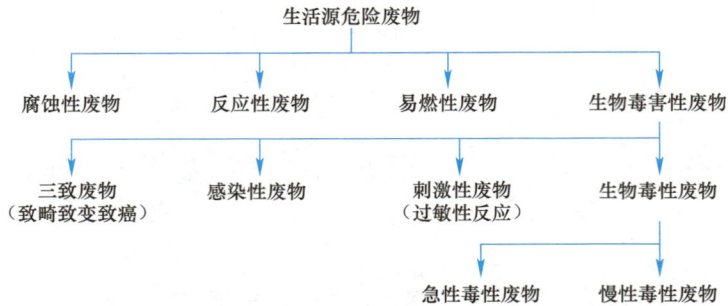

图 10-1　生活源危险废物按危险性分类

如洗涤剂、化妆品、化学消毒剂、胶粘剂、涂料、杀虫剂等。家用化学品使用广泛分散，成分复杂，多数含溶剂、重金属、雌激素类污染物、表面活性剂、含氯、含磷或含硫有机化合物等有害组分，这些有害组分可经口摄取、经呼吸吸入和经皮肤接触等途径危害人类健康，或随废弃包装进入环境，污染土壤、水体或空气。

由于量小面广，以及缺乏相应的统计体系，含有害组分家用化学品废弃物的产生量统计十分困难。目前，尚无确切的产生量数据。有研究者调查沈阳市大辛垃圾填埋场的垃圾组分后发现，家用化学品类废物占生活源危险废物的 46% 左右。

虽然人们对很多家用化学品中有害组分的污染风险已有较多的认识，但其环境危害和处理处置并未引起足够的重视。有报道称，我国农民使用农药喷雾器后清洗的废水，44.7% 直接倒入水沟里，41% 直接倒入田地里，14.4% 直接倒在水源（水井）边；而65.2% 的人将农药包装瓶和纸袋随意扔在田地和河里，其余人则按普通生活垃圾处置。含有害组分的家用化学品大部分进入了生活垃圾填埋场或直接进入了环境，会给人类健康和生态环境带来巨大的风险。

10.1.2　电池类

电池是日常生活中常用的消费品。随着各类电子电器产品和电动车等的使用，我国电池的消耗量迅速增长。据中国化学与物理电源行业协会统计，2021 年我国镍镉电池产量0.79 亿只（出口 0.47 亿只），镍氢电池产量 7.42 亿只（出口 4.45 亿只），锂离子电池产量 232.64 亿只（出口 34.28 亿只），锂一次性电池 24.09 亿只（出口 19.27 亿只），铅酸蓄电池产量 23405 万 $kV \cdot A \cdot h$（出口 1.98 亿只），锌锰电池产量 198 亿只（出口 145 亿只），碱锰电池产量 259 亿只（出口 145 亿只）。其他新型电池包括太阳能电池产量 23405万 kW（出口 32 亿只），磷酸铁锂电池产量 125GW·h（装车量 79.8GW·h），三元电池产量 93.9GW·h（装车量 74.3GW·h）。我国电池年消费量估计已达 400 亿只。

电池中含有镍、镉、铅、锰、锌等重金属和硫酸等大量的有害成分，若未经妥善处理处置，进入环境后会对生态环境和人类健康造成危害。同时，废电池中所含的这些有害成分，如果能加以回收利用，不仅能节约大量的资源，同时可避免原生资源开采和制造加工过程中产生的污染危害。废电池的分类收集已开展多年，目前其主要的管理措施为分类收集后，采用火法冶金、湿法冶金或电解等工艺及其组合工艺进行处理，回收利用其中的有价组分，降低其环境污染。不同种类的电池，其组成成分相差较大，适合的处理和利用方法也不一样。应将分类收集得到的废电池，根据其不同的组成特征，采用合适的综合利用技术，提取其中的有用物质，并降低其污染危害。

10.1.3　荧光灯类

荧光灯是目前广泛使用的节能型照明光源，分为直管型、环型、紧凑型和无极荧光灯。近年来，中国荧光灯产量呈下降趋势。据统计，2011 年我国荧光灯产量约为 70 亿只，其中紧凑型荧光灯管产量约 47 亿只（出口 28 亿只），占全球产量的 80% 以上，其他类型荧光灯管产量 23 亿只（出口 7.7 亿只），国内年消费量达 30 亿只以上。2023 年，我国荧光灯产量已下降至 5 亿只以下。

荧光灯的发光原理决定了灯管中必须含有少量汞蒸气，汞是有毒有害的重金属元素。按照我国 2008 年发布的行业标准《照明电器产品中有毒有害物质的限量要求》QB/T 2940—2008，紧凑型荧光灯含汞量不得超过 5 mg，直管型荧光灯含汞量不得超过 10 mg。家庭废弃的荧光灯难以有效回收，常常混入生活垃圾中弃置。当灯管在贮存、运输等过程中破碎时，汞蒸气易外泄而污染混合的垃圾，以及周围大气环境。降低荧光灯含汞量，是保护环境、维护人体健康的需要，也是促进产业转型升级、实现可持续发展的必然要求。为此，我国工业和信息化部、科学技术部和环境保护部于 2013 年制定并发布了"中国逐步降低荧光灯含汞量路线图"，明确要求：2014 年底全面淘汰液汞生产工艺（生产过程中以液态汞或液态汞包裹物形式为原料生产荧光灯）；对国内生产的功率不超过 60W 的普通照明用荧光灯，分 2013 年底、2014 年底、2015 年底三个阶段逐步降低其含汞量。2015 年底的目标值为：紧凑型荧光灯的含汞量降低至小于 1.0mg（功率大于 30W）和 0.8mg（功率不超过 30W），长效荧光灯含汞量小于 2.5mg，其他荧光灯则小于 1.0mg（管径不超过 17mm）或 1.5mg（管径大于 17mm）。

10.2　危险废物鉴别方法

危险废物鉴别方法主要有两种，第一种是按照固体废物所具有的危险特性分类，适用于各种来源的危险废物；第二种是按危险废物的产生过程（途径）和类别（形成法规文件"名录"）直接认定为危险废物，主要适用于工业源的危险废物。名录法，实际上是固体废物危险特性鉴别和危险废物管理经验长期积累的成果，随着危险废物管理需要，可进行增补和调整。

我国 2019 年修订颁布的《危险废物鉴别标准通则》GB 5085.7 规定：危险废物鉴别应依次采用固体废物鉴别、名录鉴别、危险特性鉴别和专家认定的方式确定。具体程序如下：

（1）依据《中华人民共和国固体废物污染环境防治法》《固体废物鉴别标准通则》判断待鉴别物质是否属于固体废物。不属于固体废物的，则不属于危险废物。

（2）属于固体废物的，依据《国家危险废物名录》判断是否是危险废物。凡列入《国家危险废物名录》的，即属于危险废物，不需再进行危险特性鉴别。

（3）属于固体废物而未列入《国家危险废物名录》的，则根据腐蚀性鉴别、急性毒性初筛、浸出毒性鉴别、易燃性鉴别、反应性鉴别、毒性物质含量鉴别 6 个标准（GB 5085.1～

GB 5085.6）进行鉴别。凡具有一种或一种以上危险特性的，即属于危险废物。

（4）未列入《国家危险废物名录》或根据危险废物鉴别标准无法鉴别，但可能对人体健康或生态环境造成有害影响的固体废物，由国务院生态环境主管部门组织专家认定。专家认定同样要以危险特性的分析和认识为基础。

10.2.1　名录法

危险废物名录鉴别是根据不同产生源（产生行业、产生工艺过程）固体废物危险特性长期鉴别的结果，将多发、常见且明确具有危险特性的废物类别、行业来源、危险特性列成一览表，用以表明某种产生源的废物是否属于危险废物、具有何种危险特性，再由国家管理部门以立法形式予以公布的鉴别方法。

我国的《国家危险废物名录》于 1998 年首次颁布（环发〔1998〕89 号），2008 年修订后（中华人民共和国环境保护部 中华人民共和国国家发展和改革委员会 1 号令）再次颁布，之后在 2016 年、2021 年和 2025 年修订颁布。

《国家危险废物名录》（2025 年版）将危险废物用五栏表列示：废物类别、行业来源、废物代码、危险废物和危险特性。其中，"废物类别"是按照《控制危险废物越境转移及其处置巴塞尔公约》划定的类别基础上，结合我国实际情况对危险废物进行的归类；"行业来源"是某种危险废物的产生来源；"危险特性"包括腐蚀性（简称为 C）、毒性（简称为 T）、易燃性（简称为 I）、反应性（简称为 R）和感染性（简称为 In）；"废物代码"是危险废物的唯一代码，共 8 位数字。其中，第 1～3 位为危险废物产生行业代码，引用了《国民经济行业分类》GB/T 4754—2017 中的三位种类代码；第 4～6 位为危险废物顺序代码；第 7～8 位为危险废物类别代码。

《国家危险废物名录》（2025 年版）共列举了 46 类 467 种危险废物（见表 10-1）。除了工业生产过程产生的危险废物外，还列入了产品销售和使用等过程中产生的危险废物，如：废荧光灯管、铅酸蓄电池、废镍镉电池、废油漆、废溶剂、废酸、废碱等。此类危险废物无特定行业来源，其行业代码以 900 表示。

国家危险废物名录　　　　　　　　　　　　　　　　表 10-1

废物类别	行业来源	危险特性
HW01 医疗废物	卫生	感染性、腐蚀性、毒性、易燃性、反应性
HW02 医药废物	化学药品原料药制造；化学药品制剂制造；兽用药品制造；生物药品制品制造	毒性
HW03 废药物、药品	非特定行业	毒性
HW04 农药废物	农药制造；非特定行业	毒性
HW05 木材防腐剂废物	木材加工；专用化学产品制造；非特定行业	毒性
HW06 废有机溶剂与含有机溶剂废物	非特定行业	毒性、易燃性、反应性
HW07 热处理含氰废物	金属表面处理及热处理加工	毒性、反应性
HW08 废矿物油与含矿物油废物	石油和天然气开采；精炼石油产品制造；电子元件及专用材料制造；橡胶制品业；非特定行业	毒性、易燃性

续表

废物类别	行业来源	危险特性
HW09 油/水、烃/水混合物或乳化液	非特定行业	毒性
HW10 多氯（溴）联苯类废物	非特定行业	毒性
HW11 精（蒸）馏残渣	精炼石油产品制造；煤炭加工、燃气生产和供应业；基础化学原料制造；石墨及其他非金属矿物制品制造；环境治理业；非特定行业	毒性、反应性
HW12 染料、涂料废物	涂料、油墨、颜料及类似产品制造；非特定行业	毒性、易燃性、腐蚀性
HW13 有机树脂类废物	合成材料制造；非特定行业	毒性
HW14 新化学物质废物	非特定行业	毒性、腐蚀性、易燃性、反应性
HW15 爆炸性废物	炸药、火工及焰火产品制造	反应性、毒性
HW16 感光材料废物	专用化学产品制造；印刷；电子元件及电子专用材料制造；影视节目制作；摄影扩印服务；非特定行业	毒性
HW17 表面处理废物	金属表面处理及热处理加工	毒性、腐蚀性
HW18 焚烧处置残渣	环境治理业	毒性
HW19 含金属羰基化合物废物	非特定行业	毒性
HW20 含铍废物	基础化学原料制造	毒性
HW21 含铬废物	毛皮鞣制及制品加工；基础化学原料制造；铁合金冶炼；电子元件及电子专用材料制造	毒性
HW22 含铜废物	玻璃制造；电子元件及电子专用材料制造	毒性
HW23 含锌废物	金属表面处理及热处理加工；电池制造；炼钢；非特定行业	毒性
HW24 含砷废物	基础化学原料制造	毒性
HW25 含硒废物	基础化学原料制造	毒性
HW26 含镉废物	电池制造	毒性
HW27 含锑废物	基础化学原料制造	毒性
HW28 含碲废物	基础化学原料制造	毒性
HW29 含汞废物	天然气开采；常用有色金属矿采选；贵金属冶炼；印刷；基础化学原料制造；合成材料制造；常用有色金属冶炼；电池制造；照明器具制造；通用仪器仪表制造；非特定行业	毒性、腐蚀性
HW30 含铊废物	基础化学原料制造	毒性
HW31 含铅废物	玻璃制造；电子元件及电子专用材料制造；电池制造；工艺美术及礼仪用品制造；非特定行业	毒性
HW32 无机氟化物废物	非特定行业	毒性
HW33 无机氰化物废物	贵金属矿采选；金属表面处理及热处理加工；非特定行业	反应性、毒性
HW34 废酸	精炼石油产品制造；涂料、油墨、颜料及类似产品制造；基础化学原料制造；钢压延加工；金属表面处理及热处理加工；电子元件及电子专用材料制造；非特定行业	腐蚀性、毒性

废物类别	行业来源	危险特性
HW35 废碱	精炼石油产品制造；基础化学原料制造；毛皮鞣制及制品加工；纸浆制造；非特定行业	腐蚀性、毒性
HW36 石棉废物	石棉及其他非金属矿采选；基础化学原料制造；石膏、水泥及类似制品制造；耐火材料制品制造；汽车零部件及配件制造；船舶及相关装置制造；非特定行业	毒性
HW37 有机磷化合物废物	基础化学原料制造；非特定行业	毒性
HW38 有机氰化物废物	基础化学原料制造	反应性、毒性
HW39 含酚废物	基础化学原料制造	毒性
HW40 含醚废物	基础化学原料制造	毒性
HW45 含有机卤化物废物	基础化学原料制造	毒性
HW46 含镍废物	基础化学原料制造；电池制造；非特定行业	毒性、易燃性
HW47 含钡废物	基础化学原料制造；金属表面处理及热处理加工	毒性
HW48 有色金属采选和冶炼废物	常用有色金属采选；常用有色金属冶炼；稀有稀土金属冶炼	毒性
HW49 其他废物	石墨及其他非金属矿物制品制造环境治理；非特定行业	毒性、反应性、感染性
HW50 废催化剂	精炼石油产品制造；基础化学原料制造；农药制造；化学药品原料药制造；兽用药品制造；生物药品制品制造；环境治理业；非特定行业	毒性

《国家危险废物名录》（2025 年版）中还规定，家庭日常生活或为日常生活提供服务的活动中产生的废药品、废杀虫剂和消毒剂及其包装物、废油漆和溶剂及其包装物、废矿物油及其包装物、废胶片及废像纸、废荧光灯管、废含汞温度计、废含汞血压计、废铅蓄电池、废镍镉电池和氧化汞电池以及电子类危险废物等，未集中收集的可以不按照危险废物进行管理。但是，如果将其从生活垃圾中分类收集后，这些废物的利用或者处置，应按照危险废物进行管理。

10.2.2 鉴别法

鉴别法是根据固体废物的危险特性实验分析结果进行鉴别的方法。危险废物的危险特性鉴别可分为四个大类，即：腐蚀性、反应性、易燃性和生物毒害性；其中，生物毒害性又分为以动物致死剂量表征的急性毒性，及含有毒性、致癌性、致突变性和生殖毒性物质总含量与浸出浓度表征的化学物质毒性。

我国的《危险废物鉴别标准》由腐蚀性鉴别 GB 5085.1—2007、急性毒性初筛 GB 5085.2—2007、浸出毒性鉴别 GB 5085.3—2007、易燃性鉴别 GB 5085.4—2007、反应性鉴别 GB 5085.5—2007、毒性物质含量鉴别 GB 5085.6—2007 以及通则 GB 5085.7—2019 组成。

1. 腐蚀性

固体废物浸出液（固体废物干固体含量大于等于 0.5％时，以 10L/kg 液固比在振荡器上振荡 8h，静置 16h，过滤分离液相测定）或水溶液（固体废物干固体含量小于 0.5％时，直接测定）的 pH≥12.5 或 pH≤2.0 时；或者在 55℃下，对《优质碳素结构钢》GB/T

699 中规定的 20 号钢材的腐蚀速率大于等于 6.35mm/a 时，即属于腐蚀性危险废物。

2. 急性毒性

固体废物急性毒性采用生物检测的方法进行筛选，根据固体废物毒性的毒害机理，通过试验动物经口摄取、经皮肤接触和经呼吸吸入三种接触方式实施。

固体废物经口摄取的 $LD_{50} \leqslant 200mg/kg$（固体）或 $LD_{50} \leqslant 500mg/kg$（液体）；经皮肤接触的 $LD_{50} \leqslant 1000mg/kg$；经蒸汽、烟雾或粉尘吸入的 $LC_{50} \leqslant 10mg/L$ 时，即属于急性毒性危险废物。其中，LD_{50} 为半数致死量，是指供试动物（如青年白鼠或白兔）经口摄取或经皮肤持续接触后，在一定时间内死亡率达到 50% 时，供试动物单位体重摄入或接触的固体废物剂量；LC_{50} 为半数致死浓度，是指引起供试动物在一定时间内死亡 50% 时蒸汽、烟雾或粉尘的浓度。

3. 浸出毒性

按《固体废物　浸出毒性浸出方法　硫酸硝酸法》HJ/T 299—2007 指定浸出程序制备的固体废物浸出液中，任何一种危害成分含量超过标准限值，即判定该固体废物为具有浸出毒性的危险废物。

《危险废物鉴别标准　浸出毒性鉴别》GB 5085.3—2007 中，涉及浸出毒性的危害成分共 50 种，包括无机元素及化合物 16 种、有机农药类 10 种、非挥发性有机化合物 12 种，以及挥发性有机物 12 种。

4. 易燃性

符合下列任何条件之一的固体废物，属于易燃性危险废物。

（1）液态易燃性危险废物：闪点温度低于 60℃（闭杯试验）的液体、液体混合物或含有固体物质的液体。

（2）固态易燃性危险废物：在标准温度和压力下（25℃，101.3kPa），因摩擦或自发性燃烧而起火，经点燃后，能剧烈而持续地燃烧并产生危害的固态废物。

（3）气态易燃性危险废物：在 20℃、101.3kPa 状态下，在与空气的混合物中体积百分比小于等于 13% 时可点燃的气体，或者在该状态下，不论易燃下限如何，与空气混合，易燃范围的易燃上限与易燃下限之差大于等于 12% 的气体。

5. 反应性

符合下列任何条件之一的固体废物，属于反应性危险废物。

（1）具有爆炸性质

1）常温常压下不稳定，在无引爆条件下，易发生剧烈变化；

2）标准温度和压力下（25℃，101.3kPa），易发生爆轰或爆炸性分解反应；

3）受强起爆剂作用或在封闭条件下加热，能发生爆轰或爆炸反应。

（2）与水或酸接触产生易燃气体或有毒气体

1）与水混合发生剧烈化学反应，并放出大量易燃气体和热量；

2）与水混合能产生足以危害人体健康或环境的有毒气体、蒸汽或烟雾；

3）在酸性条件下，每千克含氰化物废物分解产生不少于 250mg 氰化氢气体，或每千克含硫化物废物分解产生不少于 500mg 硫化氢气体。

（3）废弃氧化剂或有机过氧化物

1）极易引起燃烧或爆炸的废弃氧化剂；

2）对热、振动或摩擦极为敏感的含过氧基的废弃有机过氧化物。

6. 毒性物质含量

按毒性化学物质总含量进行危险废物鉴别。《危险废物鉴别标准 毒性物质含量鉴别》GB 5085.6—2007 中，包含了 6 类共 274 种毒性物质。其中，剧毒物质 39 种、有毒物质 143 种、致癌性物质 63 种、致突变性物质 7 种、生殖毒性物质 11 种，及持久性有机污染物 11 种。各类物质的总含量（质量百分比）表示为：剧毒物质总含量 P_{T^+}，有毒物质总含量 P_T，致癌性物质总含量 P_{Carc}，致突变性物质总含量 P_{Mute}，致畸性物质总含量 P_{Tera}；与总含量对应的危险性限值分别为：$L_{T^+} = 0.1\%$，$L_T = 3\%$，$L_{Carc} = 0.1\%$，$L_{Mute} = 0.1\%$，$L_{Tera} = 0.5\%$。

如固体废物中任意一类毒性物质的总含量达到相对应的危险性限值（$P_{T^+} \geqslant 0.1\%$，$P_T \geqslant 3\%$，$P_{Carc} \geqslant 0.1\%$，$P_{Mute} \geqslant 0.1\%$，$P_{Tera} \geqslant 0.5\%$），则该废物为危险废物；如固体废物中这五类毒性物质的含量均未达到其相应的危险性限值，但按式（10-1）所得的累计含量限值比 $I \geqslant 1$ 时，也属于危险废物。

$$I = \sum \left(\frac{P_{T^+}}{L_{T^+}} + \frac{P_T}{L_T} + \frac{P_{Cara}}{L_{Cara}} + \frac{P_{Mute}}{L_{Mute}} + \frac{P_{Tera}}{L_{Tera}} \right) \tag{10-1}$$

固体废物中任何一种持久性有机污染物（除多氯联苯并对二噁英、多氯联苯并呋喃外）的含量大于等于 50mg/kg，或多氯联苯并对二噁英和多氯联苯并呋喃的含量大于等于 15μg TEQ/kg 时，均鉴别为危险废物。

固体废物填埋或堆存时，如与下渗的雨水或渗滤液接触，其中的部分可溶物质会溶解，并随液相进入地表或地下水体。若固体废物中含有较多的可溶重金属或有毒害性有机物等污染成分，就会对水体产生二次污染，危害水生动植物及人类的健康。作为对废物危害性评价的一种手段，浸出毒性测试程序是通过模拟特定的处理处置环境条件，使固体废物与特定的浸提剂接触，评价污染元素释放产生危害可能性的一种实验方法。通过浸出毒性实验结果，可以鉴别废物的危险性，从而决策其处理处置方式，以及评价其固化稳定化处理效果。

传统上，浸出毒性鉴别程序采用单一、平衡性的振荡浸出方法，即使用固定的液固比、浸取剂类型和 pH、浸取时间等，使固体废物与浸取剂混合。然而越来越多的研究表明，影响固体废物中污染物在环境中浸出和迁移行为的因素众多，鉴别类的浸出测试方法因受其操作性定义的局限性，不可能覆盖多种影响因素和水平，单一的浸出条件往往不能模拟和预计对象所处环境特征的变化，其评价结果的有效性因而受到质疑。有鉴于此，美国环保署和欧盟制定了解析污染物浸出行为的浸出毒性测试方法，包括 pH 相关浸出测试（美国 EPA Method 1313，欧洲标准委员会 CEN/TS 14997）方法、渗透柱浸出测试（美国 EPA Method 1314，欧盟 CEN/TS 14405）方法和块状与压实粒状物料的动态浸出测试（美国 EPA Method 1315，CEN/TS 15683）方法等，代替鉴别类浸出测试方法，从而能更好地模拟和反映固体废物在环境中可能的污染释放风险。

10.3　危险废物管理规范

危险废物管理规范体系，由法律、相应的行政法规、配套的部门规章、标准和其他规范性文件（条例、污染防治技术政策等）组成。宪法中关于环境保护的规定，在我国环境保护法律法规体系中处于最高地位，《中华人民共和国环境保护法》（主席令第九号，2014年4月第八次会议修订，2015年1月1日起施行）除宪法外占有核心地位，是环境保护单行法的制定依据。与危险废物管理相关的单行法是2020年9月起实施的《中华人民共和国固体废物污染环境防治法》修订版，其对危险废物的定义、污染防治和法律责任进行了规定。

行政法规的效力低于环境保护单行法，主要起到解释法律、规定环境执法的行政程序等作用。危险废物管理相关的行政法规具体包括：《医疗废物管理条例》（国务院令第380号，2011年修订）、《危险废物经营许可证管理办法》（国务院令第408号，2016年第二次修订）、《危险化学品安全管理条例》（国务院令第591号）、《废弃电器电子产品回收处理管理条例》（国务院令第551号，2019年修订）。这些法规对危险废物的收集、运输和处理处置全过程进行了规定。

危险废物管理部门规章是由环境保护行政主管部门以及其他有关行政机关配合危险废物管理行政法规的实施制定的行政规章。如《危险废物转移管理办法》（生态环境部、公安部、交通运输部令第23号）、《国家危险废物名录（2025年版）》（生态环境部、国家发展和改革委员会、公安部、交通运输部、国家卫生健康委员会令第36号）、《医疗废物管理行政处罚办法》（卫生部、国家环境保护总局令第21号，2010年修正）、《电子废物污染环境防治管理办法》（国家环境保护总局令第40号）、《危险废物出口核准管理办法》（国家环境保护总局令第47号，2019年修正）等。

基于法律法规和部门规章，我国还陆续颁布了相关的配套标准、污染防治技术政策、规范、指南等，从而为各项法律法规的实施提供执法依据和技术保障。危险废物管理相关的标准，主要包括危险废物鉴别标准（上节已介绍）、污染控制标准、监测方法标准、技术要求等类别。已颁布的污染控制标准有：《危险废物贮存污染控制标准》GB 18597—2023、《危险废物焚烧污染控制标准》GB 18484—2020、《水泥窑协同处置固体废物污染控制标准》GB 30485—2013、《危险废物填埋污染控制标准》GB 18598—2019，上述标准对危险废物处理处置的污染排放控制进行了规定；监测方法标准，则主要为危险废物中污染物（如重金属等）总量、浸出量等的测定提供方法指导；技术要求，则对危险废物收运和处理处置设备进行了详细的规定，如《医疗废物焚烧炉技术要求（试行）》GB 19218—2003、《医疗废物转运车技术要求（试行）》GB 19217—2003等。

已颁布的危险废物管理相关的规范、政策、指南，有《危险废物鉴别技术规范》HJ 298、《危险废物识别标志设置技术规范》HJ 1276、《废弃家用电器与电子产品污染防治技术政策》（环发〔2006〕115号）、《废电池污染防治技术政策》（环境保护部公告2016年第82号）、《危险废物污染防治技术政策》（环发〔2001〕199号）、《危险废物收集 贮存 运输技术规范》HJ 2025—2012、《医疗废物专用包装袋、容器和警示标志标准》HJ 421—2008、《危险废物经营单位编制应急预案指南》（国家环境保护总局公告2007年第48号）、《危险废物经营单位记录和报告经营情况指南》（环境保护部公告2009年第55号）、《危险废物经营单位审查和许可指南》（环境保护部公告2009年第65号 2016年修改部分条款）、《危险废物管理计划和管理台账制订技术导则》HJ 1259、《排污单位自行监测技术指南·工业固体废物和危险废物治理》HJ 1250、《排污许可证申请与核发技术规范　工业固体废物和危险废物治理》HJ 1033、《危险废物处置工程技术导则》HJ 2042 等。对危险废物收集、运输、处理处置工艺技术选择、污染控制和管理等提供了支撑。

10.3.1　产生源管理

我国《固体废物污染环境防治法》中明确规定，产生危险废物的单位，必须按照国家有关规定制定危险废物管理计划（包括减少危险废物产生量和危害性的措施，以及危险废物贮存、利用、处置措施），并通过国家危险废物信息管理系统向所在地生态环境主管部门申报危险废物的种类、产生量、流向、贮存、处置等有关资料。危险废物管理计划，应当报产生危险废物单位所在地生态环境主管部门备案。若申报事项或者危险废物管理计划内容有重大改变的，应当及时变更申报。

申报登记和管理计划制度是使有关管理部门全面、及时、动态地了解危险废物的基本情况，做好危险废物污染防治和管理工作的基础。为此，国家颁布了《危险废物管理计划和管理台账制定技术导则》HJ 1259—2022，规定了管理计划、管理台账的制定要求和危险废物申报要求。

10.3.2　转移过程管理

危险废物的越境转移应遵从《控制危险废物越境转移及其处置的巴塞尔公约》的要求。危险废物的国内转移，应遵从《危险废物转移管理办法》及其他有关规定的要求，必须按照国家有关规定填写危险废物转移联单，并向危险废物移出地省、自治区、直辖市人民政府生态环境主管部门提出申请。移出地省、自治区、直辖市人民政府生态环境主管部门应当商经接受地省、自治区、直辖市人民政府生态环境主管部门同意后，方可批准转移该危险废物。未经批准的，不得转移。

我国《危险废物转移管理办法》规定，生态环境主管部门依法对危险废物转移污染环境防治工作以及危险废物转移联单运行实施监督管理，查处危险废物污染环境违法行为；各级交通运输主管部门依法查处危险废物运输违反危险货物运输管理相关规定的违法行为；公安机关依法查处危险废物运输车辆的交通违法行为，打击涉危险废物污染环境犯罪行为。转移危险废物的，应当通过国家危险废物信息管理系统（以下简称信息系统）填写、运行危险废物电子转移联单，并依照国家有关规定公开危险废物转移相关污染环境防治信息。生态环境部负责建设、运行和维护信息系统。运输危险废物的，应当遵守国家有关危险货物运输管理的规定。未经公安机关批准，危险废物运输车辆不得进入危险货物运输车辆限制通行的区域。

危险废物移出人应履行以下义务：对承运人或者接受人的主体资格和技术能力进行核实，依法签订书面合同，并在合同中约定运输、贮存、利用、处置危险废物的污染防治要求及相关责任；制订危险废物管理计划，明确拟转移危险废物的种类、重量（数量）和流向等信息；建立危险废物管理台账，对转移的危险废物进行计量称重，如实记录、妥善保管转移危险废物的种类、重量（数量）和接受人等相关信息；填写、运行危险废物转移联单，在危险废物转移联单中如实填写移出人、承运人、接受人信息，转移危险废物的种类、重量（数量）、危险特性等信息，以及突发环境事件的防范措施等；及时核实接受人贮存、利用或者处置相关危险废物情况；法律法规规定的其他义务。移出人应当按照国家有关要求开展危险废物鉴别。禁止将危险废物以副产品等名义提供或者委托给无危险废物经营许可证的单位或者其他生产经营者从事收集、贮存、利用、处置活动。

危险废物承运人应当履行以下义务：核实危险废物转移联单，没有转移联单的，应当拒绝运输；填写、运行危险废物转移联单，在危险废物转移联单中如实填写承运人名称、运输工具及其营运证件号，以及运输起点和终点等运输相关信息，并与危险货物运单一并随运输工具携带；按照危险废物污染环境防治和危险货物运输相关规定运输危险废物，记录运输轨迹，防范危险废物丢失、包装破损、泄漏或者发生突发环境事件；将运输的危险废物运抵接受人地址，交付给危险废物转移联单上指定的接受人，并将运输情况及时告知移出人；法律法规规定的其他义务。

危险废物接受人应当履行以下义务：核实拟接受的危险废物的种类、重量（数量）、包装、识别标志等相关信息；填写、运行危险废物转移联单，在危险废物转移联单中如实填写是否接受的意见，以及利用、处置方式和接受量等信息；按照国家和地方有关规定和标准，对接受的危险废物进行贮存、利用或者处置；将危险废物接受情况、利用或者处置结果及时告知移出人；法律法规规定的其他义务。

危险废物转移联单实行全国统一编号，编号由 14 位阿拉伯数字组成。第一至第四位数字为年份代码；第五、第六位数字为移出地省级行政区划代码；第七、第八位数字为移出地设区的市级行政区划代码；其余六位数字以移出地设区的市级行政区域为单位进行流水编号。移出人每转移一车（船或者其他运输工具）次同类危险废物，应当填写、运行一份危险废物转移联单；每车（船或者其他运输工具）次转移多类危险废物的，可以填写、运行一份危险废物转移联单，也可以每一类危险废物填写、运行一份危险废物转移联单。使用同一车（船或者其他运输工具）一次为多个移出人转移危险废物的，每个移出人应当分别填写、运行危险废物转移联单。采用联运方式转移危险废物的，前一承运人和后一承运人应当明确运输交接的时间和地点。后一承运人应当核实危险废物转移联单确定的移出人信息、前一承运人信息及危险废物相关信息。接受人应当对运抵的危险废物进行核实验收，并在接受之日起五个工作日内通过信息系统确认接受。运抵的危险废物的名称、数量、特性、形态、包装方式与危险废物转移联单填写内容不符的，接受人应当及时告知移出人，视情况决定是否接受，同时向接受地生态环境主管部门报告。

10.3.3 处理处置管理

《危险废物污染防治技术政策》（环发〔2001〕199 号）中规定，已产生的危险废物应首先考虑回收利用，减少后续处理处置的负荷。不宜回收利用其有用组分、具有一定热值的危险废物采用焚烧处置，易爆废物不宜进行焚烧处置。不能回收利用其组分和能量的危险废物，采用安全填埋处置。污染防治技术政策中，对焚烧与填埋处置的技术和污染控制要求进行了相应的规定。

产生危险废物的单位必须按照国家有关规定处置危险废物，不得擅自倾倒、堆放；不处置的，由所在地的县级以上地方人民政府环境保护行政主管部门责令限期改正；逾期不处置或者处置不符合国家有关规定的，由所在地的县级以上地方人民政府环境保护行政主管部门指定单位按照国家有关规定代为处置，处置费用由产生危险废物的单位承担。

从事收集、贮存、处置危险废物经营活动的单位，必须向县级以上人民政府环境保护行政主管部门申请领取经营许可证；从事利用危险废物经营活动的单位，必须向国务院环境保护行政主管部门或者省、自治区、直辖市人民政府环境保护行政主管部门申请领取经营许可证。具体管理办法由国务院规定。

国务院环境保护行政主管部门会同国务院经济综合宏观调控部门组织编制危险废物集中处置设施、场所的建设规划，报国务院批准后实施。县级以上地方人民政府应当依据危险废物集中处置设施、场所的建设规划组织建设危险废物集中处置设施、场所。

为推进危险废物处置技术的应用和规范运行，我国颁布了《危险废物处置工程技术导则》HJ 2042、《危险废物集中焚烧处置工程建设技术规范》HJ/T 176、《危险废物安全填埋处置工程建设技术要求》（环发〔2004〕75 号）、《危险废物（含医疗废物）焚烧处置设施性能测试技术规范》HJ 561、《危险废物集中焚烧处置设施运行监督管理技术规范（试行）》HJ 515 等，对工程设计、施工、验收、运行管理等过程中应遵守的有关技术要求和管理规定进行了详细说明。并针对医疗废物、铬渣等我国较严峻的危险废物污染类型，专门颁布了《医疗废物集中处置技术规范（试行）》（环发〔2003〕206 号）、《医疗废物化学消毒集中处理工程技术规范》HJ 228、《医疗废物微波消毒集中处理工程技术规范》HJ 229、《医疗废物高温蒸汽消毒集中处理工程技术规范》HJ 276、《医疗废物集中焚烧处置设施运行监督管理技术规范（试行）》HJ 516、《铬渣干法解毒处理处置工程技术规范》HJ 2017、《废弃电器电子产品处理污染控制技术规范》HJ 527、《废铅蓄电池处理污染控制技术规范》HJ 519、《铬渣污染治理环境保护技术规范（暂行）》HJ/T 301 等。

在生活源危险废物管理方面，国务院转发的《关于进一步加强城市生活垃圾处理工作的意见》（国发〔2011〕9 号）中，提出了通过推进垃圾分类实施生活源危险废物管理的思路，即：城市人民政府要根据当地的生活垃圾特性、处理方式和管理水平，科学制订生活垃圾分类办法，明确工作目标、实施步骤和政策措施，动员社区及家庭积极参与，逐步推行垃圾分类。当前重点要稳步推进废弃含汞荧光灯、废温度计等有害垃圾单独收运和处理工作。

思考题与习题

1. 试分析生活源危险废物和工业源危险废物的异同，及其对危险废物管理的影响。
2. 试分析废弃荧光灯管混入生活垃圾处置的危害，并设计生活源荧光灯管的管理技术路线。
3. 危险废物转移联单制度的管理功能是什么？
4. 生活源危险废物管理应遵循什么原则？

第 11 章　建筑垃圾处理与利用技术

2020 年修订实施的《固体废物污染环境防治法》中定义建筑垃圾为：建设单位、施工单位新建、改建、扩建和拆除各类建筑物、构筑物、管网等，以及居民装饰装修房屋过程中所产生的弃土、弃料和其他固体废物。

建筑垃圾主要来源于建筑地下施工开挖出的岩土工程（一般称工程渣土）和旧建筑拆除产生的废物（称为拆除垃圾）。渣土主要由土、砂、石类物料组成；拆除垃圾中包含各种建筑材料。建筑装修产生的废料，称为装修垃圾。

拆除垃圾和装修垃圾中的金属及完整的砖瓦、木料、玻璃等通常在拆除过程中分类回收；实际进入处理与利用环节的建筑垃圾组分主要包括：混凝土块、碎砖石、废砂浆和渣土、泥浆，及少量的破损玻璃、木材、塑料等组分。

建筑垃圾产生量与区域的建设规模有关，一般普遍认可我国目前以质量计的建筑垃圾产生量远高于生活垃圾产生量，其合理利用对城市垃圾管理的整体成效有显著影响。

建筑垃圾处理与利用应遵循行业标准《建筑垃圾处理技术标准》GJJ/T 134。

11.1　建筑垃圾消纳与利用途径

11.1.1　填筑消纳

非建设用地转化为建设用地通常伴随着地面标高的变化，建筑的地下部分施工、公路和铁路的路基施工等也需要大量的填筑土方量，填筑对土方的要求相对较低。因此，此类途径较适合于大量建筑垃圾的消纳。

建筑垃圾中的混凝土类、砖瓦类和渣土等均适合于填筑消纳，这些组分一般占建筑垃圾总产生量的 90% 以上。相比于建筑垃圾的其他利用途径（见本章后续内容），填筑消纳对建筑垃圾性状的要求是最为简单的，关键的控制要求是填筑土层具有土工稳定性。实现控制的具体要求包括：1）填筑消纳的建筑垃圾应具备适当的颗粒级配，不应包含尺寸过大的物料，也不宜全部为颗粒细小的泥状物料；2）应控制填筑建筑垃圾中的有机物（木料、纸、塑料、橡胶等）含量，一般不宜大于 1%；3）应控制填筑建筑垃圾的含水率，保证填筑土层的透气性、透水性。

建筑垃圾填筑消纳的使用量大、工期集中，保证其使用材料质量的主要方法是采用源分流的方式，即在拆除和其他建筑垃圾产生现场就应该采用分类存放措施，将不宜填筑的少量建筑垃圾组分与其他垃圾分离堆放；同时，在建筑垃圾从产生地向应用地运输的过程中也应避免已分离组分的混合。

优化建筑垃圾填筑消纳的途径主要是采用物流规划方法，缩短建筑垃圾产生与应用之间的空间和时间间隔，前者是控制填筑消纳过程运输成本的关键，后者则是削减建筑垃圾中转堆存量的关键。

建筑垃圾通过填筑消纳的可行性受到区域土方"产"、"用"平衡的制约。在城市化扩张期，区域内的建筑总量处于"净增长"阶段，建筑垃圾填筑的需求量可能等于或大于其产生量，在合理组织的前提下，适宜填筑的建筑垃圾可通过此途径几乎实现全量消纳。而当城市化基本完成后，区域内的建筑总量将达到"静止"状态（即主要的建筑工程均为拆旧建新），此时，建筑垃圾填筑的需求量将远小于其产生量，填筑对建筑垃圾消纳的贡献也将十分有限。

11.1.2 土工集料

集料又称砂石料，用于配制混凝土时也称骨料。集料的主要功能是在以胶凝材料（水泥、沥青等）固结的构造体中起骨架作用，减小由于胶凝材料在凝结硬化过程中干缩湿胀所引起的体积变化；同时，也可作为胶凝材料的廉价替代材料。

集料有天然源（集料）和人造源（集料）之分。天然集料有碎石、卵石、浮石、天然砂等；人造集料有煤渣、矿渣（钢铁冶炼渣）、陶粒、膨胀珍珠岩等，建筑垃圾回收利用的集料也属于人造集料。建筑垃圾中适合作集料利用的组分主要是混凝土构造体中的集料组分（砂、砾石等），碎砖瓦也可适用于特定的集料类别；其中，由废弃混凝土获得的集料再用于混凝土构造体时，也称为再生混凝土。

建筑垃圾作为集料利用时应进行预处理，以满足特定的集料指标要求。集料的质量指标一般包括：颗粒级配、表观密度、堆积密度、含水率、吸水率、含泥量、泥块含量、针片状物含量及硫化物和硫酸盐含量等。建筑垃圾作集料利用的关键是去除集料附着的水泥砂浆。预处理方法，首先是源分类和分类存放，混凝土类建筑垃圾应与废砖瓦，特别是有机物、玻璃类的垃圾分离；然后，可采用破碎与筛分交替的方法，对适用于集料利用的建筑垃圾进行粒度加工和分级，再进行活化处理去除粘附的水泥砂浆；最后，应根据应用的需要对集料进行检验和混配，生产符合应用需要的集料。

不同用途土工集料的质量规范详见本章11.2节的介绍。

11.1.3 建材利用

建筑垃圾建材利用指的是以建筑垃圾的组分为主要原料加工制造各类成型建筑材料。建筑垃圾中可用于加工建材的组分可分为三类：一是混凝土和废砖瓦类组分，可用于加工以各种砖类为主的建筑材料；二是玻璃类组分，可通过废玻璃再生利用途径加工为玻璃类建材制品；三是木料和塑料等有机聚合物组分，可通过单独或复合再生的方法加工为塑木材料。

混凝土和废砖瓦类组分加工各种砖类的方法，基本均基于胶凝材料固化成型原理；少量应用烧结成型原理，主要用于烧制陶类建材（如瓷砖）。

玻璃类组分回收制造建材的方法，主要有烧结成型和磨洗后作建材填料两种，具体可参见第9章。

有机聚合物类中塑料类组分的单独再生主要用于制取再生塑料（参见第9章）。木料组分的单独再生有两种方式：对于质量尚好、形体较大的木材，一般可再用于建筑或木器生产；对较碎的木料则一般用于胶合板制造。木料和塑料复合再生实质上与塑料溶化再生相似，磨细后的木料作为填充料混入溶化塑料中，经充分均质后注模成型，可生产塑木复合材料。

若不计渣土类组分，混凝土和废砖瓦类组分占建筑垃圾 95％（质量比）以上。因此，建筑垃圾建材利用主要还是混凝土和废砖瓦类组分加工成各种砖类材料。

11.2　建筑垃圾集料加工技术

由对建筑垃圾利用途径的分析可见，建筑垃圾的回填利用与城市建设阶段有关，其应用存在可持续问题。而占建筑垃圾极大部分的组分适合于作集料利用；同时，集料加工也是其建材利用必备的预处理过程。

11.2.1　集料分类规范

建筑垃圾再生集料用于替代天然砂石料，可散装用于道路和建筑工程，也可用于加工成型建材。再生集料一般也应按粒径范围分为两大类：细集料和粗集料。根据集料的用途，粗细集料粒径的划分界限值也不相同。传统上，用于沥青路面的集料粗细粒径界限值为 2.36mm；用于水泥混凝土的集料粗细粒径界限值为 4.75mm。

建筑垃圾再生集料的质量指标，也按其用途和粒径分类确定。以道路工程的集料质量为例，各类不同用途集料的主要质量控制指标见表 11-1。

道路工程用集料的质量控制指标　　　　　　　　　　表 11-1

集料用途	集料分类	主要质量控制指标		
		强度类指标	应用特征指标	粒径类指标
沥青路面	粗集料	石料压碎值，磨耗损失，坚固性	针片状颗粒含量，吸水率，表观相对密度，磨光值，与沥青粘附性	粒径大于 9.5mm 颗粒含量，含泥量（小于 0.075mm 的含量），粒径级配
	细集料	坚固性（大于 0.3mm 的部分）	表观相对密度，亚甲蓝值，棱角性（流动时间）	含泥量（小于 0.075mm 的含量），砂当量，粒径级配
	填料（细粉）	—	表观相对密度，含水率，无团粒结块，亲水系数，塑性指数，加热安定性	粒度范围
混凝土路面	粗集料	石料强度，压碎值，坚固性	针片状颗粒含量，硫化物及硫酸盐含量，有机物含量，碱集料反应	含泥量（水洗法），石粉含量（小于0.075mm），粒径级配
	细集料	坚固性	硫化物及硫酸盐含量，有机物含量，轻物质含量，云母含量，氯化物，碱集料反应	含泥量，泥块含量，粒径级配
混凝土基底层	粗集料	压碎值（碎石、卵石），坚固性，抗压强度（水饱和）	硫化物及硫酸盐含量，有机物含量，吸水率，表观密度，堆积密度，空隙率，碱集料反应	含泥量，泥块含量，粒径级配
	细集料	砂粒单级最大压碎指标，坚固性	硫化物及硫酸盐含量，有机物含量，轻物质含量，云母含量，氯化物，表观密度，堆积密度，空隙率，亚甲蓝值，碱集料反应	含泥量，泥块含量，粒径级配

由表 11-1 可见，道路工程用集料主要按应用的构筑物功能和集料本身的材料功能分

类，而分类是以相应的集料质量指标来表征的。集料质量指标可分为强度、粒径和应用特征三类。

强度指标的要求与应用的构筑物功能和集料颗粒度有关。构筑物功能对强度指标的影响由其承载要求决定，构筑物承载要求越高，对集料强度的要求也越高。集料的粒径指标可以划分为界限性和颗粒级配二类指标，界限性指标用于排除对构筑物有害的颗粒（如泥粉状物、结块物）；颗粒级配为优化选择性指标，主要根据集料充填率和混合的要求选择。集料应用特征指标也有两类，一类是常规指标，以各种密度值为主；另一类属有害物质限制性指标，涉及对构筑物及其施工过程的物理和化学损害的组分与性质，前者如表观密度、空隙率等，后者包括酸碱度（亚甲蓝值），轻物质、有机物和氯化物等的含量。

各种土建工程用集料的具体质量要求和测试方法，可参见相应的行业标准（如《公路工程岩石试验规程》JTG 3431—2024、《公路工程集料试验规程》JTG 3432—2024）。

集料用于建筑工程时的类别，主要按粒径和所应用构造的承重要求划分。因建筑垃圾的杂物含量高，且很难从细颗粒组分中完全去除，通常在承重的建筑构造中仅应用粗颗粒再生集料；而非承重的建筑构造则既可以使用粗颗粒再生集料，也可使用细颗粒集料。另一方面，用于加工成型建筑材料的集料以细颗粒为主。

建筑垃圾再生集料与天然集料的主要区别在于含杂量高，其中不仅存在各种不同建筑材料之间的混杂，而且还有建筑使用过程中的各种沾污。建筑材料间的混杂可能造成再生集料的物理组成变化，使再生集料不符合前述的物理有害组分（如针片状物、轻物质等）要求；而使用过程的沾污主要是水泥砂浆附着降低集料活性，也可能混入化学物质，使再生集料不符合前述的化学有害组分要求。

为了解决建筑垃圾中组分混杂和化学物质沾污对其再生集料应用的限制，建筑垃圾必须通过加工处理达到集料应用要求，并按集料的质量条件分类利用。

11.2.2 建筑垃圾集料加工方法

1. 建筑垃圾集料加工的主要环节

建筑垃圾集料加工的环节与其加工目的相对应。建筑垃圾集料加工的目的，以其作为集料利用的缺陷为依据确定，主要有：1）组分分离（杂物去除）；2）颗粒分类与分级。

建筑垃圾的组分分离，主要通过建筑拆除和建筑垃圾贮存过程的管理，以及集料加工过程实现。其中，大类组分（混凝土、砖瓦、其他）的分离，主要通过建筑拆除和建筑垃圾贮存过程的管理实现；混凝土中的钢筋也通过建筑拆除过程分离，混凝土中的其余不同组分（砂、砾石，及残留砖瓦）的分离则可通过机械方式实现；而水泥、石灰的去除还要采用清洗、酸溶液处理的方法完成。

概括上述对建筑垃圾集料加工目的和方法的分析，建筑垃圾集料加工的主要环节，首先可分为建筑拆除和建筑垃圾贮存过程管理，及混凝土（含部分砖瓦）类建筑垃圾的机械和清洗处理两个阶段。

2. 建筑拆除和建筑垃圾贮存过程管理

建筑拆除和建筑垃圾贮存过程管理中，应实现的集料加工功能是大类组分（混凝土、砖瓦、其他）的分离。此阶段包含的主要环节有：分类分阶段拆毁，现场回收建筑钢筋，分类贮存与运输。各环节的主要方法概述如下：

（1）分类分阶段拆毁，建筑拆除过程应按次序进行：首先，拆除管线、电缆、厨卫装置和地板等室内附加材料；然后，拆除砖砌墙体、屋面防水层（油毡、瓦片等）；最后，拆毁混凝土本体。建筑拆除过程应按建筑结构和功能的类型进行调整，如：对于工业建筑应优先清理可能被化学物质沾污的构筑物；混凝土现浇建筑的墙体大多与本体一同拆毁；而钢结构建筑在拆除墙体后，结构本体宜采用切割等方法分解回收。

（2）现场回收建筑钢筋，建筑钢筋通常包裹于混凝土本体拆毁垃圾中，一般应在拆毁现场通过破碎的方式将其与混凝土分离后回收；如果不具备现场破碎拆解条件，未分离钢筋的混凝土块应单独运输至适宜的场地完成钢筋回收后，剩余混凝土才能够进行进一步的利用。

（3）分类贮存与运输，拆除后产生的建筑垃圾应按其材料类别在现场分类贮存；同时，各类材料除可在现场利用（如填筑）的外，均应在外运和后续贮存过程中保持分类状态。

3. 混凝土和砖瓦类建筑垃圾的机械处理

建筑垃圾中适合于集料利用的主要是混凝土和砖瓦类及渣土中的砂、岩石组分，除此外的其他组分应在拆除现场分类后分别外运处理或利用。如：废玻璃和塑料均可通过再生资源系统利用；木料可通过专业回收市场循环利用；基本完整的砖瓦也可通过建材市场销售。

混凝土、砖瓦类建筑垃圾和砂、岩石质土方可通过机械处理进一步加工成不同用途的集料。选择加工技术路线所遵循的原则，首先是优先回收高价值集料（混凝土用集料）；同时，尽可能提高建筑垃圾的整体利用率。

据此，应尽可能地实现混凝土和砖瓦类建筑垃圾和砂、岩石质土方的分流加工。混凝土类组分可加工为强度较高的粗集料和细集料；砖瓦类组分通常只能加工为低强度的集料。混凝土类建筑垃圾集料的加工流程如图 11-1 所示。

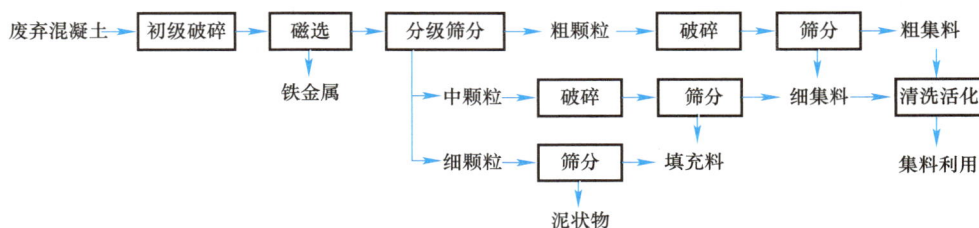

图 11-1　混凝土类建筑垃圾集料加工流程

混凝土类建筑垃圾集料加工主要由破碎和筛分环节构成。混凝土类建筑垃圾先进行初级破碎；然后，磁选分离对后续加工和利用有害的物料；再按粒径筛分为粗、中、细三类。因破碎时不同强度组分的碎裂水平不同，粗、中、细颗粒组分也对应于强度的高、中、低。高强度的粗颗粒组分可进一步破碎和筛分，符合粗集料粒径范围的可作为粗集料回收，作为再生混凝土利用；粗颗粒组分加工宜采用二级破碎—筛分工艺，这样更有利于充分分离其中低强度的混杂物。中颗粒组分同样通过破碎和筛分处理回收细集料。细颗粒组分和粗、中颗粒组分加工过程产生的筛下物，可合并后再进一步破碎，并筛选分流为填充料和泥粉料。集料利用前应清洗或活化处理，尽可能消除附着水泥砂浆的不利影响。

混凝土类建筑垃圾集料加工流程中所采用的设备，主要有破碎机械、筛分机械、输送机械和磁选设备。关于破碎机械的选用，初级破碎宜采用颚式破碎机，其他破碎环节一般采用冲击破碎机；筛分机械一般采用振动筛，也可采用回转速度较高（大于 30r/min）的滚筒筛；输送机械大多宜采用带式输送机；磁选设备一般采用悬吊形式。混凝土类建筑垃圾集料加工机械选用可参见第 4 章。

砖瓦类建筑垃圾的集料加工流程与混凝土类建筑垃圾相似。但砖瓦类组分强度较低，不能加工为高强度粗集料，流程可相对简化，主要应用的是细集料、填充料和泥粉料加工部分。砖瓦类建筑垃圾采用的加工方法和设备与混凝土类也基本一致。因此，砖瓦类和混凝土类建筑垃圾可共用同样的设备，在同一设施中合并处理。

由此加工过程分流得到的粗集料、细集料、填充料和泥粉料，可分别适合不同承重混凝土、胶凝固结、烧结固结成型建材的利用途径。

渣土中的砂、岩石质土方则与一次建材原料性质相似，集料加工技术也与普通的砂、石料加工一致。

11.3 建筑垃圾建材利用

建筑垃圾通过集料加工后分流得到的粗集料、细集料、填充料和泥粉料，这些物料因加工过程，更因为自身的来源特征差异，使其性质各不相同，而适合于不同的建材利用（制造）途径。本节介绍建筑垃圾集料常见的利用方法。

11.3.1 再生混凝土利用规范与工艺

建筑垃圾再生混凝土利用指的是以建筑垃圾集料（此利用途径中也称骨料）替代天然集料（砂石）用于混凝土构筑物的砌筑。

建筑垃圾通过集料加工后分流得到的粗、细集料，均可能应用于混凝土构筑物。但是，建筑垃圾细集料含杂率高，也很难通过机械加工过程分离去除。因此，仅适合用于承重要求较低的混凝土构筑物，如室内地坪、道路混凝土基层等。而粗集料有可能加工为适合于承重要求较高的混凝土构筑物，如钢筋混凝土体等。

再生混凝土利用规范由混凝土再生集料的质量规范和其施工过程的技术规范构成。国家层面的再生混凝土利用相关规范有《混凝土用再生粗骨料》GB/T 25177、《混凝土和砂浆用再生细骨料》GB/T 25176、《混凝土质量控制标准》GB 50164、《再生骨料应用技术规程》JGJ/T 240 等，另外，上海、四川等省市也已出台了相关的地方规范，而一些发达国家则较为普遍地颁布了国家层面的再生混凝土利用规范。

混凝土再生集料的质量规范一般由两部分的指标组成，一是集料的通用性指标（可参见表 11-1）；另外，是附加的再生集料特征性指标。从已颁布的混凝土再生集料质量规范指标看，较为强调的是：表观密度、吸水率、微粒含量、磨耗损失率、杂物含量、碱集料反应和氯离子含量。尽管这些指标与集料的通用性指标类似，但其规定值有所不同；同时，集料质量规范都对集料进行分类，即通过质量指标限值对集料类别进行划分，并相应地规定集料的可行用途。

再生集料混凝土施工过程的技术规范，则主要规定再生集料混凝土施工的特征性要求，主要是配料和养护时间。再生集料进行高强度应用时，应合理配料并适当延长养护时间。如上海世博会工程应用再生集料混凝土的一种配方如下：水泥，223kg；水，192kg；粉煤灰，65kg；矿粉，65kg；黄砂，785kg；石子，671kg；再生混凝土粗骨料，287kg；

减水剂，1.76kg。其中，粉煤灰和矿粉（粉碎钢渣）用于强化水化反应；减水剂有助于早期强度的形成，以控制混凝土浇筑后的崩落率。

11.3.2　水泥成型建材的配伍与工艺

以建筑垃圾再生集料为原料制水泥成型建材，指的是以水泥为固化剂对再生集料进行固结成型制造各种建材。由于以水泥为固化反应的主体原料，因此水泥成型建材对集料的要求相对较低，可利用含一定比例碎砖瓦的细集料和填充料。建筑垃圾水泥成型建材的种类，主要是建筑砖和地砖（行道砖）。

建筑垃圾集料制水泥砖的基本流程如图 11-2 所示。

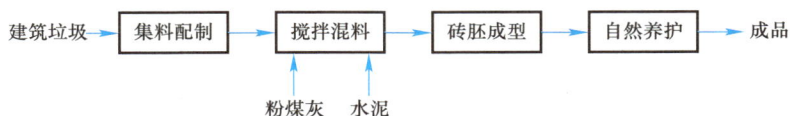

建筑垃圾 → 集料配制 → 搅拌混料 → 砖胚成型 → 自然养护 → 成品

粉煤灰　水泥

图 11-2　建筑垃圾集料制水泥砖流程

由图 11-2 可见，建筑垃圾集料制水泥砖的过程，包括集料配制、搅拌混料、砖坯成型和养护等基本环节。集料配制，以建筑垃圾集料加工的产物为原料，并按砖的功能进行粒径配伍（一种建筑垃圾水泥砖的集料粒径配伍方案见表 11-2），配制集料与水泥和粉煤灰混合搅拌形成水化反应的原料条件。其中，水泥的投加率为 15%～20%，作为主要的水化反应剂；粉煤灰的添加率约 10%（质量比），有助于改善砖体的强度，并增加水化反应剂；各种物料在搅拌机中混合均匀，再经压块、切割后成型；最后，经过自然养护成为成品砖。

一种建筑垃圾集料制砖的粒径配伍方案　　　　　　　　　　表 11-2

组分	石砾	粗颗粒	细颗粒	粉体
粒径范围	5～10mm	3～5mm	0.5～3mm	<0.5mm
质量比例	<3%	约 30%	约 30%	约 30%

建筑垃圾集料制水泥砖的普遍问题，是砖坯的初期抗折强度提高较慢。因此，需要在砖坯输送和养护期间采取适当的保护措施；也可以在材料中掺入适量的早强剂提高初期强度，但这会增加材料成本。

11.3.3　蒸养成型建材的配伍与工艺

以建筑垃圾再生集料为原料，通过蒸汽养护工艺生产成型建材，同样是以水化反应为固结机制。蒸养工艺与上述水泥固结成型自然（常温）养护工艺比较，主要的区别是在蒸汽养护的温度压力环境下，水化反应的平衡条件更为有利，达到相同的固结水平对水化反应剂的活性要求降低。

建筑垃圾再生集料通过蒸汽养护工艺生产成型建材的主要类型为建筑砖（墙体材料），再生集料制建筑砖的工艺流程与建筑垃圾集料制水泥砖（图 11-2）相似。主要的区别：一是混合要求更高，混合设备宜采用碾炼类混合机，使各组分原料混合均匀且结合紧密，减少水化反应的传递阻力；二是砖坯养护采用蒸汽加热加压方式（蒸汽养护），提高了水化反应的速率和平衡水平。

建筑垃圾再生集料蒸汽养护工艺生产建筑砖（蒸养砖）的原料，为粒径小于 10mm 的混凝土集料和废砖瓦粉碎集料，大于 5mm 的颗粒物料应控制在较低的比例（<3%），其余集料粒径应级配良好（各粒径范围集料质量比例基本相等）。建筑垃圾蒸养砖的配料，主要是石灰质（生石灰、硫酸钙等钙化合物）矿物和粉煤灰；石灰质矿物和粉煤灰的投加质量比约为 1.5:1。

配料和建筑垃圾再生集料的混合比例与蒸汽养护的温度（压力）有关，基本的规律是蒸汽养护的温度越高，水化反应剂等配料的比例可以越低。如：当蒸汽养护温度 120℃ 左右时，集料与配料的优化混合比约为 1:1；而当蒸汽养护温度提高至 200℃ 以上时，集料与配料的混合比可增至 4:1。可见，较低的蒸汽养护温度会限制建筑垃圾的使用比例，使资源综合利用效率受到制约；提高蒸汽养护温度，有利于提高建筑垃圾的使用比例和资源综合利用效率，但能耗和生产设备投资均会增加，一次资源消耗率提高。所以，建筑垃圾制蒸汽养护砖的养护温度，应根据原料条件和是否有适宜的工业余热等因素综合选取。

11.3.4　废木料制造成型建材的工艺

废木料在建筑垃圾中的比例总体不高，按质量比计约占建筑垃圾的 1%～5%。但是，建筑垃圾废木料利用具有多重意义。首先，是废木料本身具有较高的资源价值；同时，废木料利用可促进其与其他建筑垃圾组分的分离，有利于保证废混凝土等组分不受有机成分的沾污，为其进一步的利用（参见上述）提供适宜的条件。

建筑垃圾中的废木料，一部分可以直接当木材重新利用，如较粗的立柱、椽、托梁等木材。在废旧木材重新利用之前，应清除表面涂漆和钉子等物质。而小段碎木料等则需通过加工才可符合应用要求。

废木料加工再利用的主要方法，是制造各种以粉碎木料（木屑）为原料的板材。根据采用粘结剂的不同，废木料板材的制造工艺可分为两种类型：树脂粘结板材和无机固结板材。

废木料树脂粘结板材，包括纤维板、中密度纤维板和刨花板等类型；不同类型板材加工方法基本相同，主要的区别在于废木料破碎程度、粘结剂配比和成型（压制）温度与压力。

以废木料制作纤维板为例，其工艺流程如图 11-3 所示。主要原料配比（质量比）为：（1）废弃木料破碎并干燥制成的纤维原料 85%～90%；（2）酚醛树脂 2%～5%；（3）硫酸铝（调节 pH 在 4.5～5）1%～1.5%；（4）石蜡 1%～1.5%。主要加工过程如下：

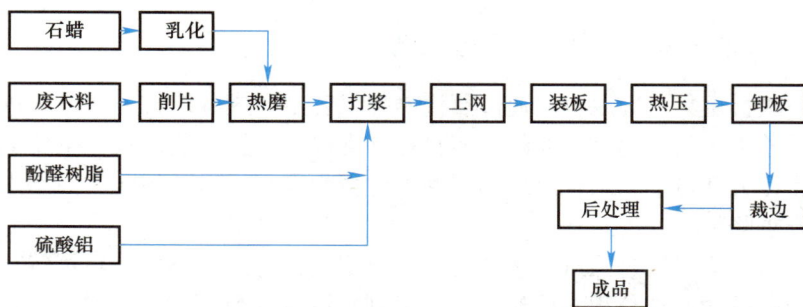

图 11-3　利用废木料生产纤维板工艺流程

废弃木材经过刨片、热磨（温度 160～180℃，蒸汽压力 1～1.2MPa）后，其胞间层会发生爆裂，发生软化和解纤，制成浆料，获得一定细度的浆料在打浆池内打浆，同时加入 2%～3% 的酚醛树脂（或其他胶粘剂）和沉淀剂，将树脂沉淀在纤维上，在氢键和各种分子结合力等的作用下经热压结合成纤维板。

纤维板、中密度纤维板和刨花板生产的主要工艺特点见表 11-3。

废木料制作板材的工艺特点　　　　　　　　　　　表 11-3

板材名称	原料形态	制原料所用设备	原料干燥途径	胶粘剂品种	上压机前原料含水率（%）	方法	压制要素			板材厚度范围（mm）	环境污染情况	热压机及加热方式
							最大压力（MPa）	温度（℃）	时间（min）			
纤维板	纤维	粗、精、热磨机	压机上	少量酚醛树脂或不加	65～70	湿法	5～7	210～220	7	3～4 最大为 6	有污水	蒸汽
中密度纤维板	纤维	粗、精、热磨机	管道中	低甲醛脲醛三聚氰胺树脂	8～12	湿法解纤法压制	5～7	160～200	(12mm 厚)	3～6	少量污水	蒸汽热油
刨花板	刨花碎料	削、刨片机、锤碎机	烘干机中	低甲醛脲醛树脂	12～15	干法	3	145～175	(20mm 厚)	6～22	无污水	高频微波

以无机固结剂生产废木料板材的产品，有水泥刨花板和石膏泥刨花板等。其中，平压法制作水泥刨花板的工艺流程如图 11-4 所示。典型的原料配比为：（1）废弃木料刨花（木纤维、碎料）25%～30%；（2）水泥 55%～60%；（3）CaO 8%～10%；（4）助剂（快干剂等）5%～7%；（5）水灰比 0.29～0.35。

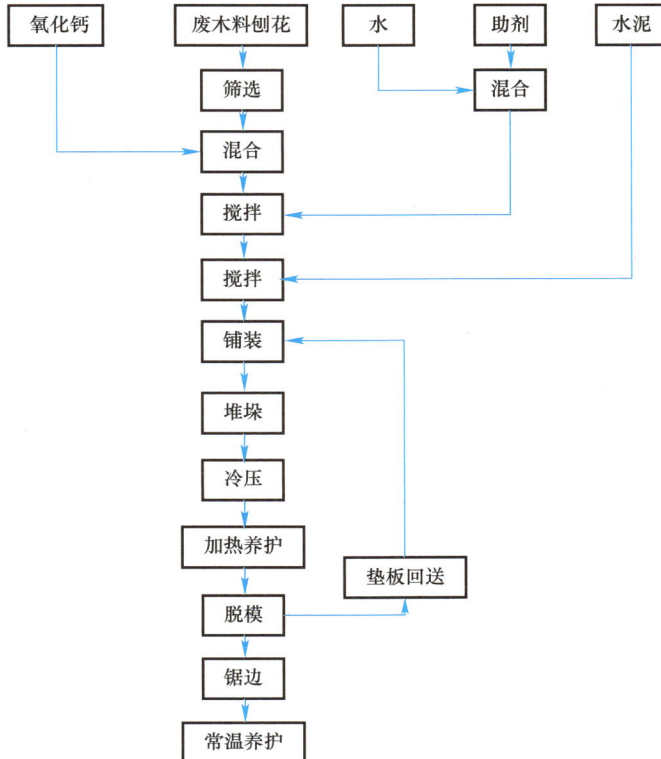

图 11-4　平压法制作水泥刨花板工艺流程

水泥刨花板生产过程为：将贮存在仓内的原料依次定量输送入搅拌机内，木刨花和 CaO 混合后再加涂拌有助剂的水溶液搅拌 3～5min 后，加入水泥再搅拌 4～5min，送入铺装机铺出外表细、中间粗的不明显三层结构，在大夹具内经压制后锁住模子，送入环境温度为 90℃ 左右的加热养护窑中，经 6～8h 养护后，卸模、切边，再经自然养护制得成品。

11.4 建筑垃圾物流组织及设施

11.4.1 建筑垃圾物流组织的原理

建筑垃圾的产生和建筑施工建设对建筑材料的需求都有在时间与空间上的分布规律。因此，建筑垃圾的合理循环利用，应采用物流动态平衡的方法，通过一定的技术和物流控制手段，克服空间和时间条件上的约束，减少建筑垃圾堆存时间，节省堆存场地，并减少交通运输量对城市可能造成的负面影响，实现建筑垃圾产生量或供给量与建筑材料需求量在空间和时间上的最优匹配。

一种建筑垃圾区域物流平衡管理体系模型如图 11-5 所示。其核心是以特定区域的建筑垃圾（废弃物）产生及建筑材料中适合应用建筑垃圾加工生产种类的时间与空间分布函数（图中函数 i）；采用物流平衡算法，测算二股物流的衔接状况，以物流平衡水平（余缺量高低）衡量衔接适宜程度。据此，结合建筑拆除与施工周期调整的可行性，通过适度调

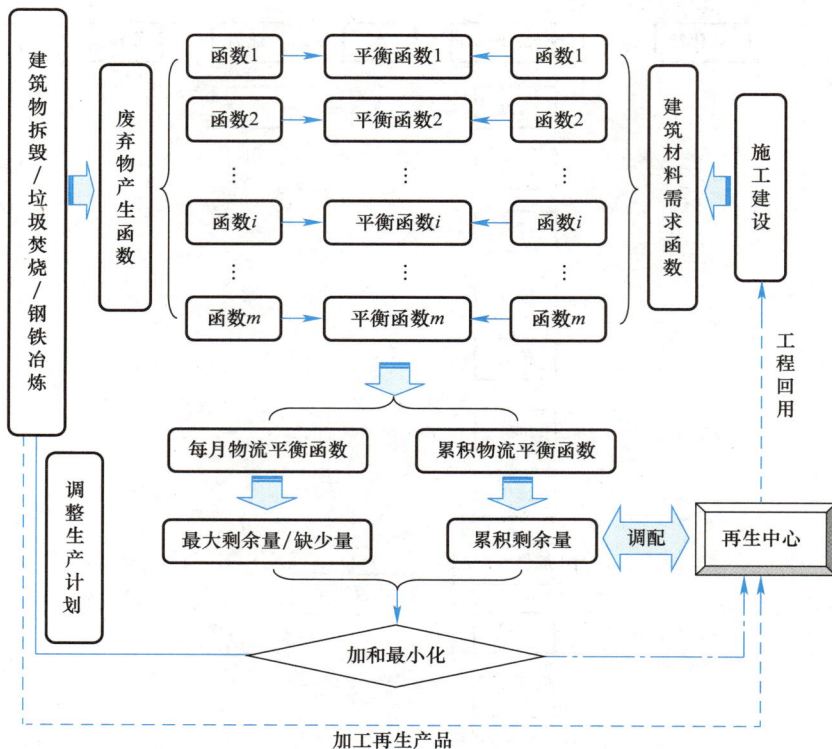

图 11-5　建筑垃圾物流平衡管理模型框架

节建筑垃圾产生时间、地点与物流数量和流向，得到优化的建筑垃圾物流，以保证建筑垃圾再生利用过程需要运输、贮存的建筑垃圾量最小；同时，相应调整建筑工地施工计划的时间进度安排，及施工项目的空间分布情况，依据建筑材料的需求规律，优化建筑材料需求物流，为优化匹配建筑垃圾产生物流与建筑材料需求物流提供基础。

通过上述物流优化，可削减区域建筑垃圾的剩余量和物流输送强度，有利于建筑垃圾利用的效率；但是，建筑垃圾剩余量仍必然存在，实现建筑垃圾区域内最大限度资源化利用必须设置建筑垃圾周转空间，其功能主要是弥补建筑垃圾产生与利用需求的时空差异，最充分地将建筑垃圾产生与利用予以衔接。

建筑垃圾物流组织以信息系统为基础，系统应收集的主要信息为：1）拆毁建筑基本信息（建筑功能、建造年度、建筑结构、建筑面积等）和拆毁工期；2）新建工程相关建材需求（回填土、散装集料、墙体材料）。有关信息应通过相关管理办法，要求建设项目责任单位在施工开始前申报。

11.4.2　建筑垃圾中转贮存和处理设施

由上节分析可知，要实现区域内建筑垃圾最大限度资源化利用，首先应优化一定时段内的建筑垃圾产生与利用物流衔接；同时，也必须设置中转贮存设施，以实现跨越时段的建筑垃圾产生与利用物流衔接匹配。

建筑垃圾中转贮存设施，除提供建筑垃圾贮存空间外，也应具备建筑垃圾共性的处理功能，即再生集料加工功能；中转设施是否包含再生集料生产建材制品（如建筑砖、纤维板等）的功能，则应根据区域内建材产业和需求的状况，依照经济原则确定。

建筑垃圾中转贮存和处理设施应配置的基本功能单元为：建筑垃圾贮存和预处理单元，建筑垃圾再生集料加工单元。

建筑垃圾贮存和预处理单元基本的功能，为产生量与利用量间时空分布不匹配的建筑垃圾提供贮存空间；在贮存的同时，可对超大尺寸建筑垃圾进行破碎（拆），拆除影响集料加工单元设备工作的大尺寸金属材料，还能选除不适合集料加工的杂物（主要是塑料、木材等可燃物）。

建筑垃圾贮存和预处理单元设施主要是贮存场地，场地应具备雨水分流和防尘、降尘措施。雨水分流措施一般包含：场地圈围排水隔堤和排水沟，以分流场外雨水；场内设排水盲沟，连接沉淀调蓄池，调蓄池对场地内渗出水进行蓄洪，并分离泥沙。防尘、降尘措施一般包含：建筑垃圾贮存堆体尼龙网覆盖和堆体喷雾装置；贮存场防尘喷淋水源可取自渗出水调蓄池。

建筑垃圾贮存和预处理单元应配置的主要设备有推土机、装载机和挖掘机等工程机械。其中，推土机、装载机和挖掘机主要用于建筑垃圾堆放和整平作业；装载机和挖掘机同时可用于辅助杂物分选（如挖出碎砖瓦中的木料）；挖掘机配风镐后，还可辅助破碎大尺寸建筑垃圾及拆选大尺寸金属材料。

建筑垃圾再生集料加工单元的功能，是进行建筑垃圾破碎、分级筛选和金属选别，以建筑垃圾为原料生产不同粒径的再生集料。

再生集料加工单元，一般设置在厂房或防雨工作棚内，同时配置设备供电、控制等室内空间。再生集料加工单元应配置的主要设备和基本功能（流程可参考前述），为装载机

（进料用）、颚式破碎机（初级破碎）、悬吊式磁选机（从初级破碎物料中分选铁金属）、冲击破碎机（对初级破碎物料进一步破碎）、振动筛（控制产物粒径）、集料清洗槽、带式输送机（物流输送，连接各处理设备）；工业电视和设备电控装置（操作过程监控）。

思考题与习题

1. 建筑垃圾的主要组分有哪些？
2. 如何定义建筑垃圾管理的主要目标？
3. 建筑垃圾的基本利用途径有哪些？它们对建筑垃圾组分的要求各有什么不同？
4. 建筑垃圾再生集料有哪些类型？集料质量指标有哪些分类？
5. 建筑垃圾再生集料加工流程有什么基本特点？
6. 建筑垃圾再生集料可用于生产哪几类成型建材？
7. 试设计可满足各类建筑垃圾组分充分利用的技术路线图。

第 12 章　城市垃圾处理经济

12.1　经济分析原理

12.1.1　城市垃圾处理费用效益评价方法

城市垃圾处理工程是一类以保护环境为目的项目，与生产型企业相比，项目产生的直接收益很小甚至为负值，带来的社会经济收益也不易察觉，或难以用货币表示。投资效益往往具有间接性和无形性，城市垃圾处理项目如果只考虑工程经济收益，忽视环境经济效果，则会大大地抑制环保行业的发展，破坏社会经济发展和生态环境之间的平衡。因此，评价城市垃圾处理工程，除了考虑其工程经济方面的效益，还需要考虑其环境经济方面的效益，在综合分析了项目的总费用和效益后，再作出科学客观的经济评价。

1. 城市垃圾处理的费用—效益分析框架

城市垃圾处理的费用效益分析，以工程经济评价（财务评价）和环境经济评价（环境费用—效益分析）为基础，其基本框架如图 12-1 所示。其过程大致如下：根据收集的技术经济参数和背景资料，开展城市垃圾处理项目的可行性研究和环境经济损益分析，然后选择或建立相同标准的工程经济和环境经济的计算方法，进行相应的财务评价和环境费用—效益分析，并通过社会折现率将工程经济和环境经济换算为现值；最后，把资金分为总费用和总效益两部分，确定费效比。如果效益大于费用，则项目评价通过；否则，项目被否决。

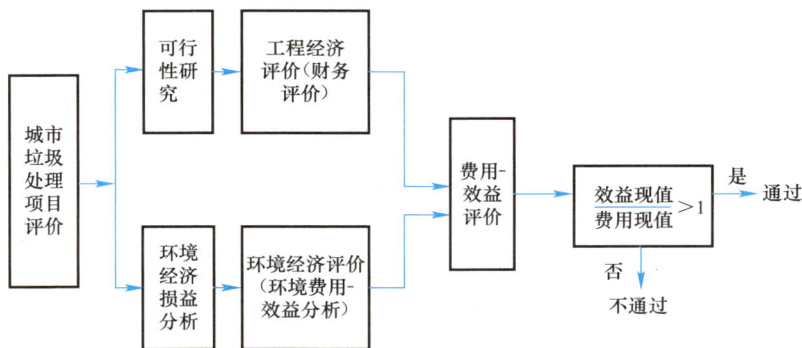

图 12-1　城市垃圾处理费用效益分析框架

2. 城市垃圾处理的环境费用—效益分析方法

在城市垃圾处理项目的费用—效益分析中，总费用包括财务评价的投入资金和新带来的环境污染损失，总效益除了财务评价的支出资金和环境保护的直接经济效益以外，还包括环境改善带来的效益。一般地，财务评价和环境保护的直接经济效益均可以简单地由商品的市场价格计算分析得出，本节主要对环境改善带来的效益以及因环境污染或破坏造成的损失（即环境费用-效益分析）进行介绍。

环境费用效益分析的评价方法主要分为三类：直接市场法、替代市场法和意愿调查法（图 12-2）。

（1）直接市场法

直接市场法就是直接运用货币价格，测算可以观察和度量的环境质量变动的一种方法。它包括市场价值法、机会成本法、防护费用法、恢复费用法、影子工程法和人力资本法。

采用直接市场法应该具备以下三个方面的条件：

① 环境质量变化直接增加或减少商品或服务的产出，这种商品或服务是市场化的，或者潜在的、可交易的，甚至它们有市场化的替代物；

② 环境影响的理—化—生效应明显，且可以观察出来，或者能够用实证方法获得；

③ 市场运行良好，价格是一个产品或服务的经济价值的良好指标。

1）市场价值法

这种方法把环境看作生产要素。环境质量的变化导致生产率和生产成本的变化，从而引起产值和利润的变化，而产值和利润是可以用市场价格来计量的。市场价值法，就是利用因环境质量变化引起的产值和利润的变化来计量环境质量变化的经济效益或经济损失。适用于固体废物污染、水体污染和大气污染对农业造成的经济损失，通常采用农产品的市场价格乘以产量的变化来计算。

2）机会成本法

机会成本法就是用环境资源的机会成本来计量环境质量变化带来的经济效益或经济损失。

在环境污染或破坏带来的经济损失计算中，由于环境资源是有限的，环境污染了就失去了其他的使用机会。在资源短缺的情况下，可用它的机会成本，作为由此引起的经济损失。这里必须强调，资源必须是稀缺的，资源污染的损失才是机会成本，否则机会成本为零。例如，固体废物占用农田对农业造成的经济损失和水资源短缺造成的工业经济损失都可采用机会成本法评价。

3）防护费用法

对环境质量的最低估计可以从减少有害环境影响所需要的经济费用中获得，可把防止一种资源不受污染所需的费用，作为环境资源破坏带来的最低经济损失。例如，为防止固体废物堆放对地下水的污染，便需建立隔水层或防护墙，而其工程投资就是固体废物堆放引起地下水污染损失的最低估计。

4）恢复费用法

假如导致环境质量恶化的环境污染或破坏无法得到有效的治理，那么，就不得不用其他方式来恢复受到损害的环境，以便使原有的环境质量得以保持。将受到损害的环境质量恢复到受损害之前状况所需要的费用就是恢复费用。

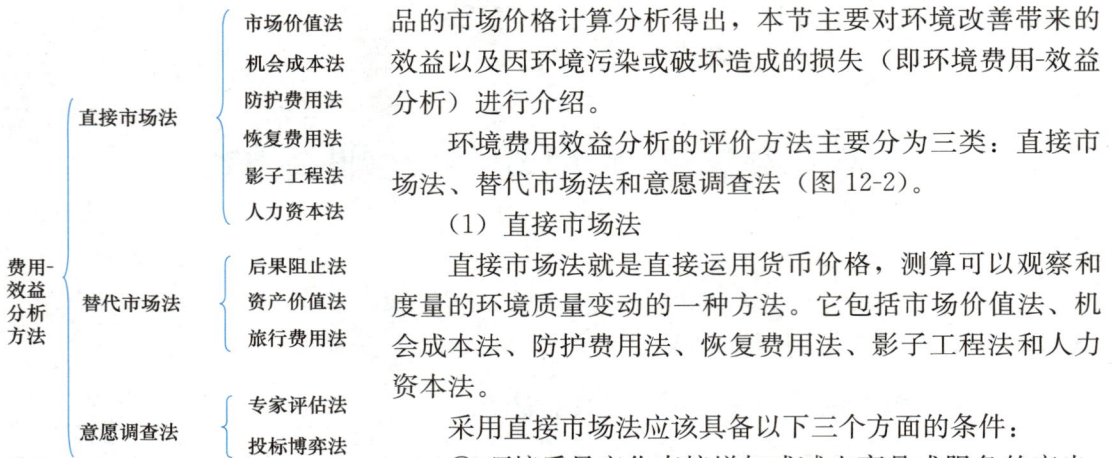

图 12-2　城市垃圾处理的环境费用-效益分析方法

费用-效益分析方法
- 直接市场法
  - 市场价值法
  - 机会成本法
  - 防护费用法
  - 恢复费用法
  - 影子工程法
  - 人力资本法
- 替代市场法
  - 后果阻止法
  - 资产价值法
  - 旅行费用法
- 意愿调查法
  - 专家评估法
  - 投标博弈法

例如：某地因堆放垃圾造成了环境污染，为了恢复原来的环境质量，不得不将堆放的垃圾运至填埋场或者焚烧厂进行处理。采用恢复费用法，对垃圾卫生填埋场和生活垃圾焚烧发电厂两个工程进行了经济效益和综合效益分析，发现经济效益和综合效益方面焚烧发电优于卫生填埋。

5）影子工程法

影子工程法是恢复费用法的一种特殊形式，是在环境破坏后人工建造一个工程来代替原来的环境功能，用建造新工程的费用来估计环境污染或破坏所造成经济损失的一种方法。

例如，整块土地因土壤污染无法使用而被废弃，直接计算地价损失比较困难时，可采用土地影子价格，并引入反映土地价值衰减量的衰减率，地价损失可按下式计算：

$$P = R/i \tag{12-1}$$
$$B_4 = P \cdot \varepsilon \cdot S \tag{12-2}$$

式中　B_4——土壤污染造成的地价损失，万元；

P——土地影子价格，万元/m^2；

R——每年土地纯收入，万元/m^2；

i——银行利率；

ε——土地价值衰减率；

S——城市土地污染面积，m^2。

6）人力资本法

人力资本法是将人看作劳动力，是生产要素之一，用来评价环境污染对人体健康造成的货币损失，其评价包括直接经济损失和间接经济损失两部分。直接经济损失包括：预防和医疗费用、死亡丧葬费等。间接经济损失可按下式计算：

$$B_3 = V \cdot E \cdot (T_2 - T_1) \tag{12-3}$$

式中　B_3——发病率下降的年经济效益，万元；

V——一个劳动者日平均净产值，元/（人·日）；

E——由于污染引起患病的劳动者人数，万人；

T_1、T_2——污染治理前后，每个劳动者的年平均工作日数，日。

（2）替代市场法

替代市场法就是使用替代物的市场价格来衡量没有市场价格的环境物品价值的一种方法，它主要包括后果阻止法、资产价值法和旅行费用法。

1）后果阻止法

在环境质量的恶化已经无法逆转（至少不是某一当事人甚至一国可以逆转）时，往往通过增加其他的投入或支出来减轻或抵消环境质量恶化的后果。在这种情况下，可以认为其他投入或支出的变动额反映了环境价值的变动，用这些投入或支出的金额来衡量环境质量变动的货币价值的方法就是后果阻止法。

2）资产价值法

在其他条件大致相同的前提下，周围环境质量的不同而导致同类资产的价格差异，用这一价格差异来衡量环境质量变动的货币价值，这就是资产价值法。

例如，其他条件相同时，周围环境质量（空气、水、噪声和绿化面积等）的不同引起房产价格的差异，环境质量越好则房产价格越高，反之越低。这种房产价格差异就体现了环境质量的价值。

3）旅行费用法

这种方法认为，旅游者前往诸如名山大川、奇峰怪石、珍禽异兽等舒适性环境资源的旅行费用（包括旅游者所支付的门票价格、前往这些地方所需要的费用和旅途所用时间的机会成本等），在一定程度上间接地反映了旅游者对其工作和居住地环境质量的不满，从而反映了旅游者对环境质量的支付意愿。因此，在排除了其他因素（如收入）的影响后，就可以用旅行费用来间接衡量环境质量变动的货币价值。

（3）意愿调查法

在缺乏价格数据时，不能应用市场价值法。可以通过向专家或环境资源的使用者进行调查，以获得环境资源的价值或环保措施的效益。常用的方法有专家评估法和投标博弈法。

1）专家评估法

专家评估法就是通过专家对环境资源价值或环境保护效益进行评价的一种方法。其实施过程是，首先个别地函询专家们，对资源环境确定价格，并用图或表的形式将初值列出；然后，对其偏离的数据请有关专家解释，再反馈并重新评校得到新值。这样连续反复校正多次，则可得到较统一的估值。

2）投标博弈法

投标博弈法是被询问者参加某项投标过程确定支付要求或补偿的愿望的方法。例如，对某一公园的价值估算，可询问公园的使用者，为了维持公园的开放，是否愿意每年支付10元，如果回答是肯定的，所支付费用继续提高，每次增加一元，一直提高到回答否定时为止。如果对开始要求支付的10元就不同意，就采用相反的程序，直到肯定为止。从询问中可找到愿意支付的准确数据。

12.1.2　城市垃圾处理成本构成

城市垃圾处理成本是指一定区域范围内城市垃圾处理经营者处理城市垃圾的社会平均合理费用，由营业成本和期间费用构成。营业成本是指城市垃圾处理经营者在进行环境卫生清扫保洁、垃圾收集、运输、处理过程中所发生的合理费用，包括垃圾收集、运输和处理成本，主要由营业人员人工费、材料费、动力费、修理费、折旧费等构成。期间费用是指为组织和管理城市垃圾收集、运输、处理而发生的合理管理费用和财务费用。

（1）管理费用是指城市垃圾处理经营者为组织和管理环境卫生清扫保洁、垃圾收集、运输、处理所发生的合理费用，包括人员工资及福利费、差旅费、业务招待费、土地使用税、印花税等。

（2）财务费用是指城市垃圾处理经营者为筹集生产经营所需资金而发生的合理费用，包括利息支出（减利息收入）、汇兑损失（减汇兑收益）以及相关的手续费。

（3）人工费包括人员工资、福利费及社会保险费。人员工资是指支付给营业、管理部门职工的工资、奖金、津贴和补贴。福利费是指支付给员工的福利支出。原则上据实核定，但最高不能超过核定的工资总额的14％。社会保险费是指根据国家有关制度规定应当缴纳的养老、失业、工伤、生育和医疗保险等。

（4）材料费是指用于环境卫生清扫保洁、垃圾收集、运输、处理过程中发生的各种工器具费用、水费、清洁消毒费等。

（5）动力费是指用于环境卫生清扫保洁、垃圾收集、运输、处理过程中发生的电力、燃料等费用。

（6）修理费是指用于环境卫生清扫保洁、垃圾收集、运输、处理过程中发生的设施、设备及房屋建筑物、汽车、场地等日常维护费及大修理费用。

（7）折旧费是指垃圾处理所提取的固定资产折旧额。折旧方法采用年限平均法。原则上按照核定的固定资产的原值和财务制度规定的分类折旧年限的中值核算，残值率统一按 5% 计算。

12.1.3　城市垃圾处理成本核算

城市垃圾处理项目费用核算一般遵循成本核算程序进行。成本核算以既有工程为对象实施，所获数据经过实际运营验证具有可靠性；既可以为及时、有效地监督和控制垃圾处理过程中的各项费用支出提供依据，也可以为同类新建工程费用测算提供完整的基础数据。

城市垃圾处理项目成本核算流程如图 12-3 所示，主要包括四个阶段：成本核算对象

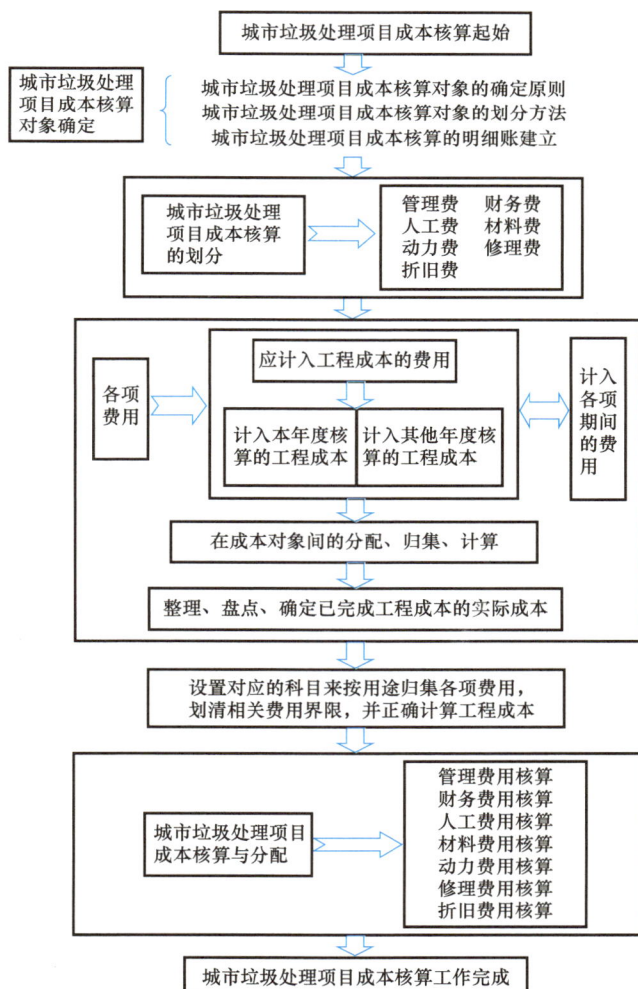

图 12-3　城市垃圾处理项目成本核算流程

确认阶段；成本核算划分阶段；成本费用的记录与统计阶段；成本核算阶段。

成本核算对象确认阶段包括成本核算对象的划分标准与确定，以及成本核算明细账的建立。城市垃圾处理项目的成本核算对象，一般应根据工程项目合同内容、工程项目管理规定、施工作业费用的发生及施工作业的不同来确定。在确立了成本核算对象之后，应当对各核算对象一一进行成本费用明细账的制作，方便计算其实际发生成本。

对于城市垃圾处理项目，成本核算项目根据成本构成可划分为人工费、材料费、动力费、修理费、折旧费、管理费和财务费。

成本费用的记录与统计阶段，需要按照权责分配原则，将应计入当期费用支出进行分配、归集与计算，确定其实际发生成本。权责分配原则指凡是在当期发生的收入与支出，或项目所应当承担的费用，无论款项是否已经到位或者支付，都应当视为当期的收入或费用进行会计处理；凡是不属于当期发生的收入与支出，即使款项已经到账或支付，也不应当作为当期的收入和费用进行会计处理。

最后按照项目成本核算对象分类标准对每一类费用分别进行最后的核算与确认，至此为止，项目成本核算工作的基本内容完成。

12.2　主流处理技术的经济特征

本节主要对城市生活垃圾填埋、堆肥和焚烧三种主流处理技术的经济特征进行举例介绍，分别从费用和效益两方面进行简要分析概述。为给出定量概念，本章引用了既有"市政工程投资估算指标"和城市生活垃圾处理工程建设标准的部分数据，因相关设备、材料及人工费用价格随时间变化，这些数据并不反映当前的实际数值。

12.2.1　城市垃圾填埋处理工程项目

1. 费用分析

填埋场处理费用，主要包括填埋场地征收费与建设费、填埋设备费、渗滤液处理费等。根据我国《生活垃圾卫生填埋处理工程项目建设标准》（建标124-2009）和《市政工程投资估算指标第 10 册　垃圾处理工程》HGZ 47-110-2008。

典型城市垃圾填埋场投资指标见表12-1。

典型填埋场投资指标调查表　　　　　　　　　　　　　表 12-1

垃圾场名称	处理规模	总容量（万 m³）	建设费用（万元）	单位投资（元/m³）	建成时间	备注
上海老港垃圾综合处理厂（四期）	Ⅰ级	8000	100000	12.5	2005	L，T
广州市兴丰生活垃圾填埋场	Ⅰ级	1970	68300	34.67	2002	L，T
北京安定垃圾卫生填埋场（二期）	Ⅱ级	947	35000	36.96	2008	L，T
湖南醴陵生活垃圾卫生填埋厂	Ⅱ级	500	8000	16	2009	L，T
深圳老虎坑垃圾填埋场（二期）	Ⅲ级	240	6555	27.3	2009	L，T
湖南华容生活垃圾卫生填埋厂	Ⅲ级	360.7	9400	26.7	2011	L，T

注：1. L—采取人工衬层，T—建有垃圾渗滤液处理设施的填埋场。
　　2. 表中投资采用当时、当地价。
　　3. 表中建设费用未包括征地费用。

填埋场的环境损失主要有两方面，一是垃圾中部分可回收资源被填埋而损失了资源价值；二是填埋产生渗滤液和填埋气体，可能造成大气、土壤、水环境污染，对环境质量带来危害。

2. 效益分析

（1）管理功能特征

与需要对残渣等进行附加处理的焚烧法和堆肥法比较，卫生填埋是一种完全的、最终的处置方法，在城市垃圾处理处置体系中具有不可替代的独特功能。卫生填埋的一次性投资额相对较低、处理能力弹性较大；填埋场在终止填埋后经必要的稳定时间及环境修复后，土地资源可以再利用。但是，填埋的占地量明显大于同等处理规模的其他工艺处理设施，且填埋场为面源类型的臭气源，尚缺乏成熟有效的控制方法。

（2）经济效益

直接效益：垃圾处理收费、沼气（填埋气体）利用利润、填埋场土地再利用可获得的地价等。

间接效益：填埋场的间接效益有：填埋气体利用具有减少温室气体排放的净效益，填埋场可修复崎岖地形提高了土地的利用价值，也能减少地质灾害的风险。

12.2.2　城市垃圾堆肥处理工程项目

1. 费用分析

城市生活垃圾堆肥处理费用主要包括堆肥场地征收费与建设费、堆肥设备费、堆肥处理材料和能源费等。根据我国《生活垃圾堆肥处理工程项目建设标准》（建标 141-2010）和《市政工程投资估算指标第 10 册　垃圾处理工程》HGZ 47-110-2008，采用静态堆肥工艺的堆肥厂投资估算指标为 0～25 万元/(t/d)，采用动态堆肥工艺的堆肥厂投资估算指标为 20 万～35 万元/(t/d)。上述费用指标不包含征地费、场外道路及外部工程费、堆肥残余物处理所需设施投资费用、堆肥产品深加工处理设施投资费用和引进设备及附加费用。对于全封闭堆肥系统和机械化自动化水平高的堆肥系统可取上限；对于敞开式堆肥系统、机械化水平低和直接接收分类收集或分选处理后的垃圾堆肥系统可取下限。

国内部分堆肥厂建设及运行投资指标见表 12-2。

国内典型堆肥厂建设及运行投资指标调查表　　　　　　　表 12-2

堆肥厂名称	处理规模 （t/d）	建设总投资 （万元）	单位投资 （万元/t/d）	运行费用 （元/t）	建成时间	备注
北京市南宫堆肥厂 三期工艺改造	2000	17000	17	160	2014	好氧式高温 堆肥发酵
山东寿光市堆肥厂	300	12000	40	30	2005	二代 CTB 技术
吉林长春污泥堆肥厂	400	17800	44.5	30	2009	二代 CTB 技术

注：表中费用数据为当时当地价格。

堆肥处理的环境损失，主要是处理过程衍生污染（如臭气和渗沥液）对环境的污染，及堆肥产物所含的重金属等污染物可能经土地利用进入土壤等环境介质。

2. 效益分析

（1）管理功能特征

城市垃圾堆肥具有垃圾无害化处理和资源循环利用双重功能；堆肥产物经处理过程可达到卫生无害化，含腐殖质和植物养分，可作为土壤调理剂使用。堆肥技术适合于处理可降解有机物含量高的分类收集垃圾（如厨余垃圾），混合收集城市垃圾堆肥处理需要进行机械分选预处理，技术过程复杂、成本显著升高。

（2）经济效益

直接效益：垃圾处理收费、堆肥及其他衍生产品（如混合垃圾中分选回收的废品等）出售所得。

间接效益：堆肥产物作土壤改良剂或土壤调节剂，具有提高土壤含水量、增大空隙率、增加土壤中有机质成分、提高农作物产量、调整因施用化肥不当而引起的地力失调等多方面的功效，应用堆肥的效益一般高于其价格。

12.2.3　城市生活垃圾焚烧处理工程

1. 费用分析

焚烧厂处理费主要包括焚烧和烟气处理设备费、辅助燃料费、能源利用设备费、烟气处理药剂费、处理衍生废物处置费等。根据我国《生活垃圾焚烧处理工程项目建设标准》（建标 142-2010）和《市政工程投资估算指标第 10 册　垃圾处理工程》HGZ 47-110—2008，新建炉排炉焚烧厂主体设备和系统以进口为主的投资估算可按不高于 50 万元/（t/d）控制，炉排炉焚烧厂主体设备全部国产化的投资估算可按不高于 40 万元/（t/d）控制；新建流化床炉焚烧厂的投资估算指标可按不高于 35 万元/（t/d）控制。

上述投资估算说明：焚烧厂中包括渗沥液处理、飞灰稳定化设施，且污染物控制指标高的估算指标高于不含上述系统且污染物控制标准低的估算指标；有余热利用系统的投资估算指标高于无余热利用系统的投资估算指标；同等规模下，生产线数量少的投资估算指标低于生产线数量多的投资估算指标；估算指标除二噁英排放标准按 0.1ngTEQ/Nm³ 计外，其余均按现行国家烟气污染物排放标准计；估算指标采用北京市 2007 年人工、材料、机械设备预算价格计算；估算指标不包括征地、拆迁、青苗与破路赔偿等费用。

国内部分城市生活垃圾焚烧厂主要经济指标统计表见表 12-3。

国内城市生活垃圾焚烧厂主要技术经济指标统计表　　　　表 12-3

焚烧厂名称	处理规模 （t/d）	占地面积 （hm²）	建设投资 （亿元）	备注
上海市江桥垃圾焚烧厂	1500	13.6	9.2	2003 年投入运行
宁波明州生活垃圾焚烧项目	2250	8.3	14.2	2017 年投入运行
北京高安屯生活垃圾焚烧厂	1600	4.67	8.2	2009 年投入运行
深圳市龙岗中心城垃圾焚烧处理厂	300	12	1.3	1999 年投入运行
北京海淀大工村焚烧厂	1800	22.75	15.2548	2016 年投入运行

焚烧的环境损失主要是焚烧过程产生大量烟气中的有害物质可能污染空气。如，城市垃圾焚烧及烟气余热利用过程中，可能形成多氯二苯并对二噁英（PCDD）和多氯二苯并呋喃（PCDF），PCDD 和 PCDF 难以通过烟气处理完全净化，可能逸入环境。

2. 效益分析

（1）管理功能特征

垃圾焚烧是实现无害化和减量化的重要途径，它与填埋相比，处理彻底、快捷，具有占地小、处理时间短、减量化显著、无害化较彻底，以及可回收垃圾焚烧余热等优点，是我国当前生活垃圾处理中的主流技术。

（2）经济效益

直接效益：垃圾处理收费、余热发电和热能外供所得、炉渣集料出售所得等；

间接效益：生活垃圾焚烧余热以热电联供方式利用时能量利用效率高，以单位能量计的衍生污染负荷及温室气体释放率均小于燃煤发电（供热）厂。

（3）城市生活垃圾焚烧处理厂收益实例

温州市临江垃圾发电厂的垃圾焚烧发电工程，年处理生活垃圾 21.9 万 t，日处理垃圾 600t，年发电量 5940 万 kWh，年售电量 4009.5 万 kWh，政府以 0.51 元收购企业的售电量，并全部减免企业 25 年运营期内的所得税，这样企业每年的直接经济收益就为 0.51 元/kWh×4009.5 万 kWh＝2045 万元。

12.3　经济手段引导城市垃圾处理的方法

12.3.1　价格杠杆方法及其应用实例

城市垃圾处理既是技术问题，也是经济问题。垃圾减量、垃圾处理处置设施资源配置不合理等问题都可以采用经济手段达到事半功倍的效果。城市垃圾处理管理中采用经济手段，是政府部门自觉依据和运用价值规律，借助经济杠杆的调节作用，在涉及垃圾处理的各方面进行宏观经济调控的方法。其中经济杠杆是指经济活动中进行宏观调控的价值形式和价值工具，包括价格杠杆、税收政策、信贷政策、工资等，价格杠杆则是其中影响力最强的一个。

1. 价格杠杆的概念及其在垃圾处理过程中的调节作用

城市垃圾处理经济中的价格杠杆是国家政府部门通过一定的政策和措施促使垃圾处理市场价格发生变化，达到引导和控制垃圾处理经济运行的方法。价格杠杆是经济运行中不可缺少的重要内容，也是最有效的调节手段。价格变动会引起投资方向及数量、垃圾处理方式和垃圾流向等的变动。较高的垃圾处理回报会激发投资者的投资积极性，反之亦然。通过价格杠杆的资源配置作用，可以促进垃圾供求和垃圾处理方式的市场关系，也可以促进回收物质利用、堆肥、焚烧发电和填埋协同等技术的发展。

价格杠杆在垃圾处理管理过程中的调节作用表现在如下几个方面：

（1）对垃圾生产环节的调节。价格杠杆能有效地刺激垃圾生产或抑制垃圾生产，调整垃圾生产结构。通过处理价格和垃圾处理设施之间经济关系的计算，实现垃圾处理经济的综合平衡；通过价格杠杆，调整垃圾资源在各个垃圾处理设施之间、企业之间的合理配置，实现垃圾处理的良性循环。

（2）对垃圾流通环节的调节。通过垃圾差价和比价变动，价格杠杆影响参与流通的经济主体的实际收入，引导企业改变垃圾流向、调整垃圾交换规模和结构。

（3）对垃圾分配环节的调节。价格是影响垃圾分配最直接的因素，它的变动影响各垃圾处理主体的收入分配，调节垃圾处理各环节主体之间的收益。

（4）对垃圾处理技术环节的调节。价格杠杆对垃圾处理技术环节的调节作用主要表现在两个方面：一是处理价格水平的高低，影响垃圾处理量，影响垃圾处理总水平；二是垃圾处理成本之间的比价影响垃圾的处理结构。

2. 城市垃圾处理价格杠杆的应用实例——垃圾减量

价格杠杆作用最突出的表现是垃圾按量收费政策导致的减量化效应。目前，实施按量收费制的国家主要有美国、比利时、荷兰、瑞士、芬兰、德国，以及亚洲的日本、韩国等。在美国，有研究表明，执行按量收费制的旧金山市与美国其他未实行按量收费制的城市垃圾收集的平均数量，计量用户收费额每提高 1%，垃圾排放量就降低 0.15%。1988年，西雅图市居民每月每户四桶垃圾以下需交纳 13.25 美元，每增加一桶垃圾，加收 9 美元，该政策实施后，西雅图市的垃圾量减少了 25% 以上。1995 年起，韩国正式实施垃圾袋收费制度，居民必须购买指定的垃圾袋收集垃圾，垃圾袋种类分为 7 种：5L、10L、20L、30L、50L、70L、100L，每个垃圾袋的售价包含垃圾处理的费用，不同规格的垃圾袋缴纳不同的费用，实行该政策后，1995 年至 1998 年三年中，韩国垃圾减量达到 23%，资源回收物增加至总垃圾量的 35%。1999 年，中国台北市平均每天产生 2970t 垃圾，2000 年 7 月，台北市开始实行垃圾费随袋征收和自愿回收措施，2005 年实行强制回收政策，此后日均垃圾产生量减少至 1680t，降低 43%，回收率则由 1999 年的 2.4% 大幅上升至 2000 年下半年的 8%。

12.3.2　市场组织方法及其应用实例

随着我国社会主义市场经济的发展，现行的城市垃圾管理体制越来越不适应城市垃圾处理事业的发展。《"十二五"全国城镇生活垃圾无害化处理设施建设规划》提出，要"引入市场机制，充分调动社会资金参与生活垃圾处理设施建设和运营的积极性"。

1. 城市垃圾处理的市场机制

城市垃圾处理的市场机制是指各经济实体通过市场竞争达到配置垃圾生产及处理中各环节生产要素的方式，即在市场中通过自由竞争与自由交换来实现配置城市垃圾处理资源的机制，也是价值规律的实现形式。具体而言，城市垃圾处理的市场机制是指垃圾处理市场机制内的供求、价格、竞争、风险等要素之间的相互联系及作用机理。

城市垃圾处理市场机制的本质，是服务的社会化以及投资的多元化，是除了环卫部门以外，在垃圾的回收、处置、资源化利用过程中引入市场竞争机制，建立多元化、社会化的垃圾回收、处置产业体系，实现投资主体、投资方式以及资金形式多元化的过程。市场化的运作形式有利于政府将有限的财力发挥出最大的社会效益、经济效益和环境效益，推动垃圾处理及相关产业的发展。

2. 政府在城市垃圾处理市场中的作用

推广垃圾处理市场化，需要政府在市场组织中发挥关键作用，需要政府依据市场原理对投资政策、价格政策、技术政策和税收政策进行重新组织和协调。一方面政府需要确立民营企业参与生活垃圾处理领域的法人地位，建立相关收费体系，界定不同市场化模式下的产权制度，建立城市垃圾处理市场；另一方面政府要制订城市相关设施建设规划，确立民营企业准入和公平竞争规则，通过收费价格调控，保证所有人都能享有设施服务，严格监管，避免二次环境污染，规范城市垃圾市场中各主体行为；三是政府要通过税收、土地、用电等优惠政策和技术及信息咨询服务，积极扶持相关企业参与市场化。

市场化是解决城市垃圾处理中资金困难和效率低下等问题的最有效途径，从 20 世纪 80 年代，欧美开始倡导和鼓励私营部门积极参与垃圾处理设施的建设和运营，不少国家颁布了专门鼓励私营部门参与垃圾处理的相关法律。事实证明，市场化方法在这些国家获得了成功，为垃圾减量、减毒、回收利用打下了扎实的基础。以德国为例，1996 年前，其城市垃圾都是由政府处理，此后，德国的垃圾处理企业全部私有化，垃圾处理业已完全成为一个产业，无论回收、再生利用，还是运输、买卖或是进出口都完全按商业化运作，在服务环境保护的同时获得了很好的商业效益。

3. 城市垃圾处理的市场化模式

城市垃圾处理市场化模式有多种模式，下面主要简单介绍 BOT 模式、TOT 模式和企业化改制模式等。

（1）城市垃圾处理 BOT 模式

城市垃圾处理 BOT（Build-Operate-Transfer）模式即城市垃圾处理项目的建设—经营—转让模式。该模式中私营企业参与城市垃圾处理的基础设施建设，向社会提供城市垃圾处理及相关的公共服务。在我国，该模式一般称之为"特许权"模式。城市垃圾处理 BOT 模式中，政府部门就城市垃圾处理的基础设施项目与私营企业（项目公司）签订特许权协议，授予签约方的私营企业（包括外国企业）来承担该项目的投资、融资、建设和维护，在协议规定的特许期限内，许可其融资建设和经营特定的垃圾处理设施，并准许其通过向用户收取费用或出售产品清偿贷款，回收投资并赚取利润。BOT 模式中政府对城市垃圾处理设施有监督权、调控权，特许期满，签约方的私营企业将城市垃圾处理设施无偿或有偿移交给政府部门。

（2）城市垃圾处理 TOT 模式

城市垃圾处理 TOT（Transfer-Operate-Transfer）模式，即城市垃圾处理项目的移交—经营—移交模式。TOT 方式是国际上较为流行的一种项目融资方式，应用在城市垃圾处理中，政府部门或国有企业将建设好的城市垃圾处理项目的一定期限的产权或经营权，有偿转让给投资人，由其进行运营管理，投资人在约定的期限内通过经营收回全部投资并得到合理的回报，合约期满后，投资人将该项目交还政府部门或原企业。

（3）城市垃圾处理企业化改制模式

城市垃圾处理企业化模式是指政府主导对从事城市垃圾处理设施运营和生活垃圾清运的事业单位，实行企业化改制，形成由生态环境部门监督、环卫部门管理、专业公司提供服务的城市垃圾管理模式。

4. 城市垃圾处理市场化模式的应用实例

（1）城市垃圾焚烧发电 BOT 模式

垃圾焚烧发电技术减量化效果明显，垃圾焚烧可以有效减少垃圾容量 75％以上，节省土地，并可以用来供热、发电等。根据《"十二五"全国城镇生活垃圾无害化处理设施建设规划》：东部地区、经济发达地区和土地资源短缺、人口基数大的城市，要减少原生生活垃圾填埋量，优先采用焚烧处理技术。《"十三五"全国城镇生活垃圾无害化处理设施建设规划》中要求，到 2020 年，全国城镇生活垃圾焚烧处理设施能力达到无害化处理总能力的 50％以上，其中东部地区达到 60％以上。

为鼓励垃圾焚烧发电和多元资本进入，各级政府放开投资主体条件，允许各种资本进入垃圾焚烧发电市场，并对垃圾发电进行了上网电价补贴，初步构建了较为完整的市场化模式，垃圾焚烧发电厂数量出现大幅增加，2017 年投入运行 262 家，其中大部分项目的建设管理都采用了 BOT 模式。例如，重庆同兴垃圾发电厂、大连市城市中心区生活垃圾焚烧处理项目、佳木斯市城市生活垃圾焚烧发电项目。全国城市垃圾焚烧厂从 2005 年的 67 家增加到 2023 年 696 家，处理能力从 2005 年的 3.3 万 t/d 猛增至 2023 年的约 86.2 万 t/d。

（2）城市垃圾填埋 TOT 模式

目前我国城市垃圾填埋采用 TOT 模式较多，例如，淮安市王元生活垃圾处理场、华容县鼎山无害化垃圾处理场、吉首市台儿冲垃圾处理场和醴陵市垃圾处理场等。

思考题与习题

1. 城市垃圾处理项目的环境费用—效益分析方法主要有哪些？
2. 简述直接市场法的适用范围。
3. 城市垃圾处理成本的构成主要包括哪些方面？
4. 城市垃圾处理项目成本核算流程主要包括哪些阶段？
5. 如何通过费用与效益分析判断城市垃圾处理工程项目的可行性？
6. 城市生活垃圾焚烧厂处理费主要包括哪些？
7. 城市垃圾填埋处理工程项目的效益主要表现在哪些方面？
8. 价格杠杆在垃圾处理过程中的调节作用主要表现哪些方面？
9. 价格杠杆为何能控制垃圾产量？
10. 城市垃圾处理的市场化模式分类有哪些？

附录 1　城市垃圾处理实验

A-1　城市垃圾真密度与空隙率测定

1. 概念

垃圾真密度（True Density）又称骨架密度，指垃圾这种多孔性材料在绝对密实状态下体积内固体物质的实际体积，即不包括颗粒内部孔隙或者颗粒间的空隙所对应的固体质量，以 ρ_t 表示。与之相对应的物理性质还有表观密度和堆积密度。

表观密度（Apparent Density）是指垃圾在自然状态下（长期在空气中存放的干燥状态），单位体积的干质量，即固体质量与固体物质的实际体积（实体积）和内部孔隙体积（闭口孔隙容积）之比，以 ρ_a 表示。

堆积密度（Bulk Density）是包括颗粒内外孔及颗粒间空隙的松散颗粒堆积体的平均密度，即处于自然堆积状态下未经振实的垃圾的总质量与垃圾堆积体的总体积之比，以 ρ_{waste} 表示。

通过比较垃圾的真密度、表观密度和堆积密度，可以了解垃圾的可压缩性能。

孔隙率指垃圾颗粒间的空隙体积以及颗粒开孔孔隙之和，占垃圾总体积的百分率，以 f_{pore} 表示。

空隙率指垃圾颗粒间的空隙体积以及颗粒开孔孔隙（即外部气体），排除水分所占的体积后，占垃圾总体积的百分率，以 f_{void} 表示。

图 A-1 显示了垃圾中颗粒、颗粒间空隙、开孔和闭孔孔隙以及水分的分布。对于城市垃圾，可忽略闭孔孔隙。式（A-1）～式（A-8）是各种密度的计算公式。

$$V_{waste} = V_{solid} + V_{water} + V_{void} = V_{solid} + V_{pore} \tag{A-1}$$

$$V_{pore} = V_{interspace} + V_{openpore} + V_{closedpore} \tag{A-2}$$

$$m_{waste} = m_{solid} + m_{water} + m_{air} \approx m_{solid} + m_{water} = m_{solid} + V_{water} \cdot \rho_{water} \tag{A-3}$$

$$\rho_t = \frac{m_{solid}}{V_{solid}} \tag{A-4}$$

$$\rho_a = \frac{m_{solid}}{V_{solid} + V_{closedpore}} \tag{A-5}$$

$$\rho_{waste} = \frac{m_{waste}}{V_{waste}} \tag{A-6}$$

$$f_{pore} = \frac{V_{pore}}{V_{waste}} \approx \frac{V_{interspace} + V_{openpore}}{V_{waste}} \tag{A-7}$$

$$f_{void} = \frac{V_{pore} - V_{water}}{V_{waste}} \approx \frac{V_{interspace} + V_{openpore} - V_{water}}{V_{waste}} \approx \frac{V_{waste} - V_{solid} - V_{water}}{V_{waste}} \tag{A-8}$$

式中　V_{waste}——垃圾的总体积；

　　　V_{solid}——垃圾的固体骨架体积；

　　　V_{water}——垃圾内水分所占体积；

　　　V_{void}——垃圾内空隙体积，即除了固体和水分之外，气体所能到达的空间；

　　　V_{pore}——垃圾内孔隙体积；

　　$V_{interspace}$——垃圾颗粒与颗粒间的间隙体积；

　　$V_{openpore}$——颗粒的开孔孔隙体积；

　$V_{closedpore}$——颗粒内的闭孔孔隙体积；

　　　m_{waste}——垃圾样品的质量；

　　　m_{solid}——垃圾的固体质量，即垃圾干重；

　　　m_{water}——垃圾水分质量；

　　　m_{air}——垃圾内空气质量；

　　　ρ_{water}——水的相对密度；

　　　ρ_t——垃圾真密度；

　　　ρ_a——垃圾表观密度；

　　ρ_{waste}——垃圾堆积密度；

　　　f_{pore}——垃圾孔隙率；

　　　f_{void}——垃圾空隙率。

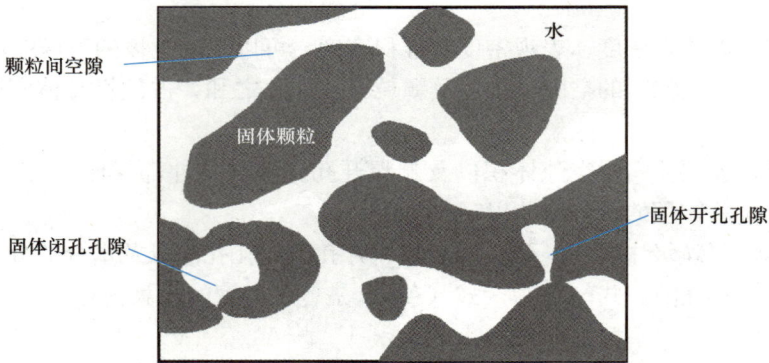

图 A-1　垃圾中颗粒、颗粒间空隙、开孔和闭孔孔隙以及水分的分布

2. 测试原理

常以气相吸附置换法测定垃圾的真密度。气体介质，包括氮气、氦气、二氧化碳等。其中，氦气分子直径小于 0.2nm，并且几乎不被样品吸附，能确保渗入样品内细小的孔隙和表面的不规则空陷，用以置换测定颗粒的内孔隙与颗粒间堆积空隙的总体积最为理想。通过测量样品导入氦气前后的压力差，借助气体定律得到样品的骨架体积，从而求出真密度。可采用常规静态容量气体吸附装置，又称真密度仪。

气体膨胀置换法的典型测定装置结构如图 A-2 所示。装置基本结构包括样品测试腔和基准腔，体积分别为 V_c 和 V_r，基准腔的参考压力为 P_r；初始状态下，样品测试腔增压至某个大于环境压力的压力值 P_i，基准腔保持环境压力；打开阀门，连通样品测试腔和基准腔，系统中压力下降到 P_f，针对阀门开启前后两种平衡状态，由波义耳法则得到式

（A-9），即可计算出待测垃圾样品的固体骨架体积 V_{solid}（式（A-10）），再由样品的质量和体积计算出样品的真密度（式（A-4））和空隙率（式（A-8））。

$$P_i \cdot (V_c - V_{solid}) + P_r V_r = P_f \cdot (V_c - V_{solid} + V_r) \tag{A-9}$$

$$V_{solid} = V_c - V_r \cdot \frac{P_f - P_r}{P_i - P_f} \tag{A-10}$$

3. 测试步骤

（1）试验仪器和设备

1）温度计，精度为 1K；

2）电子天平（感量：0.001g）；

3）烘箱；

4）真密度分析仪（仪器符合气相膨胀置换法测试原理）。

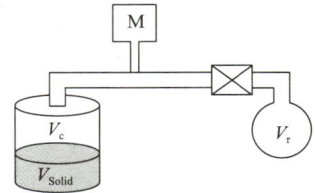

图 A-2　气体膨胀置换法
测试装置的原理结构

（2）试验材料和试剂

1）垃圾：破碎至 1mm 以下；

2）置换气体：氮气或氦气。

（3）试验方法

1）将 10～20g 破碎的垃圾样品（m_{waste}）放入气体膨胀置换法测试装置；

2）置放基准腔和样品测试腔的气体；

3）基准腔的参考压力为 P_r；

4）样品测试腔增压至某个大于环境压力的压力值 P_i，基准腔保持参考压力；

5）打开阀门，连通样品测试腔和基准腔，系统中压力下降到 P_f；

6）根据式（A-10），计算得到垃圾样品的骨架体积 V_{solid}；

7）另取相同质量的破碎垃圾样品置于 105℃烘箱烘干至恒重，测得固体质量（m_{solid}）和水分质量（m_{water}）；

8）根据式（A-4），计算得到垃圾真密度 ρ_t；

9）根据式（A-8），计算得到垃圾空隙率 f_{void}。

思考题与习题

1. 试分析孔隙率和空隙率的概念差异。

2. 简述在垃圾处理时测定孔隙率和空隙率的技术意义。

3. 简述垃圾的粒径与含水率对其压缩性能、真密度、堆积密度、孔隙率和空隙率的影响。

A-2　城市垃圾生物稳定性判别

1. 概念

垃圾的生物稳定性是指垃圾物料在特定环境下不再被微生物降解，而趋于稳定的程度。该指标可用于判断垃圾中有机物的生物降解性水平，即可生物降解的难易程度；初步确定垃圾好氧/厌氧生物处理工艺的技术可行性和工艺参数；用于判断生物处理工艺运行的状态和时间跨度；判断生物处理残余物的贮存要求；判断生物处理残余物的可利用性和用途。

其中最常用的判别方法，是四日好氧呼吸量（RA_4），即在最适宜的环境条件下，好氧微生物降解单位质量的垃圾，在 4 天内累计消耗的氧气量或生成的二氧化碳量。这里的最适宜环境，指的是应控制环境 O_2 浓度、垃圾含水率等条件，以适宜微生物的生长。

爱尔兰环保部规定，在 2016 年 1 月 1 日以前只有 RA_4 值低于 10mg-O_2/g-DM 的垃圾才可视为生物稳定；在 2016 年 1 月 1 日以后生物稳定垃圾的 RA_4 值应低于 7mg-O_2/g-DM。

美国农业部对堆肥的好氧生物稳定性判别标准列于表 A-1。

堆肥的好氧生物稳定性判别标准　　　　　表 A-1

碳损失量 （mgCO_2-C/g-C）	呼吸速率	稳定程度	对土壤 N 释放的影响
0～2	非常低	非常稳定，一般已充分腐熟化	低
2～8	比较低	腐熟堆肥	低
8～15	中等	经一次发酵后的产物一般处于该范围	中
15～25	中高	新鲜垃圾一般处于该范围	高
>25	高	新鲜易腐垃圾一般处于该范围	高

2. 测试步骤

（1）测试仪器和设备

1）呼吸速率仪：能测定容器中的氧气浓度或二氧化碳浓度；

2）电子天平；

3）培养箱或水浴锅或空调室，以维持在 20±1℃反应条件；

4）反应容器；

5）布氏漏斗；

6）真空泵；

7）抽滤瓶。

（2）样品保存

1）垃圾样品应在采集后 48h 内测试；

2）在保存期间，大于 4℃的时间不得超过 24h。否则应在取样后 24h 内立即放入 －18～－20℃冷冻保存。解冻过程应比较温和，解冻温度不要超过 20℃，解冻时间不能超过 24h。

（3）样品制备

1）垃圾破碎至 10mm 以下；

2）可以剔除玻璃、石头、金属等杂质，但应计入最终质量。

（4）样品水分调节

1）将 300g 破碎的垃圾样品，置于底部覆盖滤纸的布氏漏斗上面；

2）加 300mL 蒸馏水润湿垃圾；

3）在样品上再覆盖一张滤纸；

4）连接布氏漏斗、抽滤瓶和真空泵，真空抽滤，直至无滤液渗出；

5）计量滤液质量；

6）计量得到加湿后样品的总重；

7）若垃圾样品的含水率很高，则无需加 300mL 蒸馏水，直接将 300g 垃圾进行抽滤。

（5）样品量

每个反应容器使用 40g 加湿后的样品。

（6）平行数

3 平行。

（7）测试方法

1）样品置于反应容器后与呼吸速率仪连接，在 20℃下连续好氧培养 4 天以上；

2）RA_4 的四日好氧呼吸量从迟滞期结束后开始计算；

3）迟滞期的判断方法是，耗氧速率（以"每 3h 的氧气消耗量"计）达到初始 4 天内最大耗氧速率（以"每 3h 的氧气消耗量"计）的 25％，即可认为迟滞期结束了；

4）迟滞期消耗的氧气量，应不超过迟滞期加 4 天累计消耗氧气量的 10％；

5）每小时测定一次 O_2 或 CO_2 浓度；

6）反应容器内的氧气浓度应大于 10％，若低于该值，应及时重新通入氧气或空气；

7）RA_4 的单位是 mg-O_2/g-DM；

8）三平行中若某一平行的值偏离平均值的 20％，则舍弃该值，取另外二平行的平均值。

思考题与习题

1. 试分析影响四日好氧呼吸量（RA_4）测定结果的操作因素。

2. 简述生物稳定性差的垃圾物料在贮存和土地利用时会出现哪些问题？

3. 试列举可以判断垃圾生物稳定性的几种方法。

A-3　生活垃圾工业分析实验

1. 实验目的

了解生活垃圾水分、可燃分和灰分组成，掌握生活垃圾工业分析方法，掌握有关仪器设备的使用方法。

2. 实验原理

生活垃圾烘干至恒重，去除水分；然后，再经充分灼烧，去除可燃分；余下的残烬物即为灰分。根据公式，计算各工业分析组分的含量。根据工业分析组成，即可粗略评价生活垃圾的可燃性。

3. 实验装置

（1）感量分别为 0.1g 和 0.0001g 的电子分析天平。

（2）电热鼓风恒温干燥箱，最高使用温度 200℃，控温精度±1℃。

（3）马弗炉，最高使用温度 900℃，控温精度±5℃以内。

（4）100mL 瓷坩埚。

（5）搪瓷托盘。

（6）坩埚钳。

（7）耐热石棉网。

（8）取样勺。

（9）干燥器（变色硅胶作干燥剂）。

（10）研磨仪。

4. 实验步骤

（1）含水率测试

用感量为 0.1g 的电子分析天平，称取经过 105±5℃预先烘干至恒重的瓷坩埚质量（M_1），取 10.0～20.0g 原状垃圾样品置于该瓷坩埚中称重（M_2）后，放入 105±5℃电热鼓风恒温干燥箱内，烘 4～8h（厨余类生活垃圾可适当延长烘干时间），再放入干燥器内冷却至室温后称重，重复烘 1～2h，冷却后再称重，直至两次称量结果之差小于样品量的 1%。然后，记录样品和坩埚最终质量（M_3），按式（A-11）计算样品的含水率。

$$w_W(\%)=\frac{M_2-M_3}{M_2-M_1}\times100\%　　　　　　（A-11）$$

（2）可燃分和灰分测试

将烘干后的垃圾样品用研磨仪破碎至 0.5mm 以下。若样品吸水受潮，则应在 105±5℃下烘干至恒重。

用感量为 0.0001g 的电子分析天平，对已经 815±5℃预先灼烧至恒重的瓷坩埚称重（M_4），称取 5±0.1g（精确至 0.0001g）的破碎并烘干垃圾样品（坩埚和垃圾质量为 M_5）；将瓷坩埚放入马弗炉中，在 30min 内将炉温缓慢升到 300℃，保持 30min；然后，再将炉温升到 815±10℃，在此温度下灼烧 3h。停止灼烧，待马弗炉炉温降至 300℃左右时，取出坩埚放在石棉网上；盖上盖，在空气中冷却 5min；然后，将瓷坩埚放入干燥器，冷却至室温称重。重复灼烧 20min，冷却至室温后称重，直至两次称重结果相差小于

0.0005g，记录样品和坩埚最终质量（M_6）。按式（A-12）和式（A-13）计算样品干基可燃分（w'_{CB}）和灰分含量（w'_A），按式（A-14）和式（A-15）计算湿基可燃分（w_{CB}）和灰分含量（w_A）。

$$w'_{CB}(\%) = \frac{M_5 - M_6}{M_5 - M_4} \times 100\% \tag{A-12}$$

$$w'_A(\%) = \frac{M_6 - M_4}{M_5 - M_4} \times 100\% \tag{A-13}$$

$$w_{CB}(\%) = \frac{M_5 - M_6}{M_5 - M_4} \times (100 - w_W) \tag{A-14}$$

$$w_A(\%) = \frac{M_6 - M_4}{M_5 - M_4} \times (100 - w_W) \tag{A-15}$$

5. 实验结果整理
（1）分别记录空瓷坩埚质量，及放置垃圾后，烘干和灼烧前后质量。
（2）计算含水率、可燃分和灰分含量平均值和标准偏差。

思考题与习题

1. 根据生活垃圾样品的工业分析结果，试判断该种垃圾的可燃性。
2. 试估算该生活垃圾的低位热值。
3. 若该垃圾在焚烧厂储坑中存放 5d 后含水率下降至 40%，试计算该种垃圾的低位热值上升了百分之多少？

A-4　固体废物浸出毒性鉴别实验

1. 实验目的

（1）掌握固体废物浸出毒性浸出方法——《固体废物　浸出毒性浸出方法　硫酸硝酸法》HJ/T 299—2007 和《固体废物　浸出毒性浸出方法　醋酸缓冲溶液法》HJ/T 300—2007；

（2）学习电感耦合等离子体发射光谱仪（ICP）原理，及砷、钡、镉、铬、铜、镍、锌、铅的测定程序；

（3）掌握数据平均值、标准偏差和异常值的计算方法。

2. 实验要求

（1）预习固体废物浸出毒性相关基本概念；

（2）预习电感耦合等离子体发射光谱仪（ICP）原理；

（3）掌握电子天平、pH 计的使用方法。

3. 实验原理

如图 A-3 所示，固体废物填埋或堆存时，如与下渗的雨水或渗滤液接触，其中的部分可溶物质会溶解，并随液相进入地表或地下水体。若固体废物中含有较多的可溶重金属或有毒害性有机物等污染成分，就可能对水体产生二次污染，危害水生动植物及人类的健康。

图 A-3　实验原理图

作为对废物潜在毒性评价的一种方法，浸出毒性测试程序是通过模拟设定的处理处置环境条件，使固体废物与特定的浸提剂接触，评价污染元素释放产生危害可能性的一种实验方法。基于浸出实验结果，可以鉴别固体废物的危险性，从而决策其处理处置方式。

（1）确定浸出毒性保护目标

由于国外和我国的危险废物大多以填埋作为最终处置方式，因此，各国设计浸出毒性测试程序的保护目标普遍为地下水和地表水。

（2）浸出毒性模型模拟

《固体废物　浸出毒性浸出方法　硫酸硝酸法》HJ/T 299—2007：本方法以硫酸/硝酸混合溶液为浸提剂，模拟废物在不规范的填埋处置、堆存，或经无害化处理后废物的土地利用时，其中的重金属等有害组分在酸性降水的影响下，从废物中浸出而进入环境的过程。

《固体废物　浸出毒性浸出方法　醋酸缓冲溶液法》HJ/T 300—2007：本方法以醋酸缓冲溶液为浸提剂，模拟工业固体废物在进入生活垃圾卫生填埋场后，其中的重金属等有害组分在填埋场渗滤液的影响下，从废物中浸出的过程。

（3）液固比计算

通过在一定时间内和固体材料接触的液体总量除以处置材料的总量来估算液固比。对 HJ/T 299—2007 和 HJ/T 300—2007 这类鉴别性浸出测试程序，其液固比是按单位面积的降水量和填埋量推算的。

《固体废物　浸出毒性浸出方法　硫酸硝酸法》HJ/T 299—2007 依据我国 95 个站点近十年的降雨量观测最大值作为降雨数据库（考虑最不利条件），选取 95% 的置信上限 2800mm。液固比计算的选取参数为填埋深度 3m、年均最大降雨量 2800mm、100% 的填埋场渗透率、100% 的工业固体废物、$1g/cm^3$ 废物密度和 10 年的浸出时间，则：

$$液固比 = \frac{M_1（浸提剂质量）}{M_2（模拟填埋场废物质量）}$$

$$= \frac{年降雨量 \times 雨水密度 \times 单位面积 \times 浸出时间 \times 渗透率}{填埋深度 \times 废物密度 \times 单位面积}$$

$$= \frac{2800mm/年 \times 1g/cm^3 \times 1m^2 \times 10年}{3m \times 1g/cm^3 \times 1m^2} \times 100\% \approx 10$$

《固体废物　浸出毒性浸出方法　醋酸缓冲溶液法》HJ/T 300—2007 假设了最不利情况的生活垃圾卫生填埋场情景。填埋深度为 50m，年均最大降雨量为 2800mm，填埋场渗透率 60%，5% 的工业废物与生活垃圾共处置，$1g/cm^3$ 废物密度和 30 年的安全保证周期（浸出时间），则：

$$液固比 = \frac{M_1（浸提剂质量）}{M_2（模拟填埋场废物质量）}$$

$$= \frac{年降雨量 \times 雨水密度 \times 单位面积 \times 浸出时间 \times 渗透率}{填埋深度 \times 废物密度 \times 单位面积 \times 工业废物比例}$$

$$= \frac{2800mm/年 \times 1g/cm^3 \times 1m^2 \times 30年 \times 60\%}{50m \times 1g/cm^3 \times 1m^2 \times 5\%} \approx 20$$

（4）浸提剂选择

《固体废物　浸出毒性浸出方法　硫酸硝酸法》HJ/T 299—2007：依据酸雨区和重酸雨区（我国西南、华南、华中和华东各省与直辖市）观测站历年酸雨出现的最低酸度值作为数据库，酸雨 pH 的 95% 置信下限为 3.20。结合试验分析，依据最不利条件原则，浸提剂 pH 设定在 3.20±0.05。据对中国酸雨类型的研究，以及结合能源结构和二氧化硫的污染现状与变化趋势，选取浓硫酸和浓硝酸的混合液，配比为 2∶1（质量比）。

《固体废物　浸出毒性浸出方法　醋酸缓冲溶液法》HJ/T 300—2007：假设 95% 的生活垃圾和 5% 的工业废物混合填埋处置，醋酸是填埋场渗滤液中的代表性低分子有机酸，其络合作用是导致废物中重金属浸出的主要因素之一。因此，采用醋酸缓冲溶液作为浸提剂。综合考虑我国酸雨及生活垃圾填埋场渗滤液有机酸的影响，根据废物特性，浸提剂采用 pH 为 4.93±0.05 的醋酸/醋酸钠缓冲溶液或 pH 为 2.64±0.05 的醋酸缓冲溶液。

4. 实验材料

（1）试剂

1）浓硝酸：优级纯；

2）浓硫酸：优级纯；

3）冰醋酸：优级纯；

4）试剂水：去离子水；

5）1mol/L 氢氧化钠溶液；

6）1mol/L 硝酸溶液、5％硝酸溶液；

7）1mol/L 盐酸溶液；

8）硫酸硝酸混合浸提剂：将质量比为 2：1 的浓硫酸和浓硝酸混合液加入到试剂水中（1L 水约 2 滴酸混合液），使 pH 为 3.20±0.05；

9）醋酸缓冲溶液浸提剂：①浸提剂 1 号，加 5.7mL 冰醋酸至 500mL 试剂水中，加入 64.3mL 1mol/L 氢氧化钠，稀释至 1L，配制后溶液的 pH 为 4.93±0.05；②浸提剂 2 号，加 17.25mL 冰醋酸，用试剂水稀释至 1L，配置后溶液的 pH 应为 2.64±0.05。

（2）材料

1）提取瓶：2L 具旋盖和内盖的广口塑料瓶；

2）试剂瓶：100mL 塑料样品瓶；

3）容量瓶：1L 容量瓶，100mL 容量瓶，100mL 量筒；

4）移液管：1mL 和 10mL 刻度移液管；

5）滤膜：玻纤滤膜或微孔滤膜，孔径 0.6～0.8μm；

6）锥形瓶：250mL 和 500mL 锥形瓶；

7）表面皿：直径可盖住烧杯或锥形瓶；

8）塑料取样勺；

9）具盖坩埚。

5. 实验装置

（1）9.5mm 孔径涂聚四氟乙烯（Teflon）的筛。

（2）电子天平（精度为±0.01g）。

（3）翻转式振荡器（转速为 30±2 转/min）。

（4）真空过滤或正压过滤装置，过滤器容积≥1L。

（5）pH 计：25℃时，精度为±0.05pH。

（6）电感耦合等离子体发射光谱仪（ICP）。

（7）105℃恒温干燥箱。

（8）磁力搅拌器。

（9）消解仪或电热板。

6. 实验步骤

（1）含水率测定

称取 20～30g 样品（3 份）置于坩埚中，105℃下烘干，恒重至两次称量值的误差小于±1％，计算样品含水率。

样品中含有初始液体时，应先将样品过滤，测定滤渣的含水率，并根据总样品量（滤液＋滤渣总量之和）计算样品中的干固体百分率。测定含水率后的样品，不得再用于浸出毒性测试。

（2）样品破碎

样品颗粒应可以通过 9.5mm 孔径的筛，对于粒径大的颗粒可通过破碎、切割或碾磨降低其粒径。

（3）浸出程序

样品干固体百分率≤5%：样品经真空过滤后，所得到的初始液即为浸出液，可直接进行分析。

样品干固体百分率>5%，采用下述方法进行浸出分析。

《固体废物　浸出毒性浸出方法　硫酸硝酸法》HJ/T 299—2007：称取 150～200g 样品，置于 2L 提取瓶中，根据样品的含水率，按液固比为 10：1（L/kg），计算出所需浸提剂体积并加入提取瓶。盖紧瓶盖后，固定在翻转式振荡器上，调节转速为 30±2 转/min，室温下振荡 18±2h。振荡过程中有气体产生时，应定时在通风橱中打开提取瓶，释放过高压力。在真空过滤或正压过滤装置上装好滤膜，用 1mol/L 稀硝酸淋洗过滤器和滤膜，弃掉淋洗液。真空抽滤或正压过滤，并收集滤出液，测试浸出液 pH，取 100mL 装于塑料样品瓶中，用 1mL 浓硝酸酸化至 pH<2，于 4℃下保存待测。

《固体废物　浸出毒性浸出方法　醋酸缓冲溶液法》HJ/T 300—2007：先确定浸提剂。取 5g 样品至 500mL 烧杯或锥形瓶中，加入 96.5mL 试剂水，盖上表面皿，用磁力搅拌器猛烈搅拌 5min，测定 pH。如果 pH<5.0，用浸提剂 1 号；如果 pH>5.0，加 3.5mL 1M 盐酸，盖上表面皿，加热至 50℃保持 10min，将溶液冷却至室温，测定 pH，如果 pH<5.0，用浸提剂 1 号；如果 pH>5.0，用浸提剂 2 号。然后进行浸出程序：称取样品 75～100g，置于 2L 提取瓶中，根据样品的含水率，按液固比为 20：1（L/kg），计算出所需浸提剂体积，并加入提取瓶。盖紧瓶盖后，固定在翻转式振荡器上，调节转速为 30±2 转/min，室温下振荡 18±2h。振荡过程中有气体产生时，应定时在通风橱中打开提取瓶，释放过高压力。在真空过滤或正压过滤装置上装好滤膜，用 1mol/L 稀硝酸淋洗过滤器和滤膜，弃掉淋洗液。真空抽滤或正压过滤并收集滤出液，测试浸出液 pH，取 100mL 装于塑料样品瓶中，用 1mL 浓硝酸酸化至 pH<2，于 4℃下保存待测。

每种浸出测试程序均要有 2 个浸出平行样和 1 个浸出空白样。

（4）重金属测试

样品消解：将 100mL 滤出液加入 250mL 锥形瓶中，再加入 5mL 浓硝酸，在消解仪或电热板上消解，用 5%硝酸溶液定容至 100mL。

标准溶液配制：吸取 ICP 混合标准贮备液（重金属参考浓度为 100mg/L，根据测试样品的重金属浓度选择合适的标液浓度）0.0mL（空白溶液）、0.2mL、0.5mL、1mL、2mL 和 5mL 于 100mL 容量瓶中，用 5%硝酸溶液定容、摇匀。

样品测定：在仪器最佳工作参数条件下，按照仪器使用说明中的有关规定，测试标液完成标准曲线后，再测试样品和浸出空白中的重金属浓度。

7. 实验结果整理

（1）记录浸出液 pH。

（2）记录重金属浸出浓度。扣除空白值后的元素测定值，即为样品中该元素的浓度。如果样品在测定之前进行了富集或稀释，则应将测定结果除以或乘以 1 个相应的倍数。测定结果最多保留三位有效数字，单位以 mg/L 计。

（3）计算重金属浓度平均值和标准偏差。

（4）分析并剔除实验数据中的异常值（与平均值的差值大于 3 倍标准偏差的数据）。

8. 注意事项

（1）实验中所使用的所有容器均需清洗干净后，用 10％热硝酸荡涤，再用自来水冲洗，最后用去离子水冲洗。

（2）如果测定样品中某些元素含量过高，则应停止分析，待将样品稀释后，继续分析。

思考题与习题

1. 影响固体废物重金属浸出浓度的因素有哪些？试分析其影响。

2. 比较不同浸出程序的测试结果，试分析造成结果差异的原因，并讨论其对固体废物处理处置方法决策的意义。

3. 将《固体废物　浸出毒性浸出方法　硫酸硝酸法》HJ/T 299—2007 浸出结果与《危险废物鉴别标准　浸出毒性鉴别》GB 5085.3—2007 中的浸出限值比较，鉴别本次测试的固体废物是否属于危险废物；将《固体废物　浸出毒性浸出方法　醋酸缓冲溶液法》HJ/T 300—2007 浸出结果与《生活垃圾填埋场污染控制标准》GB 16889—2024 中重金属浸出浓度限值比较，判断该固体废物是否适合进入生活垃圾卫生填埋场填埋。

附录 2 城市垃圾处理课程设计任务书
（垃圾填埋方向）

1. 课程设计题目

某市生活垃圾卫生填埋场工程工艺设计。

2. 课程设计目的

培养学生综合运用所学理论知识、独立分析和解决工程实际问题的能力。在工程实施的基本训练中，进一步消化和巩固固体废物处理与处置课程所学内容，掌握调查研究、查阅文献、工艺设计方法和步骤，提高使用技术资料、了解工程相关标准规范、进行设计计算、绘制工程图、编写设计计算说明书的能力。

3. 课程设计内容

根据提供的原始设计资料，结合所掌握的基本理论知识和专业知识，掌握城市生活垃圾处理处置工程的设计原则及方案分析、对比、选择，能够确定城市生活垃圾卫生填埋场的工程建设规模、计算填埋库容、计算渗滤液处理站规模、确定填埋场平面布置、设计填埋处理处置工艺。

4. 课程设计要求

（1）编写设计计算说明书：设计计算说明书，主要包括设计任务分析、填埋场规模计算、总图运输计算（平面布置、工艺流程）、填埋场计算（填埋场库容、填埋场使用年限、土石方量和平衡、渗滤液调节池容积、防洪系统选择、填埋气体收集系统选择、填埋工艺、主要设备选择）、设计工艺草图、环境保护措施等。设计计算说明书，应有封面、目录、前言、正文、结论和建议、设计小结、参考文献等部分，文字应简明、通顺，内容正确完整，装订成册。

（2）图纸要求：绘制工程图纸不少于 2 张（A1 图），表达内容完整，表达规范清晰。主要包括填埋场总体布置图、填埋场场底平整图、填埋场封场图、填埋作业工艺图等。图纸格式必须满足土木工程制图的基本要求，图框、标题栏、比例尺、线宽等应严格按照工程制图要求。

5. 原始设计资料

（1）自然条件

1）城镇概况

某市位于某省江汉平原东部、汉江下游，南北宽 52km，东西最大横距 54.5km，面积 1663km²。东与××相连，南与××交界，北与××县（市）接壤，西与××市毗邻。城区四面环水，东临××江，南有××河，北有××河，水路交通十分便利。××市现辖××办事处、经济开发区 6 乡 14 镇。现状城区由××办事处、××开发区和××街道三个相对集中的组团组成。

2）自然条件

① 地形地貌

××市城关镇位于汉江西岸二级阶地，地势从仙女山（黄海高程 99.1m）向四周倾斜，城关镇地势中间高，四周低，标高在 24m 至 32m，大部分标高在 25m 左右。其上层地质构造主要由棕黄色粉质黏土、棕黄色粉砂、深灰色、黄色和棕色黏土所组成，根据《××省地震烈度区划图》，××市属地震烈度 6 度区。

② 气象条件

××市处于中纬度，属亚热带季风气候，雨量充沛、四季分明、温差较大。主要气象参数如下：

气　温：

多年平均气温：　　　　　　16.1℃

历年最高气温：　　　　　　38.4℃（1971 年 7 月）

历年最低气温：　　　　　　−14.6℃（1971 年 1 月）

降雨量：

多年平均降雨量：　　　　　1224.9mm

最大年降雨量：　　　　　　2262.4mm

最小年降雨量：　　　　　　651.2mm

最大日降雨量：　　　　　　252mm（1959 年 6 月 9 日）

多年逐月平均降水量见附表 2-1。

××市多年逐月平均降水量表　　　　　　　　　　　附表 2-1

月份	1	2	3	4	5	6	7	8	9	10	11	12
降雨量	38.2	55.5	91.4	130.6	156.8	206.6	183.6	113.9	83.7	81.2	56.1	27.9

蒸发量：历年平均蒸发量，1320mm

湿度：多年平均相对湿度，79%

年平均无霜期：244 天

风向、风速：全年主导风向，北风，风向频率为 48，多发生在冬季；次主导风向西南风，风向频率为 19，多发生在夏季；静风频率为 13。历年平均风速为 3.7m/s。

③ 地震

××市地震烈度为 6 度。

④ 场地地形、地貌特征

拟建填埋场区位于扬子准地台与秦岭地槽的复合部，为汉江盆地北部云应盆地的次一级断陷地北缘，为汉江冲洪积平原，汉江二级阶地。

场地现为鱼塘，地势南高北低，标高在 21.47～24.45m。场区鱼塘水面面积占 90% 左右。

场地岩土层特征及分布：

根据勘察钻探揭露，在揭露深度范围内，场地地层为第四系土层。可将场区地基土层由上到下分为六层，各层情况如下：

第①层素填土（Q^{ml}）：上部多为杂色，松散，稍湿的素填土，层厚 0.5～0.8m，主要含植物根茎，下部多为灰黑色，软流塑，饱和的淤泥及淤泥质黏土，主要含氧化铁和有机质，有臭味，可见螺壳和贝壳。全场地分布，最薄处为 1.20m，最厚处为 9.00m，平均厚度为 4.94m，层面最高处标高为 23.80m，层面最低处标高为 20.82m，平均标高为 22.42m。

第②层粉质黏土（Q_4^{al+pl}）：褐黄色，硬塑，饱和，主要含氧化铁锰结核和灰色斑点。局部分布，最薄处 0.30m，最厚处 2.80m；平均厚度为 1.70m。层面最高处标高为 21.30m，层面最低处标高为 17.82m，平均标高为 20.30m。

第③层粉质黏土（Q_4^{al+pl}）：褐黄色，可塑，饱和，主要含氧化铁和灰色斑点。局部分布，最薄处为 0.60m，最厚处为 2.80m，平均厚度为 1.26m；层面最高处标高为 20.59m，层面最低处标高为 12.62m，平均标高为 17.31m。

第④层黏土（Q_4^{al+pl}）：褐黄色，硬塑，饱和，主要含氧化铁和高岭土团块。局部分布，最薄处为 0.60m，最厚处为 6.50m，平均厚度为 1.69m；层面最高处标高为 19.69m，层面最低处标高为 12.45m，平均标高为 16.32m。

第⑤层粉土（Q_4^{al+pl}）：黄色，可塑—中密，饱和，主要含氧化铁和少量云母。该土层上部以粉质黏土为主，下部多为粉土，含少量黏粒，最薄处为 5.70m，最厚处为 7.00m，平均厚度为 6.37m，层面最高处标高为 12.00m，层面最低处标高为 11.36m，平均标高为 11.59m。

第⑥层粉砂（Q_4^{al+pl}）：黄色，中密，湿，主要含石英和云母。砂样颗粒有随深度增加而增粗趋势。最薄处为 3.70m，最厚处为 4.10m，平均厚度为 3.83m，层面最高处标高为 5.66m，层面最低处标高为 5.00m，平均标高为 5.22m。勘察未穿透此层。

根据上述统计结果，结合地区经验，综合确定场地地基承载力特征值及 E_s 值，详见附表 2-2 所示。

场地地基承载力特征值及 E_s 值　　　　　　　　　　　　　　　　　附表 2-2

层号	岩土名称	土工试验		静力触探		标准贯入		综合取值	
		f_{ak} (kPa)	E_s (MPa)	f_{ak} (kPa)	E_s (MPa)	f_{ak} (kPa)	E_s (MPa)	f_{ak} (kPa)	E_s (MPa)
①	淤泥	50	2.1	50	1.8			50	1.9
②	粉质黏土	240	7.1	240	9.6			240	9.6
③	粉质黏土			170	5.8			170	5.8
④	黏土	250	9.6	290	11.2			280	10.8
⑤	粉土	140	5.6					140	5.6
⑥	粉砂					200	13.0	200	13.0

⑤ 场地水文地质条件

场区上部填土层和淤泥层含上层滞水，属地表水。主要接受大气降水和生活废水的补给，无统一地下水位，水位变化也较大。经现场勘察，场区地下水位在 1.76m 左右，相对标高在 21.75m。在长时间降水后，本层上层滞水水位可上涨到自然地面。

场区下部第⑥层粉砂层中含孔隙承压水，层面最高处标高为 5.66m，层面最低处标高为 5.00m，平均标高为 5.22m。勘察期间，测得混合水位埋深在 2.52m，高程为 20.04m。

根据相邻勘察报告和本地建筑经验，场区地下水、土对混凝土及混凝土中钢筋无腐蚀性，对钢结构具弱腐蚀性。

（2）社会经济环境

1）工程服务范围

××市城市垃圾填埋场工程的服务范围为××市主城区，主要包括××办事处和××开发区。处理对象是××市城市生活垃圾及××市污水处理厂近期的脱水剩余污泥，不包括建筑垃圾、工业垃圾、医疗垃圾，并严禁混入任何有害、有毒、易燃易爆等危险固体废物。

2）服务人口现状与规划

根据《××省××市城市总体规划（2010～2030）》，2010年、2011年和2012年××市城区人口分别为15.43万人、16.11万人和16.82万人，预测到2015年，××市城区人口为20万人；到2020年，××市城区总人口为32万人。

（3）垃圾成分分析

城市垃圾成分主要与居民的生活水平、消费习惯、城市气候特征、城市燃气率有关。根据××市园林绿化环境卫生局所提供的资料，××市目前生活垃圾成分中无机物含量约43.9%，其中煤灰占到32.5%。今后随着人民生活水平的逐步提高，以及供气普及率的提高，生活垃圾中有机物成分将逐渐增加，无机物成分将逐渐下降。

2012年，××市环卫所对××城区生活垃圾成分进行了初步分类调查，分析结果见附表2-3。

××城区生活垃圾成分分类调查表　　　　　　　　　　　　附表2-3

序号	项目　　成分	百分比（%）	备注
1	果皮、植物	22.1	
2	厨余物	32.8	
3	陶瓷、砖瓦	6.0	
4	动物	1.2	
5	煤灰	32.5	
6	玻璃	0.5	
7	金属	1.0	
8	塑料	2.0	
9	其他	1.9	
10	合计	100	

生活垃圾的低位热值约3500kJ/kg，高位热值约4100 kJ/kg。

6. 主要参考资料

（1）《中华人民共和国固体废物污染环境防治法》，全国人民代表大会常务委员会第十七次会议修订，2020年4月；

（2）《生活垃圾卫生填埋处理技术规范》GB 50869；

（3）《环境卫生设施设置标准》CJJ 27；

（4）《生活垃圾填埋场污染控制标准》GB 16889；

（5）《生活垃圾卫生填埋处理工程项目建设标准》建标124；

（6）《生活垃圾卫生填埋场环境监测技术要求》GB/T 18772；

（7）《污水综合排放标准》GB 8978；

（8）《恶臭污染物排放标准》GB 14554；

（9）《环境空气质量标准》GB 3095；

（10）《工业企业厂界环境噪声排放标准》GB 12348；

（11）《大气污染物综合排放标准》GB 16297；

（12）《室外给水设计标准》GB 50013；

（13）《室外排水设计标准》GB 50014；

（14）《防洪标准》GB 50201；

（15）《城市防洪工程设计规范》GB/T 50805；

（16）《生活垃圾卫生填埋场封场技术规范》CB 51220；

（17）《生活垃圾填埋场渗滤液处理工程技术规范（试行）》HJ 564；

（18）《生活垃圾卫生填埋场填埋气体收集处理及利用工程技术标准》CJJ/T 133；

（19）其他相关设计手册、教材、工程图纸等。

7. 设计进度（附表 2-4）

课程设计进度表　　　　　　　　　　　　　　　　　　　　附表 2-4

序号	内容	时间（天）
1	了解设计任务及要求、分析问题、查阅文献、学习方法	0.5
2	设计计算、草图	1
3	绘制图纸	2
4	编写设计计算说明书	1.5
5	总结、评议、反馈、修改	
合计		5

附录3 城市垃圾处理课程实习提纲

实习是理工类大学培养学生创新能力和动手能力的关键学习过程。实习过程可以帮助学生深入理解课堂教学内容，培养分析问题和解决问题的能力，为后续的学习奠定坚实基础。按工科类大学培养教学进程，实习通常可分为认识实习、生产实习和毕业实习三个阶段。不同阶段实习的目的、内容、方法及要求各有差异。

1. 认识实习

认识实习是入学后第一个十分重要的专业实践性环节。一般是在经过一年的基础课程和专业概论学习后进行。其目的是使学生通过实践，加深对学科和专业的认识，增加学习的兴趣，增强社会使命感和责任感，并真正树立起爱专业并愿为之刻苦学习的思想。认识实习一般以参观实习为主，并辅以调查访问的方式。通过观察、调研、听取专题报告等形式，使学生了解学科、专业所涉范围及其一些术语、基本概念、学科前沿与成就，了解主干专业课程涉及的工艺设备、工艺流程和处理装备等。实习期间，学生应注意收集所见所闻和自己的体会，收集必要的资料和简图，撰写实习日记、调研报告和实习报告。

2. 生产实习

生产实习是实践教学的重要环节，一般安排在学完所有专业基础课和部分专业核心课后的第六学期末或暑期。其目的是通过跟班实习，深化学生理解、消化课堂教学内容，培养观察事物、分析问题和解决问题的实践能力，做到理论联系实际、学以致用。生产实习要求学生到工厂、企业或事业单位进行蹲点、跟班实习，重点了解实习所在单位的基本情况，熟悉工艺流程、生产设备以及环保设备的设计、加工和安装，收集工艺参数、操作条件、操作制度、管理和维修制度，对生产工艺流程及其设备设施进行经济技术分析，提出存在的问题和解决的措施。实习期间，学生应虚心向技术人员、管理人员、工人师傅学习，遵守工厂和工地的规章制度，服从安排，注意安全，收集资料，撰写实习日记和实习报告。

3. 毕业实习

毕业实习是在学生学完所有专业课程后，毕业设计前进行的重要实践环节。其目的是培养学生利用所学的专业知识，对实际工程进行调查研究、分析综合、数据整理、归纳总结、融会贯通的能力，同时培养学生的工程活动能力、自我推荐能力和与人合作共事的意识、工程师的社会责任感，加强学生对专业知识的理性认识，扩大专业知识范围，加深和巩固所学理论知识。毕业实习重在收集与毕业设计有关的资料，包括熟悉有关环境污染综合防治程序，熟悉和掌握污染控制工程的设计步骤和方法，掌握各种处理设施的运行管理规程，熟悉我国环境保护方针政策、相关规范标准及环保现状，了解新工艺、新技术在工程实践中的应用状况，为毕业设计打好基础。为达到上述目的，要求学生做好实习计划，发挥自己的主观能动性，广泛深入地调查研究，收集资料，了解工程设计和施工方法，撰写实习日记和实习报告。

4．实习指导书

实习指导书能帮助实习者有目的、有步骤、按要求完成实习任务，主要包括以下内容：

（1）实习的目的和对象；

（2）实习所在企业的基本情况；

（3）实习的生产岗位及需要熟悉的工艺流程、生产设备；

（4）需要收集的工艺参数、操作条件、操作制度、管理和维修制度提要；

（5）相关理论提要和规范标准；

（6）对生产工艺流程及其设备设施进行经济技术分析，提出存在的问题和解决的措施；

（7）实习进度安排和检查制度；

（8）实习报告书的要求；

（9）实习考核方式及成绩评定标准；

（10）实习的组织、要求。

5．城市垃圾处理课程实习要点

（1）生活垃圾卫生填埋场

1）了解填埋场总体概况，包括场址位置、防护距离、建设规模、服务年限、建设用地情况、主要技术经济指标（填埋场投资、建设工期、运行费用、资源与能耗指标、劳动定员等）、填埋场服务范围、进场垃圾量及其性质。

2）了解填埋场总体布置，包括填埋场主体工程、配套工程、生产管理与生活服务设施等；了解填埋场的类型、填埋方式、填埋工艺，绘制填埋场构造示意图，并说明各组成部分的作用和特点。

3）熟悉填埋场各主要系统的构成和设计参数，包括垃圾坝构造、场内外道路系统、防洪与雨污分流系统、防渗系统、渗滤液导排与处理、填埋气导排与利用、最终覆盖等，绘制防渗与最终覆盖系统构造示意图。

4）熟悉填埋场操作运行与管理，包括填埋作业规划、填埋作业程序、填埋机械与废物填入操作、覆盖操作、入场垃圾计量与检测、渗滤液导排和处理设施的运行与控制、填埋气导排和利用设施的运行与控制，了解主要设施、设备的类型、特点及操作运行与控制方式。

5）了解填埋场供配电、给水排水、消防等设施，了解填埋场环境监测项目、监测方法及仪器设备。

（2）生活垃圾焚烧厂

1）了解焚烧厂总体概况，包括建设规模（日处理量，单台焚烧炉处理能力）、焚烧厂建设用地情况、焚烧厂的主要技术经济指标（焚烧厂投资、建设工期、运行费用、资源与能耗指标、劳动定员等）、焚烧厂服务范围等。

2）了解焚烧厂总体工艺与布置，详细了解焚烧厂主体工程、配套工程、生产管理与生活服务等建（构）筑物的布置。了解垃圾焚烧处理工艺原理，收集并绘制垃圾焚烧厂处理工艺流程图，说明并指出主体工程各处理构筑物的作用和特点。

3）熟悉焚烧厂各主要系统的构成和设计参数，包括垃圾计量系统、垃圾卸料及贮存系统、垃圾进料系统、垃圾焚烧系统、助燃空气系统、余热利用系统、烟气处理与排放系统、灰渣处理与利用系统、渗沥液处理与排放系统、自动控制系统等，收集有关的设计参数和相关的运行控制参数。

4）熟悉焚烧厂关键环节和设施、设备的运行与控制。垃圾焚烧系统的运行与控制，包括焚烧炉类型、炉排类型、燃烧方式、炉衬耐火材料、炉排材料、干燥段和燃烬段炉排长度、焚烧炉正常工作时间、烟气停留时间及其控制措施与设备、燃烧温度及其控制措施与设备、垃圾预热烘干方式和热量平衡、供风量、一次风温度及风量与吹入位置、系统热量平衡、燃烧室总容积、一次燃烧室和二次燃烧室容积、炉膛冷却装置。烟气处理与排放系统的运行与控制，包括烟气净化工艺流程、烟尘重力沉降设备（名称、型号、数量、内部结构及其工作原理、除尘效率）、布袋除尘器（型号、数量、内部结构、过滤面积、除灰方式、滤布材料和特性）、烟气成分及性质、吸收塔（工作原理、吸收剂及其消耗量、物料平衡、失效吸收剂处理措施、净化效率）、引风机（型号、运行参数、数量、工作制度）、烟囱（高度、出口直径）、烟气出口温度。

5）了解焚烧厂供配电、给水排水、消防、监测化验等设施，了解分析测试项目的检测要求、测试方法及所采用的仪器设备。入厂垃圾性质与组成测定，包括垃圾含水率、灰分、可燃分、低位热值、密度；炉渣性质测定，包括炉渣燃烬指数和热灼减率；烟气污染物性质与组成测定，包括重金属、颗粒物、一氧化碳、二氧化硫、氮氧化物、氯化氢和二噁英类等；飞灰性质测定。

（3）垃圾堆肥厂

1）了解堆肥厂的总体概况，包括建设规模、建设用地情况、主要技术经济指标（堆肥厂投资、建设工期、运行费用、资源与能耗指标、劳动定员等）、堆肥厂服务范围、进厂垃圾的性质（有机物含量、含水率、C/N）、堆肥的品质、肥效和最终去向。

2）堆肥工艺流程与总体布置，详细了解堆肥厂主体工程、配套工程、生产管理与生活服务等建（构）筑物的布置。了解垃圾堆肥处理工艺原理，收集并绘制垃圾堆肥厂工艺流程图，说明并指出主体工程各处理构筑物的作用和特点。

3）熟悉堆肥厂各主要系统的构成和设计参数，包括堆肥前处理、主发酵、后发酵、后处理、脱臭、贮存、污水处理与排放等，收集有关的设计参数和相关的运行控制参数。

4）了解堆肥厂采用的主要设施、设备的类型、特点及操作运行与控制方式，包括垃圾输送设备和机械、垃圾分选设备（破碎机、筛分设备、磁选机、风选设备等）、发酵单元的进出料装置、翻堆方式与设备、供风设施、除臭设施、堆肥产品精制设备（粉碎机、搅拌机、混合机、造粒机、干燥设备、打包机等）、自控设备等。

5）了解堆肥厂供配电、给水排水、消防、监测化验等设施，了解分析测试项目的检测要求、测试方法及所采用的仪器设备。

（4）垃圾厌氧消化厂

1）了解垃圾厌氧消化厂的总体概况，包括建设规模、建设用地情况、主要技术经济指标（厌氧消化厂投资、建设工期、运行费用、资源与能耗指标、劳动定员等）、进厂垃圾的性质（有机物含量、含水率、C/N）、处理规模，以及沼气、沼渣、沼液的产生量与综合利用情况。

2）厌氧消化工艺流程与总体布置，详细了解厌氧消化厂主体工程、配套工程、生产管理与生活服务等建（构）筑物的布置。了解垃圾厌氧消化工艺原理，收集并绘制垃圾厌氧消化厂工艺流程图，说明并指出主体工程各处理构筑物的作用和特点。

3）熟悉厌氧消化厂各主要系统的构成和设计参数，包括前处理系统、垃圾厌氧发酵系统、沼气处理与利用系统、沼渣处理与利用系统、废水（沼液）处理与排放、可再生物料（如塑料，油脂等）回收系统、自控系统等，收集有关的设计参数和相关的运行控制参数。

4）熟悉厌氧消化厂关键环节与设施、设备的运行与控制。厌氧消化分选除杂与调质，包括分选除杂、粒度调整、组分调整、接种、预加热、消毒等过程单元的运行与控制；厌氧发酵系统的运行与控制，包括厌氧发酵工艺类型、发酵罐容积、停留时间、发酵温度、TS 含量、有机物负荷、产气率、混合搅拌方式、进出料设备等。

5）了解厌氧消化厂供配电、给水排水、消防、监测化验等设施，了解分析测试项目的检测要求、测试方法及所采用的仪器设备。

参 考 文 献

[1] 国家统计局. 中国统计年鉴 [M]. 北京：中国统计出版社，1981～2024.

[2] 廖利. 城市垃圾清运处理设施规划 [M]. 北京：科学出版社，1999.

[3] 蒋建国，岳东北，田思聪，等. 固体废物处置与资源化 [M]. 第 3 版. 北京：化学工业出版社，
     2022.

[4] 李斯. 城市垃圾处理技术标准与污染控制规范使用手册 [M]. 北京：金版电子出版社，2002.

[5] 廖利，冯华，王松林. 固体废物处理与处置 [M]. 武汉：华中科技大学出版社，2010.

[6] 何品晶. 固体废物处理与资源化技术 [M]. 第 2 版. 北京：高等教育出版社，2023.

[7] 中华人民共和国建设部. 城镇市容环境卫生标准汇编 [M]. 北京：中国标准出版社，2001.

[8] 李国鼎. 环境工程手册（固体废物污染防治卷）[M]. 北京：高等教育出版社，2003.

[9] 聂永丰. 固体废物处理工程技术手册 [M]. 北京：化学工业出版社，2013.

[10] 王罗春，赵爱华，赵由才. 生活垃圾收集与运输 [M]. 北京：化学工业出版社，2006.

[11] 杨宏毅，卢英方. 城市生活垃圾的处理和处置 [M]. 北京：中国环境科学出版社，2006.

[12] TCHOBANOGLOUS G，THEISEN H，VIGIL S. Integrated Solid Waste Management：Engineer-
      ing Principles and Management Issues [M]. New York：McGraw-Hill，1993.

[13] CHRISTENSEN TH. Solid Waste Technology & Management [M]. New York：Wiley，2010.

[14] 废弃物学会（日）. 废弃物手册 [M]. 金东振，金晶立，金永民等译. 北京：科学出版社，2004.

[15] 郑苇，KHAMPHE PHOUNGTHONG，吕凡，等. 基于生物化学性质的固体废物厌氧降解特征
      参数 [J]. 中国环境科学，2014，34（4）：983～988.

[16] 何品晶，胡洁，吕凡，等. 含固率和接种比对叶菜类蔬菜垃圾厌氧消化的影响 [J]. 中国环境科
      学，2014，34（1）：207～212.

[17] WEI ZHENG，KHAMPHE PHOUNGTHONG，FAN LÜ，et al. Evaluation of a classification
      method for biodegradable solid wastes using landfill degradation parameters [J]. Waste Manage-
      ment，2013，33，2632～2640.

[18] 吕凡，何品晶，邵立明，等. 易腐性有机垃圾的产生与处理技术途径比较 [J]. 环境污染治理技
      术与设备，2003，4（8）：46～50.

[19] LUKEHURST CT，FROST P，AL SEADI T. Utilisation of Digestate from Biogas Plants as
      Biofertiliser [M]. Wien：IEA Bioenergy，2010.

[20] 何品晶，冯肃伟，邵立明. 城市固体废物管理 [M]. 北京：科学出版社，2003.

[21] KATHIRAVALE S，YUNUS MNM，SOPIAN K，et al. Modeling the heating value of municipal
      solid waste [J]. Fuel，2003，82（9）：1119～1125.

[22] LEE CC，LIN SD. Handbook of Environmental Engineering Calculations [M]. New York：McGraw-
      Hill，1999.

[23] KHALLAF MK. The Impact of Air Pollution on Health，Economy，Environment and Agricultural
      Sources [M]. Croatia：InTech，2011.

[24] FELDER RM，ROUSSEAU RW. Elementary Principles of Chemical Processes [M]. 4th ed Edition.
      Hoboken：John Wiley & Sons，1986.

[25] Kreith F，Tchobanoglous G. Handbook of solid waste management [M]. 2nd ed. New York：McGraw-
      Hill，2002.

[26] 钱学德，施建勇，刘晓东. 现代卫生填埋场的设计与施工 [M]. 第 2 版. 北京：中国建筑工业出
      版社，2011.

［27］　RAINHART DR，TOWNSEND TG. Landfill Bioreactor Design ＆ Operation ［M］. London：Lewis Publisher，1998.

［28］　仵彦卿. 多孔介质污染物迁移动力学 ［M］. 上海：上海交通大学出版社，2007.

［29］　LEHMANN EC. Landfill Research Focus ［M］. New York：Nova Science Publishers，2008.

［30］　MELAKU F. Domestic Solid Waste Management ［M］. Saarbrücken：VDM Verlag Dr. Müller，2010.

［31］　EZEKIEL E. Municipal Solid Waste Management ［M］. Saarbrücken：LAP Lambert Academic Publishing，2011.

［32］　李颖，郭爱军. 城市生活垃圾卫生填埋场设计指南 ［M］. 北京：中国环境科学出版社，2005.

［33］　李秋义. 建筑垃圾资源化再生利用技术 ［M］. 北京：中国建材工业出版社，2011.

［34］　陈家珑. 建筑垃圾资源化：我国建筑垃圾资源化利用现状与建议 ［J］. 建设科技，2014（1）：8～12.

［35］　张人为，孙铁石，崔源声. 循环经济与中国建材产业发展 ［M］. 北京：中国建材工业出版社，2005.

［36］　林宋. 餐厨垃圾处理关键技术与设备 ［M］. 北京：机械工业出版社，2013.

［37］　李来庆，张继琳，许靖平. 餐厨垃圾资源化技术及设备 ［M］. 北京：化学工业出版社，2013.

［38］　何品晶，顾国维，李笃中. 城市污泥处理与利用 ［M］. 北京：科学出版社，2003.

［39］　张辰. 城镇污水处理厂污泥处置系列标准实施指南 ［M］. 北京：中国标准出版社，2010.

［40］　SLACK R，GRONOW J，VOULVOULIS N. Hazardous components of household waste ［J］. Critical Reviews in Environmental Science and Technology，2004，34：419～445.

［41］　梁文. 沈阳市家庭危险废物调查及管理对策 ［J］. 环境卫生工程，2008，16（6）：48～50.

［42］　刘占山，黄安辉，胡建辉，等. 中国稻田农药包装废弃物管理现状与对策建议 ［J］. 世界农药，2009，31（3）：31～34.

［43］　中国化学与物理电源行业协会. 2013 年中国电池产业发展分析 ［R］. 2014.

［44］　郑骥，王红梅. 中国有色金属再生产业发展现状及趋势 ［J］. 新材料产业，2009，12：18～23.

［45］　郑梦樵. 浙江废纸利用现状及发展趋势 ［J］. 中华纸业，2013，34（23）：46～49.

［46］　徐美君. 废玻璃的回收与利用 ［J］. 玻璃与搪瓷，2007，35（6）：37～42.

［47］　王颖. 废塑料的再生与利用 ［J］. 环境保护，2002，（6）：45～47.

［48］　何品晶，邵立明. 固体废物管理 ［M］. 北京：高等教育出版社，2004.

［49］　金丹阳，方滁凡. 再生资源产业的实践与探索 ［M］. 北京：中国环境科学出版社，2001.

［50］　杨国清. 固体废弃物处理工程 ［J］. 北京：科学出版社，2000，76～85.

［51］　李克国. 环境经济学 ［M］. 第 4 版. 北京：中国环境出版集团，2021.

［52］　刘勤. 成本核算的方法及其应用 ［J］. 当代经济，2006（7）：118～119.

［53］　陶表红，张根水. 城市生活垃圾处置的经济政策分析 ［J］. 上海经济研究，2006（05）：80～83.

［54］　赵丽君，刘应宗. 城市生活垃圾按量收费的减量化效应分析 ［J］. 价格理论与实践，2009（02）：24～25.

［55］　FEDERAL MINISTRY FOR THE ENVIRONMENT，NATURE CONSERVATION AND NUCLEAR SAFETY OF GERMANY. Ordinance on Environmentally Compatible Storage of Waste from Human Settlements and on Biological Waste Treatment Facilities ［S］. Berlin：Federal Ministry of Justice and Consumer Protection（Germany），2001.

高等学校给排水科学与工程学科专业指导委员会规划推荐教材

征订号	书名	作者	定价（元）	备注
40573	高等学校给排水科学与工程本科专业指南	教育部高等学校给排水科学与工程专业教学指导分委员会	25.00	
39521	有机化学（第五版）（送课件）	蔡素德等	59.00	住建部"十四五"规划教材
41921	物理化学（第四版）（送课件）	孙少瑞、何洪	39.00	住建部"十四五"规划教材
42213	供水水文地质（第六版）（送课件）	李广贺等	56.00	住建部"十四五"规划教材
42807	水资源利用与保护（第五版）（送课件）	李广贺等	63.00	住建部"十四五"规划教材
42947	水处理实验设计与技术（第六版）（送课件）	冯萃敏等	58.00	住建部"十四五"规划教材
43524	给水排水管网系统（第五版》（送课件）	刘遂庆等	58.00	住建部"十四五"规划教材
44425	水处理生物学（第七版）（送课件）	顾夏生、陆韻等	78.00	住建部"十四五"规划教材
44583	给排水工程仪表与控制（第四版）（送课件）	崔福义、彭永臻	70.00	住建部"十四五"规划教材
44594	水力学（第四版）（送课件）	吴玮、张维佳、黄天寅	45.00	住建部"十四五"规划教材
43803	水质工程学（第四版）（上册）（送课件）	马军、任南琪、彭永臻、梁恒	70.00	住建部"十四五"规划教材
43804	水质工程学（第四版）（下册）（送课件）	马军、任南琪、彭永臻、梁恒	56.00	住建部"十四五"规划教材
45214	城市垃圾处理（第二版）（送课件）	何品晶等	58.00	住建部"十四五"规划教材
31821	水工程法规（第二版）（送课件）	张智等	46.00	土建学科"十三五"规划教材
31223	给排水科学与工程概论（第三版）（送课件）	李圭白等	26.00	土建学科"十三五"规划教材
36037	水文学（第六版）（送课件）	黄廷林	40.00	土建学科"十三五"规划教材
37017	城镇防洪与雨水利用（第三版）（送课件）	张智等	60.00	土建学科"十三五"规划教材
37679	土建工程基础（第四版）（送课件）	唐兴荣等	69.00	土建学科"十三五"规划教材
37789	泵与泵站（第七版）（送课件）	许仕荣等	49.00	土建学科"十三五"规划教材
37766	建筑给水排水工程（第八版）（送课件）	王增长、岳秀萍	72.00	土建学科"十三五"规划教材
38567	水工艺设备基础（第四版）（送课件）	黄廷林等	58.00	土建学科"十三五"规划教材
32208	水工程施工（第二版）（送课件）	张勤等	59.00	土建学科"十二五"规划教材
39200	水分析化学（第四版）（送课件）	黄君礼	68.00	土建学科"十二五"规划教材
33014	水工程经济（第二版）（送课件）	张勤等	56.00	土建学科"十二五"规划教材
16933	水健康循环导论（送课件）	李冬、张杰	20.00	
37420	城市河湖水生态与水环境（送课件）	王超、陈卫	40.00	国家级"十一五"规划教材
37419	城市水系统运营与管理（第二版）（送课件）	陈卫、张金松	65.00	土建学科"十五"规划教材
33609	给水排水工程建设监理（第二版）（送课件）	王季震等	38.00	土建学科"十五"规划教材
20098	水工艺与工程的计算与模拟	李志华等	28.00	
32934	建筑概论（第四版）（送课件）	杨永祥等	20.00	
24964	给排水安装工程概预算（送课件）	张国珍等	37.00	
24128	给排水科学与工程专业本科生优秀毕业设计（论文）汇编（含光盘）	本书编委会	54.00	
31241	给排水科学与工程专业优秀教改论文汇编	本书编委会	18.00	

以上为已出版的指导委员会规划推荐教材。欲了解更多信息，请登录中国建筑工业出版社网站：www.cabp.com.cn 查询。在使用本套教材的过程中，若有任何意见或建议，可发 Email 至：wangmeilinghi@126.com。